컴퓨터 주변회로

이 현 창 저

도서출판 상 학 당

欲爲大者 當爲人役

크고자 하거든 남을 섬기라

머리말

현대는 컴퓨터의 시대이다. 개인이 사용하는 퍼스널 컴퓨터나 대형기관에서 사용하는 대형컴퓨터와 같은 일반적인 컴퓨터뿐만 아니라 가전제품에 내장되는 마이크로프로세서까지 우리 주변에는 우리도 모르는 사이에 컴퓨터가 여러 가지 형태로 다양하게 사용되고 있다. 전기밥솥에는 작은 컴퓨터가 내장되어 예약시간과 밥의 종류 등에 따라 최적의 코스로 취사를 한다. 세탁기도 작은 컴퓨터가 내장되어 원하는 세탁코스와 빨래 종류 및 상태에 따라 기계가 판단해 세탁을 한다. 우리가 항상 가까이하는 텔레비전에도 컴퓨터가 들어 있어 내가 누른 리모컨 신호를 알아듣기도 하고, 화면에 현재의 채널, 볼륨상태 등 각종 정보를 표시한다.

우리가 사용하는 퍼스널 컴퓨터도 자체가 컴퓨터이지만 내부에는 수많은 컴퓨터들이 모여 한 대의 컴퓨터를 구성하고 있는데, 키보드 내에는 키보드를 제어하고 통신하는 8비트 소형 컴퓨터, 마우스 내에는 마우스를 제어하고 통신하는 4비트 소형컴퓨터, 하드디스크 내에는 8비트 컴퓨터, 프린터 내에는 16비트 컴퓨터 등 수많은 소형컴퓨터들이 중앙처리장치(CPU)를 돕고 있다. 인터넷 또한 DNS 컴퓨터, 게이트웨이, 라우터, 서버 등 수많은 컴퓨터들이 집단을 이루며 동작하는 거대한 네트워크이다. 이뿐만 아니라 컴퓨터는 자동차에도, 휴대전화기에도, 스마트-폰에도, 전자계산기에도, 또한 자동차의 내비게이션에도 들어 있고, 공장의 로봇, 보안 시스템, 자동문, 신용카드 시스템, 버스나 전철의 교통카드 시스템 등 컴퓨터가 관여되지 않는 곳이 없고, 이러한 추세는 가속화되고 있다. 즉 우리는 컴퓨터에 완전히 둘러싸여 살고 있으며, 어떤 일을 하던 컴퓨터 없이는 너무나 불편한 세상이 되었다.

사회의 이러한 필요성에 의해 대학교육에도 컴퓨터와 관련된 많은 과목들이 개설되고 많은 학생들이 이를 배우기 위해 노력하고 있다. 이 책도 이러한 컴퓨터교육의 일환으로 집필된 것으로서, 컴퓨터에서 실제로 사용되는 회로들에 관해 정리하였다. 컴퓨터라는 분야가 상당히 많은 지식을 요구하기 때문에 사실 대학에서 강의를 맡고 있는 입장에서도 학생들이 전공과정에 들어서서 졸업할 때까지의 한정된 시간에 모든 것을 가르치고 학생들은 이를 배운다는 것이 상당히 힘든 것이 사실이다. 현실이 이렇다 보니 교재들과 강의들이 이론만 다루어도 버거운 상황이라 현장에서 사용할 수 있는 실질적인 지식을 미처 배우지 못하고 사회로 진출하는 경우가 많아 안타까움이 크다.

이 책은 이러한 아쉬움 때문에 집필된 것으로서, 본래 저자가 담당하던 학생들이 현장에 투입되었을 때 바로 적용할 수 있는 지식을 습득시키기 위해 강의노트로 사용하던 내용들을 모은 것이다. 따라서 이 책은 이미 디지털공학(논리회로) 과목과 마이크로프로세서 관련 과목을 마친 학생들을 대상으로 하기 때문에 4학년 정도의 고학년을 목표로 하였다. 물론, 개인적으로 컴퓨터 하드웨어에 관해 관심이 많고 지식이 어느 정도 있는 경우에도 충분히 소화할 수 있다. 어지간한 이론적인 내용은 논리회로나 마이크로프로세서에서 다루고 있으므로 이 책에서는 가급적 이론적인 내용은 최소화하고 실전적인 내용으로 구성하려 노력했으며, 예제회로 또한 가급적 실제로 동작하는 회로를 이용하였다.

이 책을 집필하는 과정 중에 지면과 시간관계상 저장매체 관련 회로, 즉 하드디스크 인터페이스인 IDE, SATA, SCSI, SAS와 각종 메모리 카드들과 전원회로 등에 관한 내용을 삭제한 것이 못내 아쉬운 면이 있다. 따라서 기회가 된다면 이러한 내용들을 모아 2권으로 구성하고 싶은 마음 간절하다.

이 책이 실질적인 컴퓨터 회로를 공부하려는 공학도들에게 조금이나마 도움이 될 수 있다면 다행으로 생각한다. 이 책이 우리나라 공학을 이끌어나갈 공학도들의 실력향상에 하나의 밑거름이 될 수 있기를 비는 마음 간절하다.

끝으로 이 책이 완성되기까지 많은 도움을 주신 도서출판 상학당의 남승우 사장님과 송일복 전무님을 비롯한 직원 여러분께 감사의 말씀을 올리며, 이 책이 완성되기까지 물심양면으로 항상 지원을 아끼지 않으신 저의 하나님 아버지께도 감사의 말씀을 올린다.

저자 씀

차 례

제1장 서 론 7

제2장 컴퓨터 회로 45

제3장

제1장 서 론

1. 컴퓨터 상식
2. 컴퓨터 개론

이 장에서는 컴퓨터라는 기기와 다른 전자기기와의 차이점, 컴퓨터가 현대사회의 어떤 분야에 어떤 용도로 사용되고 있는지, 컴퓨터는 어떤 종류가 있는지 등의 상식적인 내용과 컴퓨터를 구성하는 요소들과 하드웨어 구성요소들에 관한 개론적인 지식을 다룬다.

1. 컴퓨터 상식

전자 분야에서 개발되고 생산되는 수많은 전자기기들은 모두 고유의 임무를 가지고 있다. 예를 들어 세탁기는 인간 대신 빨래를 해주는 임무, 냉장고는 음식물을 시원하게 유지시켜주는 임무, 청소기는 인간의 청소작업을 도와주는 임무, 텔레비전은 먼 거리의 영상과 음향을 우리에게 전달해주는 임무 등. 이러한 관점에서 볼 때 컴퓨터란 어떤 임무를 가지고 탄생한 것인지 생각해볼 필요가 있다. 분명히 다른 전자기기들과 특징되는 차이점이 있을 것인데, 이에 관해 잠시 살펴본다.

1) 컴퓨터의 특징

(1) 컴퓨터가 가진 능력

컴퓨터는 다른 전자기기들과 비교해 다음과 같은 능력을 가지고 있다.

판단능력 – 상황에 따라 처리를 다르게 할 수 있는 능력
반복능력 – 특정 처리를 필요한 만큼 반복할 수 있는 능력
기억능력 – 어떤 상황을 기억한 후 이후에 이 기억을 다시 활용할 수 있는 능력

이 이외에도 계산능력 등이 있으나 이 중 컴퓨터가 다른 전자기기들과의 가장 큰 차이는 판단능력이다. 컴퓨터가 가진 반복능력은 다른 기기들과 같은 단순한 반복이 아니라 판단에 근거한 반복이다. 즉 상황에 따라 반복 여부나 몇 번이나 반복할 것인지가 변화되는 반복이다. 기억능력도 단순히 녹음기 등과 같은 수동적인 기억이 아니라 판단에 의해 가공해 기억하고, 그 기억된 내용을 다음 판단의 근거로 삼기도 한다. 또한 가장 독특한 기억으로는 컴퓨터 자신이 해야 할 일을 기억할 수 있다는 것인데, 이를 프로그램이라 한다.

① 판단능력

컴퓨터와 다른 전자기기와의 가장 큰 차이는 판단능력이다. 일반 전자기기들은 단순히 정해진 순서대로만 일하지만 컴퓨터의 경우 주어진 상황에 따라 다르게 일을 할 수 있는 능력이 있다. 물론 판단에 따른 이러한 동작들은 사전에 미리 우리 인간이 정해

준 것이지만, 다른 기기들의 경우 이러한 판단에 의한 동작의 변화 자체가 거의 불가능하다.

예를 들어 세탁기에 컴퓨터를 내장한 경우 빨래의 세탁상태를 판단해 세탁을 조금 더 할 것인지 덜 할 것인지를 결정할 수 있고, 음료 자동판매기의 경우 사용자가 투입한 금액에 따라 더 비싼 음료의 전등은 켜지지 않도록 할 수 있다. 즉 일반적인 전자기기에 컴퓨터를 내장하면 훨씬 똑똑한 기기로 변신할 수 있다. 컴퓨터에 더 고도의 판단능력을 부여하면 인간의 음성을 인식할 수 있고, 화면에 나타난 인물의 인상을 구분하거나 차량의 번호판 등을 판별할 수도 있으며 손으로 필기한 글씨를 판독할 수도 있다.

소프트웨어적으로는 C-언어의 if()문이나 어셈블리어의 branch 명령, 조건 jump 명령 등이 판단을 제어하며, 특히 C-언어의 switch()문은 한 대상체가 여러 가지 상태를 가질 때 각 상태에 대해 각각 처리할 수 있도록 한다.

② 반복능력

컴퓨터는 앞서 설명한 판단능력을 기반으로 특정 임무를 반복할 수 있으며, 판단결과에 의해 반복 수를 조절할 수 있다. 예를 들어 C-언어의 for()문은 내부의 판단조건에 근거해 반복을 실행하며, while()문도 판단조건에 맞는 동안 동일한 일을 반복수행한다. 다른 단순한 기기들에서도 이러한 정도의 반복은 가능하지만 컴퓨터의 경우 반복수행 도중 상황이 변화하면 반복 루프를 완료하지 않고 빠져나가는 예외적 상황이 얼마든지 가능한 점이 가장 큰 차이다.

③ 기억능력

컴퓨터에서의 기억능력은 다른 기기들에서 가지는 단순한 기억과 상당히 차이가 있는데, 컴퓨터는 데이터만 기억하는 것이 아니라, 자신이 수행할 명령까지도 기억을 할 수 있다는 것이다. 이와 같이 기억한 자신의 명령들을 순서대로 읽어 처리하기 때문에 수행할 명령이 달라지면 컴퓨터의 동작 또한 달라질 수 있다. 이와 같이 컴퓨터가 수행할 명령어의 집단을 프로그램이라 하며, 컴퓨터 프로그램을 교체하면 컴퓨터는 전혀 다른 기기로 둔갑할 수 있다.

또한 컴퓨터는 자신이 수집해 기억한 데이터들을 토대로 판단해 특정 임무를 반복하는 데 활용할 수 있다. 예를 들어 통신을 통해 입수되는 자료들을 기억한 후 이 자료들을 판단해 데이터가 더 필요하다 판단되면 다음 데이터를 입수하는 일을 반복하며, 임무가 완료된 것으로 판단되면 반복을 중단한다.

(2) 임무교체 능력

① 컴퓨터 프로그램

컴퓨터는 자신이 수행할 프로그램을 기억하고 이를 하나씩 읽어 순차적으로 일을 수행한다. 따라서 프로그램이 교체되면 컴퓨터가 하는 일도 전혀 달라지는데, 이러한 특성 때문에 서두에서 제기한 컴퓨터가 무엇을 하는 기기인지에 대해 명확한 답을 할 수 없었다. 즉 나의 컴퓨터에 계산기 프로그램을 실행하면 내 컴퓨터는 전자계산기의 역할을 수행하고, 워드프로세서 프로그램을 실행하면 내 컴퓨터는 과거의 타자기와 같은 역할을 하며, 음악 프로그램을 실행하면 내 컴퓨터는 오디오와 같은 역할을 한다. 이 이외에도 게임기가 될 수도 있고, 동영상을 보는 기기가 될 수도 있으며 텔레비전 역할을 하기도 한다. 이와 같이 컴퓨터는 프로그램을 교체하면 역할이 달라질 수 있는 독특한 특징을 가지고 있다.

② 스마트-폰과 일반 휴대폰의 차이

참고로, 스마트-폰과 일반 휴대폰과는 어떤 차이가 있는지 짚어본다. 두 기기의 차이를 살펴보면 기능적인 면에서는 그다지 큰 차이가 없다. 즉 기본적으로 전화기이며 내부에 전자사전, 알람기능, 메모기능, TV 수신기능(DMB), 전자계산기 기능 등 거의 유사하다. 그런데 가장 큰 차이점은 스마트-폰의 경우 이러한 기능을 수행하는 프로그램이 교체 가능하다는 것이다. 즉 이미 폰에 내장된 전자계산기 프로그램이 사용자에게 별로 맘에 들지 않으면 새로운 계산기 프로그램으로 교체할 수 있지만, 일반 휴대폰에서는 이것이 거의 불가능하다. 다른 기능들 또한 마찬가지이며, 이와 같이 프로그램을 교체할 수 있다는 특징 때문에 스마트-폰이 사용자들에게 인기가 있는 것이다.

(3) 컴퓨터를 이루는 요소들

컴퓨터 시스템을 구성하는 요소는 크게 하드웨어, 소프트웨어, 펌웨어로 구분된다.

① 하드웨어

하드웨어(hardware)는 컴퓨터라는 기기를 이루는 몸체와 이를 구성하는 부품을 의미하며, 예를 들어 하드디스크, 메모리, 키보드, 마우스, 모니터, 각종 제어장치들과 같은 물리적인 장치들이다. 당연한 얘기지만 우수한 하드웨어를 갖춘 컴퓨터는 더 좋은 성능과 기능을 발휘할 가능성이 있다. 여기서, “가능성이 있다”라 표현한 것은 소프트웨어가 뒷받침돼야 가능하기 때문이다. 이는 마치 우수한 기능을 갖춘 고급 승용차가 있지만, 이를 어떻게 운전하는가에 따라 고급 승용차가 되기도 하고 다른 승용차와 큰 차이가 없을 수도 있으며, 오히려 더 못할 수도 있다.

② 소프트웨어

소프트웨어(software)는 컴퓨터가 실행할 프로그램뿐만 아니라 컴퓨터가 가동되기 위한 OS, 하드웨어를 제어하기 위한 드라이버 등 컴퓨터를 운영하는 모든 프로그램들을 의미한다. 따라서 컴퓨터의 하드웨어도 중요하지만 이를 운영하는 소프트웨어 또한 매우 중요하다. 즉 우수한 하드웨어를 갖춘 컴퓨터라 할지라도 소프트웨어가 이를 적절히 활용하지 못한다면 소용이 없는 것이다. 이는 앞서 예를 든 고급 승용차가 있다 할지라도 이를 운전하는 사람이 무례하고 난폭하게 운전을 한다면 다른 차보다 못한 차량이 될 수도 있고, 예의바르고 고급스럽게 운전한다면 고급 승용차가 되기도 한다.

③ 펌웨어

펌웨어(firmware)는 하드웨어와 소프트웨어의 혼합형, 또는 중간형이라 할 수 있는데, '굳어진 소프트웨어'라는 의미로 이러한 명칭이 붙었다. 즉 일반적인 소프트웨어는 교체가 가능한 것이 특징인데, 펌웨어는 교체를 목적으로 하지 않는 소프트웨어로서 하드웨어에 내장되어 고정된 형태라 볼 수 있다. 예를 들어 가전제품에 내장된 컴퓨터는 대부분 펌웨어로 구성되는데, 냉장고를 제어하는 소프트웨어는 교체를 목적으로 하지 않으며, 마치 냉장고를 구성하는 하나의 하드웨어 부품처럼 취급된다. 다른 전자기기들도 마찬가지로서, 일반 휴대폰의 소프트웨어도 교체하지 않고 기기의 일부로서 내장된다. 또한 PC의 경우도 컴퓨터를 켰을 때 삑– 소리가 발생하고 화면에서 메모리 체크 숫자가 돌아가며, 시스템 체크를 하고 하드디스크에서 OS를 찾아 실행할 때까지의 과정은 모두 펌웨어 형태로 컴퓨터에 내장된다. 즉 이러한 처리과정의 소프트웨어는 컴퓨터 하드웨어의 일부로서 내장되어 있다.

다른 기기(가전제품이나 로봇 등 자동화기기)에 부속되어 작동되는 컴퓨터에서는 펌웨어를 임베디드 소프트웨어(embedded software)라고도 하고, 유비쿼터스 분야에서는 미들웨어(middle ware)라고도 한다.

(4) 컴퓨터의 종류

컴퓨터는 그 성능과 용도에 따라 슈퍼컴퓨터, 대형 컴퓨터, 중형 컴퓨터, 워크스테이션, 퍼스널컴퓨터 등으로 다양하게 분류되는데, 이들 구분은 절대적 기준이 있는 것이 아니라 상대적인 구분들이다. 즉 일종의 등수 매기기와 비슷한 것으로서, 절대적인 성능 면에서는 시대적으로 큰 차이가 발생한다. 예를 들어 과거에는 중형 컴퓨터 정도의 수준이 현재는 퍼스널컴퓨터의 기능 수준도 되지 않는다. 따라서 이 책에서는 이러한 성능 면에서 구분하지 않고 용도 면에서 구분하도록 한다.

① 다중 사용자용 컴퓨터

다중 사용자용 컴퓨터(multi-user computer)는 컴퓨터가 특정 개인이나 특정 기기에 속해 운영되는 것이 아니라 수많은 사용자가 동시에 함께 사용할 수 있도록 운영되는 컴퓨터로서 슈퍼컴퓨터, 중형 컴퓨터, 대형 컴퓨터가 여기에 속한다. 예를 들어 구글(Google)이나 네이버(Naver)에서 운영되는 서버용 컴퓨터의 경우 이를 이용하는 사용자가 동시에 접속해 함께 사용한다. 은행, 관공서 등의 중앙에서 사용되는 컴퓨터들 또한 동시에 많은 사용자들이 접속해 사용한다.

② 단일 사용자용 컴퓨터

단일 사용자용 컴퓨터(single-user computer)는 오직 한 사람을 위한 컴퓨터로서 한 사용자가 컴퓨터를 차지하면 그 사용자 전용이 되는 종류를 의미한다. 이러한 종류로는 퍼스널컴퓨터(personal computer)와 과거에 워크스테이션(work-station)이라 했던 종류가 속한다. 즉 퍼스널컴퓨터라는 명칭에서 알 수 있듯이 개인용 컴퓨터이다.

③ 특수목적용 컴퓨터

특수목적용 컴퓨터는 어떤 기기를 제어하거나 특정 목적을 위해 사용되는 종류를 의미하는데, 마이크로컴퓨터(micro-computer) 또는 마이크로컨트롤러(micro-controller)라는 종류가 이에 속한다. 이 컴퓨터는 세탁기나 냉장고와 같은 가전기기, 공장의 로봇, 컴퓨터용 키보드와 마우스 등에 내장되어 기기를 제어한다. 즉 이 컴퓨터 종류는 다른 기기의 부속품 개념으로 사용된다.

2) 컴퓨터의 활용 분야

컴퓨터가 이용되고 있는 분야를 여기서 모두 소개하는 것은 불가능할 정도로 너무나 많고, 그 응용 분야가 날로 넓어지고 있다. 여기서는 그중 극히 일부이지만 주요 부분만을 살펴보기로 한다.

(1) 사무 자동화

사무실에서 행해지는 많은 업무들이 컴퓨터에 의해 이루어지고 있다. 이에 따라 소프트웨어 메이커들도 사무실에서 사용하는 소프트웨어들을 묶어 오피스 시리즈로 발매하고 있는데 여기서는 오피스 시리즈에 포함된 분야를 중심으로 사무 자동화에 사용되는 컴퓨터 분야를 살펴보기로 한다.

① 워드프로세서

과거에 사무실에서 사용하던 전형적인 기기는 타자기였다. 문서를 작성해 보관하고 이를 다시 수정하며 필요할 때 먹지를 대고 타자를 치면 2, 3장 정도의 복사본을 한꺼번에 얻을 수 있었다. 현재는 이러한 작업을 모두 컴퓨터로 대신하는데, 문서를 작성하고 편집하고 보관하며 프린트하는 작업을 간단히 처리할 수 있다. 여기에 컴퓨터의 기능을 더욱 부가해 자동으로 단어 체크를 해주고 표를 구성하기도 하며 그림을 추가할 수도 있게 되었다. 이와 같은 워드프로세서(word-processor) 기능의 발달과 프린터 기술의 발달에 힘입어 과거에 사용되던 타자기는 자취를 감췄고, 인쇄를 위한 활자작업 또한 모두 사라졌다.

② 스프레드시트

과거에 사무실에서 각종 장부를 정리하던 것을 현재는 스프레드시트(spread-sheet)를 이용해 처리한다. 또한 컴퓨터에서는 이러한 단순한 장부정리뿐만 아니라 방대한 양의 계산을 모두 자동으로 해주며, 특히 한 곳의 데이터를 수정하면 이와 연관된 모든 데이터들이 자동으로 수정된다. 그리고 입력된 대량의 데이터를 이용해 소트 작업을 순식간에 해주며 원하는 그래프를 작성할 수 있다. 또한 스프레드시트 내에 스크립트를 구성하면 프로그램에서 제공하지 않는 특수한 작업이나 맞춤형 작업도 간단히 수행할 수 있어 사무실의 필수 소프트웨어가 되었다. 최근에는 스프레드시트의 기능과 용량이 고성능화되면서 데이터베이스에서 처리해야 할 업무 중 간단한 것은 스프레드시트에서 대신 행할 수 있게 되어 사원목록과 그에 관련한 데이터나 각종 물품목록 데이터 등을 처리할 수 있다.

③ 데이터베이스

데이터베이스(database)는 방대한 양의 데이터를 보관하고 이를 원하는 대로 분류해 보고서를 작성하며, 필요한 조건에 맞는 데이터를 추출해낼 수 있다. 최근에는 스프레드시트의 발달로 어느 규모 이하의 데이터는 굳이 데이터베이스를 이용하지 않아도 스프레드시트에서 간이로 처리할 수 있지만, 대규모 데이터를 처리하려면 아무래도 데이터베이스의 힘을 빌리지 않을 수 없다. 이러한 추세에 의해 데이터베이스는 사무실에서 사용되기보다는 오히려 인터넷 사이트의 자료관리, OS에서 PC 내의 파일들을 관리하는 등 매우 복잡하고 방대한 데이터를 취급해야 하는 분야에 중요하게 사용되고 있다.

④ 프레젠테이션

과거에는 브리핑이나 설명회를 할 때 슬라이드 필름이나 OHP 필름을 작성해 이용했으나, 현재는 프로젝터의 발달로 인해 컴퓨터를 이용해 발표를 진행한다. 따라서 이러한 추세에 맞춰 각종 프레젠테이션 프로그램들이 개발되어 있으며, 그 기능 또한 계속 강화되고 있다.

⑤ 기타 기기들의 통합

이상의 오피스 시리즈 이외에도 컴퓨터는 사무실에 큰 변화를 가져왔는데, 컴퓨터용 스캐너와 프린터를 결합해 복사기가 구성되며, 스캐너를 이용해 입력한 문서정보를 통신으로 전송해 팩시밀리 기능을 대신하고 있다. 따라서 최근의 복합형 복사기의 경우 자체에서 복사는 물론 문서를 스캐너로 입력해 파일로 구성해주기도 하고 인터넷을 통해 또는 전화로 문서를 전송하기도 하며 프린터로서의 역할도 한다.

(2) 임베디드 시스템

① 자동화

우리가 일상생활에서 사용하는 가전제품을 보면, '컴퓨터가 내장된' 기기가 많이 있다. 예를 들어 컴퓨터가 내장된 세탁기, 컴퓨터가 내장된 냉장고, 컴퓨터가 내장된 전기밥솥, 컴퓨터 제어 자동차 등이다. 이 중 세탁기를 예를 들어 설명한다.

과거의 세탁기는 그림 1-1-1과 같이 타이머에 의해 지정된 시간과 코스를 따르며 세탁을 수행하는 단순한 것이었다. 이 세탁기는 판단능력이 없기 때문에 빨래 양이 많든 적든 항상 동일한 물을 붓고 세탁하기 때문에 사람이 알아서 물의 양을 조절해야 하고, 만약 빨래가 지저분할지라도 지정된 시간이 경과하면 무조건 세탁을 종료한다. 이에 비해 컴퓨터가 내장된 세탁기는 빨래 양에 따라 물의 양을 자동 조절하고, 빨래가 아직

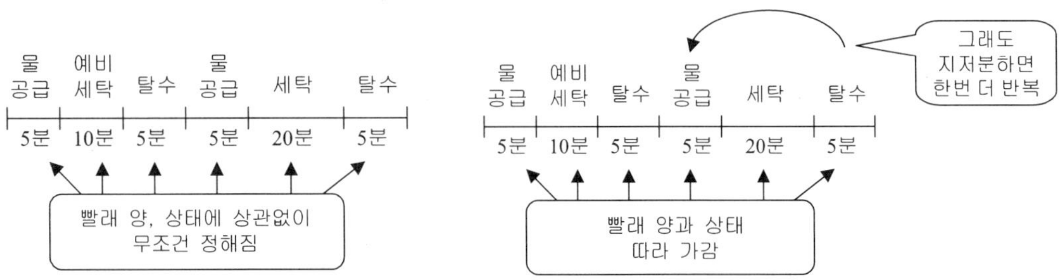

(a) 과거의 타이머식 (b) 컴퓨터 내장형

[그림 1-1-1] 세탁기에 컴퓨터를 적용한 예

덜 세탁되었다 판단될 경우에는 세탁시간을 늘려 조절한다. 또한 세탁이 종료되고 탈수를 행할 때도 단순 타이머 세탁기는 빨래가 한쪽으로 몰려 세탁기가 몹시 흔들려도 지정된 시간 동안 무조건 탈수하기 때문에 회전통의 고속회전에 의해 세탁기가 넘어지는 경우도 자주 발생했다. 이에 비해 컴퓨터가 내장된 세탁기는 초기에 회전통을 회전시킨 후 그 흔들림을 감지해 빨래가 몰린 것 같으면 통을 다시 거꾸로 돌리는 동작을 반복해 빨래가 몰리지 않도록 한 후 고속회전을 시킨다.

전기밥솥의 경우도 마찬가지로서, 과거의 고전적인 전기밥솥은 쌀과 물을 넣은 후 취사를 시작하면 일정 온도로 정해진 시간 동안 가열한 후 취사를 종료하는 단순한 것이었으므로, 만약 물 조절을 잘못해 물을 많이 넣건 적게 넣건, 그리고 밥을 많이 하건 적게 하건 무조건 정해진 대로만 취사를 진행해 질은 밥이나 탄 밥이 나오기 일쑤였다. 이에 비해 컴퓨터가 내장된 전기밥솥은 취사가 시작되면 밥솥의 무게, 가열로부터 끓기까지의 시간, 온도의 변화율, 발생하는 증기량 등을 감시해 쌀의 양과 물의 양에 맞도록 자동으로 취사시간을 조절하므로, 물을 대충 넣어도 또한 적은 양의 밥을 해도 항상 제대로 된 밥을 지어준다.

이상과 같은 차이가 컴퓨터가 내장된 것과 아닌 것의 차이점이며, 냉장고, 에어컨 등의 가전제품을 비롯해 자동차나 전철, 엘리베이터 등과 같은 운송기기, 로봇이나 생산기계와 같은 산업기기 등 수많은 분야에서 컴퓨터를 내장하려는 이유이다. 즉 단순히 움직이던 로봇 등에 컴퓨터를 내장하면 판단능력과 기억능력이 부여되어 상황에 따라 그에 해당하는 동작을 행할 수 있어 기계에 지능이 부여된다. 기계에 지능이 부여된 예로서 그림 1-1-2와 같은 로봇 팔의 예를 살펴본다.

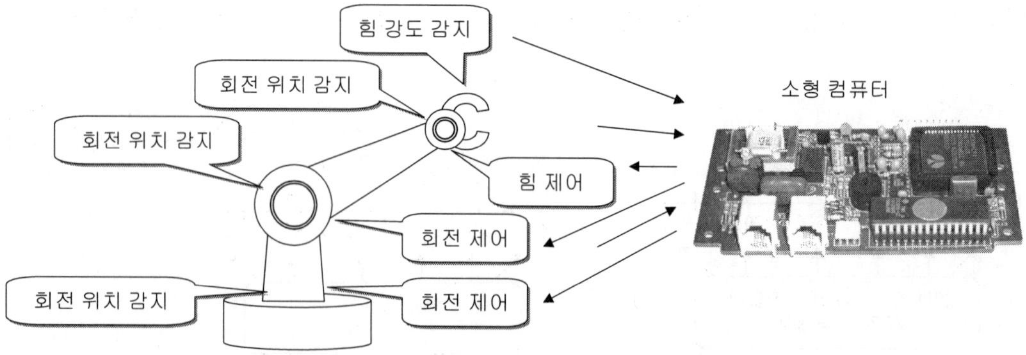

[그림 1-1-2] 로봇에 컴퓨터가 적용되는 예

단순히 기계인 로봇 팔에 지능을 부여하기 위해서는 기기 자신의 각종 움직임에 관한 정보가 필요하기 때문에 각 부분들의 회전 위치 감지를 위한 센서들이 필요하다. 이렇게 검출된 회전 위치 신호들은 컴퓨터로 전달되며 이러한 정보들을 종합해 어떻게 제어할 것인지를 판단한 후 이에 해당하는 제어신호를 출력하면 로봇 팔을 움직이는 전동기가 구동된다.

그림 1-1-3은 세탁기의 제어 예를 나타낸 것으로서 로봇 팔에 비해 훨씬 더 많은 정보를 수집해 이를 바탕으로 세탁을 행한다.

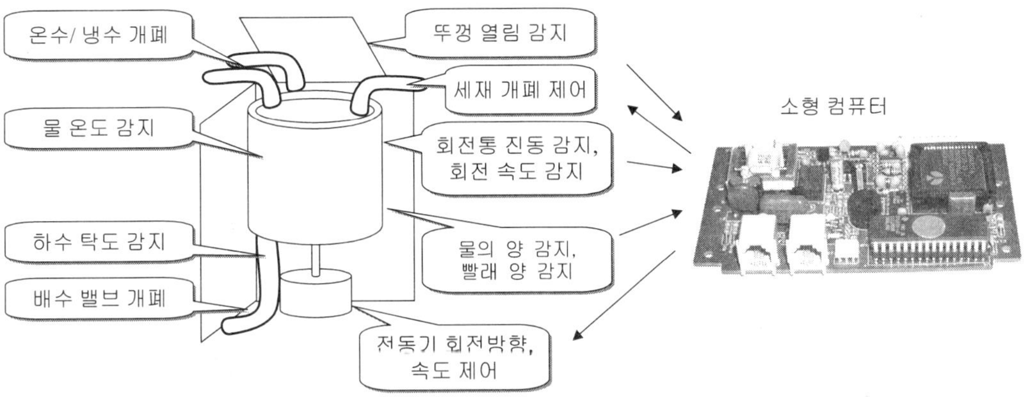

[그림 1-1-3] 세탁기에 컴퓨터가 적용되는 예

예를 들어 세탁물에 물을 넣을 때 물의 온도를 감지하면서 그에 따른 온수와 냉수의 양을 제어하고, 배수하면서 물의 탁한 정도를 검출해 빨래가 얼마나 깨끗하게 세탁되었는지를 판단해 이 결과를 토대로 추가 세탁의 여부를 결정할 수 있으며, 탈수 때 회전통의 진동을 감지하면 빨래가 한쪽으로 몰렸는지 알 수 있으므로 이에 맞는 제어를 행한다.

이상의 예에서 알 수 있듯이 모든 기기의 제어는 다음과 같은 계통을 거친다.

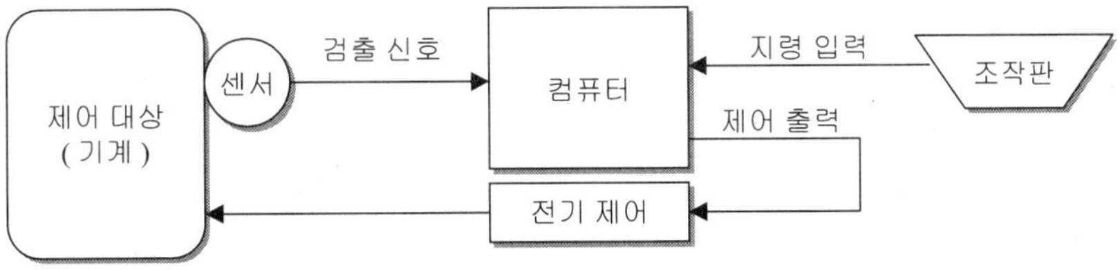

[그림 1-1-4] 기계 제어 시스템의 구성

제어 대상이 되는 기기의 상황을 검출하기 위한 각종 센서로부터 신호가 발생하면 이는 컴퓨터로 입력되고, 컴퓨터는 조작판에서 사람이 설정한 목표점과 비교해 그에 해당하는 제어 출력을 보낸다. 이 제어 출력은 약한 전기이기 때문에 제어 대상을 가동할 만한 큰 전기를 제어해 기기를 움직인다.

② 임베디드 시스템

이상의 설명에서와 같이 각종 다른 기기에 부속품 형태로 내장되는 컴퓨터 시스템을 별도로 분류해 임베디드 시스템(embedded system)이라 한다. 최근에는 이러한 제어용 컴퓨터의 성능도 매우 우수해져 리눅스(Linux) 같은 간단한 OS까지 탑재하는 경우가 늘고 있으며, OS가 탑재되었기 때문에 소형 기기에서도 간단한 데이터베이스 기능을 사용하고 통신까지 가능해졌다.

(3) 멀티미디어

① 멀티미디어의 구성

우리는 현재 여러 가지 기능매체를 이용해 정보를 전달하고 있다. 예를 들어 원거리의 사람들이 간단한 이야기를 나눌 때는 '전화'라는 매체를 이용한다. 자동차에서 뉴스를 전달받기 위해서는 '라디오'라는 매체를 이용하고, 서류를 원거리에서 전달받기 위해서는 '팩시밀리' 매체를 이용하거나 '우체국'이라는 매체를 이용한다. 이와 같이 우리 주변에는 다양한 매체가 사용되고 있으며, 각 매체들은 자신만의 독특한 방법을 취하고 있다. 그러나 컴퓨터의 발달과 통신기술의 발전에 힘입어 이제는 컴퓨터 통신을 이용해 각종 매체들의 기능을 쉽게 사용할 수 있게 되었으며, 앞으로도 이러한 추세는 더욱 가속화될 것이다. 컴퓨터에서 멀티미디어가 구현되는 예는 다음과 같다.

인터넷 E-mail로 카드가 왔다. 이 카드에서는 다음과 같은 멀티미디어가 사용된다.

① E-mail로 카드가 도착했다. (컴퓨터 통신)
② 화면에 그림엽서가 나타난다. (그래픽 매체)
③ 엽서 아래에는 축하 메시지가 적혀 있다. (문자매체)
④ 엽서 한쪽에는 보낸 사람의 동영상이 담겨 있다. (동영상)
⑤ 엽서가 나타나면서 배경음악이 흘러나온다. (음향매체)
⑥ 배경음악이 흐르면서 보낸 이의 목소리가 나온다. (음성매체)
⑦ 엽서에는 hyper-text가 있어 이것을 클릭하면 보낸 이의 홈페이지로 간다. (hyper-text)

이와 같이 컴퓨터를 이용해 다양한 매체의 기능을 대신하는 예는 다음과 같다. 컴퓨터를 이용하여,

1. 컴퓨터 고유의 기능으로 사용한다. ☞ 컴퓨터 기능
2. 팩시밀리를 보내고 받는다. ☞ 팩시밀리 기능
3. CD 음악을 듣는다. ☞ CD 플레이어 기능
4. TV를 시청한다. ☞ TV 기능
5. 화상을 기록하고 재생한다. ☞ VTR 기능
6. 화상 앨범을 제작한다. ☞ 사진 앨범
7. E-mail을 교환한다. ☞ 우체국, 편지함
8. 화상통신을 한다. ☞ 화상전화
9. 인터넷을 이용하여 전화를 한다. ☞ 국제전화
10. 컴퓨터가 자동으로 전화를 받고 메시지를 녹음한다. ☞ 자동응답 전화

…… 기타 등등

이와 같이 다중 매체를 이용하는 기술을 멀티미디어라 하며 예에서 살펴본 몇 가지만으로도 멀티미디어의 중심에는 컴퓨터가 있음을 알 수 있다. 즉, 컴퓨터라는 하나의 기계를 통해 각종 매체들을 모두 사용할 수 있으며, 더구나 동시에 사용이 가능하다.

② 멀티미디어 분야의 컴퓨터 역할 예

i) 밀티미디어 PC

그림 1-1-5에 멀티미디어를 구현할 수 있는 컴퓨터 장치의 예를 나타내었다.

마이크와 카메라는 음향과 영상 신호를 입력받는 것이며, 이 기기들을 통해 음성 메시지나 동영상을 제작한다. 스캐너는 그림이나 사진 등을 디지털로 변환하며, 이를 통해 디지털 앨범 등을 제작한다. 오디오 앰프와 스피커는 컴퓨터에 저장된 디지털 데이터를 음향신호로 출력시키며, 모니터는 화상을 전달한다. 그리고 하드디스크, 플로피디스크, CD 등의 저장매체를 이용해 디지털 데이터를 저장할 수 있다. 또한 겉으로는

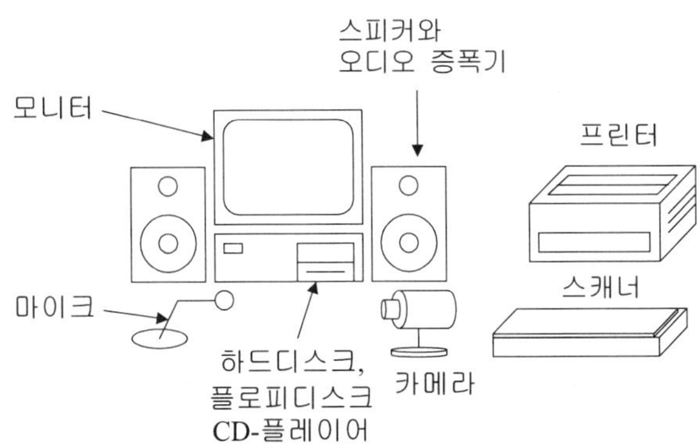

[그림 1-1-5] 멀티미디어 컴퓨터의 예

보이지 않으나 내부적으로 마이크와 카메라, 그리고 스캐너의 아날로그 신호를 디지털로 변환하는 A/D 변환기가 사용되며, 또한 디지털 데이터를 음향이나 화상 신호로 복원하는 D/A 변환기가 사용된다.

이와 같이 멀티미디어를 구현하기 위한 환경을 갖춘 PC를 '멀티미디어 PC'라 하며, 예를 들어 은행 창구에서 직원이 사용하는 컴퓨터나 마트의 계산대에 놓여 있는 컴퓨터 등은 멀티미디어를 구현할 수 없으므로 이에 해당되지 않는다.

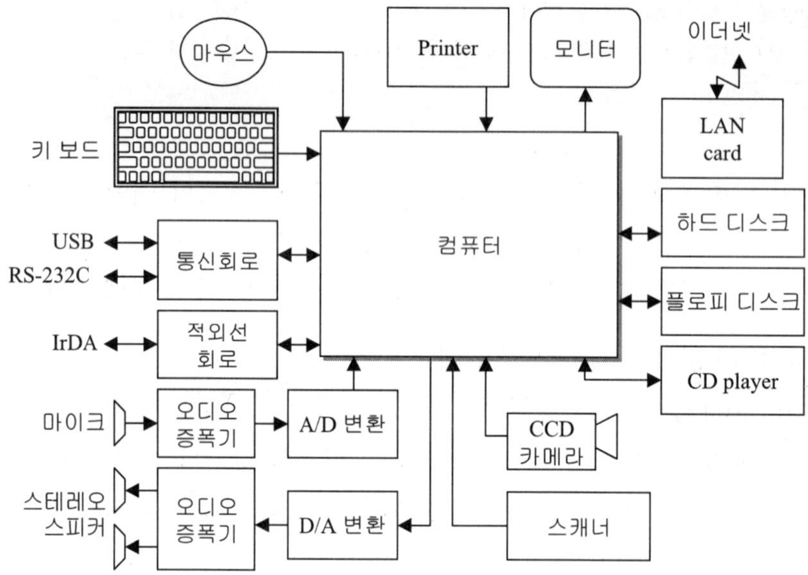

[그림 1-1-6] 멀티미디어 PC의 구성 예

ii) 다기능 휴대폰

근래에 사용되는 휴대폰은 컴퓨터를 내장함으로 인해 다양한 기능을 가지고 있으며 그림 1-1-7과 같은 멀티미디어가 가능하다. 그림 1-1-8은 다기능 휴대폰의 기기구성을 나타낸 것으로서 중심에 컴퓨터가 있고 그 주위에 각종 장치들이 부착되며 이 장치들을 컴퓨터가 제어해 사용자가 원하는 기능을 생성한다. 즉, 사용자가 키패드의 어떤 스위치를 누르는지를 감지해 그에 해당하는 기능을 수행하고, 전지가 다 소모되어가면 이를 감지해 알려주기도 하며, 통신이 두절되면 그에 맞는 경고나 프로그램 처리를 행하고, 사용자가 원하는 영어단어를 찾아 해당 뜻을 보여주기도 한다. 이 모든 것은 컴퓨터의 가장 큰 능력인 판단능력에 기반을 둔 것으로서, 이를 바탕으로 반복능력이 발생해 사전검색 등이 가능하다. 또한 기억능력으로 인해 휴대폰 내에 각종 프로그램을 내장하고 이 순서대로 진행되어 이와 같은 다양한 기능이 발휘된다.

기능	설명
전화	휴대폰 고유의 기능
DMB	텔레비전 시청 기능
MP3	소형 오디오의 역할
전화부	전화번호부 기능
문자전송	간단한 메시지 전달 기능
카메라	디지털 카메라 기능
캠코더	동영상 촬영 기능
계산기	
전자사전	
알람	알람시계의 기능
게임	소형 게임기의 기능
달력	스케줄을 관리할 수 있는 달력
메모장	메모 수첩 기능
:	:

[그림 1-1-7] 다기능 휴대폰의 외형 및 기능

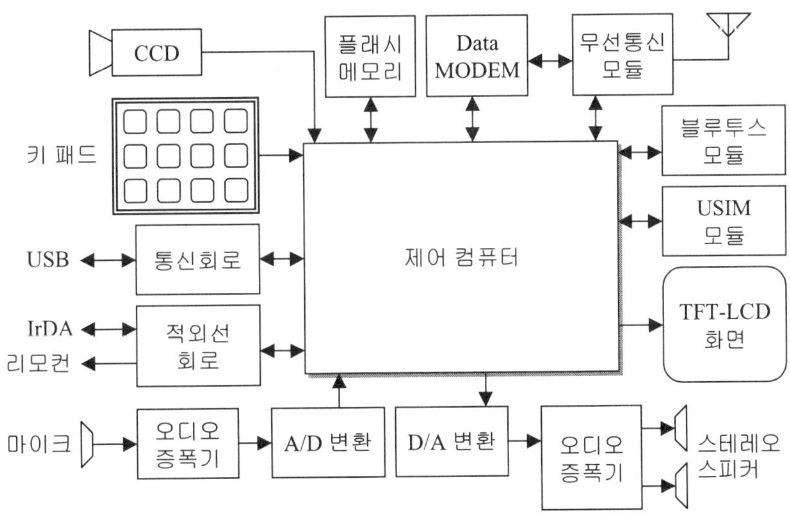

[그림 1-1-8] 다기능 휴대폰의 구성도

ⅲ) 기타 멀티미디어 기기들

다른 멀티미디어 기기들도 다기능 휴대폰과 같이 중앙에 컴퓨터가 위치하고 이를 중심으로 주변회로들이 접속된다. 그림 1-1-9에 MP3 플레이어와 PMP(Portable Multimedia Player)를 나타내었고 그림 1-1-10에 이들 기기의 블록도를 나타내었다.

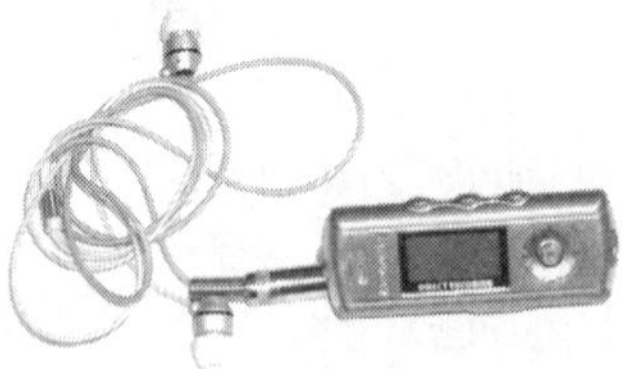

(a) MP3 플레이어

(b) PMP

[그림 1-1-9] MP3 플레이어와 PMP의 예

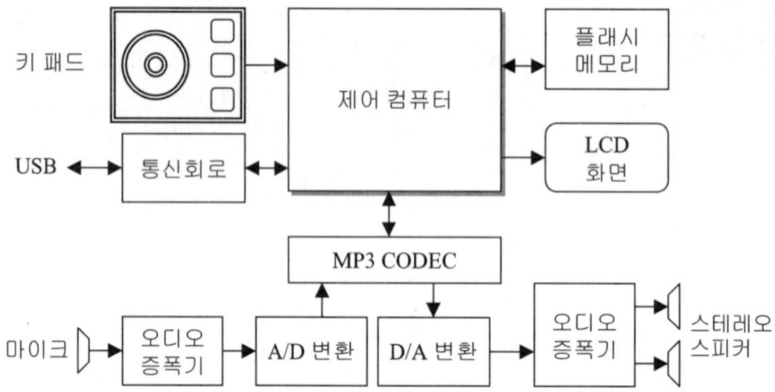

(a) MP3의 구성도

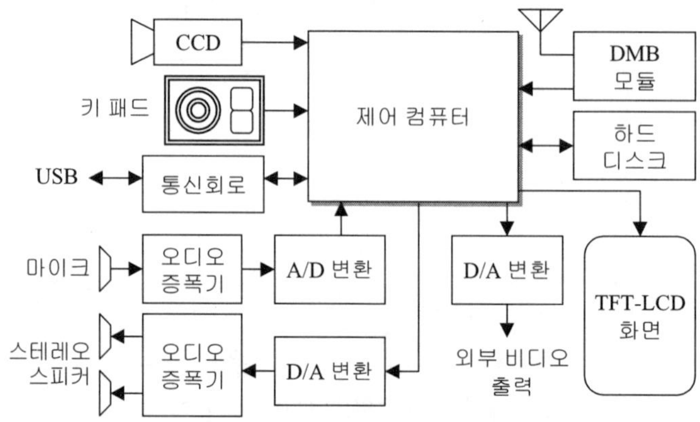

(b) PMP의 구성도

[그림 1-1-10] MP3와 PMP의 내부 구성도

MP3에 내장되는 컴퓨터의 성능은 그다지 좋을 필요가 없어 간단한 것이 내장되고, 가장 핵심은 MP3 CODEC이다. PMP는 동영상을 표시하고 녹화하므로 상당히 고성능 컴퓨터가 내장되며 고성능의 디스플레이 화면이 사용된다. 이와 같이 멀티미디어 기기들은 컴퓨터를 중심으로 주변에 어떤 장치들을 강화시켰는가에 따른 차이가 있을 뿐 구성적인 면에서는 거의 유사하다.

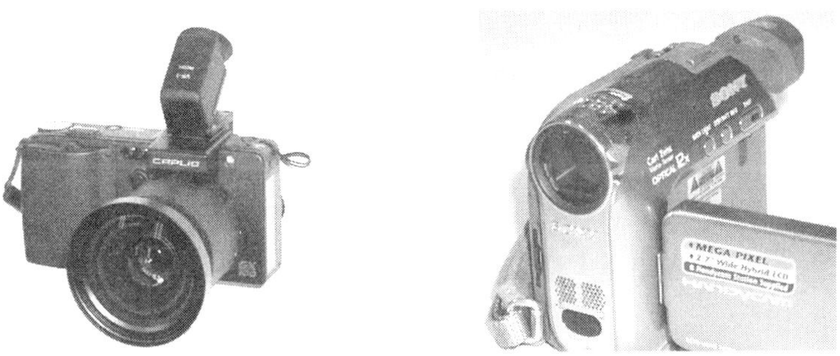

(a) 디지털 카메라　　(b) 디지털 캠코더

[그림 1-1-11] 디지털 카메라와 디지털 캠코더의 예

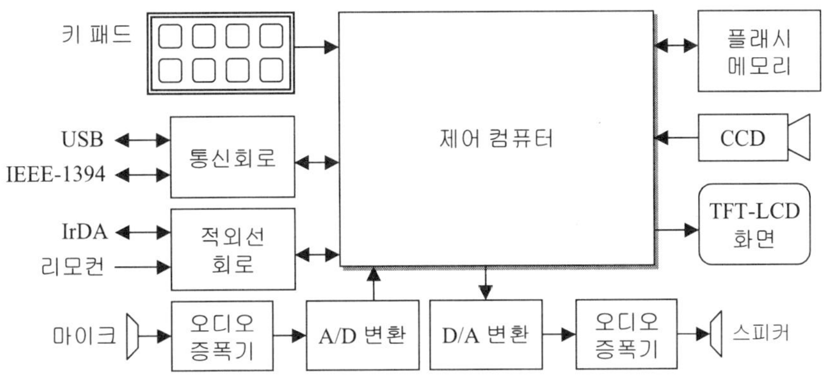

(a) 디지털 카메라

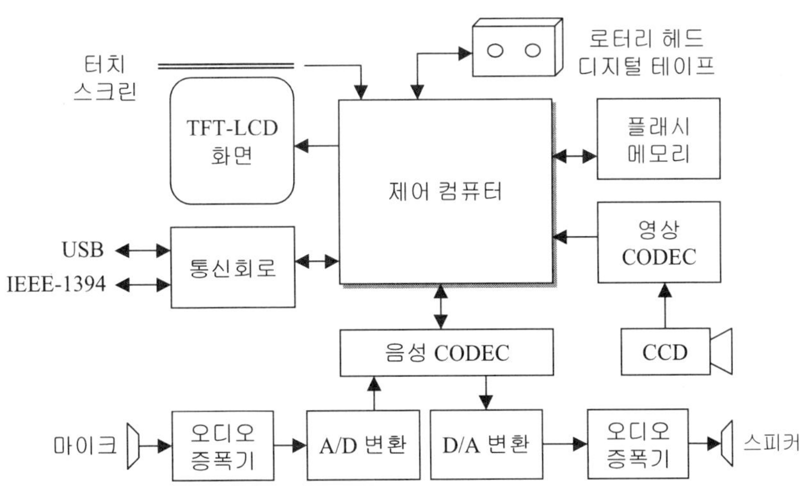

(b) 디지털 캠코더

[그림 1-1-12] 디지털 카메라와 디지털 캠코더의 구성도

참고로 그림 1-1-11과 그림 1-1-12에는 디지털 카메라와 디지털 캠코더의 예와 구성을 나타내었다. 디지털 카메라와 캠코더는 카메라 렌즈에 관한 제어, 즉 초점조절, 셔터조절 등이 휴대폰 카메라와 달리 기계식으로 조절해 화질에 대한 기능들이 강화되고, 촬영 피사체를 정확히 확인할 수 있도록 뷰-파인더(view-finder) 등이 강화된 점이 다른 기기들과 다른 점이지만, 구성도에서 알 수 있듯이 기기의 중심에는 역시 컴퓨터가 위치한다.

(4) 통신 네트워크

최근에 통신 네트워크 분야가 급속도로 발전하게 된 계기 또한 컴퓨터 발달의 영향이 크다. 휴대폰, 스마트-폰 등 각종 통신기기들은 이미 멀티미디어 부분에서 살펴봤듯이 컴퓨터가 중심이 되어 있지만, 통신 네트워크 또한 컴퓨터의 비중이 매우 크다. 많은 통신 네트워크 중 가장 큰 규모인 인터넷을 중심으로 컴퓨터의 역할을 살펴본다.

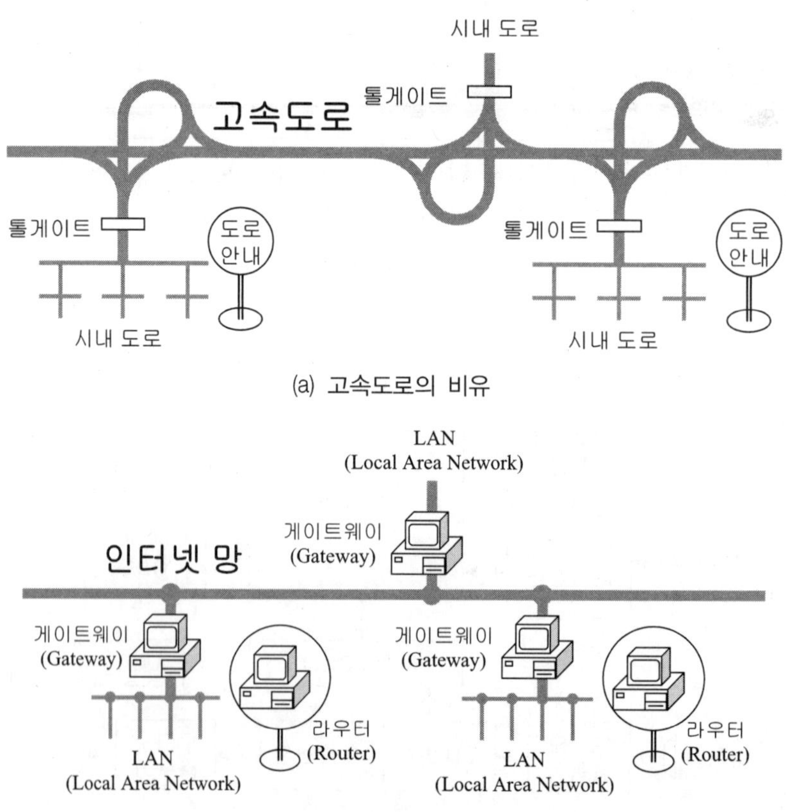

(b) 인터넷의 구성

[그림 1-1-13] 인터넷의 구성 개념

인터넷이란 전 세계의 컴퓨터가 네트워크로 연결되어 있어 세계 어느 곳의 컴퓨터라도 서로 접속해 데이터를 주고받을 수 있는 연결망을 말한다. 현재 이러한 인터넷을 통해 E-mail, 홈페이지 접속 등 다양한 용도에 이용하고 있다. 전 세계를 잇고 있는 인터넷망은 수많은 컴퓨터들이 각자의 역할을 하며 접속되어 구성되는데, 이들은 그림 1-1-13(a)와 같이 고속도로에 비유할 수 있다.

① LAN

그림 1-1-13(a)의 고속도로 비유에서, 고속도로와는 별개로 각 도시마다 자체의 도로망을 가지고 있는데, 컴퓨터망에서도 하나의 건물이나 하나의 단체들은 자체적으로 네트워크를 형성하고 있고, 이를 LAN(지역 네트워크)이라 한다. 즉, LAN(Local Area Network)이란 고속도로 비유에서 본다면 각 도시에 해당하는 네트워크이며, 만약 데이터를 LAN 내부에서 교환할 때(즉, 같은 건물 내 등)에는 인터넷망을 통하지 않고 자체 LAN에서 해결 가능하므로 고속도로에 해당하는 인터넷망을 이용할 필요가 없어 인터넷망이 붐비는 것을 해소할 수 있다.

② 게이트웨이

그림 1-1-13(a)에서, 고속도로를 이용하려면 고속도로의 원활한 소통과 관리를 위해 도로의 아무 곳에서나 출입하지 않고 꼭 톨게이트를 거쳐야만 가능하다. 이와 마찬가지로 인터넷망에서도 인터넷에 합류하는 톨게이트 역할의 컴퓨터가 있으며, 이를 게이트웨이(gateway)라 한다. 즉, 데이터는 게이트웨이를 통해 인터넷망으로 나가고 들어온다. 예를 들어, 한 건물 내의 네트워크에서 다른 건물의 네트워크로 데이터를 전송하려면 내 건물의 게이트웨이를 통해서 인터넷망으로 나간 후, 다른 건물의 게이트웨이를 통해서 그 건물의 네트워크로 진입한다(고속도로를 이용하는 것과 비교하면 이 과정을 쉽게 이해할 수 있다).

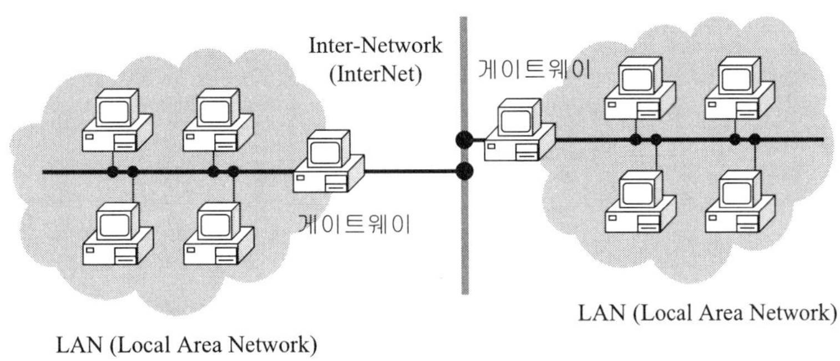

[그림 1-1-14] LAN의 개념

③ 라우터

우리가 다른 도시의 어느 곳을 찾아가려 할 때, 우선 "어느 도로를 따라 고속도로로 진입한다. 어느 톨게이트에서 빠져나가서 그 도시의 어느 도로를 따라가면 찾을 수 있다"라는 계획을 가지고 찾아나서며, 이때 찾아가는 도로는 여러 가지가 있을 수 있다. 이와 마찬가지로, 어느 컴퓨터에서 데이터를 다른 컴퓨터로 전송하려 할 때, "어느 네트워크 경로를 거쳐 상대방 컴퓨터에 도착한다"라는 일종의 도로안내 역할을 하는 컴퓨터가 라우터(router)이다. 즉, 라우터는 컴퓨터들이 어느 경로를 따라 데이터를 전송해야 할지를 알려주며, 일반 도로와 마찬가지로 어떤 도로가 현재 공사 중이라면 다른 도로로 우회할 수 있도록 안내 역할을 한다.

④ DNS

DNS(Domain Name Server)는 인터넷 도메인명으로 실제의 인터넷 주소를 찾아주는 컴퓨터로서, 기본적인 동작은 그림 1-1-15와 같다.

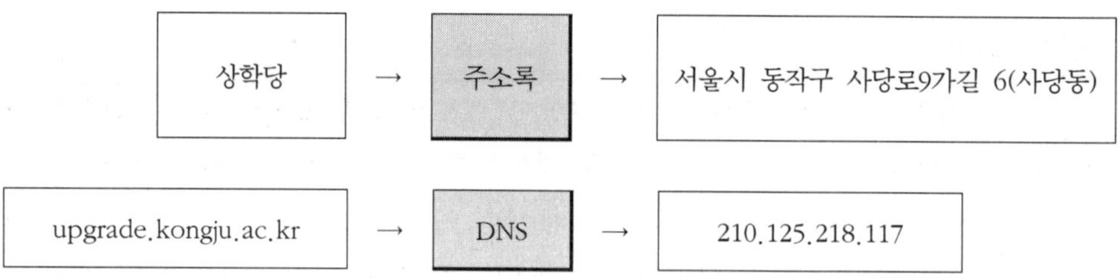

[그림 1-1-15] DNS의 기본 동작

그림에 나타낸 바와 같이 DNS는 우리가 사용하는 주소록과 비슷하다. 즉 사람의 이름 등을 주소록에서 찾으면 그 주소를 알아내고, 이 주소를 이용해 우편 등을 전달한다. 마찬가지로 인터넷에서도 도메인명으로 인터넷 접속을 하면, 컴퓨터는 우선 DNS에 문의해 IP 주소를 알아내고, 이 주소를 이용해 인터넷 통신을 행한다.

2. 컴퓨터 개론

이 절의 내용은 이 책의 자매지 《마이크로프로세서 구조 및 실습》의 내용을 요약한 것이므로 상세한 내용은 이 서적을 참조하라.

1) 컴퓨터 하드웨어 구성 3요소

컴퓨터는 디지털 원리를 이용한 가장 뛰어난 기기 중 하나로서, 이를 구성하기 위해서는 필수적인 3종류 하드웨어 회로 유닛을 가져야 하며, 이 중 하나라도 빠지면 '컴퓨터'라는 명칭을 붙일 수 없고 단순한 회로에 불과하다.

컴퓨터 하드웨어 구성 3요소
1. CPU(Central Processing Unit)
2. 메모리 유닛(memory unit)
3. I/O 유닛(Input/Output)

① CPU

컴퓨터 하드웨어 구성 3요소 중 CPU(Central Processing Unit)는 '중앙처리장치'라 번역되며, 인간의 두뇌가 일을 판단하고 수행하는 역할에 해당한다. 즉 CPU는 컴퓨터가 해야 할 일을 순서대로 처리하고 상황을 판단하며, 계산을 수행한다. 수많은 IC 부품 중 이러한 CPU의 역할을 할 수 있는 것이 있는데, 'Pentium', 'Dual-Core' 등의 이름을 가진 IC들이 이것이다.

② 메모리 유닛

메모리 유닛(memory unit)은 '기억장치'라 번역되며, 인간의 두뇌에서 기억기능과 같은 역할을 한다. 이 장치에는 컴퓨터가 수행해야 할 작업의 스케줄, 처리해야 할 데이터, 처리된 데이터 등을 기억하고 있다가, CPU의 요구에 해당하는 데이터를 CPU로 건네주기도 하고, CPU에서 건네준 데이터를 기억하기도 한다. 일반적으로 '256메가 램', '1기가 램'이라는 식으로 불리는 것이 이 메모리 유닛을 지칭하는 것이다.

③ I/O(Input/Output) 유닛

I/O 유닛은 '주변장치', 또는 '입출력장치'라 번역되며, 인간의 눈, 귀, 입, 손 등에 해당된다. 즉 눈, 귀와 같이 외부의 입력을 받는 기기를 입력장치(input unit)라 하고, 입, 손과 같이 출력을 보내는 기기를 출력장치(output unit)라 하며, 이들을 모두 I/O 유닛이라 한다. 컴퓨터에서 입력기기에 해당되는 기기로는 키보드, 마우스 등이 있고, 출력기기에 해당되는 기기로는 모니터, 프린터 등이 있다. 또한 입력과 출력을 모두 행할 수 있는 기기로는 디스크 장치나 통신장치 등이 있다.

이상에서 살펴본 컴퓨터 하드웨어 구성 3요소 중, CPU와 메모리는 우리가 사용하는 컴퓨터의 내부에 구성되어 있어 눈에 띄지 않으며, 겉으로 보이는 컴퓨터 장치들은 모두 I/O 장치에 해당된다.

2) CPU

(1) CPU 구성 3요소

컴퓨터 CPU(Central Processing Unit)는 레지스터(register), ALU, 컨트롤 유닛(control unit)의 3가지 요소회로로 구성된다.

① 레지스터

레지스터(register)란, CPU가 프로그램이나 데이터를 처리하는 데 있어 필요로 하는 CPU 내의 임시 기억장소를 의미하며, 프로그램 카운터(PC)와 어큐뮬레이터 등이 여기에 속한다. 이는 메모리와는 다른 개념으로서, 메모리는 CPU가 처리할 프로그램과 데이터, 처리된 데이터 등을 보관하는 곳이며, 레지스터는 CPU가 일처리에 필요한 임시 기억장소이다.

② ALU

ALU(Arithmetic/Logic Unit)란, 계산을 담당하는 부분으로서, 산술연산(arithmetic) 부분과 논리연산(logic) 부분으로 구성되어 있다. 산술연산부에서는 숫자계산을 수행하고, 논리연산부에서는 '옳다, 그르다' 등의 논리연산을 실행한다.

③ 컨트롤 유닛

컨트롤 유닛(control unit)은 CPU 내부의 각 회로들이 순서와 조건에 맞게 동작할 수 있도록 제어를 담당하는 부분이다. 이 회로는 프로그램에 적혀 있는 CPU가 실행할 명령을 해석해 CPU 내의 각 요소회로들에게 각각 동작지시를 내린다.

(2) CPU의 비트 수

① 비트(bit)의 개념

CPU에게 어떤 숫자(데이터)를 전달하기 위해서 2진수 디지털 숫자를 이용한다. 이때 CPU와 연결된 전선 한 가닥은 2진수 한자리에 해당하므로, 2진수라는 의미의 바이너리(binary)와 자릿수라는 의미의 디짓(digit)을 합쳐 <u>bi</u>nary(2진수)+dig<u>it</u>(자리)=bit라는 단위를 사용한다. 따라서 CPU와 연결된 선이 8가닥이라면 '8-bit CPU', 16가닥이라면 '16-bit CPU' 등으로 부른다.

② 비트 수의 관점 차이

CPU의 비트 수는 앞서 설명한 바와 같이 CPU와 연결되는 데이터 선의 가닥 수로 정의된다. 그런데, 일부 프로세서에서는 이러한 정의가 혼동되는 경우가 있으므로 이에 관해 살펴본다.

과거 최초의 IBM-PC에 사용되었던 CPU는 Intel사의 i8086과 i8088이라는 프로세서였다. 이 프로세서들의 차이를 그림 1-2-1에 나타내었다.

그림 1-2-1(a)는 Intel i8086 CPU의 구조로서, CPU 내의 계산 등에 사용되는 레지스터는 16비트이고, 이 레지스터와 연결된 선은 당연히 16가닥, 따라서 CPU 바깥의 연결핀도 16핀이 필요하다. 이에 비해 Intel i8088 CPU는 그림 1-2-1(b)와 같이 내부 레지스터는 16비트인 데 비해 외부로 연결되는 선은 8가닥, CPU 핀도 8핀으로 구성되어 있다. i8088 CPU는 이러한 8가닥의 전선을 이용해 그림 1-2-1(c), (d)와 같이 16비트 데이터를 2회에 걸쳐 내보내는 방식으로 구성되어 있는데, 이 프로세서가 제작된 당시에는 대부분의 CPU들이 8비트였기 때문에 주변소자들도 8비트를 기준으로 만들어져 있었고, 따라서 그 부품들과의 호환을 위해 이와 같은 구조를 택했다.

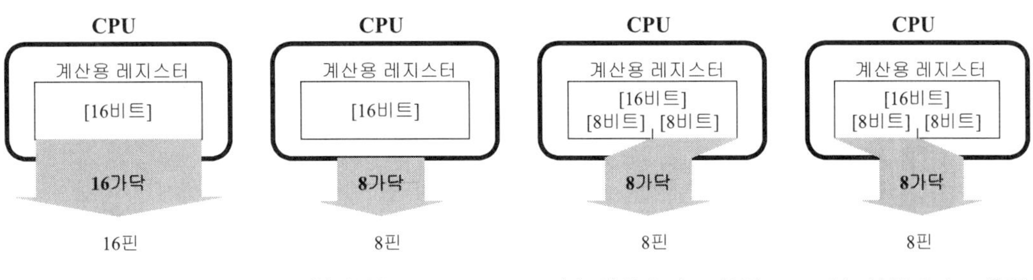

(a) i8086 구조 (b) i8088 구조 (c) 하위 8비트 출력 (d) 상위 8비트 출력

[그림 1-2-1] Intel i8086과 i8088 CPU의 차이

그렇다면, i8086 CPU는 그림 1-2-1(a)와 같이 레지스터도 16비트, 외부 연결선도 16비트이므로 이 CPU는 당연히 16비트 CPU라 분류되겠지만, 그림 1-2-1(b)와 같이 구성되어 있는 i8088 CPU는 8비트인가, 16비트인가? 이는 프로세서를 다루는 입장에 따라 달라진다. 하드웨어를 다루는 사람의 입장에서는 핀이 8가닥이므로 연결할 전선이 8가닥이며, 따라서 이는 8비트 CPU로 보인다. 그러나 소프트웨어를 다루는 사람의 입장에서는 하드웨어야 어찌 되었든 내부 계산이나 처리 면에서 i8086이나 i8088이나 약간의 속도 차만 있을 뿐 프로그램은 동일하게 16비트로 처리하고 있으므로 16비트 CPU로 보이는 것이다. 실제로 몇 비트 CPU인지는 제작한 메이커에서 정하기 나름이지만, Intel사에서는 i8086이나 i8088 모두 16비트 프로세서라 발표하여 한동안 하드웨어 전공자와 소프트웨어 전공자 사이에 혼란을 일으킨 적이 있다. 이러한 이유로 모토롤라사의 경우 i8088과 같은 구조를 가진 CPU를 '8-bit Bused 16-bit CPU', 즉 '8개 라인을 가진 16비트 CPU'라 분류해 혼란을 없앴다.

(3) CPU, MPU, MCU, NPU라는 용어들

① CPU

CPU(Central Processing Unit)란, 우리말로 '중앙처리장치'라 하는 것으로서, 이는 컴퓨터라는 기계 상의 역할(위치) 이름이다. 중형 컴퓨터(mini-computer)나 대형 컴퓨터(main-frame)의 CPU란 수백~수천 개의 부품이 모여 이루어진 기능 집단으로서 그림 1-2-2(a)와 같이 캐비닛 형식으로 구성되어 있다.

그림 1-2-2(b)는 중형/대형 컴퓨터의 외형을 나타낸 것으로서, 컴퓨터의 모든 유닛이 캐비닛 형식으로 구성되고 각 캐비닛(유닛)의 역할을 구분하는 명칭이 붙어 있다. 이들 유닛 중 전체 시스템을 통제하고 일을 처리하는 역할의 유닛을 CPU라 구분하고,

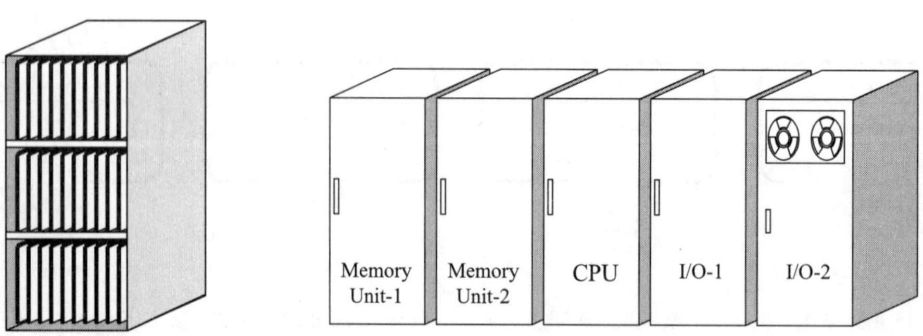

(a) CPU 캐비닛　　　(b) 대형 컴퓨터 시스템

[그림 1-2-2] CPU 용어의 사용

CPU로부터 발생한 데이터를 기억했다가 필요로 할 때 다시 공급하는 역할의 유닛을 메모리 유닛(memory unit)이라 하며, 외부와의 통신과 같은 역할을 하는 유닛을 I/O 유닛이라 구분한다. 즉, CPU라는 용어는 컴퓨터 시스템 중 유닛의 역할(위치) 중 중앙처리를 하는 역할을 나타낸 것이다.

② MPU

MPU(Micro-Processor Unit)라는 용어는 부품의 분류명칭으로서, 수많은 종류의 IC 중 CPU 같은 역할을 할 수 있는 IC를 '소형 프로세서'라는 뜻으로 Micro-Processor Unit이라 한다. 즉, 그림 1-2-3과 같이 외부 형상은 동일한 IC일지라도 내부의 기능은 전혀 다르며, 이 중 주어진 일을 순서에 의해 수행하는 기능을 가진 IC를 MPU라 한다.

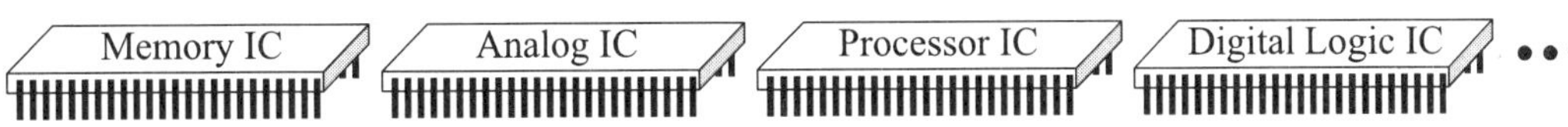

[그림 1-2-3] 여러 가지 종류의 IC들

즉, 정리하면 CPU라는 용어는 컴퓨터 내부에서의 역할(위치)명이고, MPU는 IC의 기능상 분류명이다. 예를 들어, 아직 컴퓨터에 내장되지 않은, 즉 부품상태의 펜티엄(Pentium) 소자는 IC의 분류상 MPU이다. 즉, 'Pentium Micro-Processor'라 불러야 적당하다. 이 부품이 어떤 컴퓨터에 중앙처리를 하도록 배치된다면, 이때 이 프로세서는 그 컴퓨터의 CPU 역할을 한다. 그러나 이 프로세서가 어떤 컴퓨터에서 중앙처리가 아닌 다른 주변기능을 수행하도록 사용되었다면 이때는 CPU 역할이 아니다.

③ MCU

MCU(Micro-Computer Unit, Micro-Controller Unit)란 하나의 IC 내에 컴퓨터의 3요소인 CPU와 메모리, 그리고 I/O를 모두 갖춘 것을 의미한다. 이는 비록 간단하게나마 컴퓨터의 3요소를 모두 갖추고 있기 때문에, 최소의 회로만 갖추고 전원을 인가하면 바로 동작이 가능하다. 이 때문에 MCU는 간단하지만 순차적으로 일을 수행하는 용도로 사용되며 우리 주변의 대부분 프로세서는 MCU로서, 자동판매기, 세탁기, 전자 손목시계, 전자계산기, 리모컨, 컴퓨터 키보드, 컴퓨터 마우스, 하드디스크, 자동응답전화기, 핸드폰 등 가장 광범위하게 사용되는 부류이다.

④ NPU

NPU(Network Processor Unit)는 네트워크용으로 적합하도록 구성되어 있는 프로세서로서, 컴퓨터의 3요소 중 메모리를 제외한 나머지, 즉 CPU와 I/O 유닛을 하나의 IC에 집적시킨 것이다. 프로세서가 네트워크에 관련된 처리를 행할 때는, 네트워크의 특성인 고속처리 면에서 유리하도록 CPU와 가장 이상적인 형태로 결합된 I/O를 지니도록 하는 반면, 네트워크의 종류에 따라 메모리의 용량이 크게 달라지기 때문에 메모리에 대해서는 사용자가 정할 수 있도록 설계되어 있다.

3) 메모리

메모리 유닛은 컴퓨터의 3요소 중 컴퓨터가 실행할 프로그램과 처리할 데이터를 저장하는 장치로서, 휘발성(volatile) 메모리와 비휘발성(non-volatile) 메모리로 크게 나누어진다.

(1) 휘발성 메모리

휘발성 메모리란 전원이 없을 때 내용이 사라지는 메모리를 의미한다. 현재 사용되는 휘발성 메모리는 대부분 RAM(Random Access Memory)이라는 소자로서, 이는 CPU가 마음대로 데이터를 읽고 쓰기 가능한 부품이다. RAM에는 또한 SRAM(Static RAM)과 DRAM(Dynamic RAM)이라는 것으로 크게 구분된다.

① SRAM

SRAM(Static RAM)은 전원이 인가되어 있는 한 내용이 사라지지 않으며, 읽고 쓰는 속도가 빠르고 사용방법이 간단하다는 장점이 있지만, 용량당 가격이 매우 비싸다는 단점이 있어 대용량의 메모리가 필요한 경우에는 부적합하다.

② DRAM

DRAM(Dynamic RAM)은 전원이 인가되어 있어도 일정한 시간(보통 약 0.01초)이 지나면 내용이 사라지는 메모리로서, 읽고 쓰는 속도가 느리고, 내용을 유지하기 위해 리프레시(refresh)를 필요로 하는 등 사용법이 상당히 복잡하지만, 용량에 비해 가격이 매우 저렴하기 때문에 대용량의 메모리가 필요한 곳에 적합하다.

(2) 비휘발성 메모리

비휘발성 메모리는 전원이 없어도 내용이 사라지지 않는 메모리를 의미하며, 주로 ROM과 플래시 메모리(flash-memory)라는 종류가 많이 사용되고, 전기가 사라져도 내용이 유지돼야 하는 프로그램이나 데이터는 이 소자를 이용해 기록한다.

① ROM

ROM(Read Only Memory)은 '읽기 전용 메모리'라는 뜻으로서, 이 소자에 내용을 기록하는 것은 특수한 작업에 해당되고, 보통은 읽기동작만을 행하기 때문에 붙여진 이름이다. 이러한 ROM에는 그 특성에 따라 여러 가지 종류가 있다.

ⅰ) Mask-ROM

Mask-ROM은 공장에서 소자가 생산될 때부터 내용이 기입되는 것을 말하며, 대량 생산에 유리하다. 이 형태의 소자는 저가격, 대량 생산용 부품, 예를 들어 손목시계용, 전자계산기용 소자 등에 사용되고 있다.

ⅱ) PROM

PROM(Programmable ROM) 또는 Fused-ROM이라고도 부르는 이 소자는 비어 있는 소자에 단 한 번만 내용을 기입할 수 있는 것이다. 기본 원리는 소자 내부의 부품을 태워서 없앴는지 그대로 두었는지에 따라서 0과 1을 구분하도록 되어 있다. 이 부품은 비교적 가격이 저렴하기 때문에 Mask-ROM 수준의 대량 생산은 아니지만 비교적 대량 생산에 속하는 제품의 생산 시 사용한다. 예를 들어, 자동판매기나 PC 내의 기본 프로그램(BIOS) 저장용, VTR, TV용 등에 사용된다.

ⅲ) EPROM

EPROM(Erasable Programmable ROM)은 내용을 지우고 다시 기입할 수 있는 것으로서, 가격은 비싸지만 내용을 잘못 기입했을 경우 다시 지울 수 있으므로 소량 생산용이나 연구 개발용으로 사용된다.

소자의 내용을 지우는 방법에 따라 UVEPROM(Ultra-Violet EPROM)과 EEPROM(Electrical EPROM)과 같은 부류가 있으며, UVEPROM은 소자에 자외선을 쪼여 내용을 지우는 방식이고, EEPROM은 전기신호로서 내용을 지우는 방식이다.

② 플래시 메모리

플래시 메모리(flash memory)는 EEPROM과 유사한 것이지만 용량이 매우 크고 내용을 지우고 갱신하는 속도가 상당히 빠른 특징이 있다. 단, EEPROM은 바이트 단위로 처리를 행하는 데 비해 NAND-플래시는 수백에서 1K바이트 정도의 페이지 단위로 데이터를 처리하기 때문에 수 바이트 수준의 데이터를 기록하고 읽는 경우에는 오히려 EEPROM보다 느릴 수 있다.

(3) CPU와 메모리의 접속

① Bus와 메모리 용량

CPU와 메모리 소자 사이는 전선으로 서로 접속되어 이를 통해 프로그램과 데이터를 주고받는다. CPU는 자신이 원하는 데이터가 담겨 있는 주소(노트의 페이지에 해당)를 메모리 소자에게 알려주면, 메모리 소자는 해당되는 곳의 내용을 CPU에게 내준다. 이와 같이, CPU와 메모리 사이에 연결되어 있는 전선 중, 주소를 전달하는 전선을 '어드레스 버스(address bus)'라 하고, 데이터를 전달하는 전선을 '데이터 버스(data bus)'라 한다. 여기서, '버스(bus)'라는 용어는 여러 개의 전선 집단(전선 다발)을 의미한다.

CPU와 메모리 사이에 연결된 어드레스 버스는 그 선의 가닥 수에 의해 지시할 수 있는 주소의 범위가 결정되며, 어드레스 버스에 대한 최대 지정 가능 번지 수는 표 1-2-1과 같다.

〈표 1-2-1〉 어드레스 버스에 의한 지정 가능 용량

어드레스 버스 수	지정 가능 번지 수	어드레스 버스 수	지정 가능 번지 수	어드레스 버스 수	지정 가능 번지 수
1	2	11	2,048 (=2K)	21	2M
2	4	12	4,096 (=4K)	22	4M
3	8	13	8,192 (=8K)	23	8M
4	16	14	16,384 (=16K)	24	16M
5	32	15	32,768 (=32K)	25	32M
6	64	16	65,536 (=64K)	26	64M
7	128	17	128K	27	128M
8	256	18	256K	28	256M
9	512	19	512K	29	512M
10	1,024 (=1K)	20	1,024K(=1M)	30	1,024M(=1G)

② Bus의 종류

CPU와 메모리 사이는 다음과 같은 3종류의 버스를 이용해 접속한다.

① 어드레스 버스(address bus) : 메모리의 어드레스를 지정하는 선 다발
② 데이터 버스(data bus) : 데이터를 주고받는 선 다발
③ 컨트롤 버스(control bus) : CPU가 메모리를 제어하기 위한 선 다발

컨트롤 버스는 예를 들어 CPU가 메모리에게 '데이터를 기억하라', 또는 '데이터를 읽어내라' 등의 제어를 위한 선들이 모여 있다.

(4) 메모리의 용량 표현방법

메모리 소자에 기억시킬 수 있는 용량을 표현하기 위해 다음과 같은 단위들을 주로 사용한다.

> bit : 디지털의 최소 단위. 즉 2진수 1자리
> nibble : 4개의 bit가 모인 단위
> byte : 2개의 nibble이 모인, 즉 8개의 bit가 모인 단위
> word : 몇 개의 bit를 모아 한 덩이로 보는 단위. 몇 개의 bit를 한 word로 볼 것인지는 상황에 따라 다르게 표현된다.

컴퓨터 메모리 구조를 설명하는 예를 그림 1-2-4에 나타내었다.

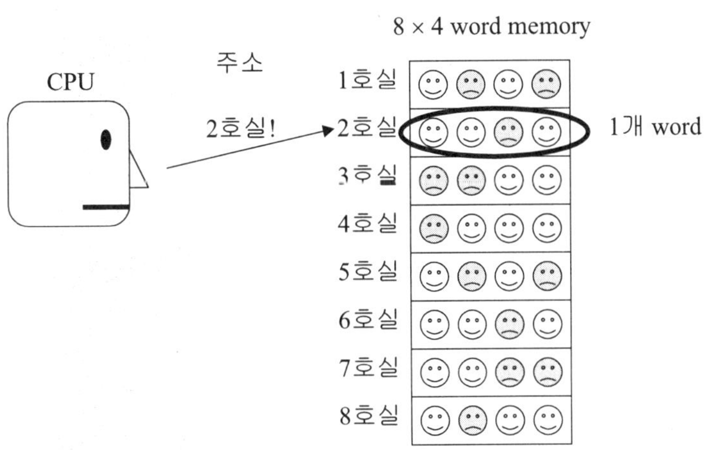

[그림 1-2-4] 컴퓨터 메모리의 예

그림과 같이 하나의 주소당 4명씩 데이터가 사는 기숙사가 있을 때, CPU가 어느 번지를 호출하면 해당되는 번지의 내용은 한꺼번에 4비트씩 읽어낼 수 있다. 그림에서와 같이 4개 비트가 하나의 word를 형성하고, 이러한 word가 8개 존재한다면, 이 메모리의 용량은 '8×4'라 표시한다. 이 경우, bit수로 나타낸 메모리의 용량은 32bit가 된다. 이와 같은 원리로, 256×4라는 용량을 가진 메모리는 4개가 1조를 이루는 4-bit word로 구성되고, 이러한 word가 256개인 메모리이므로 전체 용량은 1,024bit(=1*K*bit)가 된다.

전체 용량이 64bit인 메모리의 경우 그림 1-2-5와 같은 여러 가지 조합들이 가능하다.

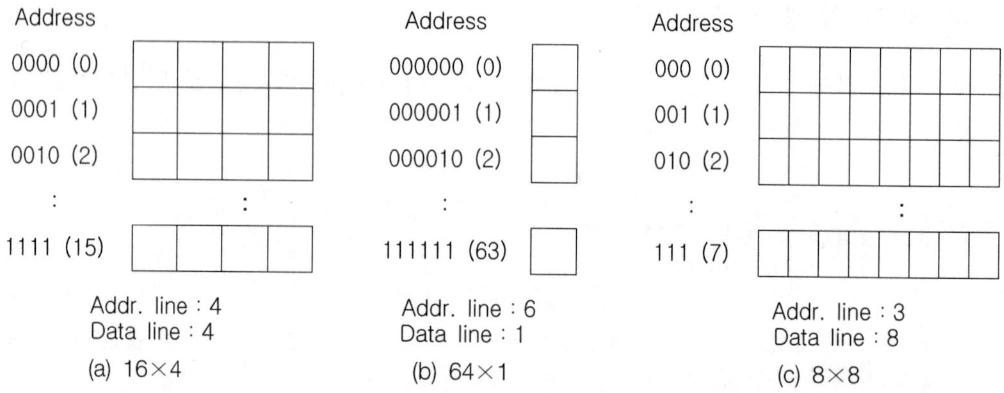

[그림 1-2-5] 여러 형태의 메모리 구성 예

그림 1-2-5(a)는 16×4로 배열된 것으로서 어드레스는 4개 라인, 데이터도 4개 라인으로 구성된다. 그림 1-2-5(b)는 64×1의 배열로서, 어드레스 라인은 6개, 데이터 라인은 1개로 구성된다. 참고로, 실제로 생산되어 사용하고 있는 여러 가지 메모리 소자의 비트 구조를 표 1-2-2에 나타내었다.

〈표 1-2-2〉 메모리 소자의 비트 구조

종류 \ bit 용량	16*K*	32*K*	64*K*	128*K*	256*K*	512*K*	1024*K*(=1*M*)
UVEPROM	2716 (2*K*×8)	2732 (4*K*×8)	2764 (8*K*×8)	27128 (16*K*×8)	27256 (32*K*×8)	27512 (64*K*×8)	271000 (128*K*×8)
SRAM	6116 (2*K*×8)		6264 (8*K*×8)		62256 (32*K*×8)		621000 (128*K*×8)
DRAM	4116 (16*K*×1)		4164 (64*K*×1)		41256 (256*K*×1) 4464 (64*K*×4)		411000 (1*M*×1) 44256 (256*K*×4)

SRAM이 하나 건너 하나씩 비어 있는 것은 실제 소자는 생산되었으나 그다지 많이 쓰이지 않아 기록하지 않은 것이지만, 이에 비해 DRAM이 하나 건너 하나씩 존재하는 이유에 대해서는 이후의 메모리 사용법에서 설명한다.

(5) 캐시 메모리

① DRAM 액세스 속도의 한계

컴퓨터에 대용량의 메모리를 사용할 때는 가격 문제로 인해 주로 DRAM을 사용한다. 그런데 DRAM은 상당히 속도가 느리기 때문에 CPU가 어느 정도 속도가 빨라지면 DRAM이 CPU 속도에 추종할 수 없게 된다. 만약 CPU 주파수가 더 높아지려면 당연히 DRAM의 속도가 더 빨라져야 하지만, 이럴 경우 DRAM의 가격이 크게 상승한다. 그리고 설령 DRAM의 속도가 더 빨라진다 할지라도 기본적으로 DRAM의 원리상 CPU보다는 빠를 수가 없다. DRAM이 느린 이유는 이후의 메모리 사용법에서 상세히 다룬다.

일반적인 DRAM의 액세스 시간(어드레스를 받아 이에 해당하는 데이터를 출력하기까지의 시간)은 4*M*bit 용량 DRAM의 경우 약 50*nS* 정도인데, 이는 CPU의 클록 주파수가 20*MHz* 정도까지만 사용 가능하다. 참고로, 표 1-2-3에 일반적인 DRAM의 액세스 속도를 나타내었다.

〈표 1-2-3〉 DRAM의 평균 액세스 시간과 동작 주파수

소자 용량	액세스 속도	최대 동작 주파수
1*M*bit (411000, 44256)	100～150*nS*	10*MHz*
4*M*bit (414000, 441000)	50～70*nS*	20*MHz*
16*M*bit	40～60*nS*	25*MHz*
64*M*bit	6～7*nS*	166*MHz*
256*M*bit	5～6*nS*	200*MHz*
1*G*bit	3.7～5*nS*	266*MHz*

이 책을 집필한 현재, DDR3 4200 DRAM의 경우 DDR(Double Data Ratio)라는 특수한 기법을 이용해 본래의 메모리 속도에 비해 2배의 속도로 동작함에도 불구하고 266*MHz*(3.7*nS*)까지 사용할 수 있는 데 비해 프로세서는 3.2*GHz*를 넘어서고 있다. 이와 같이 DRAM은 동작속도가 CPU에 비해 크게 떨어지지만 대용량의 장점 때문에 반드시 사용해야만 하므로 속도 문제를 보완하기 위해 캐시(cache)라는 개념이 사용된다.

② 캐시 메모리의 개념

여기서는 IBM-PC 계열을 중심으로 살펴보기로 한다. IBM-PC 계열 중 IBM-PC XT (i8088 MPU)는 약 3.5*MHz*, AT(i80286 MPU)는 약 8*MHz*, 12*MHz*로서 속도가 그다지 빠르지 않아 DRAM의 속도로 충분했다. 그러나 i80386 MPU가 사용된 소위 386머신에서부터는 프로세서의 속도가 상당히 빨라져 당시의 DRAM이 추종할 수 없게 되어 그림 1-2-6과 같은 캐시 개념을 사용하기 시작했다.

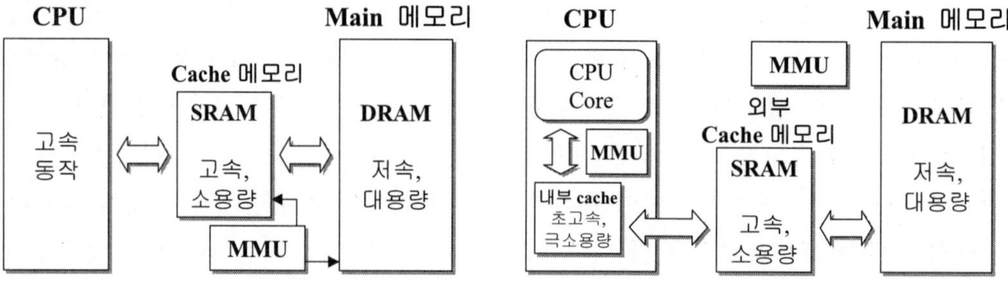

(a) 386머신의 경우 (b) 486, 펜티엄 머신의 경우

[그림 1-2-6] IBM-PC 계열에 사용된 캐시의 개념

그림 1-2-6(a)는 386머신의 캐시 구조로서, 고속인 CPU는 더 이상 DRAM을 직접 상대할 수 없으므로 그림과 같이 고속인 SRAM을 상대하도록 한다. 대신 SRAM은 DRAM에 비해 가격이 매우 비싸므로 소용량만 설치한다. 그리고 MMU(Memory Management Unit)를 설치해 CPU가 현재 필요로 하는 데이터를 시간 날 때마다 DRAM에서 SRAM으로 복사해놓으면, CPU가 데이터를 필요로 할 때 SRAM에서 즉시 가져갈 수 있으므로 훨씬 빠른 속도로 동작할 수 있다. 참고로, SRAM은 DRAM에 비해 보통 2~3배 이상 빠르다.

그림 1-2-6(b)는 486과 펜티엄(Pentium) 머신에서의 캐시 구조로서, i80486 MPU는 더욱 속도가 빨라져 최대 33*MHz*까지 증가하고, 펜티엄은 266*MHz*까지 증가해 SRAM의 속도보다 훨씬 빨라 그림 1-2-6(a)와 같은 구조로는 SRAM도 CPU의 속도를 추종할 수 없으므로 그림 1-2-6(b)와 같이 CPU 내부에 CPU를 구성한 동일한 재료로 극소량의 캐시를 구성해 CPU와 캐시가 동일한 속도로 동작하도록 하고, CPU는 이 캐시를 이용한다. CPU 내부의 캐시는 CPU 외부에 있는 SRAM 캐시와 상대하고, SRAM 캐시는 다시 DRAM과 상대하도록 한다.

이와 같이 캐시가 2중으로 됨에 따라 이를 서로 구분하기 위해 CPU 내부에 존재하는 캐시를 'Internal Cache'라 하고, 외부의 SRAM을 'External Cache'라 하며, CPU 내부에는 CPU 회로 부분과 캐시, 그리고 내부 캐시를 제어하기 위한 MMU도 포함되므로 CPU 부분을 'CPU core'라 한다.

③ 히트율과 캐시 메모리의 확장

캐시 메모리의 효율을 표현하는 히트(hit)율이라는 척도가 있다. MMU는 CPU가 필요로 할 프로그램과 데이터를 미리 주 메모리로부터 읽어 캐시로 복사해야 하는데, 그림 1-2-7에 나타낸 바와 같이 프로그램 중 분기(branch) 명령이나 점프(jump) 명령 등

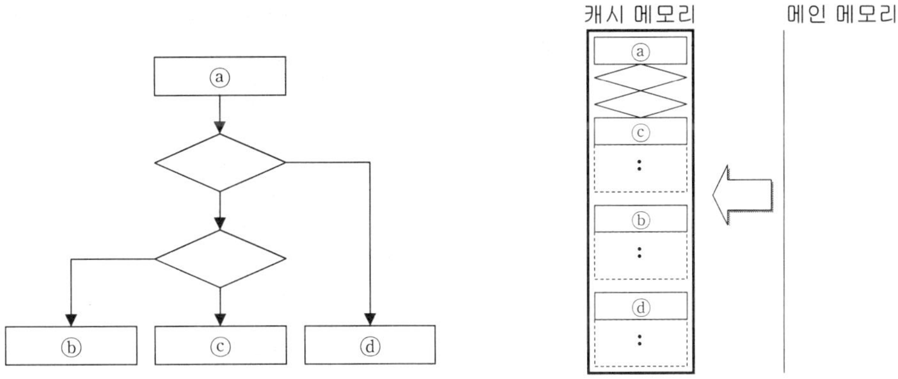

(a) 프로그램의 구조 (b) 캐시의 사용

[그림 1-2-7] 프로그램 구조에 따른 캐시의 사용 예

에 의해 정상적인 흐름에서 벗어나 다른 곳으로 향할 수 있기 때문에 MMU는 이를 예측해 원래의 흐름에 필요한 프로그램과 분기 후 필요한 프로그램을 각각 준비하고, 여기에 각각 필요로 하는 데이터도 또한 준비해야 한다. 이때 MMU가 CPU의 동작을 미처 예측하지 못했다면 정작 CPU가 필요로 하는 프로그램이나 데이터를 요구할 때 캐시에 준비되어 있지 않으므로 메인 메모리로부터 가져와야 하며, 이 시간 동안 CPU는 대기해야 하므로 전체적인 실행속도가 저하한다. 이와 같이 MMU가 CPU의 행동을 얼마나 잘 예측해 준비하는지의 비율을 히트율이라 하며, CPU의 클록 속도에 의한 실행속도도 중요하지만 캐시 히트율을 높이는 것도 속도를 증가시키는 매우 중요한 요소가 된다. 그러나 MMU가 매우 예측을 잘했다 하더라도 캐시 메모리의 용량이 작다면 예측했던 각종 상황에 대한 프로그램과 데이터를 준비하는 데 한계가 있어 히트율을 높이는 데 제한이 발생한다.

따라서 히트율을 높이기 위해서는 캐시 메모리의 용량 증가가 필수적이지만, 캐시 메모리는 매우 비싸기 때문에 Pentium-II에서부터는 캐시 메모리를 2단계로 나누어 모든 용량이 갖추어진 비싼 프로세서와 작은 용량인 저가형 프로세서로 각각 생산한다. 이 때문에 기본으로 주어지는 캐시를 'Internal Cache Level-1', 약자로 'L1 캐시'라 하고, 추가로 부여되는 캐시를 'Internal Cache Level-2', 약자로 'L2 캐시'라 하여 L2 캐시를 내장한 프로세서는 정상적인 프로세서, 내장하지 않은 프로세서는 'Celeron'이라는 이름으로 생산한다. 그림 1-2-8은 프로세서의 내부 구성이 보이는 Pentium-II의 사진으로서, 그림 1-2-8(a)의 중앙에 위치한 소자가 CPU 코어와 L1 캐시를 내장한 것이고, 양쪽에 별도로 부착된 소자들이 L2 캐시이다.

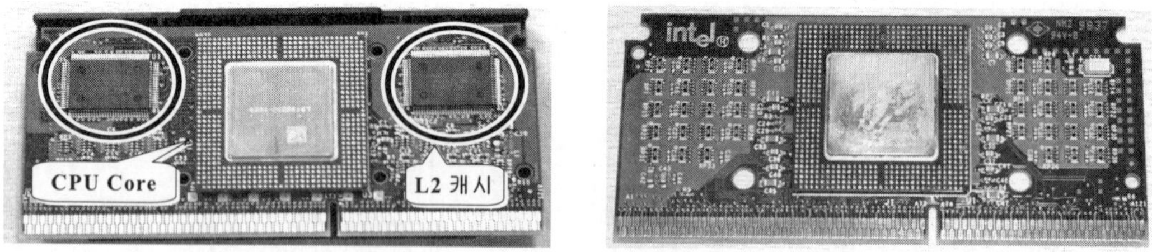

(a) Pentium-II (b) Pentium-II Celeron

[그림 1-2-8] 2종류의 Pentium-II

CPU를 이와 같이 구성한 이유는 당시 기술로는 L2 캐시를 내장시켰을 때 발열문제가 해결되지 않아 이와 같이 L2 캐시를 코어의 외부에 배치했다. 그림 1-2-8(b)는 Celeron 프로세서로서 중앙에 L1 캐시를 내장한 코어만 존재하고 양쪽에 L2 캐시가 없다. 그림 1-2-9는 Pentium-III의 외형을 나타낸 것으로서, 그림 1-2-9(a)는 소자 내부에 L1, L2 캐시가 256K바이트 모두 내장된 것, 그림 1-2-9(b)는 L1 캐시 128K바이트만 내장된 것이다.

(a) Pentium-III (b) Pentium-III Celeron

[그림 1-2-9] 2종류의 Pentium-III

4) I/O (Input/Output Unit)

컴퓨터에서는 CPU와 메모리를 제외한 대부분의 회로가 입출력장치에 속하며, CPU가 임무를 수행함에 있어서 여러 가지 보조역할을 한다. 앞서 설명했던 CPU와 메모리는 컴퓨터 내부에 내장되어 있기 때문에 평소에 외부로 나타나지 않지만, 입출력장치들은 외부로 나타나 있는 것이 많다.

(1) 포트와 인터페이스

여러 가지 입출력장치 중에서, 특히 컴퓨터 시스템의 외부로 연결되어 다른 시스템과 접속하는 입출력장치가 있는데, 이때 외부와 연결되는 곳을 '포트(port)', 외부와 연결하기 위한 조건을 맞추고 연결하는 행위를 "인터페이스(interface) 한다"라 한다.

① 포트

한 나라와 다른 나라 사이를 출입할 때 일정한 경로(항구나 공항)를 거쳐 출입해야 나가면 안 될 것이나 들어오면 안 되는 것을 통제를 할 수 있다. 이와 마찬가지로 컴퓨터와 외부와의 데이터 교신도 CPU의 통제하에 일정한 경로를 통해 출입할 수 있는데, 이러한 일정한 통로를 포트라 하며 예를 들어 프린터와 연결되는 곳이면 '프린터 포트', 인터넷으로 통신을 하는 곳이면 '통신 포트', 마우스를 연결하는 곳이면 '마우스 포트'라 한다.

② 인터페이스

외부 장치와 연결할 때, 컴퓨터와 다른 장치와 '얼굴을 맞댄다'라는 뜻으로 "인터페이스한다"라 한다. 즉 인터페이스는 기기와 기기를 연결하기 위해 전기적 규격이나 커넥터 형상 등을 맞추는 것을 의미한다.

(2) 입출력장치

① 사용자 인터페이스 입출력장치

사용자 인터페이스란 사용자(인간)와 컴퓨터 사이를 연결시켜주는 것으로서, 사용자로부터 입력을 받는 장치로는 키보드, 마우스, 스캐너, 디지털 카메라, 마이크 등이 있고, 사용자로 출력을 보내는 장치는 모니터, 프린터 그리고 소리 출력을 내는 스피커 등이 있다.

② 컴퓨터 인터페이스 입출력장치

컴퓨터 인터페이스란 컴퓨터와 다른 기기 사이를 연결시켜주는 것으로서, 보조기억장치나 통신장치 등이 이에 해당된다. 보조기억장치에는 플로피디스크, 하드디스크, 콤팩트디스크, 테이프 백업장치 등이 있고, 통신장치에는 전화선을 이용하는 모뎀을 비롯해 LAN 카드 등이 있다.

(3) 전송용 I/O 장치의 예

① 병렬전송 (Parallel I/O)

병렬통신(parallel communication)은 '여러 비트를 동시에 전송하는 것'을 의미하는데, 이는 한순간에 여러 비트의 데이터가 함께 전송되므로 전송속도가 빠르고 제어가 쉽다는 장점이 있지만, 전송거리가 길어질 경우 전선 및 회로에 대한 비용이 매우 커지는 단점이 있다. 따라서 병렬통신은 일반적으로 단거리를 고속으로 전송할 경우에 주로 사용한다.

② 직렬전송 (Serial I/O)

직렬통신(serial communication)은 '한순간에 한 개의 비트씩 순서대로 전송하는 것'을 의미하며, 병렬통신에 비해 전송속도가 느리고 제어가 어렵지만, 전송거리가 길어질 경우 전선 및 회로에 대한 비용이 병렬통신에 비해 크게 저렴해진다는 장점이 있다. 따라서 직렬통신은 일반적으로 장거리를 저렴한 비용으로 전송할 경우 주로 사용한다.

(4) 기타 I/O 장치의 예

I/O 장치에는 앞서 소개한 사용자 인터페이스용 I/O 장치와 통신용 I/O 장치 이외에도 시간을 측정하거나 숫자를 세는 기능을 하는 카운터/타이머 장치, 아날로그 입력신호를 디지털 신호로 변환하는 아날로그-디지털 변환장치, 디지털 신호를 아날로그 신호로 변환하는 디지털-아날로그 변환장치, 각종 신호를 검출하는 센서 장치 등이 있다.

이들 중 특히 카운터/타이머 장치는 컴퓨터 내에서 중요한 역할을 담당하는데, 정해진 시간이 되면 CPU에 알려 이에 해당하는 일을 처리하도록 한다. 이 장치를 이용한 예로는 DRAM refresh 시간이 되었음을 알리는 기능, 컴퓨터 내에서 시간계산(시계기능) 등을 들 수 있다.

5) 컴퓨터 시스템

(1) 컴퓨터 시스템의 구성

컴퓨터 시스템은 컴퓨터의 3요소를 버스를 이용해 그림 1-2-10과 같이 공통으로 접속하며, 버스를 통해 어드레스, 데이터, 제어신호가 전달된다.

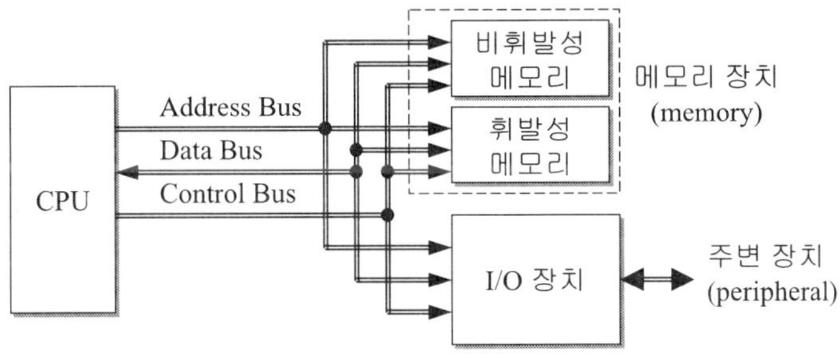

[그림 1-2-10] 컴퓨터 시스템의 블록도-1

(2) 패밀리

컴퓨터의 3요소 중 I/O 장치를 구성하는 소자들은 대부분 CPU와 함께 제작되는데, 이는 CPU의 제어 특성과 인터페이스 신호 등이 잘 맞도록 설계되므로 시스템 구성 시 CPU의 특징을 최대한 발휘할 수 있으며, 부품을 최소화할 수 있고 안정된 동작특성을 얻을 수 있다. 최근의 소자들은 패밀리(family)를 칩-셋(chip-set)이라 부르기도 한다. 여기서는 예로서 Z80 패밀리의 일부를 간단히 살펴본다.

① Z80CPU

자일로그(Zilog)사의 8-bit MPU로서, 인텔의 i8085 MPU를 개량하여 기능을 대폭 강화시킨 것이다. Z80CPU의 패밀리로는 Z80PIO, Z80SIO, Z80CTC, Z80DART, Z80DMA 등이 있다.

② Z80PIO (Parallel I/O)

병렬 데이터 전송을 수행하는 소자로서, 예를 들어 프린터와의 접속 등에 사용한다.

③ Z80SIO (Serial I/O)

직렬 데이터 전송을 수행하는 소자로서, RS-232C, SDLC 등의 통신기능을 담당한다.

④ Z80CTC (Counter/Timer Circuit)

카운트와 타이머 기능을 수행하는 소자로서, 이를 이용해 시계기능이나 타이머 등을 구현한다.

컴퓨터 시스템의 I/O 장치 부분은 주로 패밀리들을 버스와 접속해 구성하며, 이를 이용한 컴퓨터 시스템의 구성 예를 그림 1-2-11에 나타내었다.

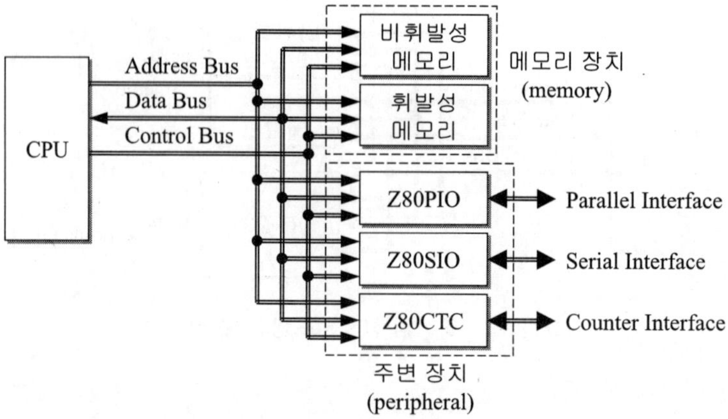

[그림 1-2-11] 컴퓨터 시스템의 블록도-2

제 2 장

컴퓨터 회로

1. 컴퓨터 시스템 요소회로
2. 컴퓨터 회로해석

컴퓨터는 수많은 회로들이 모여 서로 호흡을 맞추며 협력해 일하는 거대한 시스템이다. 이 장에서는 겉으로는 보이지 않지만 컴퓨터를 구성하는 데 꼭 필요한 각종 하드웨어 요소회로들, 메모리 사용법 등에 관해 살펴보고, 컴퓨터의 실질적인 구조를 이해하기 위해 Z80 패밀리로 구성된 간단한 컴퓨터 키트의 회로를 해석한다.

1. 컴퓨터 시스템 요소회로

이 절에서는 컴퓨터 시스템을 구성하는 데 필수적인 각종 요소적인 회로에 관해 살펴본다.

1) 메모리 소자 사용법

컴퓨터에는 메모리가 한 가지만 사용되는 것이 아니라 표 2-1-1과 같이 용도에 따라 여러 종류가 한꺼번에 사용된다.

〈표 2-1-1〉 컴퓨터에서 사용되는 메모리 종류

용 도	주로 사용되는 메모리	특 징
Main memory	DRAM	대용량, 저가격, 저속
Cache memory	SRAM	소용량, 고가격, 고속
System memory(BIOS)	Flash, ROM	비휘발성, 대용량
임시 데이터, 설정 등 저장	EEPROM, Battery back-up SRAM	비휘발성, 소용량, 저속

(1) ROM, SRAM

ROM과 SRAM은 그림 2-1-1(a)와 같이 어드레스 디코더와 메모리 셀로 이루어진 단순한 형태이다. 여기서 단순하다는 의미는 구조적인 면에서 그렇다는 것이지 회로가 간단하다는 것은 아니다.

메모리 소자에 어드레스가 입력되면 디코더가 이를 해석하고 해당 메모리 셀에 신호를 보내 데이터의 출입이 이루어진다. 즉, 어드레스 라인에 어드레스 신호를 입력하면 그에 해당하는 데이터가 데이터 라인을 통해 출력되며, 이는 마치 일반적인 논리회로 게이트같이 입력을 인가하면 출력이 나타나는 단순한 형식이다.

그림 2-1-1(b)와 (c)는 16*K*bit 용량의 UVEPROM과 SRAM의 외형을 나타낸 것으로서, 이들 소자는 비록 구형이지만 현재 사용되는 것과 어드레스 버스 크기만 다를 뿐 기본적으로 동일하다.

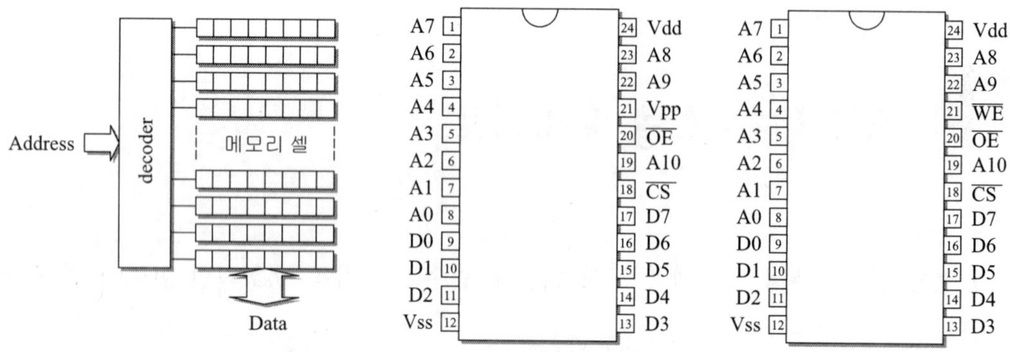

(a) 메모리 셀의 구조 (b) UVEPROM 2716 (c) SRAM 6116

[그림 2-1-1] ROM과 SRAM의 구조 및 핀 배치

① ROM

여기서는 UVEPROM을 기준으로 설명하나, NOR-플래시, Fused-ROM, PROM, EEPROM의 경우도 데이터를 기록할 때만 차이가 있을 뿐 나머지는 거의 동일하다.

$\overline{CS}$(Chip Select) 신호는 경우에 따라 $\overline{CE}$(Chip Enable)라 표현하는데, 이 신호가 'L'일 때 소자가 작동하며, 'H'일 때는 작동하지 않고 쉬는 상태가 된다. 이때 데이터 라인들은 모두 Tri-state 상태로 된다.

$\overline{OE}$(Output Enable) 신호는 'L'일 때 소자에 저장된 내용이 데이터 핀으로 나타난다. 'H'일 때는 데이터 라인들이 Tri-state 상태로 된다. 이는 $\overline{CE}$ 신호와 유사한 것 같지만, $\overline{CE}$ 신호는 소자가 동작을 하지 않는 것에 비해 $\overline{OE}$는 소자가 동작은 하고 있으나 출력이 나타나지 않는 것뿐이므로, $\overline{CE}$가 입력된 후 출력이 나타날 때까지의 시간과 $\overline{OE}$가 입력된 후 출력이 나타날 때까지의 시간에 차이가 있다. 소자마다 차이가 있지만, 일반적으로 $\overline{OE}$가 입력된 후 데이터가 나타나는 시간이 $\overline{CE}$가 입력된 후보다 약 2배 정도 빠르다.

② SRAM

$\overline{CS}$(Chip Select) 신호는 ROM의 경우와 동일하게 'L'일 때 소자가 작동하며, 'H'일 때는 작동하지 않고 쉬는 상태가 된다. 이때 데이터 라인들은 모두 Tri-state 상태로 된다.

$\overline{WE}$(Write Enable) 신호는 소자에 데이터를 기록하는 동작을 제어하는데, 'L'일 때 기록을 행한다.

$\overline{OE}$(Output Enable) 신호는 'L'일 때 소자에 저장된 내용이 데이터 핀으로 나타난다. 이 신호가 'H'일 때 $\overline{WE}$가 'L'이면 입력상태로 되고, $\overline{WE}$가 'H'이면 Tri-state 상태로 된다.

$\overline{WE}$와 $\overline{OE}$에 동시에 'L'이 입력되는 경우는 프로세서에서 있을 수 없지만, 만약 입력되면 두 신호 중 하나가 우선순위를 가지며, 이는 소자의 데이터시트에 따른다.

이상의 신호들은 이후의 '컴퓨터 회로해석' 절에서 사용되고 있으므로 그곳에서 다시 살펴본다.

(2) Serial type EEPROM

앞서 살펴본 바와 같이 일반적인 ROM이나 SRAM은 어드레스와 데이터 핀의 수가 많으므로 IC 패키지가 커지고, 이를 제어하기 위한 프로세서의 제어 라인도 많이 필요하다. 그러나 빠른 속도를 요하지 않으면서 데이터를 보관하고 읽는 경우가 자주 있는데, 이때는 직렬 형식의 메모리를 사용하면 IC 크기도 줄어들고 프로세서와의 접속 라인도 최소화할 수 있다. 그림 2-1-2에 한 예로서 SPI(Serial Peripheral Interface)로 접속하는 EEPROM 93C46과 I2C(Inter-Integrated Circuit)로 접속하는 EEPROM 24C01의 핀 배열을 나타내었다.

그림에 나타낸 바와 같이 직렬 방식을 이용함으로 인해 두 소자 모두 8핀으로 구성되지만 용량은 각각 1*K*bit씩이며, 동일한 8핀 상태에서 93C56과 24C02는 2*K*bit 용량, 93C86, 24C16은 16*K*bit의 용량으로 핀 수의 확장 없이 용량을 크게 할 수 있다. 이는 소자에 필요한 어드레스와 데이터가 모두 직렬로 전송되기 때문에 어드레스 비트가 더 필요한 경우 직렬전송신호의 길이만 늘어나면 되기 때문이다.

그림 2-1-2(a)의 93C46은 CLK와 DI, DO핀을 마이크로컨트롤러 등의 SPI 포트에 SCK(Serial Clock), MOSI(Master-Out Slave-In), MISO(Master-In Slave-Out)와 접속해 사용한다. CS(Chip Select)는 ROM, SRAM에서와 마찬가지로 소자의 동작을 제어하는 핀으로서 SPI 포트의 SS(Slave Select) 등과 접속한다.

그림 2-1-2(b)의 24C01은 I2C의 SCL(Serial Clock)과 SDA(Serial Data)를 접속해 사용하는데, A0, A1, A2 핀을 설정해 I2C ID를 설정하면 이 ID와 일치하는 주소가 나타났

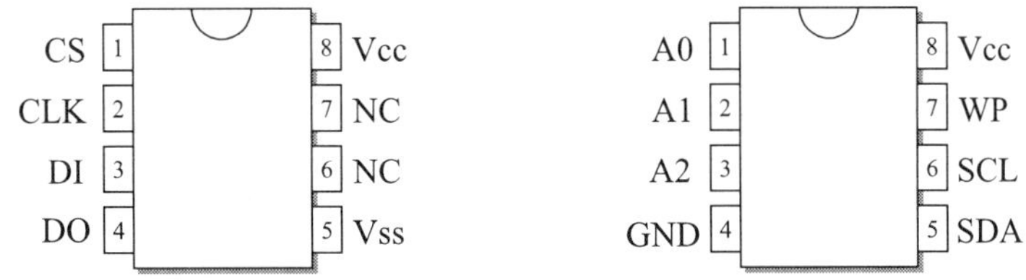

(a) 93C46 (b) 24C01

[그림 2-1-2] 직렬 형식 EEPROM의 예

을 때 소자가 동작한다. WP(Write Protect)는 소자의 내용을 쓰기 금지할 것인지를 설정하는 보호용 핀이다.

두 소자 모두 내용을 읽거나 쓰기, 또는 지우기 등의 명령 또한 직렬로 전달되므로 WR이나 OE 기능이 필요 없다. 이 소자들에 관한 상세한 설명은 SPI와 I2C, 그리고 소자 데이터시트를 참조하라.

(3) DRAM

① DRAM의 구조

DRAM은 매우 큰 용량이면서도 용량당 가격이 매우 저렴해 컴퓨터의 주 메모리로 사용된다. 그러나 이 소자는 사용법이 다소 복잡해 간이형 기기 등에서는 사용하기 어렵다. 그림 2-1-3에 DRAM의 구조를 간단히 나타내었다.

그림 2-1-3(a)를 살펴보면 ROM, SRAM들과 상당히 다르게 구성되는데, 이는 ROM이나 SRAM에 비해 용량이 매우 크기 때문에 어드레스 라인이 많고, 이 때문에 어드레스 라인을 접속하기 위한 핀이 많아 IC의 외형이 커진다. 따라서 그림과 같이 어드레스 핀을 절반으로 줄이고 어드레스를 두 번에 나눠 입력하도록 하였다. 이 패키지 문제에 관해서는 이후에 다시 한 번 SRAM과 비교해 다룬다.

어드레스 라인들은 각각 가로와 세로로 배열된 래치로 접속되고, 각 래치에는 디코더가 접속되어 있으며, 디코더의 출력 라인이 교차하는 지점에 메모리 셀이 하나씩 부착된다. DRAM에 어드레스를 주는 방법은 다음과 같다.

i) 어드레스 중 상위 절반(또는 하위 절반)을 어드레스 핀에 인가한다.

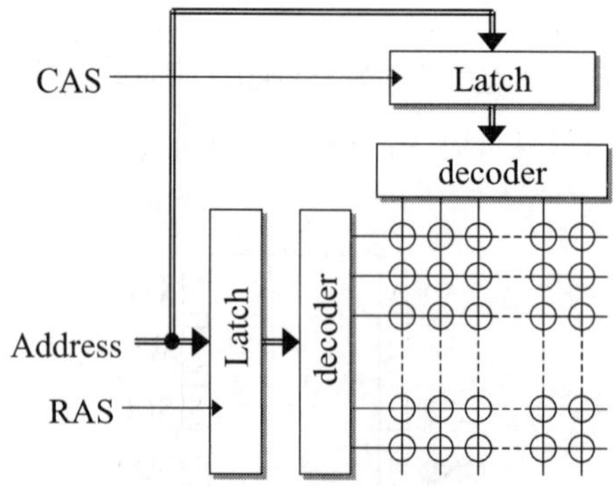

(a) 내부 구조

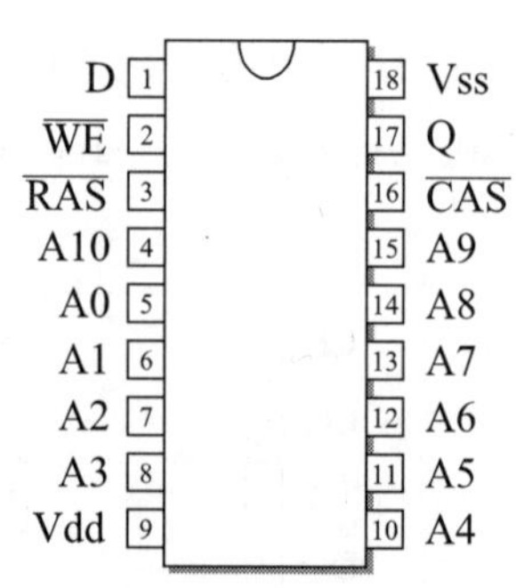

(b) 소자의 외형 예(414000)

[그림 2-1-3] DRAM의 구조 및 소자 예

ii) RAS(Row Address Strobe) 신호를 인가해 어드레스를 래치시킨다.

iii) 어드레스 중 하위 절반(또는 상위 절반)을 어드레스 핀에 인가한다.

iv) CAS(Column Address Strobe) 신호를 인가해 어드레스를 래치시킨다.

이와 같은 순서로 어드레스를 인가하면 각 디코더 출력의 교점에 위치한 셀이 선택된다. 이 같은 방법을 사용하면 비록 어드레스를 인가하는 시간이 길어지지만 IC의 크기를 결정하는 핀의 수가 크게 줄어드는 장점이 있다.

만약 DRAM의 용량을 늘리기 위해 어드레스 핀을 하나 증가시킨다면, ROM이나 SRAM의 경우에는 디코더의 출력이 2배로 되어 메모리 용량은 2배로 늘어난다. 그러나 DRAM의 경우에는 어드레스 핀이 1개 증가하면 이에 따라 가로와 세로의 래치들도 각각 1비트씩 증가하고, 디코더들 또한 각각 2배로 증가해 전체적인 셀의 수는 4배로, 즉 '면적'의 개념으로 늘어난다.

DRAM에서 또 하나의 특징은 CS(Chip Select) 신호가 없다는 것인데, CAS 신호가 CS 신호를 대신함으로써 핀을 줄이고 있다. 즉 소자를 선택할 때는 CAS 신호를 입력하고, 소자를 선택하지 않을 경우 CAS 신호를 입력하지 않는다. 따라서 메모리의 용량을 늘릴 경우 어드레스 디코더 신호의 출력은 각 DRAM들의 CAS 신호를 스위치하도록 구성한다.

② DRAM 구동회로

그림 2-1-4에 DRAM을 사용하기 위한 회로의 블록도와 구동 타이밍을 나타내었다.

그림 2-1-4(a)에서, 프로세서의 어드레스 버스는 2개 그룹으로 나누어 74LS157 같은 멀티플렉서로 인가한다. 멀티플렉서에 의해 선택된 한 그룹의 어드레스들은 저항을 거

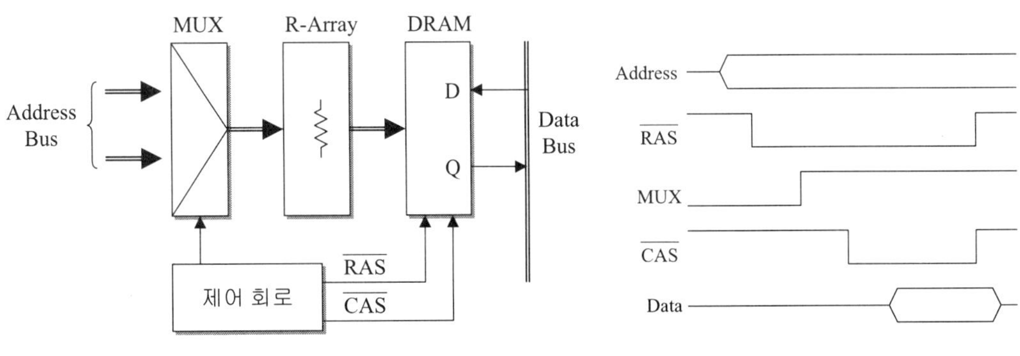

(a) DRAM 구동회로 블록도 (b) 구동 타이밍

[그림 2-1-4] DRAM 구동방법

쳐 DRAM의 어드레스 핀으로 입력되는데, 저항들은 DRAM이 일반적으로 CMOS로 제작되어 입력에 커패시턴스가 존재해 신호변화 시 과도한 전류가 흐르기 때문에 이를 방지하기 위한 것이다. 저항은 일반적으로 약 47Ω에서 100Ω 정도를 사용한다.

그림 2-1-4(b)는 제어회로에서 발생할 DRAM 구동신호로서, 앞서 소개한 순서를 더 구체적으로 나열하면 다음과 같다.

i) CPU로부터 어드레스가 인가되면 MUX는 초기에 'L'로 설정되어 있는 그룹이 선택된다.

ii) 어드레스 신호가 MUX와 저항을 거쳐 DRAM 내부에 도착할 시간이 지난 후 $\overline{\text{RAS}}$ 신호를 인가하면 DRAM 내부의 행 어드레스(row address)용 래치에 저장된다.

iii) 래치에 저장될 시간이 지나면 이번에는 MUX 신호를 전환해 어드레스의 나머지 그룹을 선택한다.

iv) 선택된 어드레스 신호가 MUX와 저항을 거쳐 DRAM 내부에 도착할 시간이 지나면 $\overline{\text{CAS}}$ 신호를 인가하고, 일정 시간이 지나서 데이터가 출력된다.

여기서, 특정 시간들은 소자의 데이터 시트를 참조해 결정한다. 또한 DRAM의 액세스 시간이란 $\overline{\text{RAS}}$ 신호가 인가된 시점부터 데이터가 출력되기까지 걸리는 시간을 의미한다.

위와 같은 제어신호는 CPU가 메모리를 액세스하는 신호(어드레스 디코드 신호 같은 메모리 액세스 신호로서, 이후의 회로 분석에서 다룬다)를 논리 게이트나 플립플롭으로 지연시켜 RAS 신호를 생성하고, RAS 신호를 다시 동일한 방법으로 지연시켜 MUX 신호를 생성하며, MUX 신호를 또 지연시켜 CAS 신호를 생성한다. 그림 2-1-5에 이러한 타이밍을 발생시키는 회로 예를 나타내었다.

그림의 회로에서, 왼쪽의 입력신호($\overline{\text{CS}}$)는 프로세서로부터 발생한 어드레스에 의한 디코드 신호나 Z80CPU의 경우 $\overline{\text{MREQ}}$와 같은 메모리 액세스 신호들이다. 다음에 접속된 2개의 NOT 게이트들은 어드레스가 MUX에 도달할 때까지의 지연시간을 생성하기 위한 것인데, 만약 입력신호가 입력되는 시점에 이미 어드레스 정보가 MUX에 도착해

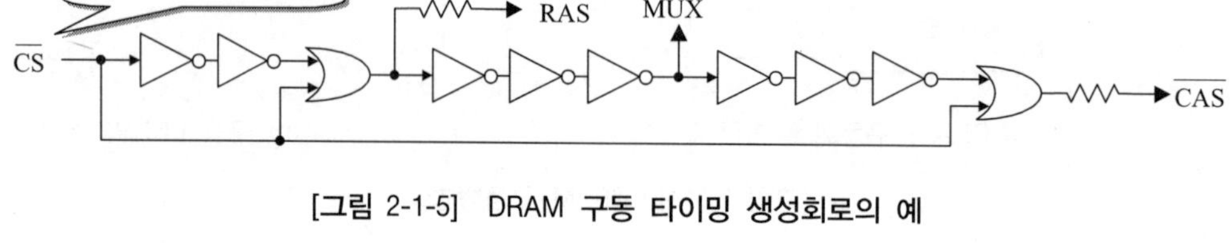

[그림 2-1-5] DRAM 구동 타이밍 생성회로의 예

있는 경우라면 생략해도 된다. 또한 시간지연이 더 필요하다면 게이트를 늘리거나 *RC* 회로에 의해 지연시킬 수 있다.

다음의 OR 게이트는 $\overline{\text{RAS}}$ 신호를 발생하기 위한 것으로서, $\overline{\text{CS}}$ 신호가 'L'로 입력되면 지연된 $\overline{\text{RAS}}$가 나타나고, $\overline{\text{CS}}$ 신호가 종료되어 'H'로 되는 경우는 지연 없이 바로 'H'가 되도록 구성한 것이다. 그 다음의 3개 NOT 게이트들은 DRAM에 $\overline{\text{RAS}}$ 신호가 인가된 후 래치될 때까지의 시간을 위한 것으로서, 이 또한 DRAM의 사양에 따라 조절해야 한다.

$\overline{\text{RAS}}$ 지연 후 어드레스를 전환하기 위해 MUX 신호가 발생하고, 전환된 어드레스 신호가 DRAM에 전달될 때까지 지연시킨 후 마지막에 $\overline{\text{CAS}}$를 발생한다. $\overline{\text{CAS}}$ 신호 또한 $\overline{\text{CS}}$가 'H'로 종료될 때는 지연 없이 동시에 'H'가 된다.

이상과 같은 방법의 DRAM 액세스는 가장 표준적인 것이며, 더 빠른 액세스를 위해 소자에 따라 페이지 액세스 등 여러 방법을 사용하고 있다. 이에 관해서는 소자 데이터 시트를 참조하라.

③ 리프레시 방법

DRAM 사용법 중 가장 독특한 것은 리프레시(refresh)인데, 이를 위해 여러 가지 방법들이 사용되고 있으나, 기본적인 원리는 모두 동일하다. DRAM의 리프레시는 행 어드레스가 $\overline{\text{RAS}}$에 의해 지정될 때 해당 행의 한 줄에 있는 모든 메모리 셀이 자동으로 리프레시 된다. 따라서 리프레시를 위해 모든 메모리를 점검할 필요 없이 단지 모든 행만 주기적으로 한 번 스캔하면 되는데, 일반적인 DRAM은 내용 지속시간이 약 12*mS*에서 16*mS* 정도(소자에 따라서는 훨씬 긴 것도 있다)이므로 이 시간 내에 모든 행을 한 번씩 스캔하도록 구성한다.

리프레시에서 가장 신경 써야 하는 부분은 프로세서가 DRAM을 사용하고 있는 중에는 리프레시가 이루어져서는 안 된다는 것이다. 즉 리프레시도 DRAM을 액세스하는 것이기 때문에 프로세서가 액세스하는 것과 충돌해서는 안 된다. 이를 해결하기 위해 IBM-PC의 경우 타이머에서 정해진 시간(DRAM 리프레시 시간)마다 한번씩 DMA가 발생해 CPU가 잠시 쉬도록 하고 그동안 DMA 컨트롤러(controller)가 하드웨어적으로 순식간에 스캔한다.

Z80CPU나 Z8 시리즈, HD64180 같은 프로세서들은 프로세서가 명령어를 한 번 가져올 때마다(OP-code fetch) 한 줄씩 스캔해 나간다. 따라서 프로세서 속도가 약간 저하되는 단점이 있지만, 사용자가 리프레시에 대해 신경 쓰지 않아도 마치 자동으로 리프레시가 되는 결과가 나타나 매우 편리하다. 과거 8비트 애플 컴퓨터에서는 매우 독

특한 방법으로 리프레시를 처리했는데, DRAM 액세스를 CPU가 한 번, 화면 발생회로가 한 번씩 교대로 액세스하도록 구성하였다. 이 경우 CPU와 화면 발생회로는 서로 충돌하지 않으며, 화면 발생을 위해 회로에서는 끊임없이 메모리를 순차적으로 읽어내기 때문에 자동으로 리프레시 효과가 발생한다. 또한 DRAM의 종류에 따라서는 DRAM 자체에 자동 리프레시 회로를 내장해 소자 외부에서 프로세서가 액세스하지 않는 동안에 틈틈이 리프레시를 행하는 것도 있는데, 이는 소자 외부에서 보면 DRAM임에도 불구하고 리프레시가 필요 없으므로 마치 SRAM처럼 보여 PSRAM(Pseudo SRAM)이라 부르기도 한다.

④ 패키지의 차이

이상에서 살펴본 바와 같이 DRAM의 사용법이 복잡해진 가장 큰 이유는 리프레시 문제와 어드레스 핀을 줄이는 데 있다. 특히 어드레스 핀을 줄이기 위해 MUX와 $\overline{\text{RAS}}$, $\overline{\text{CAS}}$ 신호가 필요한데, 이러한 복잡성을 감수하면서까지 핀을 줄이는 이유를 살펴보기 위해 그림 2-1-6에 실제 4*M*bit DRAM의 외형과 어드레스를 MUX하지 않았을 경우의 외형을 비교해 나타내었다.

그림 2-1-6(a)는 4*M*bit 용량 DRAM의 실제 외형인데, 18핀의 소형 IC 패키지로 모든 핀이 구성된다. 만약 이를 MUX를 사용하지 않는다면, CAS 핀은 CS로 대체되고, RAS는 OE로 대체되므로 이들은 그대로지만, 11개의 어드레스 라인이 2배로 되어 위 소자는 29핀이 될 것이다. 단, 데이터가 입력되는 D핀과 출력되는 Q핀을 하나의 핀에서 입출력으로 사용한다면 1핀이 줄어들어 28핀이 되며, 실제 28핀 IC의 패키지는 그림 2-1-6(b)와 같이 매우 커진다. 이러한 크기의 효과는 DRAM의 용량이 늘어날수록 더욱 커지는데, DRAM에서 어드레스 핀이 1개 늘어날 때 MUX하지 않은 경우 2개씩 늘어나기 때문에 1*G*bit DRAM이라면 MUX한 경우 22핀이면 구성되지만, MUX하지 않으면 36핀이나 필요해진다.

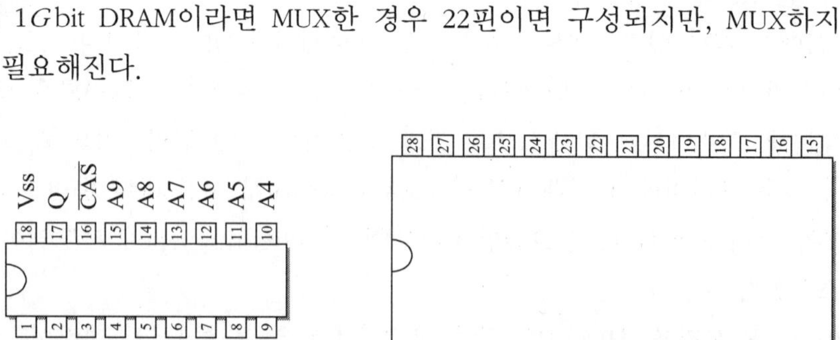

(a) 실제 DRAM의 외형 (b) MUX하지 않은 경우의 외형

[그림 2-1-6] 4*M*bit DRAM의 어드레스 MUX의 효과 비교

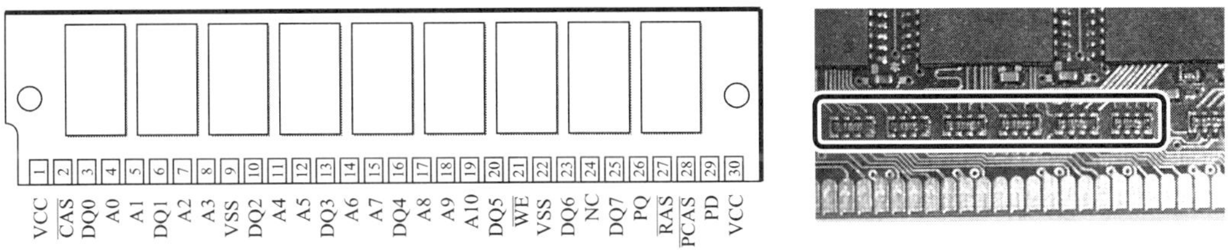

(a) 4*M*bit SIMM의 외형 (b) Array 저항

[그림 2-1-7] DRAM 모듈의 예

참고로, 최근의 DRAM은 메모리 모듈로 발매되는데, 그림 2-1-7(a)는 4*M*byte (32*M*bit) 용량 SIMM(Single In-line Memory Module)의 외형으로서 8개 소자에서 한꺼번에 8bit, 즉 1byte 단위로 데이터가 취급되도록 구성되고, 그림의 경우 9번째 소자는 패리티 비트(parity bit)용이다. 모듈 기판의 양면에 모두 소자를 부착하면 용량이 2배로 구성되며, 이러한 모듈을 DIMM(Dual-Sided Single In-line Memory Module)이라 하는데, 더 생략해서 엉뚱한 의미가 되어버렸지만 Dual In-line Memory Module로 표기하기도 한다. 또한 이러한 메모리 모듈에는 앞서 설명한 완충용 저항들까지 포함하는데, 이를 그림 2-1-7(b)에 나타내었다. 그림의 예에서는 3개의 100Ω 저항들이 어레이(array) 형태로 된 것을 여러 개 사용하였다.

2) 발진회로

발진회로는 컴퓨터 시스템을 구성하는 각종 회로들이 서로 동기를 이루며 호흡을 맞추기 위한 신호를 발생할 때 사용되고, 통신 시스템에서 통신신호의 동기를 이루기 위해 사용되며, 소리신호를 발생할 때, 화면신호를 발생할 때, PWM 신호를 발생할 때 등 그 용도가 매우 다양한 중요 회로이다. 여기서는 발진회로에 관한 기본적인 지식과 디지털 회로에 사용되는 발진회로에 국한해 다룰 것이므로, 더 상세한 내용은 전자회로 등 타 전공서적을 참조하라.

(1) 발진회로의 기초

① 발진이란

'발진'이란 어떤 신호가 다시 입력으로 되돌려져 동일한 동작을 끝없이 반복하는 것을 의미하는데, 우리 주위의 대표적 발진 현상으로는 앰프의 하울링(howling) 현상이 있다. 우리가 앰프를 사용하다 보면 마이크 방향 등에 따라 종종 스피커에서 갑자기 '삐--' 하는 요란한 음이 발생하는데, 이를 하울링 현상이라 한다.

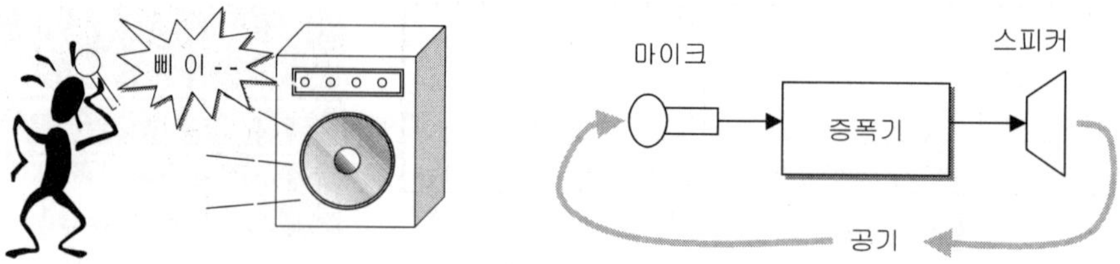

(a) 마이크의 하울링 현상 (b) 하울링 현상의 원리

[그림 2-1-8] 대표적인 발진 현상

이와 같은 하울링 현상이 발생하는 이유는 그림 2-1-8(b)와 같이 스피커에서 발생한 소리가 공기를 경유해 다시 마이크로 유입되고, 이 소리는 증폭기에서 커져 스피커로부터 방사되며 이 소리가 다시 마이크로 유입되고 …… 이 과정이 반복적으로 발생하면서 시끄러운 음이 발생한다. 하울링 현상은 우리가 원하지 않는 것이지만, 이를 오히려 적극적으로 이용한 회로가 발진회로이며, 발진회로의 기본 구성을 그림 2-1-9에 나타내었다.

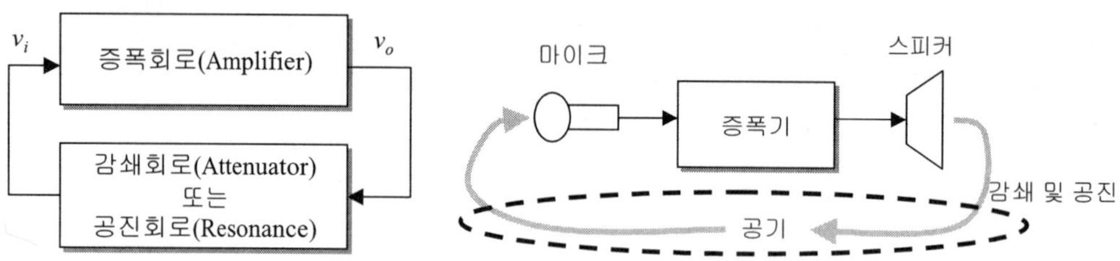

(a) 회로의 구성 (b) 하울링 현상과의 비교

[그림 2-1-9] 발진회로의 기본 구성

그림 2-1-9(a)에서 증폭회로(amplifier)에서 증폭된 출력은 감쇄회로(attenuator) 또는 공진회로(resonance)를 거쳐 다시 증폭회로의 입력으로 가해지며, 이는 앞서 예로 든 앰프의 하울링 현상과 비교하면 그림 2-1-9(b)와 같다. 그런데, 이러한 회로가 발진하기 위해서는 어떤 조건을 만족해야 하며, 앰프의 하울링 현상도 어떤 조건이 이루어졌을 때 발진하고 그렇지 않으면 평소에는 발진하지 않는다.

② 발진조건

그림 2-1-10과 같이 증폭회로의 이득을 G(Gain), 감쇄회로의 감쇄량을 A (Attenuation)라 할 때 이 회로가 발진이 일어날 조건은 다음과 같다.

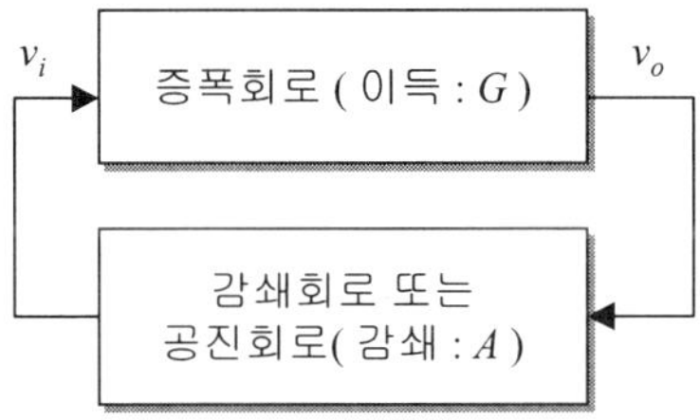

발진조건

i) 회로의 루프 전압은 동위상이어야 한다. 즉, 정귀환(positive feedback)이어야 한다.

ii) 이득 G는 감쇄 A와 같거나 커야 한다.

[그림 2-1-10] 발진회로의 파라미터들

발진조건 중에서 루프 전압의 위상이란 그림 2-1-10의 입력전압 v_i가 증폭기를 거쳐 나타난 전압 v_o가 감쇄회로를 거쳐 다시 v_i에 도달했을 때의 위상을 의미하며, 이 위상이 동일하면 어떤 신호에 대해 그 현상을 더욱 부추기는 방향으로 작용해 발진이 이루어질 수 있다. 이를 회로용어로 정귀환(positive feedback)이라 하며, 이와 반대의 현상을 부귀환(negative feedback)이라 하여 증폭기에서 사용한다. 또한 증폭기 이득 G(Gain)는 감쇄회로의 감쇄량 A(Attenuation)와 같거나 커야 하는데, 이들 관계에 의해 나타나는 현상들을 그림 2-1-11에 나타내었다.

그림 2-1-11(a)는 이득 G가 감쇄 A보다 작은 경우로서, 어떤 신호가 회로에 존재했을 때 회로를 거치면 거칠수록 증폭하는 양보다 감쇄량이 더 크므로 신호의 크기는 점차 작아져 소멸되므로 지속적인 발진이 이루어지지 않는다. 일반적인 증폭기가 여기에 해당되며, 마이크에 소리를 입력하면 그 소리는 스피커에서 크게 나타나 마이크로 다시 입력되지만, 감쇄량이 커 시간이 지나면 소멸된다.

그림 2-1-11(b)는 이득 G와 감쇄 A가 동일한 경우로서, 회로 전체의 증폭량과 감쇄량이 같으므로 그 크기는 일정하게 유지된다.

그림 2-1-11(c)는 이득 G가 감쇄 A보다 큰 경우로서, 회로 전체의 증폭량이 더 크므로 회로를 거치면 거칠수록 신호의 크기는 점차 커져 최종적으로 회로의 전원전압 한계에 의해 구형파로 된다.

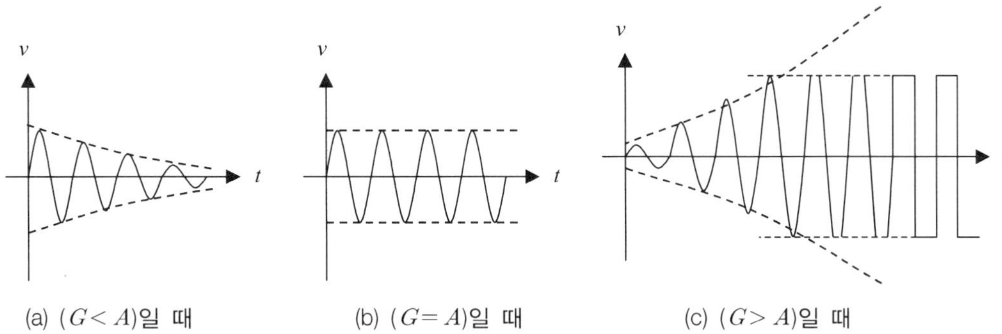

(a) ($G < A$)일 때 (b) ($G = A$)일 때 (c) ($G > A$)일 때

[그림 2-1-11] 이득과 감쇄의 비율에 따른 현상

발진회로는 위 3가지 중 ($G=A$)와 ($G>A$)일 때이며 여기서는 디지털 회로에 사용할 발진회로를 다룰 것이므로 ($G>A$)인 경우만 살펴본다.

참고로, 앞서 살펴본 조건들에 의하면 정현파를 발생시킬 조건은 다음과 같이 정리할 수 있다.

> 정현파 발진조건
>
> i) 회로의 루프전압은 동위상이어야 한다. 즉, 정귀환(positive feedback)이어야 한다.
> ii) 이득 G와 감쇄 A는 같아야 한다.

③ 발진회로의 종류

발진회로는 많은 종류가 있으며 크게 정현파 발진기와 정현파 이외의 파형을 발생시키는 이장 발진기로 구분된다. 그리고 이들 내에서 그 발생방법이나 특징에 따라 세부적으로 나뉘는데, 이들 중 대표적인 것을 그림 2-1-12에 간단히 나타내었다.

이장 발진기의 '이장(弛張)'이라는 용어는 영어 'relaxation'을 한자로 푼 것으로서, 어떤 정상상태에서 다른 정상상태로 이동할 때 나타나는 과도현상을 의미한다. 따라서 정현파와 같은 연속적인 신호와 달리 한 상태에서 다른 상태로 급작스런 이동 시 과도

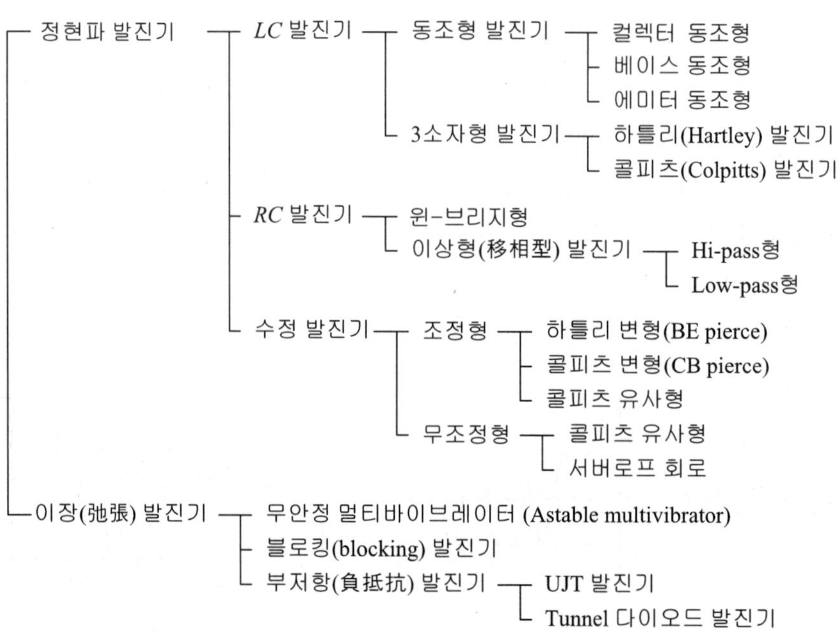

[그림 2-1-12] 발진회로의 종류 예

현상이 발생하는 것을 이용해 발진시키는 회로를 이장 발진회로라 한다. 이장 발진기는 특수 발진회로들로서 특히 멀티바이브레이터 종류들은 디지털 회로에서 주로 사용되고 블로킹 발진기나 부저항 발진기는 회로가 간단하기 때문에 특수용도에 자주 사용된다.

(2) 멀티바이브레이터

정현파 발진기의 연속적인 반응과는 달리 한 상태에서 다른 상태로 이동할 때 급작스런 과도현상이 발생하는 것을 이용해 발진시키는 회로를 이장 발진회로라 하였다. 이장 발진회로의 대표적인 것은 무안정 멀티바이브레이터(astable multivibrator)로서, 출력은 디지털 펄스가 발생하고 항상 정상신호와 반전신호의 2개 출력이 함께 존재하는 특징이 있다.

멀티바이브레이터 회로는 그림 2-1-13(a)와 같이 항상 2개의 반전된 출력이 나타나는데, 이는 단지 한 출력을 반전시킨 것이 아니라 회로의 구성상 2개의 서로 다른 출력이 나타나도록 되어 있다. 즉 그림 2-1-13(b)에 나타낸 시소(seesaw)의 경우 한쪽이 'H'이면 반대쪽은 반드시 'L'이 나타나는 구조와 유사하다.

참고로, 그림 2-1-13(a)를 보면서 논리회로의 플립플롭이 연상되는 독자도 있을 것인데, 플립플롭이 바로 멀티바이브레이터의 한 종류인 쌍안정 멀티바이브레이터라는 것이다.

① 멀티바이브레이터의 종류

멀티바이브레이터는 동작방법에 따라 '쌍안정', '단안정', '무안정'의 3종류가 있다.

i) 쌍안정 멀티바이브레이터

쌍안정(雙安定, bi-stable) 멀티바이브레이터는 출력이 'H'일 때 'L'일 때 모두 안정되어 있다는 의미로서, 논리회로의 플립플롭이 이에 해당한다. 즉, R-S 플립플롭, J-K 플립플롭, T-플립플롭, D-플립플롭들은 한번 'H'나 'L'로 출력이 결정되면, 그 후 변경을 가하지 않는 한 그대로 값을 유지한다.

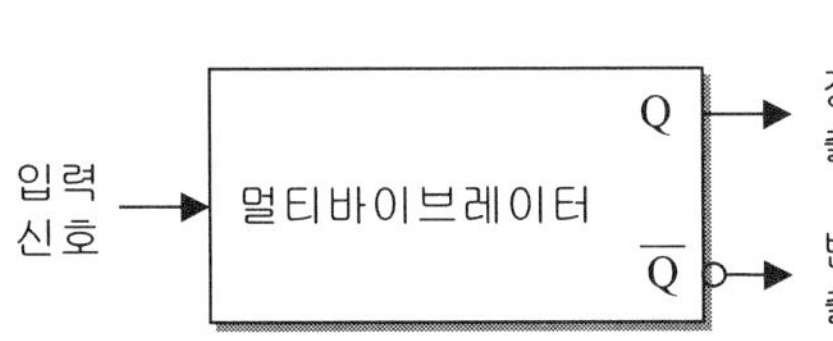

(a) 멀티바이브레이터의 입력과 출력

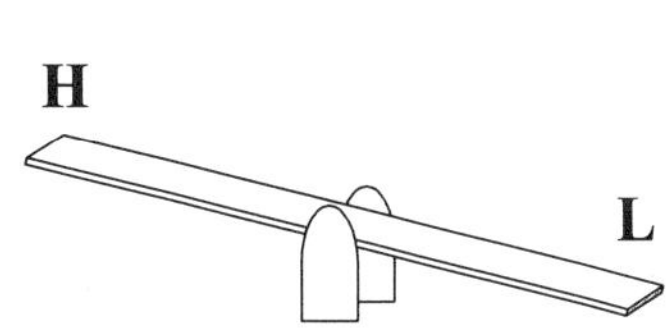

(b) 멀티바이브레이터의 출력원리

[그림 2-1-13] 멀티바이브레이터의 구성과 비유

쌍안정 멀티바이브레이터에 관한 상세한 내용은 현재의 주제에서 벗어나므로 디지털 회로 관련 서적을 참조하라.

ⅱ) 단안정 멀티바이브레이터

단안정(單安定, mono-stable) 멀티바이브레이터는 출력이 'H'나 'L' 중 한쪽만 안정되었다는 의미로서, 타이머(timer)가 여기에 속한다. 단안정 멀티바이브레이터의 활용 예로는 전자식 초인종을 들 수 있는데, 초인종을 누르면(trigger하면) 회로가 on('H')되어 멜로디가 나온다. 그러나 이 상태는 불안정상태여서 잠시 시간이 지나면 자동으로 off('L')의 안정상태로 되돌아간다. 아파트의 자동식 현관등도 이와 동일한 동작을 한다. 단안정 멀티바이브레이터에 관한 것은 이후의 타이머 부분에서 다시 다룬다.

ⅲ) 무안정 멀티바이브레이터

무안정(無安定, astable) 멀티바이브레이터는 '안정된 상태가 없는' 또는 '불안정한' 멀티바이브레이터라는 의미로서, 디지털의 0 (Low) 상태도 불안정하고 1 (High) 상태도 불안정하기 때문에 회로는 혼자서 '0'에서 '1'상태로, '1'에서 '0'상태로 반복적으로 오가며, 이는 발진 현상에 해당된다.

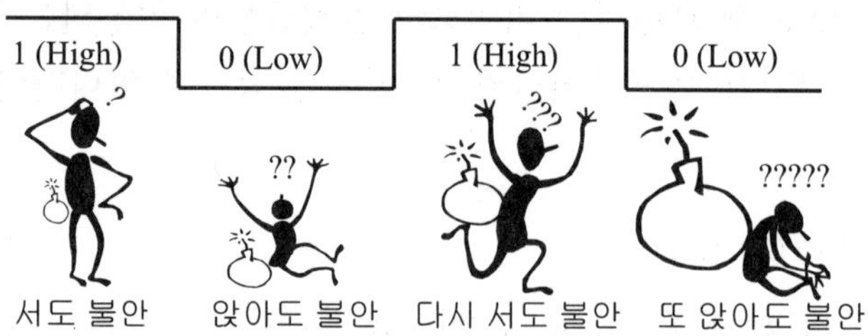

[그림 2-1-14] '무안정' 용어의 의미

② 무안정 멀티바이브레이터

무안정 멀티바이브레이터의 회로는 그림 2-1-15(a)와 같이 구성되는데, 좌측 점선과 우측 점선 영역은 동일한 반전 증폭기 회로로 구성되어 있다. 즉, 이 회로는 2개의 반전 증폭기에 의해 위상은 비반전이고, 이득 G는 있으되 감쇄 A가 없어 구형파 발진이 일어남을 알 수 있다. 회로의 동작원리를 살펴보기 위해 그림 2-1-15(b)와 같이 트랜지스터의 각 부분 전압과 전류 요소들을 표시하였다.

그림 2-1-15(b)에서 정한 회로의 각 요소들의 동작파형 진행과정을 구간별로 그림 2-1-16에 나타내었다.

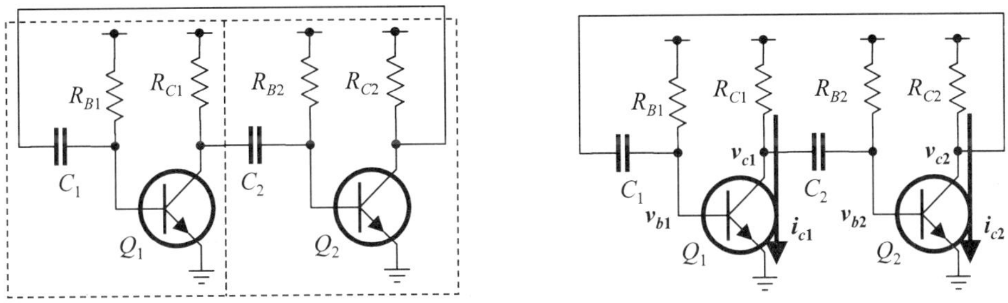

(a) 회로의 구성 (b) 해석을 위한 요소들

[그림 2-1-15] 무안정 멀티바이브레이터 회로

그림 2-1-16(a)는 회로에 전원이 투입된 직후의 상태로서, 전원이 인가되면 두 트랜지스터에 흐르는 전류가 완전히 동일할 수 없으므로 만약 Q_1에 약간 먼저 전류가 흐르기 시작했다 가정하면 i_{c1}은 증가하고(과정 ①), 이 때문에 컬렉터 전압 v_{c1}은 하강한다(과정 ②). 이 하강전압은 커패시터 C_2와 저항 R_{B2}로 구성된 미분회로에 의해 미분파형 v_{b2}가 나타나는데, 이때 v_{b2}는 트랜지스터 Q_2의 베이스에 의해 $0.6V$를 넘어서지 못한 상태였기 때문에(클램프 상태) 이 전압부터 출발해 V_{C1}의 하강분, 즉 거의 $-V_{CC}$까지 하강한다(과정 ③). 이 때문에 트랜지스터 Q_2는 완전히 차단상태(cut-off)로 진입해 i_{c2}는 0으로 되고(과정 ④), 따라서 컬렉터 전압 v_{c2}는 최대로 상승하는데(과정 ⑤), 이 전압은 커패시터 C_1을 경유해 Q_1의 베이스로 가해진다. 그러므로 트랜지스터 Q_1의 베이스는 급격히 포화되며(과정 ⑥) 컬렉터 전류 i_{c1}도 포화되어(과정 ⑦) 컬렉터 전압 v_{c1}은 0으로 된다(과정 ⑧). 이후로는 R_{B2}를 경유해 (−)로 충전된 커패시터 C_2에 서서히 충전된다(과정 ⑨).

그림 2-1-16(b)는 그림 2-1-16(a)의 상태에서 트랜지스터 Q_2로 동작이 전환되는 과정을 나타낸 것으로서, 커패시터 C_2에 충전이 계속되어 이로 인해 Q_2가 동작을 개시하면(과정 ①) Q_2의 컬렉터 전류 i_{c2}가 증가하며(과정 ②) 이 때문에 컬렉터 전압 v_{c2}는 감소하고(과정 ③) 이는 C_1을 통해 미분되어 Q_1의 베이스로 전달된다(과정 ④). 따라서 Q_1의 컬렉터 전류 i_{c1}은 0으로 되고(과정 ⑤) 컬렉터 전압 v_{c1}은 최대로 되며(과정 ⑥) 이는 C_2를 통해 Q_2로 전달되어 포화상태에 이른다(과정 ⑦).

그림 2-1-16(c)는 그림 2-1-16(b)의 상태에서 트랜지스터 Q_1로 동작이 전환되는 과정을 나타낸 것으로서 앞서와 동일한 과정이 반복된다.

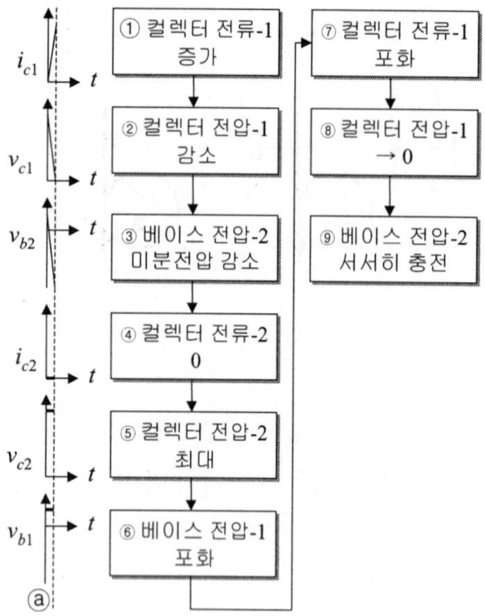

(a) 전원투입 직후

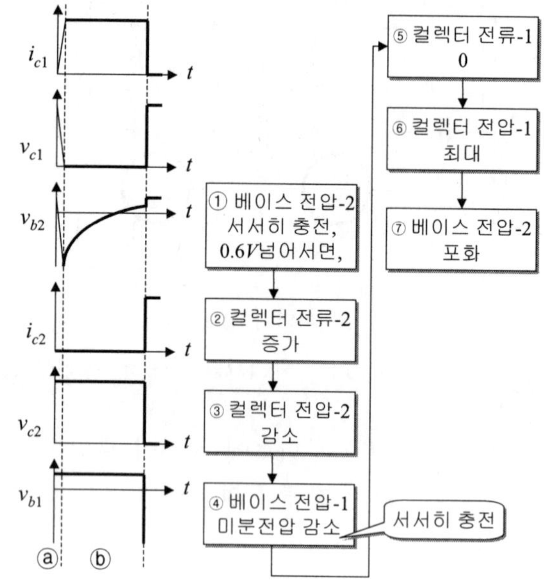

(b) Q_2 로의 상태 전환

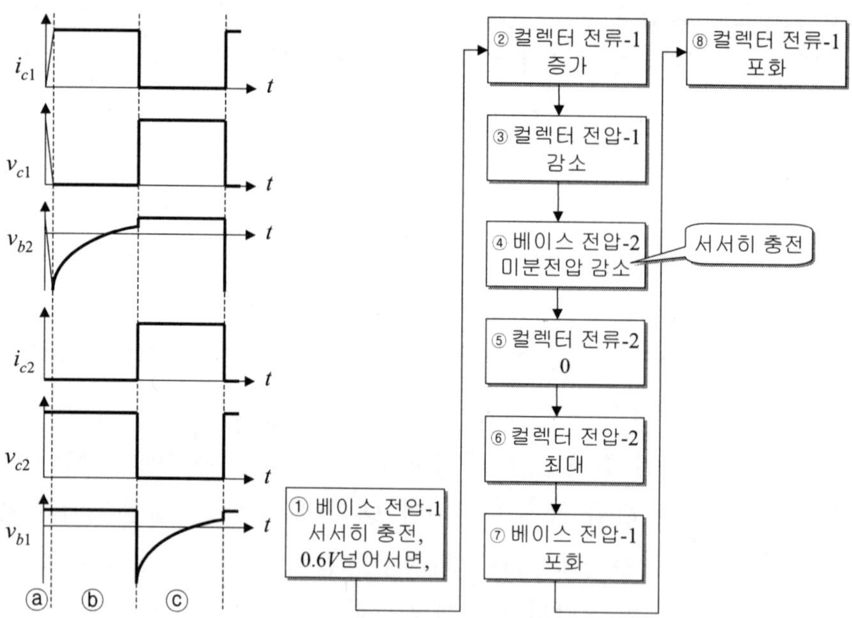

(c) Q_1으로의 상태 전환

[그림 2-1-16] 무안정 멀티바이브레이터의 동작과정

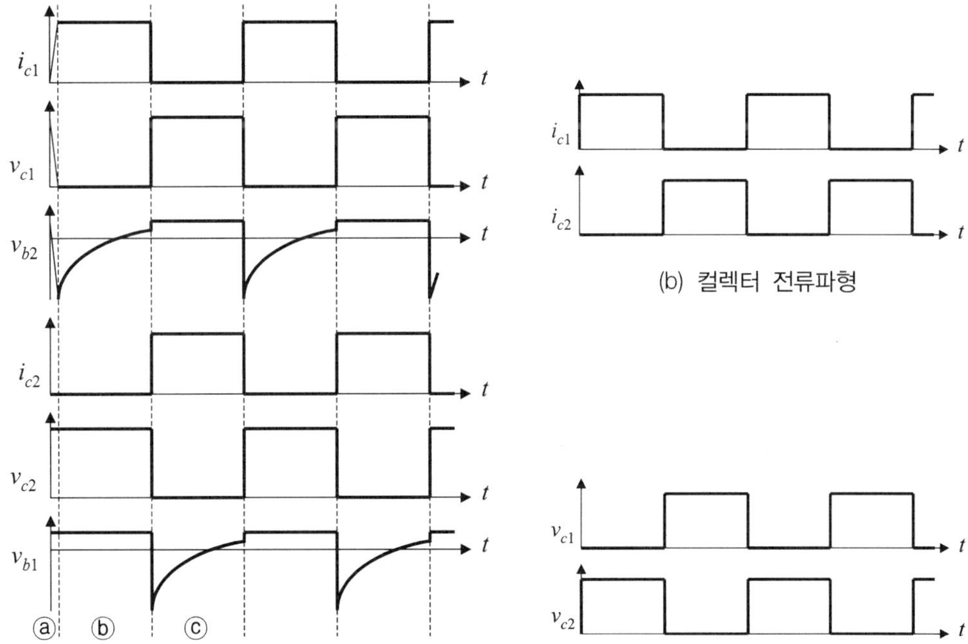

(a) 회로 각부의 파형

(b) 컬렉터 전류파형

(c) 컬렉터 전압파형

[그림 2-1-17] 무안정 멀티바이브레이터의 동작파형

따라서 이상을 종합해 그림 2-1-17(a)에 연속적인 파형을 나타냈고, 이들 파형 중 특히 2개 트랜지스터의 컬렉터 전류들과 컬렉터 전압들만을 별도로 그림 2-1-17(b)와 (c)에 나타내었다.

따라서 두 트랜지스터의 전류 또는 전압은 서로 교대로 반복되는 파형이 나타난다. 각 파형의 on 주기는 대략 다음과 같다.

$$T_{Q1,on} \simeq R_{B1} \cdot C_1 \,,\ T_{Q2,on} \simeq R_{B2} \cdot C_2$$

앞서 무안정 멀티바이브레이터 회로를 다른 형태로 나타내면 그림 2-1-18(a)와 같고, 그림 2-1-18(b)는 이 회로를 이용해 2개의 LED가 교대로 점멸하는 '전자 윙커(winker)'라는 장난감 회로를 구성한 것이다.

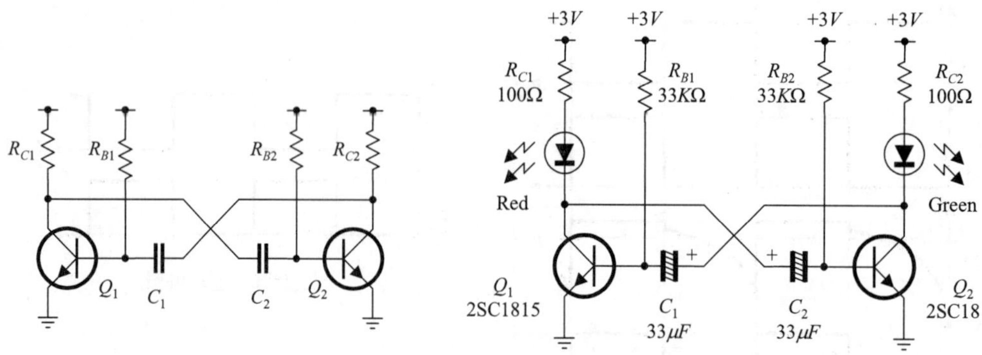

(a) 다르게 나타낸 회로 (b) 전자 윙커 회로도

[그림 2-1-18] 무안정 멀티바이브레이터의 응용 예

③ 디지털 게이트 멀티바이브레이터

앞서 살펴본 무안정 멀티바이브레이터에서, 트랜지스터 1개 부분은 디지털의 NOT 게이트와 유사한 특징이 있다. 즉 베이스가 NOT 게이트의 입력, 컬렉터가 출력이며, 이들은 서로 위상이 반대이다. 단지 트랜지스터는 베이스로 전류가 잘 유입되는 반면 NOT 게이트는 그렇지 않다는 차이만 있을 뿐이다. 따라서 그림 2-1-19(a)와 같이 회로를 구성하면 유사한 회로가 구성되며, 이를 이용해 디지털 게이트에 의한 멀티바이브레이터를 그림 2-1-19(b)와 같이 구성할 수 있다.

그림 2-1-19(a)에서, 저항 R이 게이트 U에 걸쳐 있는데, 이는 게이트 입력이 만약 'L'이라면 출력은 'H'가 되어 저항은 풀업(pull-up) 역할을 해 전류를 공급해준다. 입력이 'H'라면 출력은 'L'이 되므로 입력 쪽에서 전류를 빼내어 트랜지스터의 베이스에 흘러드는 임피던스 역할을 한다.

그림 2-1-19(b)는 앞서 트랜지스터로 구성했던 무안정 멀티바이브레이터를 디지털 게이트로 구성한 것으로서, U_3은 회로의 출력을 타 회로에서 사용할 때 전류유출에 따른 영향을 줄이기 위한 전류 버퍼이다.

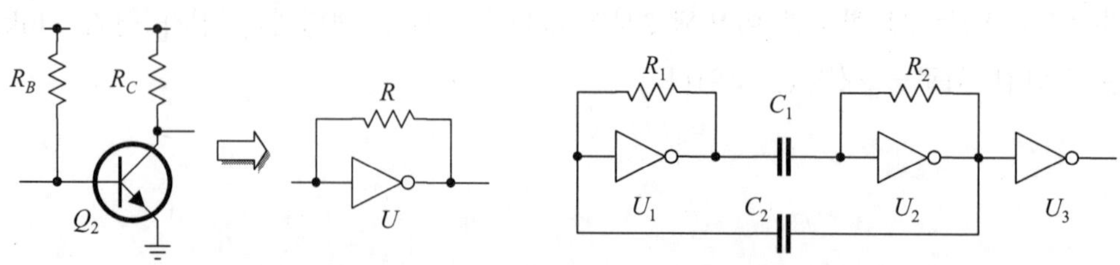

(a) 트랜지스터 등가회로 (b) 무안정 멀티바이브레이터

[그림 2-1-19] 디지털 게이트에 의한 무안정 멀티바이브레이터

회로에서, NOT 게이트의 스레시홀드(threshold) 전압에 따라 차이가 있기는 하지만 일반적으로 $R_1 = R_2 = R$이고, $C_1 = C_2 = C$일 경우 주파수는 다음과 같이 정해진다.

$$f = \frac{0.693}{R \cdot C}$$

(3) 크리스털 발진기

앞서 다룬 RC에 의한 발진기는 소자의 오차, 온도 등에 의해 주파수 편차가 심하므로 정밀함을 요하지 않는 간단한 경우에만 사용한다. 이에 비해 상당한 정밀도를 필요로 하는 경우, 예를 들어 CPU 클록 주파수나 통신용 주파수 등은 대부분 크리스털(X-tal) 발진기를 사용한다.

① 크리스털

크리스털 발진회로는 크리스털[또는, 수정(水晶)이라 한다] 진동자를 이용한 발진기로서 발진 주파수가 매우 안정적(안정도가 10^{-5} 이상)이므로 무선 송수신기나 전자시계, 컴퓨터 클록 등의 발생에 사용된다. 크리스털 진동자는 압전(壓電)소자 중 하나로서, 전기를 가하면 미약한 진동이 발생하고, 진동을 가하면 전기가 발생하기 때문에 '압력(壓力)에 의한 전기(電氣)'라는 뜻으로 '압전소자'라 한다.

크리스털 진동자는 그림 2-1-20(a)에 나타낸 바와 같이 작은 크리스털 조각을 금속 사이에 삽입하고 이를 그림 2-1-20(b)와 같이 금속 캔에 봉입한 것으로서, 기호는 그림 2-1-20(c)와 같이 나타낸다.

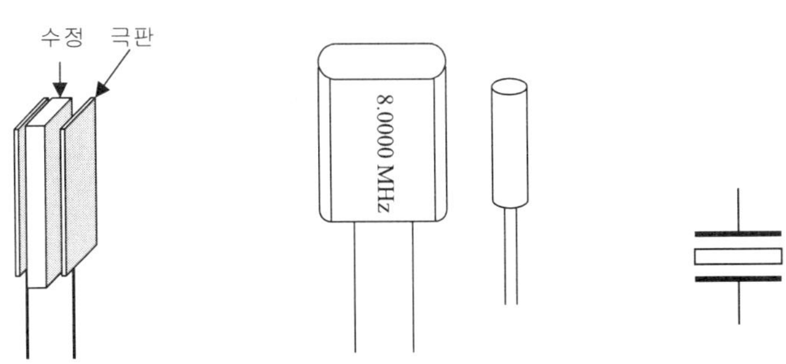

(a) 소자의 구조 (b) 소자의 외형 (c) 회로기호

[그림 2-1-20] 크리스털 진동자

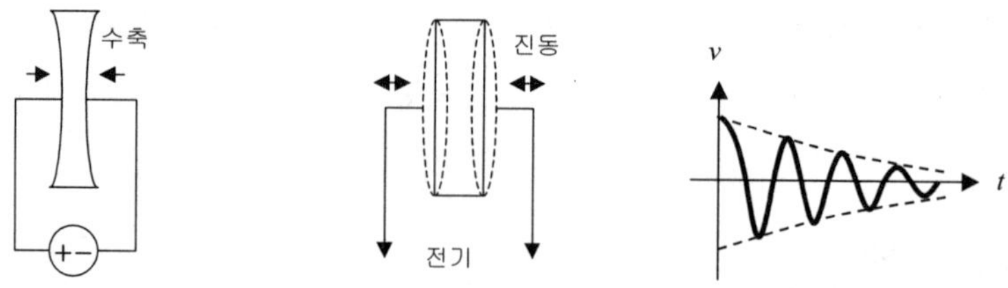

(a) 전압의 인가 (b) 진동 역전압 (c) 진동파형

[그림 2-1-21] 크리스털 진동자의 성질

그림 2-1-21(a)와 같이 크리스털 조각에 전압을 인가하면 크리스털은 미약하지만 진동을 한다(그림은 설명을 위해 과장해서 그렸다).

인가했던 전기를 제거하면 그림 2-1-21(b)와 같이 크리스털 조각은 다시 원위치 되면서 전압이 발생하는데, 이때 진동상태는 그림 2-1-21(c)와 같이 특정 주파수를 가진다. 크리스털 원석(原石)을 어느 방향으로 어떤 크기로 잘라내는가에 따라 이러한 고유 진동수가 결정되는데, 크기가 작으면 고유 진동수는 더 높아진다. 이를 비유로 설명하면 그림 2-1-22(a)와 같이 어떤 강철 핀의 한쪽을 고정시키고 반대쪽을 손가락으로 튕기면 그림 2-1-22(c)와 같이 진동을 하는데, 강철 핀의 길이가 짧으면 더 빠른 진동을 한다.

크리스털 진동자는 등가적으로 그림 2-1-23(a)와 같이 나타낼 수 있는데, L_0와 C_0는 크리스털 조각의 고유 진동수를 공진회로로 표현한 것이고, R_0는 크리스털 진동자가 감쇄진동을 하기 때문에 감쇄율을 정하기 위한 것이다. 또한 전체적으로 C_S라는 커패

(a) 철 핀의 여기(勵起) (b) 진동상태 (c) 진동파형

[그림 2-1-22] 강철 핀의 비유

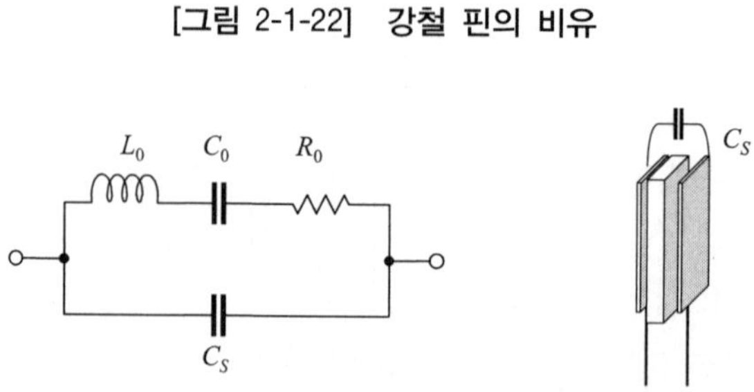

(a) 등가회로 (b) C_S의 의미

[그림 2-1-23] 수정 진동자의 등가회로

시터가 병렬로 삽입되어 있는데, 이는 그림 2-1-23(b)와 같이 크리스털 진동자를 조립할 때 크리스털 조각을 끼우기 위한 극판들 사이의 용량이 존재하기 때문이다.

② 크리스털 발진기

크리스털을 이용한 발진회로는 주파수 안정도와 정확도가 뛰어나기 때문에 특히 디지털 분야에 많이 활용된다. 그림 2-1-24에 디지털 회로에 사용하는 구형파 발생용 크리스털 발진회로의 예를 나타내었다.

그림 2-1-24(a)에서, 74LS04 인버터의 입력과 출력 사이에 저항이 삽입된 것은 고이득 반전 증폭기를 구성하고 있는 것인데, 이 원리는 이후에 설명한다. 회로의 A 게이트와 B 게이트는 2개의 연속된 반전 증폭기가 접속된 것이므로 전체적으로 위상차가 없는 증폭기가 되고, 신호를 크리스털 소자를 통해 특정 주파수만 골라 귀환시켜 발진한다. 이때 고이득 증폭기만 연속으로 2단이 존재하고 감쇄는 오직 크리스털 소자만 존재하는데, 크리스털의 공진 주파수에서는 전체적인 이득이 감쇄보다 훨씬 크므로 구형파가 발생하고, 그 이외의 주파수에서는 감쇄가 더 크기 때문에 발진하지 않아 크리스털의 고유 진동수에 해당하는 주파수만 발진한다. 이와 같이 발진된 신호는 이 회로에 접속된 부하가 귀환회로에 영향을 미치지 않도록 C 게이트를 삽입해 버퍼 처리하고 있다.

그림 2-1-24(b)는 콜피츠(Colpitts) 발진기의 원리를 이용한 회로로서, A 게이트와 R_1, R_2에 의해 고이득 반전 증폭기가 구성되며, 귀환시킬 때 콜피츠 발진기의 원리와 마찬가지로 C_1, C_3과 크리스털 소자에 의해 신호귀환 시 위상반전을 일으켜 회로 전체적으로는 위상차가 없도록 하고 있다. 콜피츠 발진기에 관한 사항은 이후에 참고로 설명하였다.

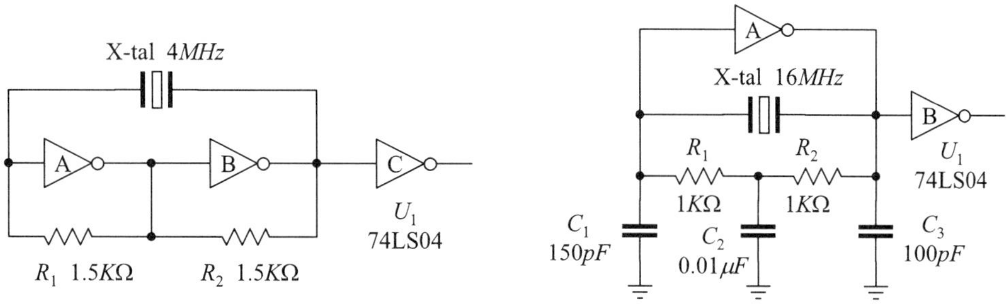

(a) 동조형 (b) 콜피츠 유사형

[그림 2-1-24] 구형파 발생용 수정 발진회로 예

③ 디지털 게이트 증폭기

디지털 인버터를 이용한 고이득 증폭기의 구성은 디지털 회로도 궁극적으로는 아날로그 회로로 구성되어 있기 때문에 이 원리를 이용한 것이다. 그림 2-1-25(a)는 7404의 NOT 게이트 구성도를 나타낸 것으로서, 7404는 74LS04와 약간 차이가 있지만 기본 원리는 동일하기 때문에 회로의 원리를 알기 쉽도록 내부 구성이 더 간단한 7404를 이용해 표시하였다.

그림 2-1-25(a)를 살펴보면 디지털 NOT 게이트의 회로는 아날로그 관점에서 보면 훌륭한 고이득 직결 반전 증폭기이며 출력단의 토템폴(totem-pole) 회로는 푸시풀(push-pull) 증폭기와 유사한 구조로 볼 수 있고, 이 특성을 이용해 그림 2-1-25(b)와 같이 아날로그용 증폭기도 구성할 수 있다. 단, 이 회로는 완전한 아날로그 증폭을 하기 때문에 74LS04를 사용할 경우 슬루 레이트(slew-rate)가 너무 높아 직선성을 얻기 어려우므로 상대적으로 슬루 레이트가 낮은 CMOS의 NOT 게이트를 이용하였다. 대신, CMOS의 전류 드라이브 능력이 작으므로 이를 증강시키기 위해 출력단에 4개의 게이트가 병렬로 접속되어 있다(TTL에서는 이러한 접속이 안 되지만 CMOS에서는 가능하다).

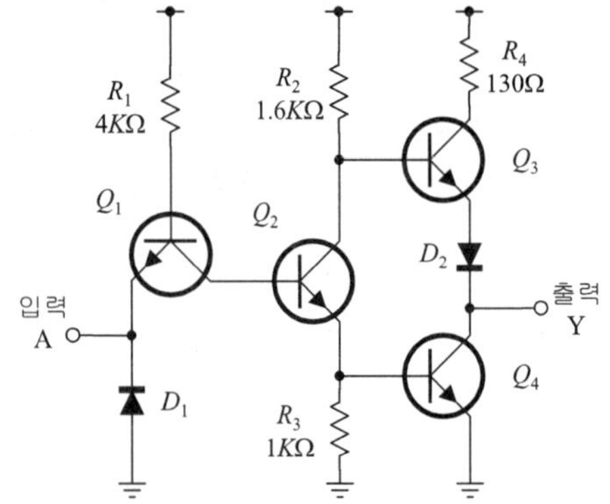

(a) 7404 NOT 게이트 회로

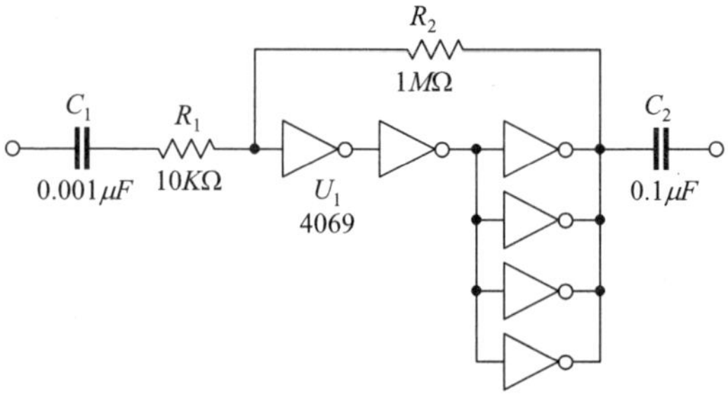

(b) 고이득 증폭회로의 예

[그림 2-1-25] 디지털 게이트의 아날로그 활용 예

(4) *LC* **발진회로**(참조)

이 절은 앞서 콜피츠 발진기의 원리를 확실히 이해하기 원하는 독자를 위해 참고로 소개하며, 정현파 발진기의 내용이므로 이 절은 생략하고 다음으로 진행해도 관계없다.

콜피츠 발진기를 이해하려면 *LC* 발진회로에 관한 이해부터 시작해야 한다.

① 동조형 발진기

LC 발진회로는 *LC* 공진회로에 의해 선택된 특정 주파수만을 발진시키는 원리로서, 기본 블록도는 그림 2-1-26과 같다.

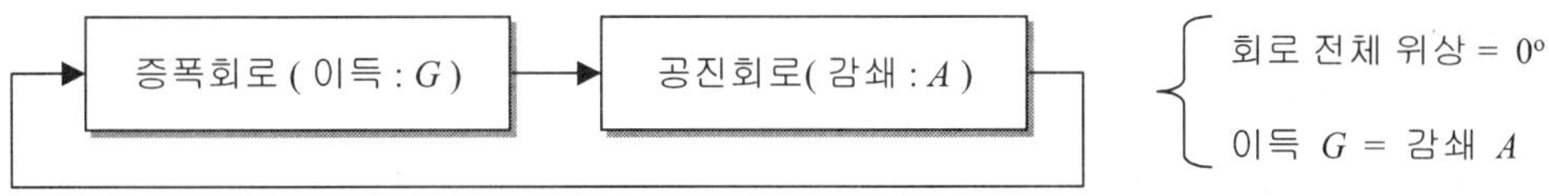

[그림 2-1-26] *LC* 발진회로의 기본 블록도

증폭회로에서 발생하는 여러 주파수의 잡음 중 공진회로와 동일한 주파수만 통과하고 이 신호가 증폭되어 발진이 일어나는데, 이때 회로 전체의 위상은 0°가 되도록 하고, 정현파를 발생하기 위해 이득 G와 감쇄 A가 같도록 조절해야 한다.

LC 발진회로의 가장 기본적인 것은 동조형 발진기들이며, 이는 컬렉터 동조형, 베이스 동조형, 에미터 동조형의 3가지가 있는데, 약간씩 차이가 있기는 하지만 기본적으로는 거의 유사하다 할 수 있다. 이들 3가지 형식 발진기의 기본 원리를 그림 2-1-27에 나타내었다.

그림 2-1-27(a)의 컬렉터 동조형은 트랜지스터 증폭기의 출력이 발생하는 컬렉터에서 공진을 시킨 후 이를 베이스로 귀환시키는 원리이며, 이때 증폭기는 에미터 접지 증폭기이므로 위상차가 180° 발생하기 때문에 트랜스포머의 2차측 권선을 뒤집음으로써 다시 180° 뒤집어 귀환시킨다.

그림 2-1-27(b)의 베이스 동조형은 트랜지스터 증폭기의 출력을 베이스로 되돌린 후 공진시켜 귀환시키는 원리이며, 이때도 증폭기는 에미터 접지 증폭기이므로 180° 뒤집어 귀환시킨다.

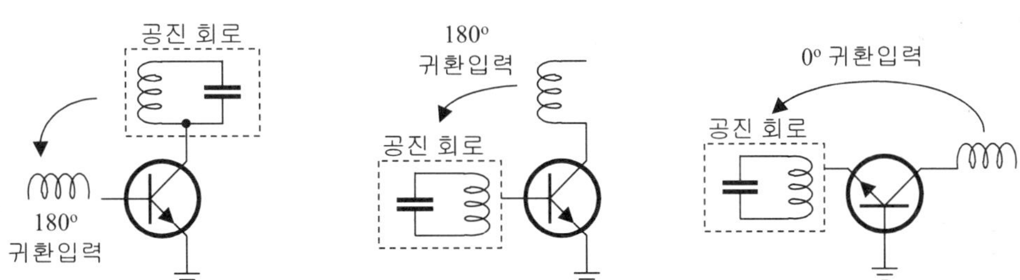

(a) 컬렉터 동조형 (b) 베이스 동조형 (c) 에미터 동조형

[그림 2-1-27] 동조형 발진기들의 기본 원리

그림 2-1-27(c)의 에미터 동조형은 베이스 접지 증폭기에 컬렉터 출력을 에미터로 되돌린 후 공진시켜 귀환시키는 원리이며, 증폭기는 위상차가 0°인 베이스 접지 증폭기이므로 반전은 필요 없다.

그림 2-1-28에 이들 동조형 발진기들의 바이어스까지 완료된 실용회로를 나타내었는데, 각 회로의 R_1, R_2, R_3, C_1, C_3은 전류귀환 바이어스 회로를 구성하며, T와 C_2가 공진회로를 형성한다.

이들 동조형 발진기는 각 회로들의 세부적인 요소들을 생략하면 발진 주파수는 공진 탱크 내의 인덕터와 커패시터에 의해 다음과 같이 결정된다.

$$f \cong \frac{1}{2\pi\sqrt{L \cdot C}}$$

그림 2-1-28(a)의 컬렉터 동조형은 C급 증폭기의 원리와 유사하기 때문에 전력효율은 좋은 편이지만, 컬렉터에서 동조시키므로 출력전력이 커야 하는 경우 인덕터의 굵기가 굵어져 소자의 부피가 커지기 때문에 동일 부피에서는 큰 출력을 얻기 어렵다. 또한 출력과 결합되는 다음 회로의 용량에 의해 공진상태에 영향을 받을 수 있으며, 특히 트랜지스터의 컬렉터-베이스 간 용량에도 영향을 쉽게 받으므로 이에 대한 배려가 필요해 트랜지스터의 컬렉터는 인덕터의 중간 탭에 접속해 영향을 줄이고 있다. 그리고 컬렉터 동조형은 공진 부분에서 곧바로 출력신호를 추출하기 때문에 약간의 과도한 출력 유출은 공진 탱크의 여진파형을 일그러뜨려 발진이 멈출 수 있다.

그림 2-1-28(b)의 베이스 동조형은 출력으로부터 신호를 전달받아 이를 공진시키므로 출력 전력의 크기에는 큰 제한이 없고, 베이스단에서 별도로 공진을 시키기 때문에

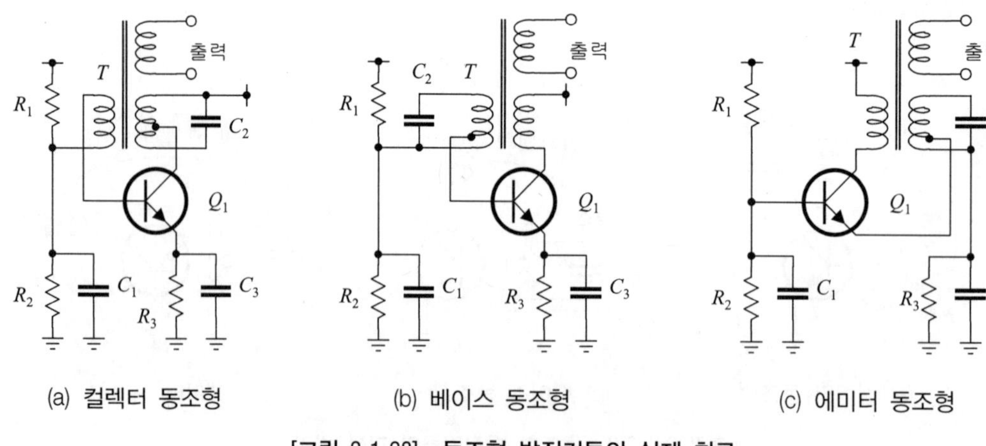

[그림 2-1-28] 동조형 발진기들의 실제 회로

출력의 유출에 대해 큰 영향을 받지 않는다. 그러나 공진 시 공진회로의 임피던스는 거의 무한대이므로 컬렉터-베이스 용량이 개입될 수 있으며 특히 트랜지스터 증폭기의 베이스는 컬렉터나 에미터에 비해 임피던스가 비교적 큰 편이므로 잡음의 유입에 유의해야 한다. 회로에서는 이러한 점을 고려해 트랜스포머의 탭으로부터 신호를 추출해 트랜지스터 증폭기의 임피던스와 최대한 매칭을 시키고 있다.

그림 2-1-28(c)의 에미터 동조형은 베이스 접지 증폭기 형식을 사용하므로 컬렉터-베이스단의 용량에 대한 영향이 없고 증폭기 자체가 비반전형이므로 밀러 커패시터의 영향이 없어 발생 주파수를 높게 할 수 있으며 주파수에 대한 안정도도 좋아진다. 그러나 증폭기의 입력인 에미터단은 임피던스가 낮은 관계로 출력의 상당 부분이 입력귀환용으로 사용되기 때문에 외부로 큰 출력을 추출하기 어렵다.

② 3소자형

앞서 살펴본 동조형 발진기들은 결합용 트랜스포머의 권선이 출력용을 제외하고도 2개가 있어야 하므로 부품 제작이 복잡하고 부피가 커지는 단점이 있다. 이 때문에 권선을 단순화해 개선한 것이 하틀리(Hartley)형과 콜피츠(Colpitts)형이며, 이들의 단순한 개념을 그림 2-1-29에 나타내었다.

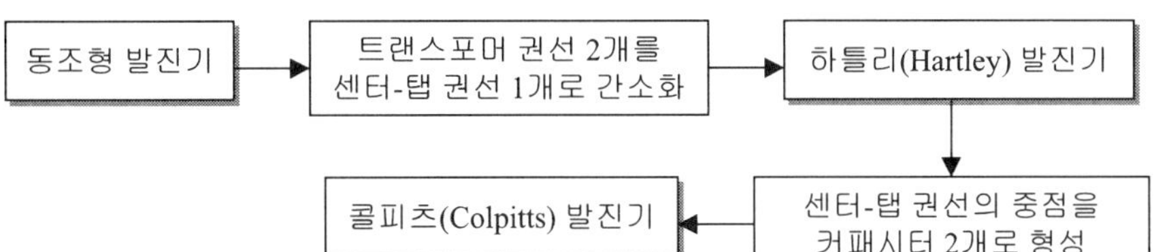

[그림 2-1-29] 동조형 발진기의 단순화 방향

참고로, 하틀리와 콜피츠라는 명칭은 이 회로를 개발한 개발자의 이름에서 유래한 것이다.

i) 하틀리 발진기

앞서 살펴본 동조형 발진기에서의 결합(coupling) 및 공진용으로 사용되는 2개 권선을 센터-탭이 부가된 1개 권선으로 단순화한 것이 하틀리 발진기이며, 이의 개략도를 그림 2-1-30(a), (b)에, 실용회로를 (c)에 나타내었다. 단, 이 예는 컬렉터 동조형을 개량한 종류로서 다른 동조형들도 모두 이와 같이 개량이 가능하다.

그림 2-1-30(a)에서, 증폭기는 에미터 접지이므로 위상이 반전되어 이를 다시 반전시켜 귀환하기 위해 인덕터 L_1과 L_2로 구성된 트랜스포머를 사용한다. 그리고 커패시터

C_1은 이들 인덕터와 함께 공진을 하는데, 이때 인덕터의 용량은 자체 인덕턴스 L_1과 L_2뿐만 아니라 서로 결합되어 상호 인덕턴스(mutual inductance) M이 각각 존재하므로, 인덕터의 용량은 다음과 같이 된다.

$$(L_1 + M_1) + (L_2 + M_2) = L_1 + L_2 + 2M$$

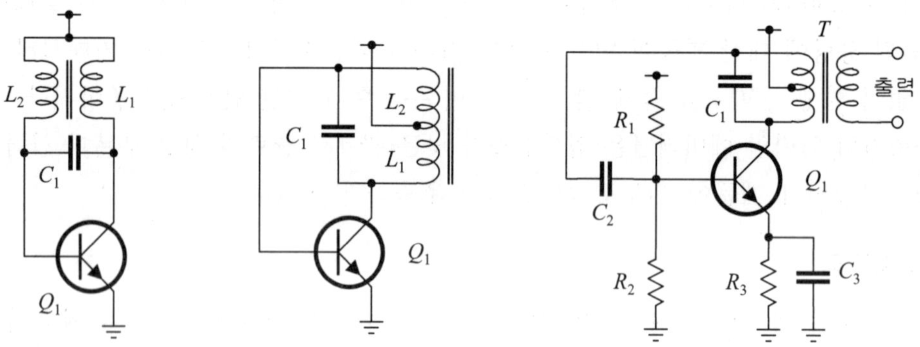

(a) 원리회로－1 (b) 원리회로－2 (c) 실용회로

[그림 2-1-30] 하틀리 발진회로

따라서 공진 주파수는 다음과 같이 결정된다.

$$f = \frac{1}{2\pi\sqrt{(L_1 + L_2 + 2M) \cdot C_1}}$$

그림 2-1-30(b)는 (a)회로를 다시 그린 것이며, 그림 2-1-30(c)는 바이어스 회로까지 모두 부가해 구성한 실용회로이다. 그림 2-1-30(c)에서, R_1, R_2, R_3, C_3는 전류귀환 바이어스를 형성하는 소자들이며, C_2는 입력 커플링 커패시터이다.

하틀리 발진기는 발진 주파수를 결정하는 요소가 2개의 인덕터와 하나의 커패시터로 구성되어 있어 이를 '3소자형 발진기'라 분류하는데, 특히 커패시터가 하나이기 때문에 이 커패시터 용량을 변화시키면 발진 주파수를 변경할 수 있다.

ii) 콜피츠 발진기

하틀리 발진기의 원리인 그림 2-1-31(a)에서, 센터-탭 권선의 탭 부분을 커패시터 2개에 의해 대체(이를 회로 용어로 정전용량분할이라 한다)시킨 것이 콜피츠 발진기이다. 이 회로는 인덕터 소자의 제작이 용이하기 때문에 현재 가장 많이 사용되며, 이의 원리를 그림 2-1-31(b)에 나타내었다.

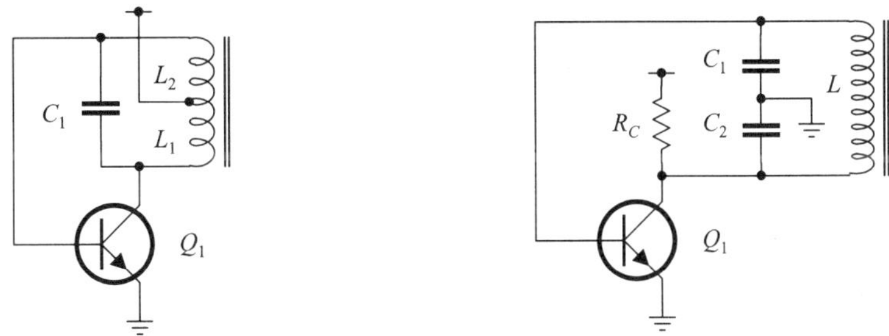

(a) 하틀리 발진기의 기본형 (b) 콜피츠 발진기의 기본형

[그림 2-1-31] 콜피츠 발진기의 원리

그림 2-1-31(a)의 하틀리 발진기 회로에서 2개의 인덕터 대신 2개의 커패시터로 대체시키고 하나의 커패시터를 하나의 인덕터로 대체시키면 그림 2-1-31(b)와 같이 되는데, 단 하틀리형은 공진 탱크가 직접 부하로 접속되는 반면 콜피츠형은 일단 저항 부하에 의해 전압을 추출한 후 이를 다시 공진시켜 귀환한다. 이는 커패시터를 이용해서는 부하로의 전력공급이 불가능하고 특히 직류인 바이어스 전류의 흐름이 불가능하기 때문이다.

회로에서, 증폭기는 에미터 접지이므로 위상이 반전되며, 따라서 공진 탱크에서 귀환되는 신호도 다시 반전될 필요가 있는데, 공진 탱크는 그림 2-1-32(a)와 같이 2개의 커패시터에 의해 전압배분 되면서도 커패시터의 결합점이 접지되어 있으므로 그림과 같이 공진상태의 어느 한순간을 살펴보면 C_1은 (−)전압이, C_2는 (+)전압이 충전되며, 이와 반대의 주기에서는 이들 전압도 또한 반전되어 결과적으로 커패시터의 접점인 접지를 중심으로 양 커패시터에는 위상반전이 발생한다('배전압 정류회로'가 이와 유사한 원리이다).

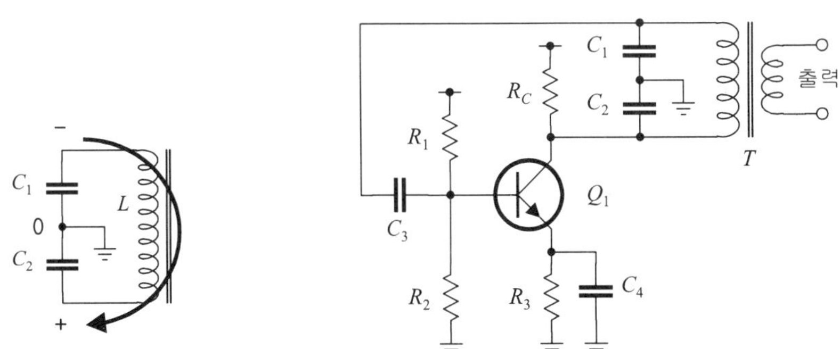

(a) 공진상태의 한순간 (b) 실용회로

[그림 2-1-32] 콜피츠 발진회로

그림 2-1-32(b)는 전류귀환 바이어스 회로가 추가된 실용회로로서, 공진 탱크를 이루는 커패시터는 C_1과 C_2의 직렬용량이고 이 커패시터가 인덕터와 공진하므로 공진 주파수는 다음과 같다.

$$f = \frac{1}{2\pi\sqrt{L \cdot \left(\frac{C_1 \cdot C_2}{C_1 + C_2}\right)}}$$

콜피츠 발진기에서 주파수를 변경하려면 L값을 변경하거나 2개 커패시터를 변경해야 하기 때문에 고정 주파수용 발진회로로 주로 사용된다.

3) 카운터 회로

카운터 회로와 이후에 다룰 타이머 회로 또한 컴퓨터 시스템을 구성하는 중요 회로 중 하나이다. 비록 카운터 회로는 논리회로(디지털 회로) 부분에서 학습한 바 있겠지만 정확한 의미와 용도를 알지 못하고 사용하는 경우가 많다. 예를 들어 비동기식 카운터와 동기식 카운터가 어떤 차이가 있으며, 이들을 어떤 경우에 어떻게 선택하는지 등이다. 따라서 여기서는 실용적인 면에서 카운터에 관해 살펴보려 하므로 기초적인 내용은 논리회로 또는 디지털 회로 관련서적을 참조하라.

논리회로는 크게 조합논리회로(combinational logic)와 순차논리회로(sequential logic)로 분류한다. 조합논리회로는 회로에 입력이 주어지면 그에 해당하는 출력이 바로 생성되는 것으로서, 예를 들어 그림 2-1-33(b)와 같은 AND회로에 '1'과 '1'을 입력하

- 논리회로 (디지털 회로)
  - 조합논리(Combinational logic)
  - 순차논리(Sequential logic)
    - 동기식(Synchronous)
    - 비동기식(Asynchronous)

(a) 논리회로의 계통도

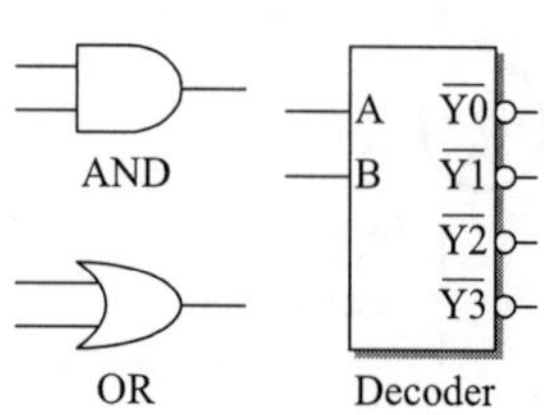

(b) 조합논리

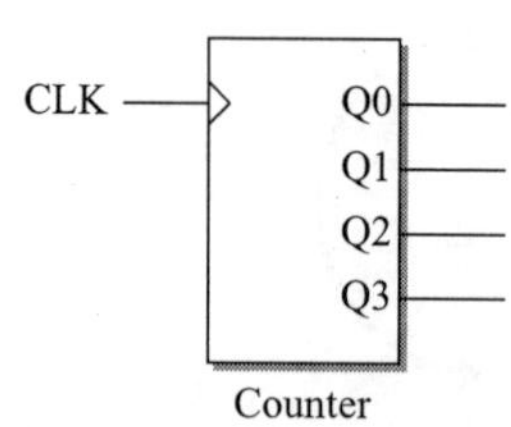

(c) 순차논리

[그림 2-1-33] 논리회로의 분류 및 예

면 그에 대한 출력은 '1'이 생성된다. 이에 비해 순차논리회로는 동일한 입력이라 할지라도 회로의 이전상태 값이 현재상태에 영향을 미치는 것으로서, 예를 들어 그림 2-1-33(c)와 같이 카운터에 동일한 클록 신호를 입력하더라도 이전에 5였다면 현재 출력은 6이 되고 이전에 8이었다면 현재 출력은 9가 된다. 따라서 순차논리회로는 이전 상태의 값을 저장하기 위한 기억소자(주로 플립플롭)와 조합논리회로로 구성된다.

순차논리회로는 회로의 동작 방식에 따라 다시 동기식과 비동기식으로 분류되는데, 동기식의 경우 내장된 기억소자들의 동작신호인 클록이 모든 기억소자에 동시에 입력되는 방식으로서, 회로는 복잡하지만 한 상태에서 다른 상태로의 전환 시 발생하는 '글리치(glitch) 현상'(이후에 설명한다)이 없다. 이에 비해 비동기식은 회로가 간단하지만 기억소자들에 입력되는 클록 신호가 필요에 따라 각자 입력되기 때문에 한 상태에서 다른 상태로의 전환 시 불확실한 출력이 발생하는 단점이 있다.

지금 다룰 디지털 카운터도 논리회로의 분류 중 순차논리회로에 속하기 때문에 회로의 동작 방식에 따라 동기식 카운터(synchronous counter)와 비동기식 카운터(asynchronous counter)로 나누어 설명한다.

(1) 동기식 카운터

① 동기식 카운터의 원리

동기식 카운터는 그림 2-1-34에 나타낸 바와 같이 조합논리회로와 플립플롭으로 조합된 순차논리회로로서, 모든 플립플롭들에 클록이 공통으로 접속된다. 따라서 한 상태에서 다음 상태로 진행하기 위해 입력되는 클록 신호는 모든 플립플롭에 동시에 인가되어 이 회로의 출력 비트들은 클록 신호에 동기된 출력이 나타난다. 이 회로 중의 조합논리회로는 현재 출력되는 회로의 값에 의해 다음에 출력될 값을 정해 플립플롭에

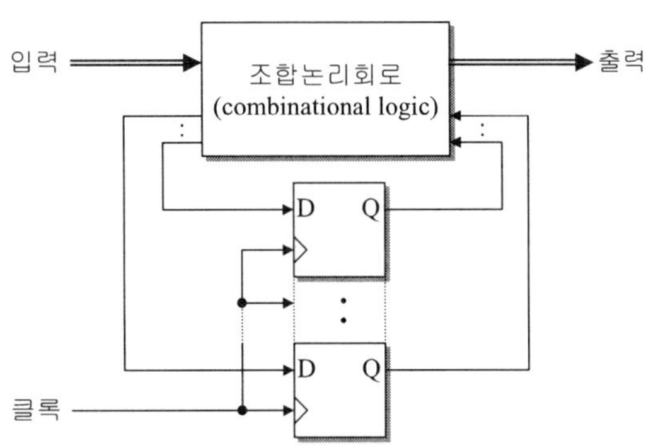

[그림 2-1-34] 동기식 카운터의 구성

인가하는 역할을 하며, 예를 들어 현재의 출력이 10진수 5가 발생되고 있다면, 각 플립플롭의 입력에는 6에 해당되는 신호를 준비해 다음 클록이 입력되면 이 출력이 나타나도록 하고 있다.

이러한 동작원리에 의해 동기식 카운터는 회로의 설계 및 사용법이 상당히 복잡해지는 단점이 있지만 출력값이 비동기식에 비해 안정되는 장점이 있다. 그림에 나타낸 바와 같이 이 회로의 모든 기능 조작은 조합논리회로 부분에서 이루어지며, 이에 대한 처리결과가 다시 플립플롭에 인가되어 다음 클록 신호에서 이 결과가 나타난다. 동기식 카운터에 부여할 수 있는 기능은 다양한데, 예를 들어 증가 카운터(up-counter)로 가동하거나 감소 카운터(down-counter)로 가동하는 것, 내용을 0으로 초기화하는 것(동기식 CLR), 외부에서 초기값을 받아들여 그 값부터 카운트하는 것 등이다.

② 동기식 카운터 회로의 예

동기식 카운터를 이용한 10진 카운터의 예를 그림 2-1-35에 나타내었다.

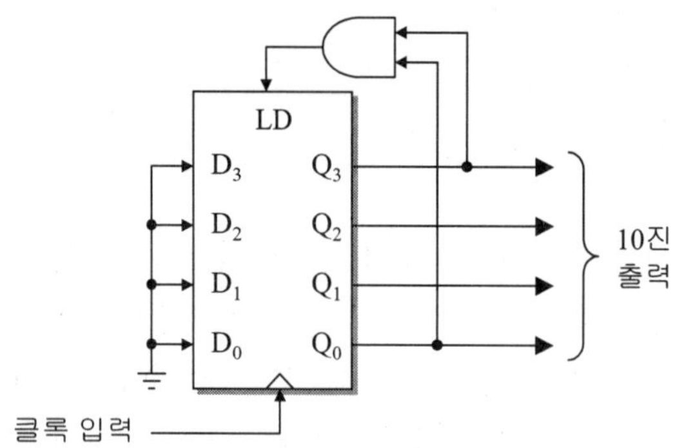

(a) 회로의 구성

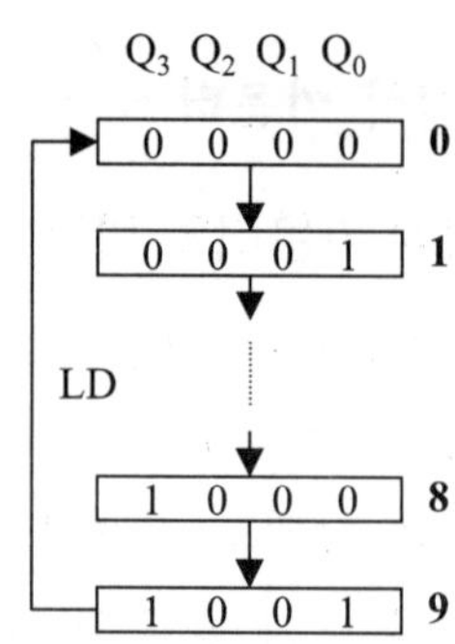

(b) 회로의 동작

[그림 2-1-35] 동기식 10진 카운터의 구성 예－1

그림 2-1-35(a)에서 카운터의 출력이 '1001', 즉 10진수 9가 되면 이를 AND 게이트에서 검출해 다음 클록이 입력되었을 때는 입력값 $D_0 \sim D_3$인 '0000', 즉 10진수 0이 로드된다. 따라서 이 회로의 동작은 그림 2-1-35(b)와 같이 0부터 9의 숫자가 카운트되는 '10진 카운터(BCD counter)'가 구성된다. 만약 숫자를 1부터 10까지 카운트 하고 싶다면 그림 2-1-36과 같이 회로를 구성한다.

즉, 로드될 값은 1부터, 그리고 다음 로드를 진행할 검출 숫자는 10으로 설정한다.

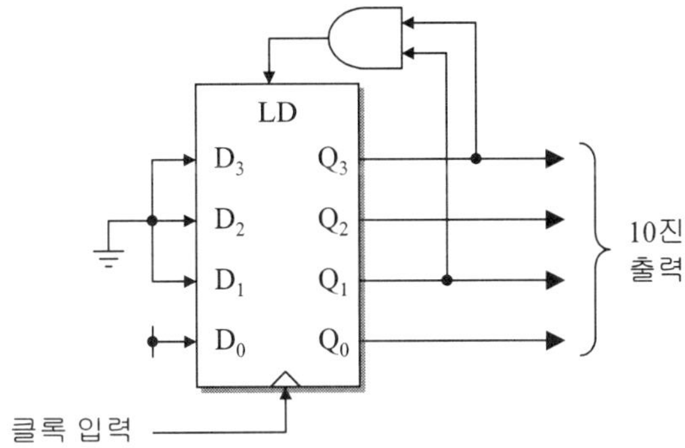

(a) 회로의 구성

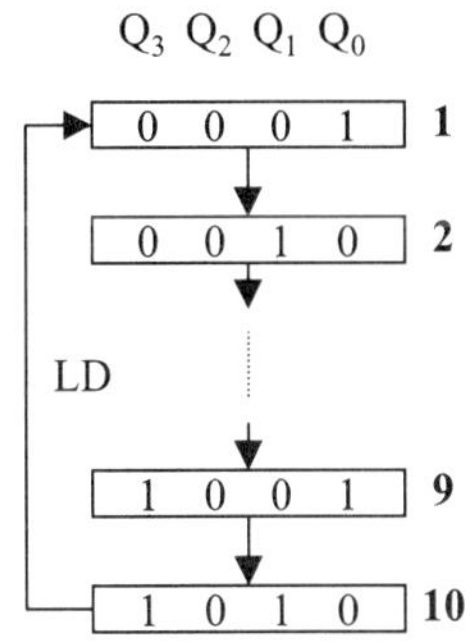

(b) 회로의 동작

[그림 2-1-36] 동기식 10진 카운터의 구성 예-2

(2) 비동기식 카운터

비동기식 카운터는 각 플립플롭에 인가되는 클록 신호가 필요에 따라 각각 입력되는 방식으로서 대표적으로 '2진 리플 카운터(binary ripple counter)'를 들 수 있으며 여기서도 이를 대상으로 비동기식 카운터의 특징에 관해 살펴본다.

① 2진 리플 카운터

그림 2-1-37에 2진 리플 카운터를 나타내었다.

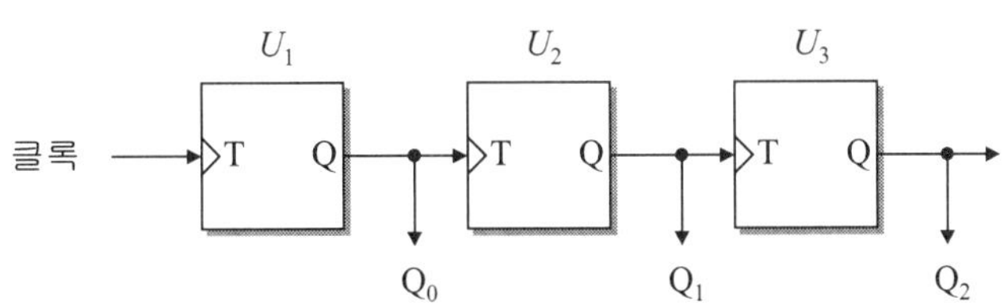

[그림 2-1-37] 2진 리플 카운터의 구성도

이 회로는 그림에 나타낸 회로가 실제 회로의 전부로서 상당히 간단함을 알 수 있다. 회로에 사용된 플립플롭은 T-플립플롭으로서 클록이 입력될 때마다 출력이 반전되며, 첫 번째 플립플롭 U_1에는 클록 신호가 입력되지만 두 번째 플립플롭 U_2에는 입력된 클록 신호가 아닌 U_1의 출력이 접속되어 있고, 마찬가지로 세 번째 플립플롭 U_3에는 U_2의 출력이 접속되어 있어 각 플립플롭은 동일한 클록 신호에 의해 동작하지 않으므로 '비동기식 카운터'라 하는데, 동작원리를 그림 2-1-38에 나타내었다.

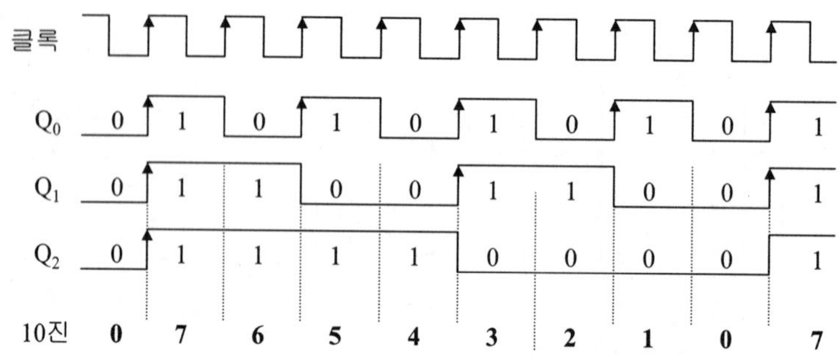

[그림 2-1-38] 2진 리플 카운터의 동작원리

만약 플립플롭의 초기값이 모두 0이고, 이때 클록 신호가 입력되면 상승 에지(rising edge)에서 첫째 플립플롭이 반전되어 '1'로 변화한다. 그런데 이 출력은 두 번째 플립플롭의 클록으로 작용해 두 번째 플립플롭의 출력이 반전되어 '1'이 되고 이는 다시 세 번째 플립플롭의 입력으로 작용하는 과정을 거쳐 그림 2-1-38의 10진수 0에서 7로 이동한다.

이후에 다시 클록 신호가 입력되면 첫 번째 플립플롭은 반전되어 '1'에서 '0'으로 변화하며, 이는 하강 에지이므로 두 번째 플립플롭에는 클록으로 작용하지 않아 Q_1은 반전되지 않는다. 따라서 세 번째 플립플롭 또한 동작하지 않아 그림 2-1-38의 10진수 7에서 6으로의 변화가 나타난다. 이와 같은 과정을 반복하면 10진수가 7부터 0으로 감소하며 카운트가 진행되므로 이를 '감소형 카운터(down-counter)'라 하고, 특히 각 플립플롭의 입력신호들은 첫 번째 플립플롭이 변화하여 두 번째 플립플롭으로, 이것이 변화하여 세 번째 플립플롭으로 전달되어 마치 물결이 옆으로 전달되는 모양과 비슷하다 하여 '리플 카운터(ripple counter)'라 한다. 즉 그림 2-1-38에 나타낸 회로는 '감소형 2진 리플 카운터'라 한다. 만약 플립플롭을 한 단계 더 접속하면 15부터 0까지의 카운터가 구성된다.

그림 2-1-39는 이 카운터의 실용회로를 나타낸 것으로서 D-플립플롭을 이용해 T-플립플롭을 구성하고 서로 접속한 것이다.

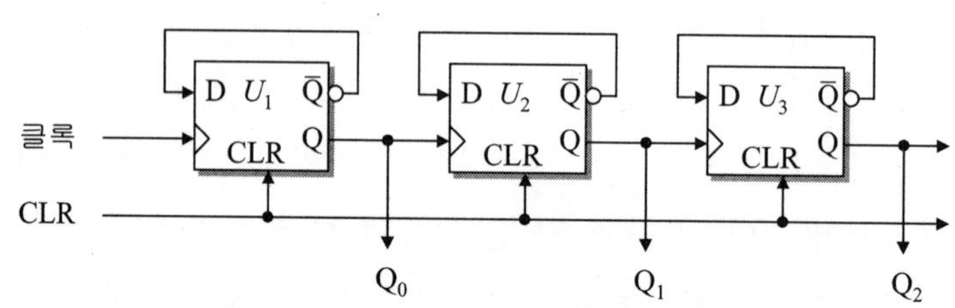

[그림 2-1-39] D-플립플롭으로 구성한 2진 리플 카운터

이상에서 소개한 리플 카운터는 그 원리상 각 플립플롭은 동시에 동작하지 않기 때문에 출력이 나타나는 시간에 차이가 있으며 그 순간에 원하지 않는 다른 값이 존재한다. 이러한 문제점의 예를 그림 2-1-40에 나타내었다.

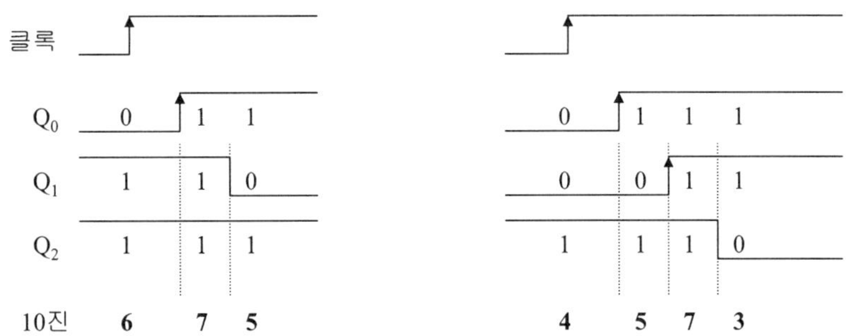

(a) 6에서 5로의 변화 (b) 4에서 3으로의 변화

[그림 2-1-40] 리플 카운터의 동작 문제

그림 2-1-40(a)는 카운트값이 6에서 5로 변화되는 순간을 나타낸 것으로서, 각 플립플롭의 출력은 연쇄반응으로 동작하기 때문에 시간차가 발생하며, 따라서 6에서 5로 값이 변동하기 위해 도중에 7이 반드시 존재한다. 그림 2-1-40(b)는 3개 비트가 모두 변화하는 4에서 3으로의 진행을 나타낸 것으로서, 이는 도중에 5와 7이 반드시 존재하며, 4개 비트, 8개 비트의 카운터에서는 이 현상이 더욱 심각하게 발생한다. 카운터가 동작한 일정 시간 후에 그 출력을 사용하는 시스템의 경우에는 이러한 현상이 크게 문제되지 않지만, 이 출력을 디지털/아날로그 변환회로에 입력해 실시간으로 출력을 발생하는 경우에는 그림 2-1-41과 같이 순간적으로 잘못된 전압을 출력하는 글리치(glitch) 현상이 발생한다.

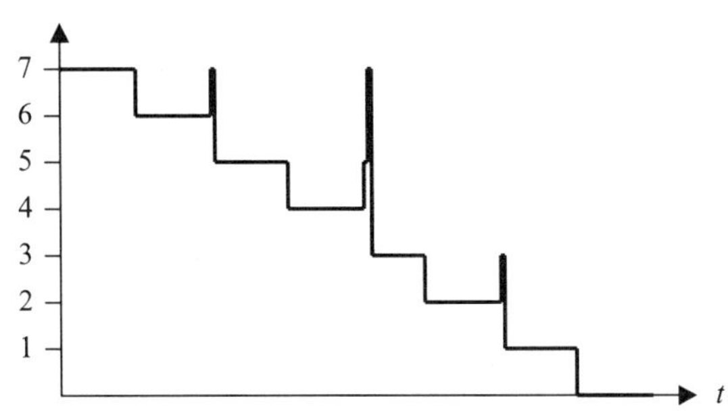

[그림 2-1-41] 비동기식 카운터의 글리치 현상

② 증가 카운터

앞서 살펴본 2진 리플 카운터는 숫자가 감소하며 동작하는데, 약간의 변화만으로 증가 카운터(up-counter)를 구성할 수 있으며 그 구성도를 그림 2-1-42에 나타내었다.

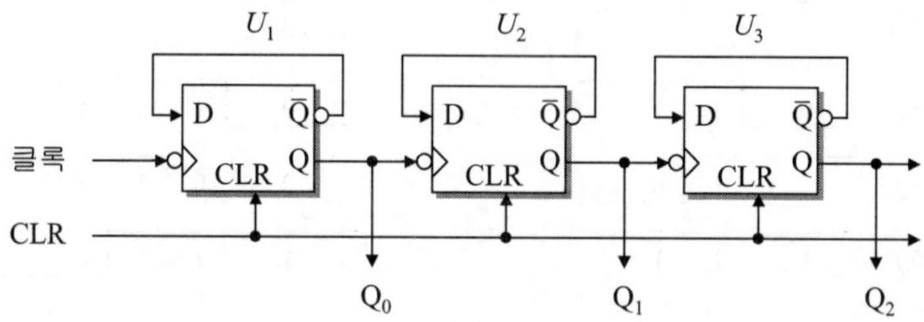

(a) 카운터 회로

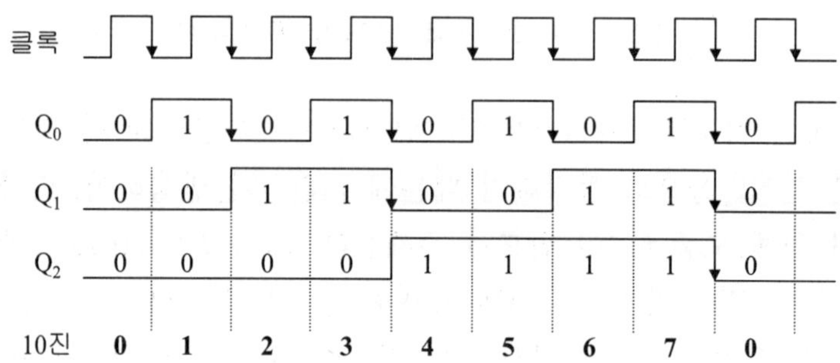

(b) 카운터의 동작

[그림 2-1-42] 증가 카운터의 구성 및 원리

그림 2-1-42(a)에 나타낸 바와 같이 증가 카운터는 감소 카운터와 비교해 플립플롭의 에지 극성이 반대로 되어 있다. 즉 감소 카운터는 상승 에지(rising edge)에서 플립플롭이 동작하지만, 증가 카운터는 하강 에지(falling edge)에서 동작하며, 이 회로의 동작 파형을 그림 2-1-42(b)에 나타내었다.

일반적인 논리회로 IC의 비동기식 카운터들은 대부분 그림 2-1-43과 같이 클록 입력이 하강 에지로서 증가형으로 구성된다. 이 소자들에 관한 자세한 사항은 TTL의 74LS393이나 CMOS의 4040 데이터 시트를 참조하라.

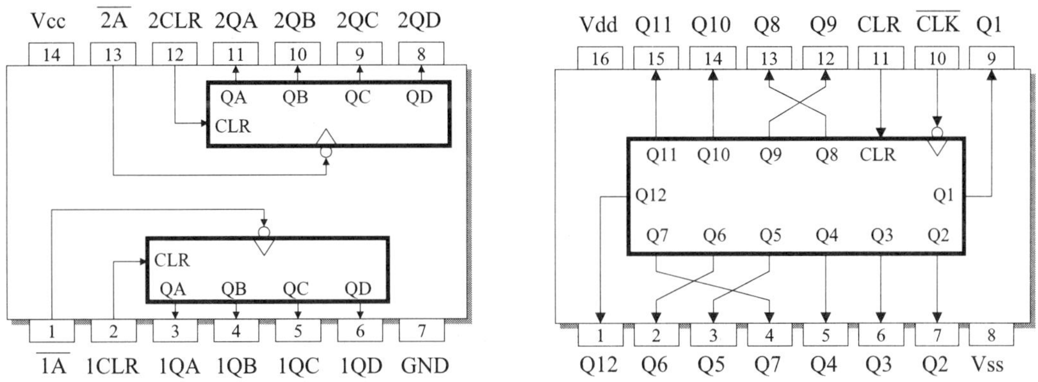

(a) TTL 74LS393 (b) CMOS 4040

[그림 2-1-43] 비동기식 카운터 소자의 예

③ 증가/감소 겸용 카운터(up/down counter)

필요에 따라 증가동작과 감소동작을 해야 할 경우 그림 2-1-44와 같이 플립플롭의 에지를 반전시키는지 그렇지 않은지에 따라 증가와 감소 동작을 제어할 수 있다.

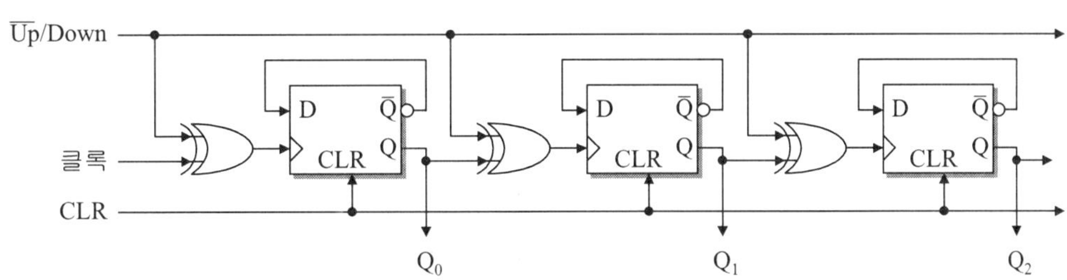

[그림 2-1-44] 증가/감소 겸용 카운터의 구성

④ 10진 카운터의 구성

비동기식 카운터를 이용한 10진 카운터의 구성 예를 그림 2-1-45(a)에 나타내었다. 이는 동기식 카운터와 차이가 있는데 출력이 10이 됨을 검출해 카운터를 다시 0으로 지우는 방법을 사용하므로 그림 2-1-45(b)와 같이 출력에는 순간적으로 10이 나타나고, 이 때문에 카운터는 다시 0으로 된다.

그러므로 이와 같은 순간값이 문제를 일으킬 가능성이 있는 회로인 경우에는 반드시 동기식 회로를 사용해야 한다.

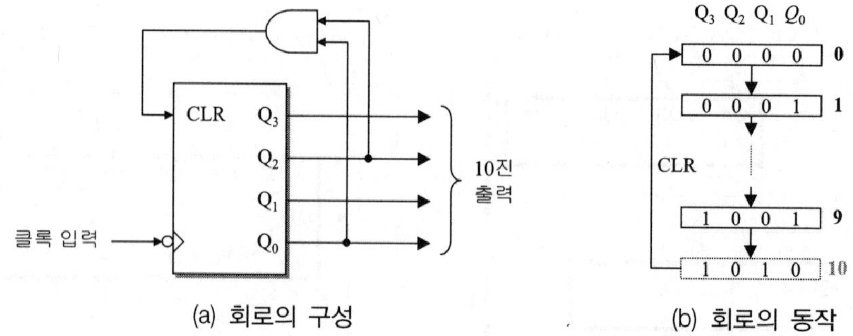

(a) 회로의 구성 (b) 회로의 동작

[그림 2-1-45] 증가 카운터의 구성 및 원리

(3) 주파수 분주

주파수 분주란 주어진 신호의 주파수를 나눗셈해 더 낮은 주파수로 변환하는 회로로서, 일반적으로 카운터 회로를 이용해 쉽게 구현할 수 있다.

① 2진 주파수 분주

2진 주파수 분주회로는 그림 2-1-46(a)와 같이 2진 카운터의 입력에 특정 주파수 신호를 입력하면 그림 2-1-46(b)와 같은 원리에 의해 주파수는 절반씩 하강하는 효과가 나타난다.

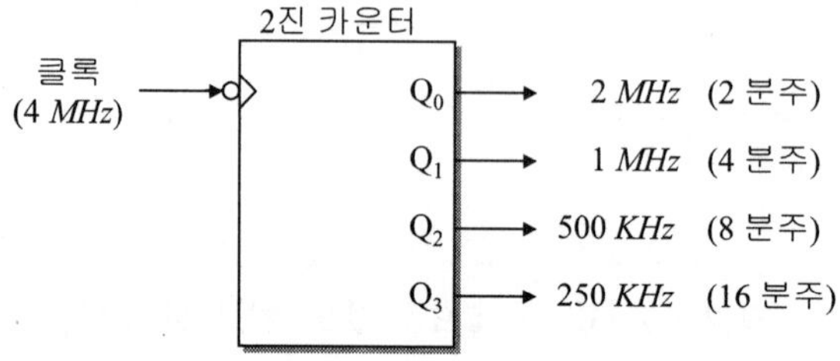

(a) 회로

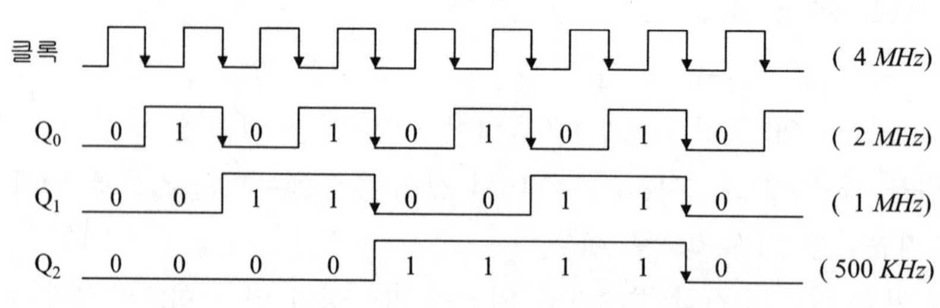

(b) 동작파형

[그림 2-1-46] 2진 주파수 분주회로의 구성 및 원리

② 정수 비 주파수 분주

정수 비 주파수 분주는 일정 정수로 입력 주파수를 나누는 회로를 의미하며, 이는 동기식 카운터를 이용하거나 카운터에 디코더를 부착한 회로를 이용해 쉽게 구현할 수 있다. 그림 2-1-47(a)는 입력된 주파수를 6분주 하는 회로이고, 동작 시 발생하는 수는 그림 2-1-47(b)와 같다.

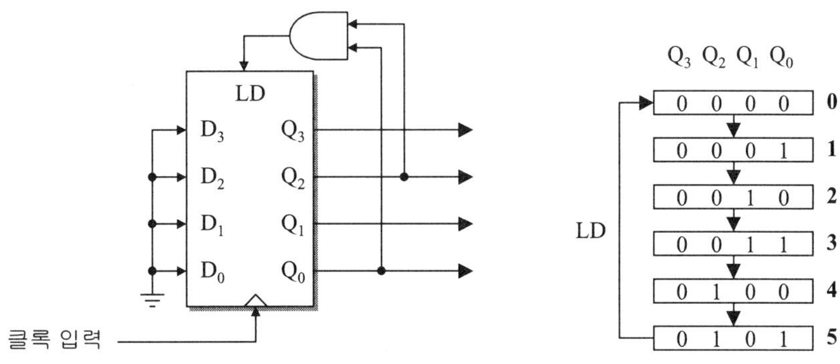

(a) 회로 (b) 동작과정

[그림 2-1-47] 동기식 6분주 회로의 구성 및 동작-1

그림의 회로는 0부터 5까지를 반복해 카운트하는 것으로서, 출력의 Q_1이나 Q_2의 파형을 살펴보면 그림 2-1-48과 같이 입력파형이 6분주됨을 알 수 있다.

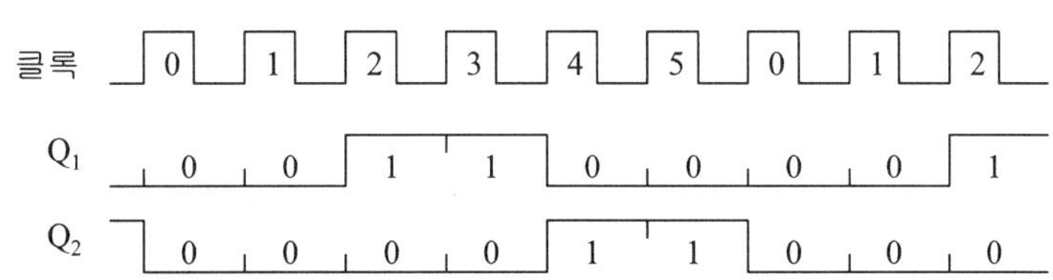

[그림 2-1-48] 6분주 회로의 출력

만약 출력파형의 듀티(duty)가 50%를 유지하도록 하려면 그림 2-1-49와 같이 1부터 6까지 카운트하고, 이때의 Q_2 출력을 이용하거나, 일단 3분주를 행한 후 T-플립플롭으로 2분주해 50% 비율의 파형을 구성할 수 있다.

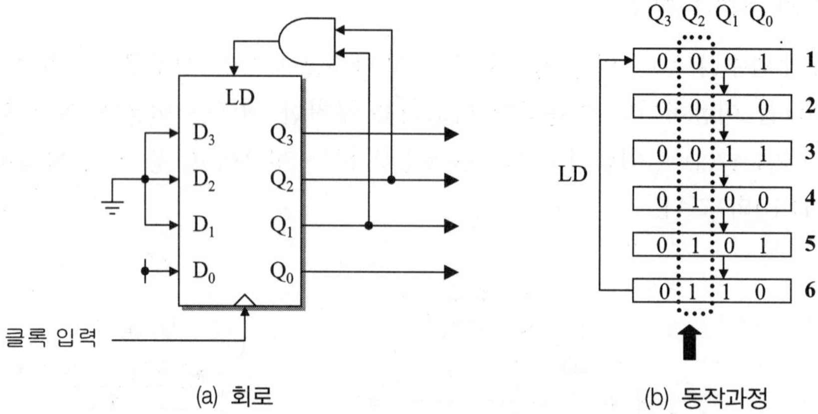

[그림 2-1-49] 동기식 6분주 회로의 구성 및 동작-2

또한 그림 2-1-50과 같이 초기 숫자를 설정하고 최대 숫자인 F를 넘어갈 때 발생하는 캐리 출력(RCO)을 다시 로드 신호인 LD로 돌리면 최종 숫자 검출회로를 간단히 할 수 있다. 즉 어떤 숫자를 카운트하더라도 로드 신호를 생성해내는 회로는 항상 NOT 게이트 하나면 된다(최종 숫자 7을 검출하기 위한 회로와 비교해보라).

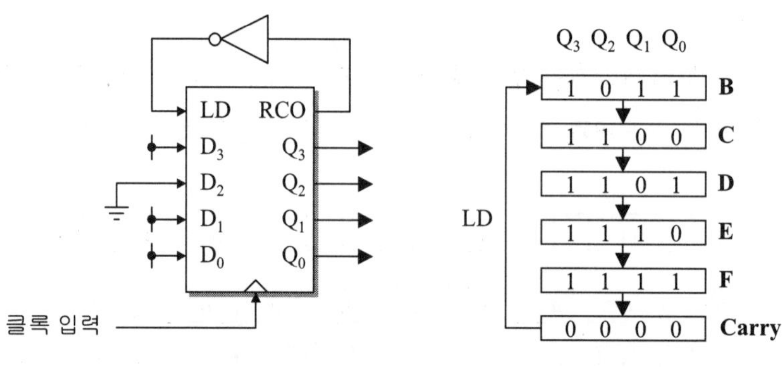

[그림 2-1-50] 동기식 6분주 회로의 구성 및 동작-3

그림 2-1-51은 (카운터+디코더) 기능의 CMOS 4017을 이용해 5분주 회로를 구성한 예로서, 그림 2-1-51(b)와 같이 출력 Y5를 리셋 입력으로 되돌리면 그림 2-1-51(c)와 같이 5번째 클록이 입력될 때 회로는 초기화되므로 입력된 클록 주파수는 Y0-Y4 단자에서 5분주된 출력으로 나타난다.

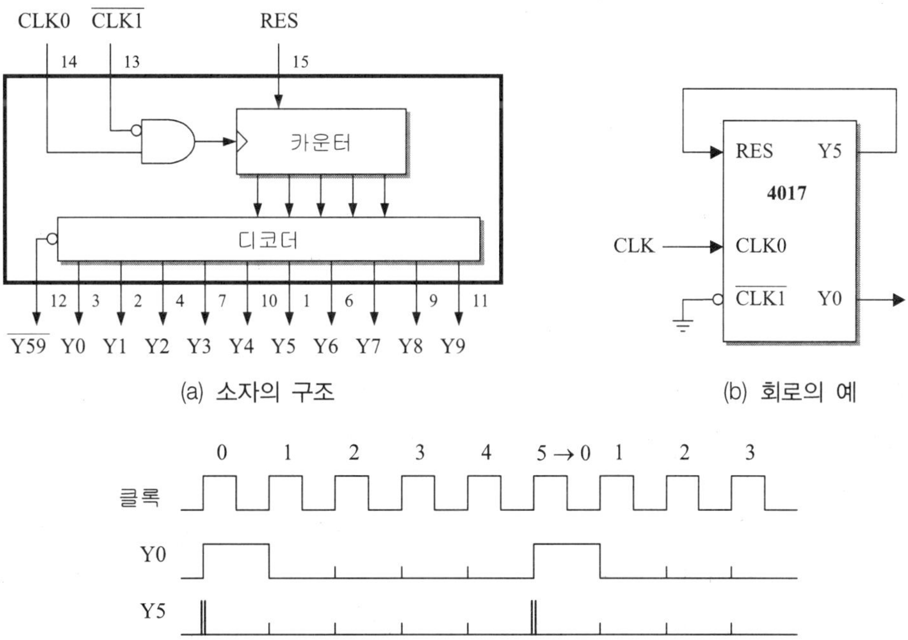

(a) 소자의 구조 (b) 회로의 예

(c) 출력파형

[그림 2-1-51] (카운터+디코더)를 이용한 5분주 회로의 예

4) 타이머 회로

타이머 회로란 정해진 시간이 되면 출력신호가 나타나거나 사라지는 회로를 의미한다. 이를 구현하기 위한 방법으로는 정밀도는 떨어지지만 회로의 구성이 간단한 아날로그 회로를 이용하거나, 회로의 구성은 복잡하지만 정밀도가 매우 좋은 디지털 회로를 이용해 구성할 수 있다.

(1) 아날로그 타이머

아날로그 타이머는 지속시간을 저항과 커패시터의 시정수에 의해 설정하는 것으로서 회로는 비교적 간단하지만 지속시간에 오차가 존재하고, 특히 커패시터의 온도특성 등에 많은 영향을 받기 때문에 간단한 회로에 사용된다.

① 간이형 타이머

그림 2-1-52(a)는 저항과 커패시터에 의한 간이형 타이머로서, 출력파형이 발생하는 원리는 그림 2-1-52(b)와 같다.

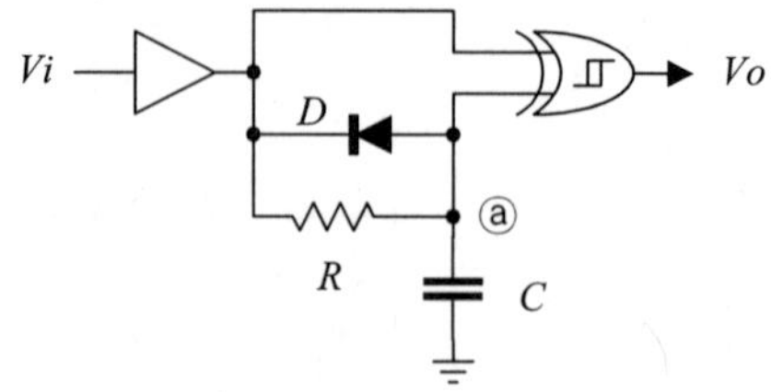

(a) 회로

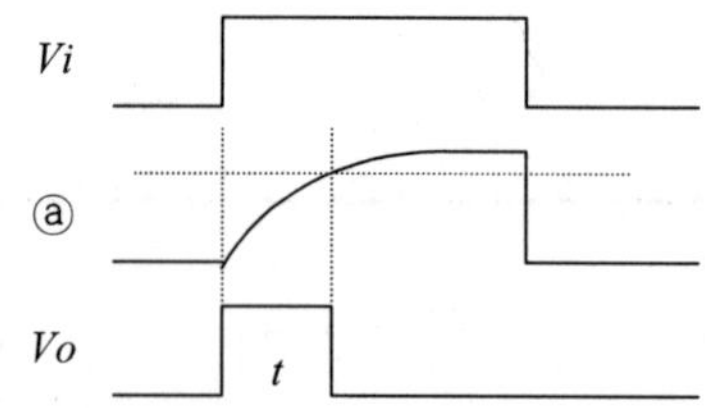

(b) 동작파형

[그림 2-1-52] 간이형 타이머 회로의 예

입력신호가 주어지면 ⓐ점 전압은 저항과 커패시터에 의해 서서히 충전되며, 이 동안은 XOR 게이트의 입력이 서로 다르므로 'H' 출력이 나타난다. 그 후 ⓐ점 전압이 일정 수준에 이르면 XOR 게이트의 입력은 동일한 상태가 되므로 출력은 'L'로 복귀한다. 입력신호가 'L'로 되면 D에 의해 ⓐ점은 급속 방전되어 출력은 나타나지 않는다. 즉 저항과 커패시터에 의해 타이머의 시간이 결정되는데, 이는 커패시터의 용량변화에도 민감하지만 아날로그 전압을 입력받는 XOR 게이트의 경계(threshold)전압이 소자에 따라 다르고 동일 소자에서도 동작상황에 따라 달라지므로 많은 오차가 발생한다. 또한 이 회로는 입력신호가 출력신호보다 오래 지속되는 경우에만 사용할 수 있는 제한점이 있다.

② 전압비교기를 이용한 타이머

앞서 간이형 타이머는 게이트의 경계전압이 불확실하다는 것과 게이트의 입력 임피던스에 의해 영향을 받는 등의 문제점이 있다. 따라서 이러한 단점들을 보완하기 위해 그림 2-1-53과 같이 비교기를 이용할 수 있다.

트랜지스터에 트리거 신호를 입력해 C를 방전시키면 이때부터 R_2, R_3에 의해 형성된 전압보다 큰 전압으로 충전될 때까지 그림 2-1-53(b)와 같은 출력으로 나타난다. 이와 유사한 회로를 IC에 집적시킨 것이 다음의 단안정 멀티바이브레이터이다.

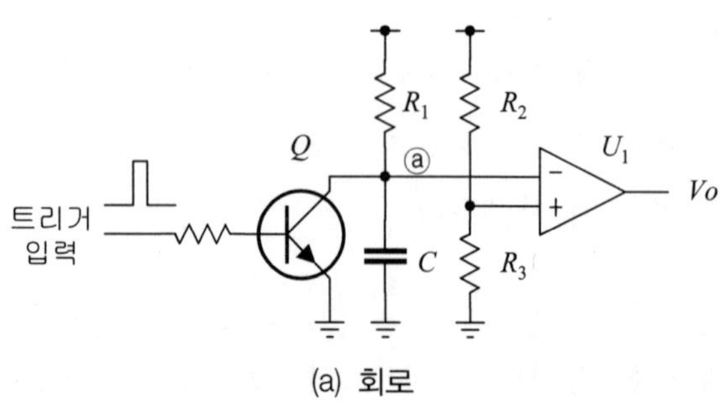

(a) 회로

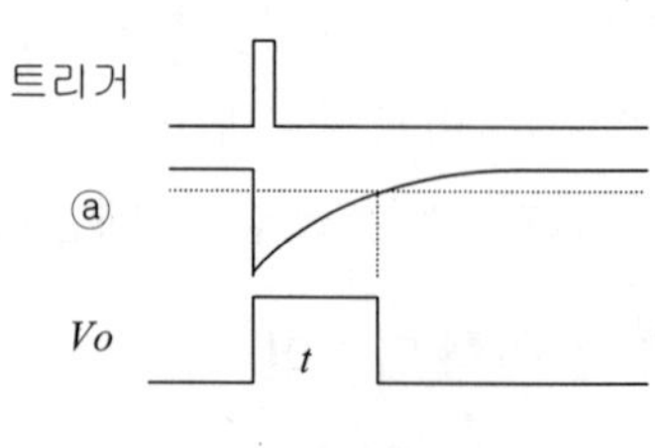

(b) 동작파형

[그림 2-1-53] 전압비교기를 이용한 타이머 회로의 예

③ 단안정 멀티바이브레이터

단안정 멀티바이브레이터(mono-stable multivibrator) 회로를 이용하면 비록 아날로그 회로이지만 비교적 정확한 타이머를 구성할 수 있는데 회로 예를 그림 2-1-54에 나타내었다.

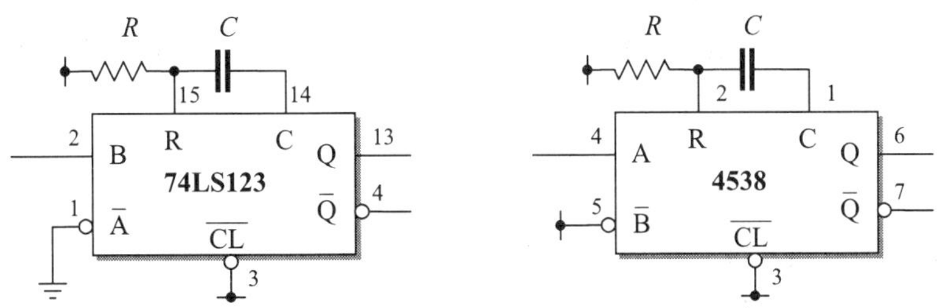

(a) 74LS123　　(b) 4538

[그림 2-1-54] 단안정 멀티바이브레이터를 이용한 타이머 회로의 예

그림 2-1-54(a)는 TTL 시리즈의 74LS123을 사용한 예로서, 입력 B에 트리거 신호를 인가하면 출력에서 $t = 0.45R \cdot C$의 펄스가 나타난다. 단, 데이터 시트에 의하면 $5K\Omega < R < 260K\Omega$의 조건을 지켜야 한다. 그림 2-1-54(b)는 CMOS 시리즈의 4538을 이용한 예로서, 입력 A에 트리거 신호를 인가하면 출력에서 $t = R \cdot C$의 펄스가 나타난다. 이 소자는 CMOS로 구성되어 있어 입력 임피던스가 매우 크므로 커패시터의 오차가 없는 경우 출력 펄스의 오차가 ±0.5%인 매우 안정적인 결과를 얻을 수 있으며 이론적으로 각 소자들의 용량제한은 없다. 이 소자들은 모두 펄스의 출력 중에 재 트리거 가능한(retriggerable) 타이머들로서 이는 그림 2-1-55와 같은 동작을 한다.

그림에서 첫 번째 트리거 펄스가 인가되어 출력이 나타나고 이 동안 트리거 펄스가 입력되지 않으면 설정된 시간 후 자동으로 출력이 사라진다. 그러나 두 번째 트리거가 입력되어 출력이 발생하고 있는 중에 세 번째 트리거가 입력되면 이 트리거 점부터 다시 시간이 재설정되어 출력이 나타나며 이를 재 트리거 기능이라 한다. 이 기능은 Watch-dog timer 등과 같은 용도에 매우 유용하게 사용된다.

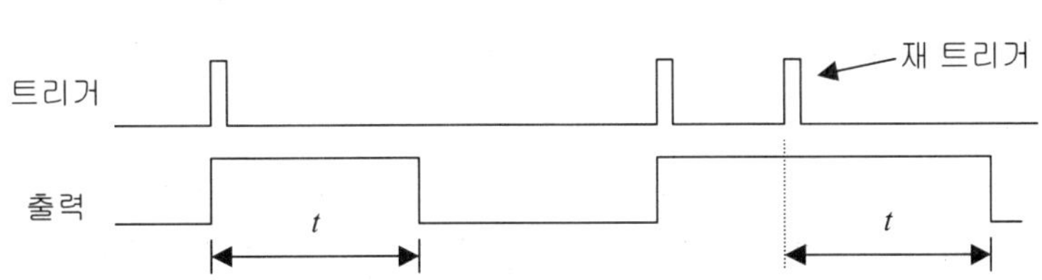

[그림 2-1-55] 재 트리거 기능의 동작

④ *RC* 회로 타이머의 여러 응용 예

그림 2-1-56은 적분회로를 이용한 타이머의 예로서, 이 회로는 이후에 다룰 컴퓨터의 전원투입 리셋(POR : Power-On-Reset) 등에 활용되고 있다.

그림 2-1-56(a)는 일반 게이트와 적분회로를 이용한 회로로서, U_1과 D가 결합해 오픈 컬렉터(open-collector) 역할을 하며, 따라서 그림 2-1-56(b)과 같이 표현할 수 있다. 즉 U_1에서 적분회로 쪽으로는 전류를 가하지 못하고, 전류를 당기기만 한다.

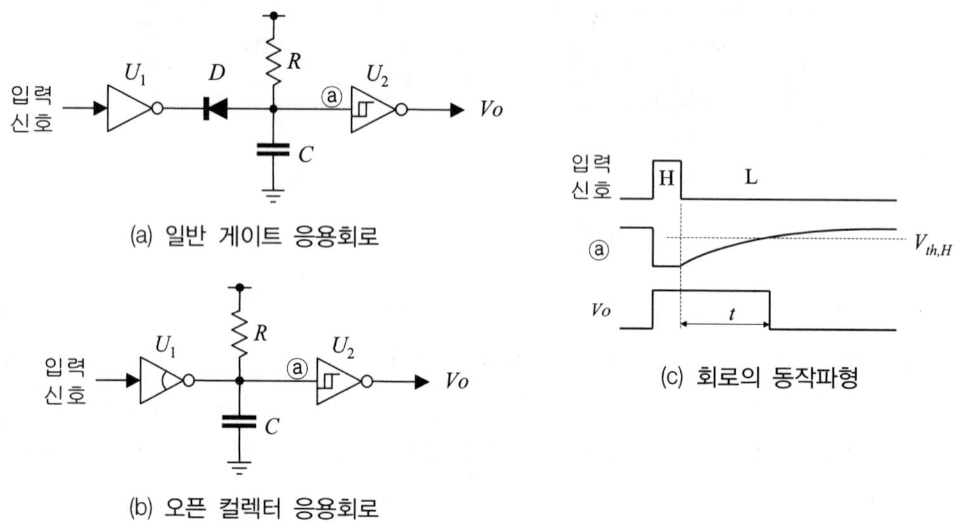

[그림 2-1-56] *RC* 적분회로에 의한 타이머-1

입력신호에 그림 2-1-56(c)와 같이 'H'신호가 인가되면 커패시터에 충전된 전하를 방전시키므로 ⓐ점은 $0V$ 가까이 하강하고 출력은 'H'로 된다. 입력신호가 다시 'L'로 되면 커패시터는 저항을 통해 서서히 충전되고, 슈미트 트리거 게이트 U_2의 경계전압이 될 때까지 출력은 'H'를 유지한다. 만약 입력신호 'H'의 기간을 매우 짧게 인가하면 출력신호는 t시간 이후 자동으로 'L'로 복귀되는 타이머로 볼 수 있다.

그림 2-1-57(a)는 앞서 다룬 회로의 다른 응용 예로서, 출력 쪽에 XOR 게이트 U_3를 추가해 그림 2-1-57(b)와 같이 순수한 t만 출력하도록 한 것이다.

그림 2-1-58(a)는 그림 2-1-58(b)와 같이 입력된 펄스의 길이보다 더 짧은 시간을 출력하는 예이다.

그림 2-1-59(a)는 미분회로를 이용해 매우 짧은 펄스를 발생하며, 특히 입력신호가 시작되는 시점에서 잠시 발생하므로 에지 검출용으로 자주 사용되는 회로이다.

그림 2-1-60은 하강 에지(falling edge) 검출회로의 예이다.

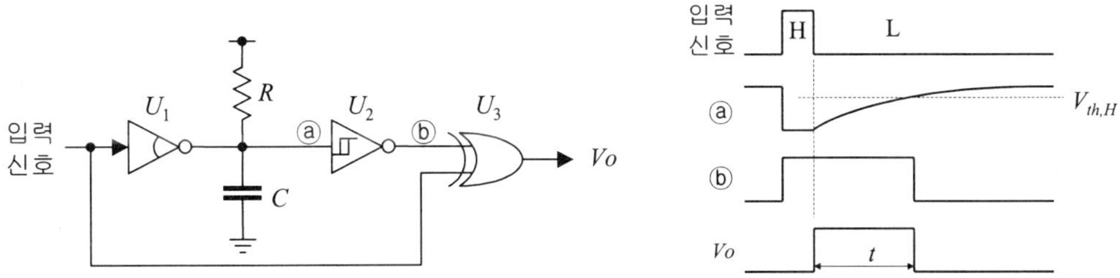

(a) 회로 (b) 동작파형

[그림 2-1-57] *RC* 적분회로에 의한 타이머-2

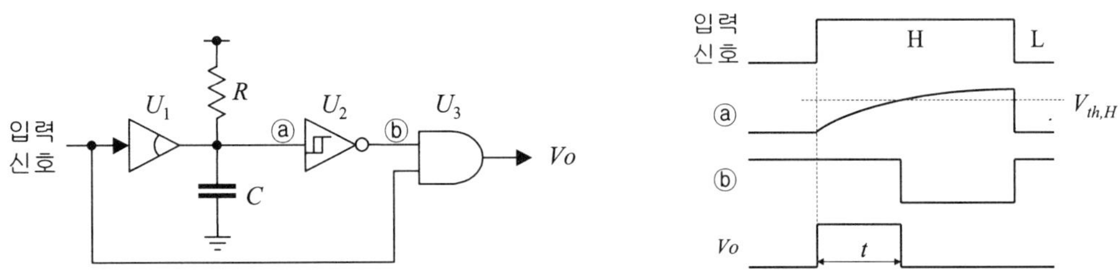

(a) 회로 (b) 동작파형

[그림 2-1-58] *RC* 적분회로에 의한 타이머-3

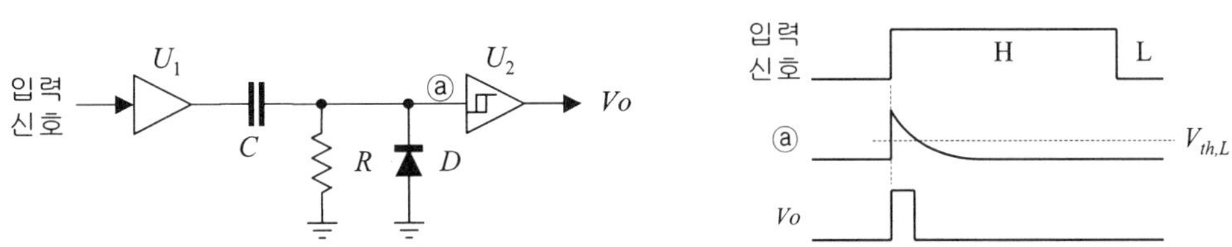

(a) 회로 (b) 동작파형

[그림 2-1-59] *RC* 미분회로에 의한 상승 에지 검출회로

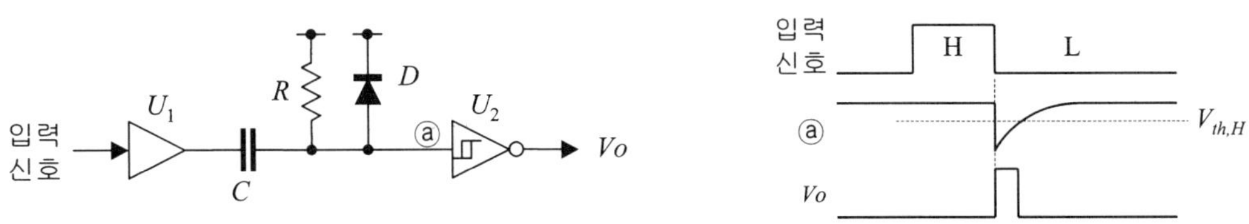

(a) 회로 (b) 동작파형

[그림 2-1-60] *RC* 미분회로에 의한 하강 에지 검출회로

⑤ 전용소자에 의한 타이머

타이머 전용소자로서 LM555 시리즈(2회로가 내장된 LM556 등)가 있는데, 본래는 타이머용으로 제작되었지만 회로의 구성에 따라 발진기, PWM 등 그 용도가 매우 넓어 다양한 분야에 사용되고 있다. 이 소자는 내부 구성과 동작원리를 정확히 이해하면 사용하기 편리하고 응용에 도움이 된다.

그림 2-1-61(a)에 소자의 외형을, 그림 2-1-61(b)에 소자의 기능별 등가회로를 나타내었다.

소자 내부에는 동일한 3개의 저항에 의해 전압을 각각 1/3 · *Vcc*, 2/3 · *Vcc*로 분압하고, 이를 각종 기준전압으로 활용한다. Threshold(THR) 핀은 전압이 2/3 · *Vcc*보다 높아지면 내부의 플립플롭을 리셋시켜 출력이 0이 된다. 이때 반전출력은 내부 트랜지스터로 접속되어 Discharge(DSCHRG)핀에서 전류를 접지로 당기도록 구성되어 있다. Trigger(TRG) 핀은 전압이 1/3 · *Vcc*보다 낮아지면 내부 플립플롭을 세트(set)해 출력이 1로 되며, 반전출력에 의해 내부 트랜지스터가 off되어 Discharge 핀은 전류를 당기지 않는다. VC는 외부에서 기준전압을 조절하는 데 사용되고, Reset은 소자 전체를 초기화하는 마스터 리셋(master reset)이다. 이러한 기능 중 회로를 구성하는 핵심적인 부분을 표 2-1-2에 나타내었다.

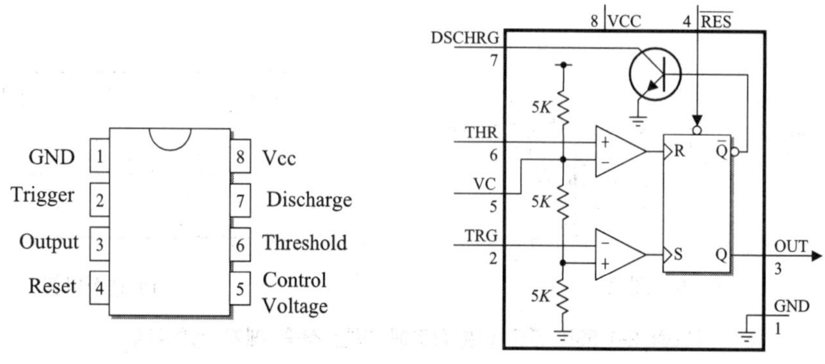

(a) 소자의 핀 배치 (b) 기능별 등가회로

[그림 2-1-61] LM555 타이머 소자

〈표 2-1-2〉 LM555의 주요 핀의 기능 요약

핀 명칭	기 능
Threshold(THR)	내부 2/3 · *Vcc*보다 높으면 플립플롭을 '0'으로 한다.
Trigger(TRG)	내부 1/3 · *Vcc*보다 낮으면 플립플롭을 '1'로 한다.
Discharge(DSCHRG)	출력이 '0'일 때 전류를 접지로 당긴다.
Voltage Control(VC)	내부 기준전압을 조절한다.

이 기능들을 적절히 활용하면 다양한 응용이 가능하며, 자세한 내용은 소자 데이터 시트를 참조하고, 여기서는 간단한 응용 몇 가지만 살펴본다.

i) 단안정 멀티바이브레이터

LM555 소자는 기본적으로 타이머이므로 단안정 멀티바이브레이터가 간단히 구성될 수 있으며, 그림 2-1-62에 그 회로와 동작파형을 나타내었다.

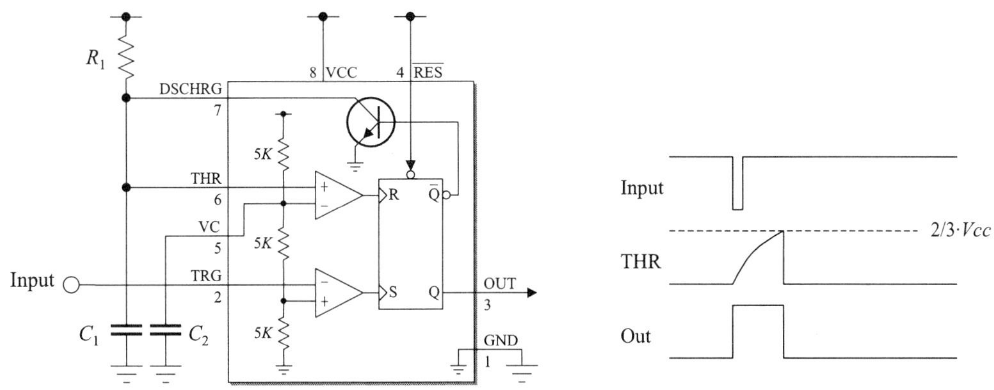

(a) 회로 (b) 동작파형

[그림 2-1-62] LM555 타이머에 의한 단안정 멀티바이브레이터

회로에서 발생하는 펄스폭은 다음과 같이 정해진다. 이 식의 유도과정은 데이터시트를 참조하라.

$$t = 1.1 \cdot R_1 \cdot C_1$$

회로에서, Input 신호는 소자의 Trigger 핀으로 입력되는데, 이 신호가 $0V$까지 하강하면 내부 플립플롭의 S가 동작해 출력은 '1'이 되며, 이와 동시에 Discharge 트랜지스터가 해제되어 R_1과 C_1에 의해 충전이 시작된다. 충전전압은 Threshold 핀에도 접속되어 있어 이 전압이 $2/3 \cdot Vcc$에 도달하면 플립플롭의 R이 작동해 출력은 '0'으로 되고, Discharge 트랜지스터가 on되어 충전되었던 전압이 방전되면서 상황이 종료된다.

C_2는 기준전압을 안정화시키는 역할을 위해 부착한 By-pass용이다.

ii) 발진기

LM555 타이머 소자를 이용하면 무안정 멀티바이브레이터 같은 발진기를 구성할 수 있는데, 그 회로와 동작파형을 그림 2-1-63에 나타내었다.

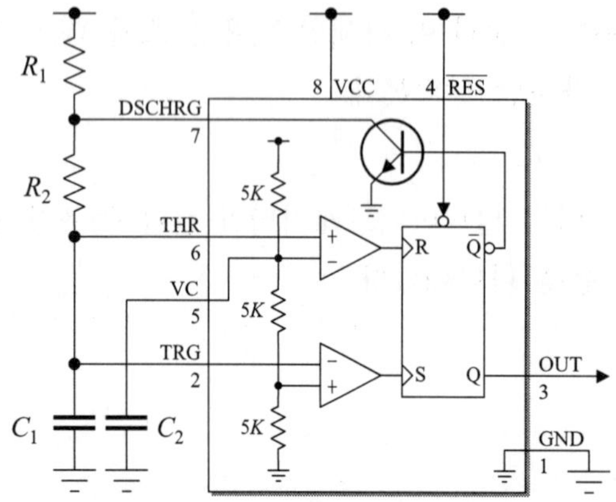

(a) 회로

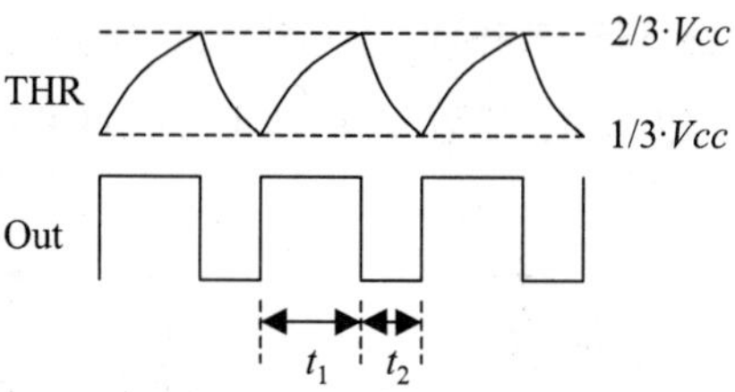

(b) 동작파형

[그림 2-1-63] LM555 타이머에 의한 발진기-1

회로에서 발생하는 파형의 전체 주기는 다음과 같이 결정된다. 이 식의 유도과정은 데이터시트를 참조하라.

$$t = 0.693 \cdot (R_1 + 2R_2) \cdot C_1$$

㉠ 회로에서, 초기에 출력이 '0'이라면 Discharge 트랜지스터는 가동되어 전류를 흡수한다. 이는 R_2를 통해 C_1에 충전되었던 전하를 방전시키며, 충전전압이 $1/3 \cdot Vcc$까지 떨어지면 Trigger 핀을 통해 내부 플립플롭의 S가 동작한다.

㉡ S가 동작하면 플립플롭의 출력이 '1'이 되고 Discharge 트랜지스터는 off되어 C_1에는 R_1과 R_2를 통해 충전되며, 충전전압이 $2/3 \cdot Vcc$까지 상승하면 이번에는 Threshold 핀을 통해 내부 플립플롭의 R이 동작해 출력은 '0'이 되어 과정 ㉠부터 다시 반복된다.

따라서 동작파형의 t_1 기간은 R_1과 R_2를 경유해 충전되고, t_2 기간은 R_2만을 경유해 방전되므로 파형의 듀티가 50%가 될 수는 없지만 회로의 설계가 간단하다. 만약 반드시 듀티가 50%인 파형이 필요할 경우에는 비록 설계가 복잡해지지만 그림 2-1-64와 같은 회로를 이용하고, 저항비를 잘 결정하면(예를 들어 $R_1 = 51K$, $R_2 = 22K$) 된다.

이 회로는 충전은 R_1을 통해서, 방전은 R_2를 통해서 이루어지지만, 방전 시 전류는 R_1을 통해 유입되는 전류를 감안해 정해야 한다.

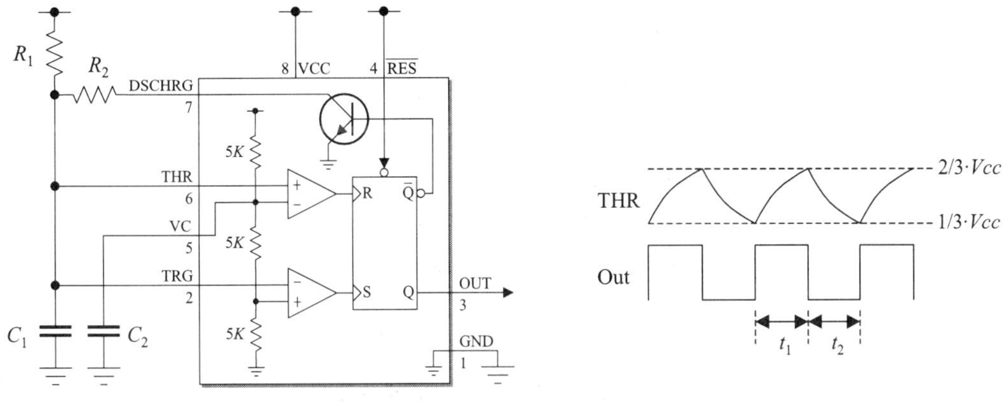

(a) 회로 (b) 동작파형

[그림 2-1-64] LM555 타이머에 의한 발진기-2

iii) PWM 발생기

PWM(Pulse Width Modulation) 파형은 주파수는 일정하면서 펄스폭이 다른 것으로서, 각종 디지털 제어에 매우 중요하게 사용된다. 그림 2-1-65에는 LM555 타이머를 이용해 PWM 파형을 발생하는 회로와 동작파형을 나타내었다.

이 회로는 기본적으로 앞서 다루었던 난안정 멀티바이브레이터이나, 단지 충전전압과 비교할 기준전압(2/3 · Vcc)을 외부에서 조절하도록 한 것이다. 따라서 기준전압을 변화시키면 그림 2-1-65(b)와 같이 기준점이 변해 Trigger 핀으로 공급되는 주파수에서 펄스폭만 변화하는 PWM 파형이 발생한다. 회로에서 VC(Voltage Control) 핀은 내부적으로 저항들이 접속되어 있지만, 외부 전압원의 임피던스가 충분히 작다면 이 저항들의 영향은 무시되고 외부 전압이 비교전압이 된다.

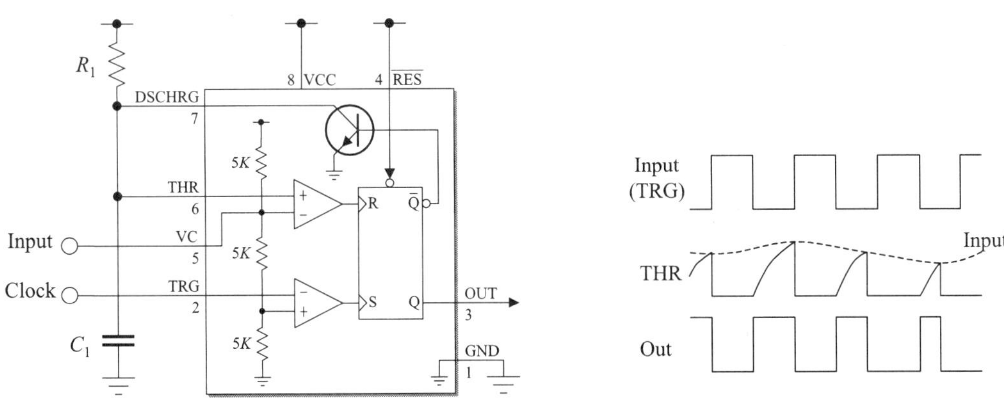

(a) 회로 (b) 동작파형

[그림 2-1-65] LM555 타이머에 의한 PWM 발생

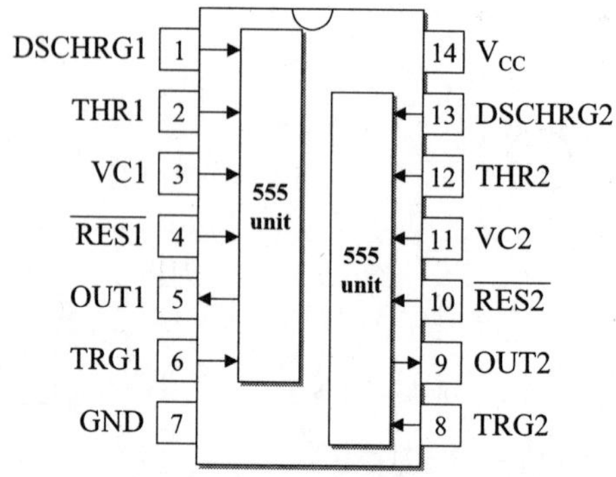

[그림 2-1-66] LM556 타이머의 블록도

이 회로를 구성하려면 구형파 발진기도 구성해야 하는데, 이 경우 그림 2-1-66과 같은 LM556 소자를 사용하면 편리하다. 이 소자는 LM555 타이머와 동일한 회로가 2개 내장되어 있어 하나는 발진기로, 나머지 하나는 PWM 발생기로 구성할 수 있다.

(2) 디지털 타이머

아날로그 타이머는 수동소자들, 특히 커패시터의 경우 온도 등에 의해 영향을 크게 받으므로 오차가 비교적 큰 단점이 있고 잡음에 노출되기 쉽다. 또한 수동소자는 IC화에 불리하기 때문에 마이크로프로세서 등에서는 디지털 타이머가 주로 사용된다. 디지털 타이머는 발진회로의 출력을 카운터에 인가해 구성하는데, 이때 카운터를 감소형으로 할 것인지 증가형으로 할 것인지에 따라 구성이 달라진다.

① 감소형 디지털 타이머

감소형 디지털 타이머는 그림 2-1-67과 같이 감소형 카운터에 초기값을 설정한 후 이 값이 0이 될 때까지를 목표시간으로 정하는 방법이다.

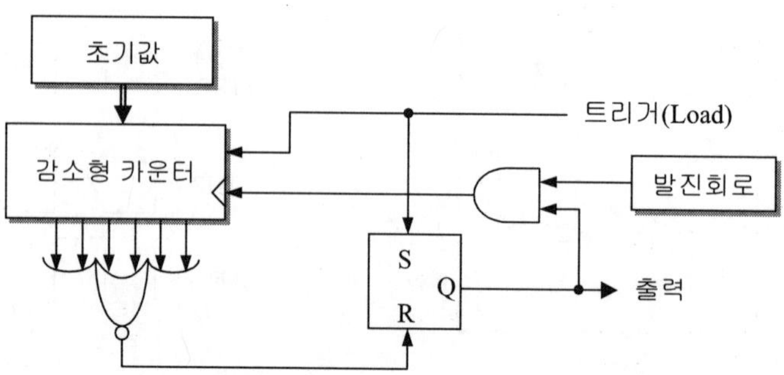

[그림 2-1-67] 감소형 디지털 타이머의 구성

트리거(load) 신호가 입력되면 초기값이 카운터로 입력되고 발진회로의 펄스가 전달되어 카운트가 시작되며, 카운트값이 0에 도달하면 출력은 0으로 되어 발진회로의 펄스는 중단되고 회로의 동작이 정지한다. 이 회로는 카운터의 0값을 검출하는 부분이 간단하기 때문에 마이크로프로세서에서 자주 사용된다.

② 증가형 디지털 타이머

증가형 디지털 타이머는 그림 2-1-68에 나타낸 바와 같이 증가형 카운터와 목표값 레지스터(실제로는 비교값 레지스터라 한다), 그리고 비교회로로 구성된다.

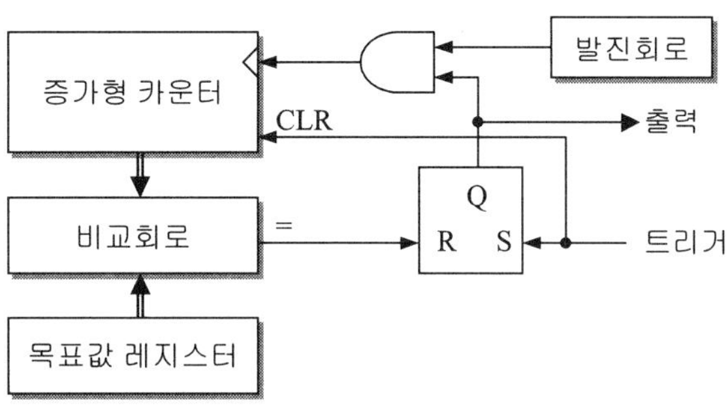

[그림 2-1-68] 증가형 디지털 타이머의 구성

트리거 신호가 입력되면 카운터값은 초기화되고 발진회로의 펄스가 입력되어 증가한다. 카운터값이 목표값과 일치하면 비교회로의 출력에 의해 발진회로 펄스가 공급되지 않아 회로의 동작이 정지한다. 이 회로는 비교회로 부분이 74LS85와 같은 소자를 여러 개 사용해 복잡해지는 단점이 있지만 응용에 따라 그림 2-1-69와 같이 PWM파 등을 쉽게 생성할 수 있는 장점이 있어 복잡한 응용에 사용된다. 참고로, AVR 계열 마이크로컨트롤러는 이 방식을 사용하고 있다.

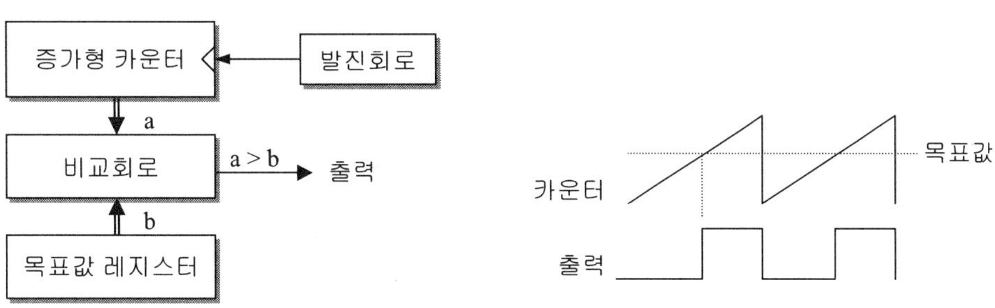

(a) 회로의 구성 (b) 출력파형의 예

[그림 2-1-69] 증가형 회로의 응용 예

그림 2-1-69(a)의 회로에서 증가형 카운터는 자동으로 계속 진행하기 때문에 값의 진행은 그림 2-1-69(b)의 톱니파와 같이 되며, 목표값과 비교해 카운터값이 클 경우 'H' 출력이 나타나므로 목표값을 변화시키면 펄스폭이 달라지는 PWM파가 출력된다.

5) 기타 요소회로들

컴퓨터를 구성하기 위해 필요한 여러 보조회로들 중, 여기서는 스위치 등 접점 입력을 받을 때 필요한 디바운스 회로와 자동 전원투입 리셋 회로(POR : Power-On-Reset), 그리고 카운터 회로에 관해 살펴본다.

(1) 디바운스 회로

디바운스(debounce) 회로는 소프트웨어로 해결할 수 있는 회로이지만 하드웨어 관점에서 살펴보기로 한다. 소프트웨어 디바운스에 관해서는《마이크로프로세서 구조 및 실습》의 스위치 입력을 참조하라.

① 채터링 현상

스위치나 기계적 접점들은 접점이 붙고 떨어지는 순간 접점 금속의 진동에 의해 on-off가 순간적으로 여러 번 반복되며 이를 '채터링(chattering)' 현상이라 한다. 이 현상의 파형은 오실로스코프로 확인이 가능하며, 그림 2-1-70(a) 회로의 출력 V_o에서 그림 2-1-70(b)와 같은 파형이 발생한다.

채터링 현상은 빠른 속도로 스위치를 검출하는 프로세서에게는 여러 번 스위치를 누른 것으로 처리되는 오류가 발생하며, 스위치의 종류에 따라 차이가 있지만 일반적으로 약 20*mS*에서 50*mS* 이내로 발생한다. 채터링 현상은 하드웨어나 소프트웨어에 의해 제거할 수 있는데, 이와 같이 채터링 현상을 제거하는 것을 '디바운스(debounce)'라 한다.

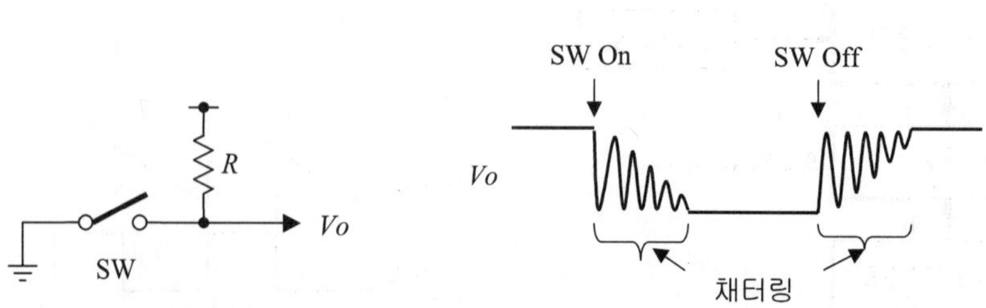

(a) 스위치 회로 (b) 출력파형

[그림 2-1-70] 기계적 접점의 채터링 현상

② SPDT 스위치의 디바운스

스위치가 SPDT(Single-Pole Double-Throw)인 경우 그림 2-1-71과 같은 플립플롭을 이용한 회로에 의해 간단히 채터링을 제거할 수 있다.

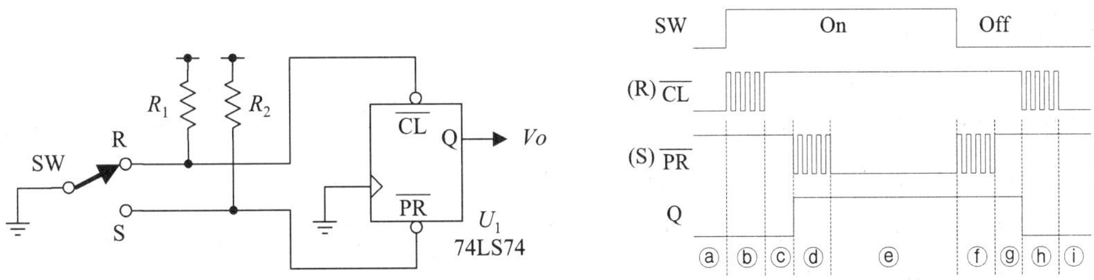

(a) 디바운스 회로 (b) 회로의 동작파형

[그림 2-1-71] SPDT 스위치에서의 디바운스

〈표 2-1-3〉 R-S 플립플롭의 여기표 및 회로의 상태

R-S 플립플롭			회로상태								
S	R	Q	ⓐ	ⓑ	ⓒ	ⓓ	ⓔ	ⓕ	ⓖ	ⓗ	ⓘ
0	0	전 상태 유지		√	√	√		√	√	√	
0	1	0	√	√						√	√
1	0	1				√	√	√			
1	1	× (불능)									

회로에서 U_1 74LS74는 D-type 플립플롭인데 여기서는 R-S 플립플롭으로 활용하고 있으며, 2개의 NAND 게이트로 구성해도 된다. 이 회로의 동작원리를 그림 2-1-71(b)의 구역별로 살펴본다.

ⓐ 구간은 스위치가 평소에 R 위치에 있다면 이는 플립플롭의 $\overline{CL}$(Clear)에 'L' 신호가 인가되므로 출력 Q는 'L'이다(표 2-1-3의 ⓐ 상태).

스위치를 누르면 SPDT 스위치의 특성상 R 접점이 먼저 떨어지고 pole이 이동해 S접점에 도달하므로 두 접점 사이에는 반드시 시간차가 존재하며, 따라서 그림 2-1-71(b)와 같이 $\overline{CL}$에 먼저 채터링이 발생하다 'H'로 되고, 이후 $\overline{PR}$에 채터링이 발생하면서 'L'로 된다. 스위치를 off할 때는 이와 반대의 순서로 복귀된다.

ⓑ 구간의 상태를 살펴보면, $\overline{PR}$은 'H'로 유지된 상태에서 $\overline{CL}$만 'H'와 'L' 상태를 반복한다. 이는 R-S 플립플롭에서 보면 S는 신호 없이 '0'으로 유지된 상태에서 R만 '0', '1'이 반복되는 것인데, R-S 플립플롭의 정의에 의하면 표 2-1-3과 같이 S와 R 신호가 모두

없을 때는 전 상태를 유지(기억)하고, ⓑ 구간의 상태는 '00'과 '01'을 오가고 있으므로 출력은 '0이 된다'와 '유지한다'를 반복해 결과적으로 계속 '0'이다.

ⓒ 구간은 스위치가 R접점에서 S접점으로 이동하는 순간으로서, pole이 양쪽 접점에서 모두 떨어지므로 $\overline{CL}$과 $\overline{PR}$은 모두 'H'이며, 이는 R과 S가 '0'인 것과 동일하므로 전 상태를 유지, 즉 '0'을 유지한다.

ⓓ 구간은 스위치가 S접점에 닿는 순간으로서, 이때는 $\overline{PR}$이 'H'인 상태에서 $\overline{CL}$이 채터링에 의해 'H'와 'L'을 반복한다. 이는 R-S 플립플롭으로는 '00'과 '10'을 반복하는 것으로서 '1이 된다'와 '유지한다'를 반복해 결과적으로 계속 '1'이다.

ⓔ 구간은 $\overline{CL}$이 'H'로 고정, $\overline{PR}$이 'L'로 고정, 즉 R-S 플립플롭으로는 S=1, R=0으로 고정되므로 출력이 계속 '1'을 유지한다.

ⓕ~ⓘ는 ⓐ~ⓓ의 역순으로 동일하게 진행된다.

결과적으로 플립플롭의 출력 Q에는 채터링 없는 스위치 신호가 출력된다.

이 회로의 장점으로는 스위치가 노후해 채터링 시간이 길어지더라도 큰 문제가 없다는 것인데, 소프트웨어에 의한 디바운스는 스위치의 노후에 의해 채터링이 길어질 경우 완전히 제거되지 않는 현상이 발생한다. 그러나 단점으로는 스위치가 SPDT일 때만 사용할 수 있어 컴퓨터 키보드 같은 SPST 스위치에서는 사용할 수 없다.

③ SPST 스위치의 디바운스

SPST(Single-Pole Single-Throw) 스위치의 채터링은 그림 2-1-72(a)의 회로를 이용해 해결할 수 있다.

회로에서 R과 C는 적분회로를 형성하고, 스위치는 충전된 전기를 방전한다. 스위치가 on/off될 때 만약 C가 없다면 그림 2-1-72(b)와 같이 채터링이 발생할 것이나, 커패시터에 의해 적분되어 ⓐ점 파형과 같이 된다. 스위치가 off된 이후에는 R, C에 의해 서서히 충전되는데, 이때 아날로그 전압이 나타나므로 히스테리시스 회로(Schmitt trigger)를 거쳐 다시 디지털화하면 Vo와 같이 완전한 파형을 얻을 수 있다.

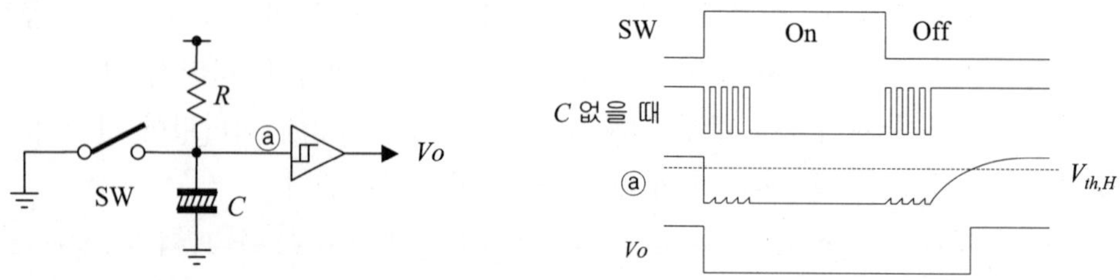

(a) 디바운스 회로 (b) 회로의 동작파형

[그림 2-1-72] SPST 스위치에서의 디바운스

이 회로에서 한 가지 문제점은 스위치가 on될 때 C에 충전된 전하가 스위치에 의해 한꺼번에 방전되기 때문에 이론적으로 무한대의 전류가 흘러 스위치 접점에 스파크가 발생해 스위치 수명이 크게 짧아지고, 커패시터 또한 많은 전류가 흐르므로 수명이 짧아진다. 이를 보완하기 위해 그림 2-1-73(a)와 같이 스위치 방전 부분에 저항을 접속해 전하를 서서히 방전시키며, 이때의 출력파형은 그림 2-1-73(b)와 같이 저항들에 의해 전압이 약간 상승하지만 원래의 회로파형과 거의 유사하게 동작한다.

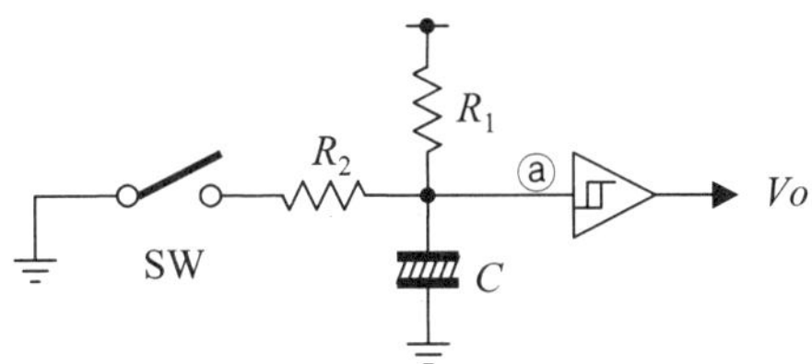

(a) 디바운스 회로

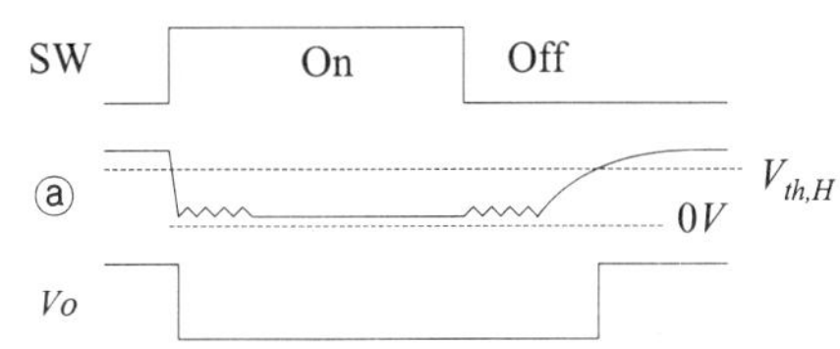

(b) 회로의 동작파형

[그림 2-1-73] 개선된 SPST 스위치 디바운스 회로

(2) POR(Power-On-Reset)

현재의 컴퓨터들은 전원이 인가되면 컴퓨터가 동작을 개시한다. 그러나 실제로는 전원이 인가되면 자동으로 리셋 회로가 컴퓨터를 동작시키는 것이며, 이를 POR(Power-On Reset) 회로라 한다.

① Power-On-Reset

컴퓨터 내에는 수많은 플립플롭이 존재하는데, 예를 들어 CPU의 레지스터, 병렬 포트 출력들이 대표적인 플립플롭 집단이다. 플립플롭은 전기가 인가된 직후에는 그 상태를 예측할 수 없기 때문에 회로가 예정된 대로 동작할 수 없다. 따라서 플립플롭들을 정확한 상태로 설정한 후 회로의 동작을 개시하기 위해 리셋이라는 기능이 필요하다. 리셋은 전원투입 직후에도 필요하지만, 컴퓨터를 사용 중 어떤 원인으로 인해 컴퓨터 내부가 알 수 없는 상태로 빠져 정상적인 동작을 하지 못할 때는 수동으로 리셋 신호를 인가해 컴퓨터가 초기 상태로부터 다시 시작하도록 한다.

과거의 컴퓨터는 전원을 인가한 후 컴퓨터에 부착된 리셋 스위치를 누르면 동작을 개시하는 형태였으나, 현재의 컴퓨터는 전원이 투입되면 자동으로 리셋이 동작하도록 구성되어 있으며, 이러한 역할을 수행하는 회로를 POR(Power-On-Reset) 회로라 한다. 우리는 이러한 기능이 당연한 것으로 여겨져 존재 사실을 모르고 있을 뿐이다.

② *RC*에 의한 POR 회로

*RC*에 의한 POR 회로는 그림 2-1-74(a)와 같은데, 앞서 다루었던 *RC* 적분회로에 의한 타이머의 한 종류로서 원리는 SPST 스위치 디바운스 회로와 거의 동일하다. 단, 디바운스 회로에서는 채터링 성분을 적분하는 것이고, 여기서는 적분에 의한 시간지연을 이용한 것이 다르다.

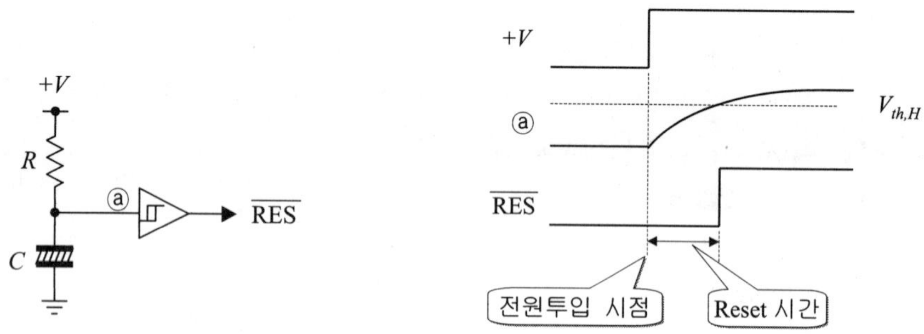

(a) POR 회로

(b) 회로의 동작파형

[그림 2-1-74] *RC*에 의한 POR 회로

그림 2-1-74(b)는 회로의 동작파형을 나타낸 것으로서, 회로에 전원이 투입되기 전인 초기 상태에서는 커패시터에 충전이 되어 있지 않아 ⓐ점 전압은 $0V$이다. 전원이 투입되면 이 시점부터 R을 통해 서서히 전류가 흘러들어 커패시터에 충전되며, 따라서 $\overline{\text{RES}}$ 신호는 전원이 투입되었음에도 불구하고 'L'을 유지하며, 이는 충전전압이 슈미트 트리거(Schmitt trigger)의 Threshold-H 전압에 도달할 때까지 지속되다 'H'로 변화한다. 따라서 $\overline{\text{RES}}$와 접속된 회로의 입장에서는 전원이 투입되어 회로가 동작상태로 되었지만, 그 후 잠시 동안 $\overline{\text{RES}}$ 신호가 'L'로 되므로 이 신호에 의해 회로의 모든 플립플롭들이 초기 상태로 설정되는 리셋 신호가 발생한다. 이와 같이 모든 회로가 초기화된 후 $\overline{\text{RES}}$ 신호가 'H'로 되면 그때부터 회로가 동작을 개시한다.

③ 회로의 문제점 및 개선

앞서 설명한 POR 회로는 회로를 사용하고 나서 전원을 off하면 커패시터에 충전되었던 전하는 저항을 통해 방전되므로 완전히 방전되는 데 일정한 시간이 걸린다. 따라서 이 회로는 오랜 시간 회로를 사용하지 않아 커패시터가 완전히 방전된 상태에서 전원을 투입했을 경우는 정상적으로 동작하지만, 전원을 차단한 후 얼마 되지 않은 시점에 다시 전원을 투입하면 커패시터에 아직 전하가 남아 있으므로 그림 2-1-75(a)의 두

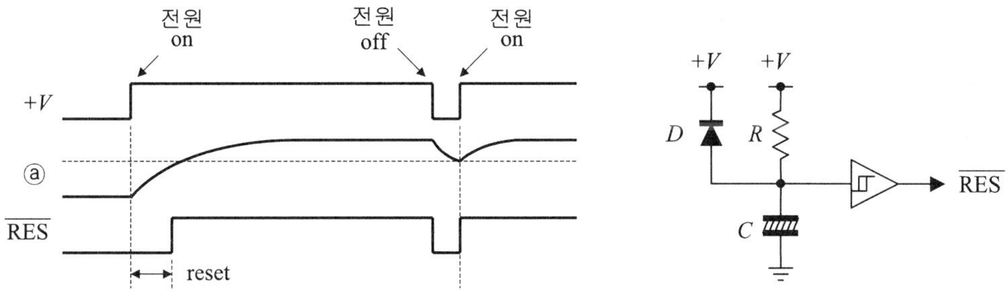

(a) 전원 재투입 시 파형 (b) 개선된 회로

[그림 2-1-75] 전원 재투입의 문제점

번째 전원 on 때와 같이 정상적인 리셋이 발생하지 않는다. 설령 Threshold 전압 아래로까지 방전되었다 하더라도 아직 완전히 방전되지 않은 상태라면, 발생하는 리셋 신호의 펄스폭이 회로를 초기화하는 데 충분치 않을 수 있어 불완전하다.

그러므로 전원이 off되어 $+V$가 $0V$로 하강하면, 이때 커패시터에 충전되었던 전하도 함께 급속 방전될 수 있도록 그림 2-1-75(b)와 같이 다이오드를 전원방향으로 추가한다. 추가된 다이오드는 전원과 역방향이므로 정상적인 전원투입 시에는 영향을 미치지 않는다.

④ 수동 리셋 스위치의 추가

컴퓨터를 사용하다 보면 뜻하지 않은 오류 등으로 인해 컴퓨터가 멈추는 경우가 발생한다. 이때는 수동으로 리셋을 해야 하는데, 이를 위해 그림 2-1-76과 같이 POR 회로에 스위치 회로를 추가하면 스위치 채터링도 제거되면서 수동으로 리셋이 가능해진다. 만약 채터링 제거 없이 리셋 신호를 인가하면 스위치 off 시 순간적으로 많은 리셋 신호가 인가되어 오히려 컴퓨터 시스템이 멈추는 경우가 발생할 수 있다.

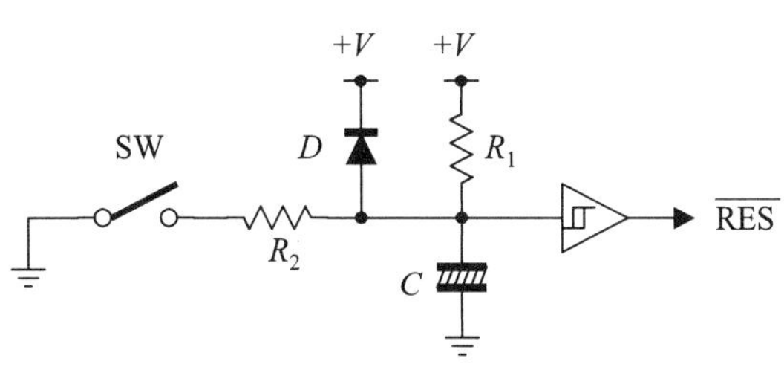

[그림 2-1-76] 수동 리셋 기능의 추가

2. 컴퓨터 회로 분석

이 절에서는 이 책의 자매지《마이크로프로세서 구조 및 실습》에서 사용된 EZ-80 Kit 회로를 대상으로 컴퓨터 회로를 분석한다. 실제 사용되고 있는 컴퓨터의 회로를 해석해봄으로써 각종 컴퓨터 회로를 구성하는 소자들의 사용에 관한 실질적인 지식을 습득할 수 있다. 단, 그림 중 캐드로부터 직접 출력된 그림에는 소자값이 이탤릭체로 표기되지 않아 설명용 글자체와 다를 수 있으므로 양해 바란다.

EZ-80 Kit는 메인보드와 디스플레이/키보드의 2개 보드로 구성되어 있는데, 그림 2-2-2부터 4에 걸쳐 전체 회로를 나타내었다.

1) 메인보드

그림 2-2-2와 3은 EZ-80의 메인보드(main board) 회로로서, 큰 회로를 2장으로 분할하였고, 중앙의 일부는 겹치도록 하였다.

(1) 버스 구조

회로에서 버스를 나타낼 때는 일반적으로 굵은 선을 이용하며, 그림 2-2-1에 나타낸 바와 같이 EZ-80의 메인보드 회로-1의 수직 중앙 부분에 굵은 선이 3개가 있고, 이들은 각각 Control Bus, Address Bus, Data Bus로 구성되어 있다.

버스 라인은 '굵은 선 다발'임을 강조하기 위해 버스가 꺾일 때 굵은 사선을 이용해 그림 2-2-1(b)와 같이 나타내고, 이 버스에 라인이 합류하거나 분리될 때는 그림 2-2-1(c)와 같이 'entry'라는 사선을 이용해 나타낸다. 또한, 버스에 접속되는 entry는 버스 중의 어떤 라인이 인출되는 것인지 표시하기 위해 라인에 'label'을 사용한다. 버스들은 주요 소자들 전체에 걸쳐 공통으로 접속되어 있으며, 이 버스를 경유해 어드레스, 데이터, 제어신호를 주고받는다.

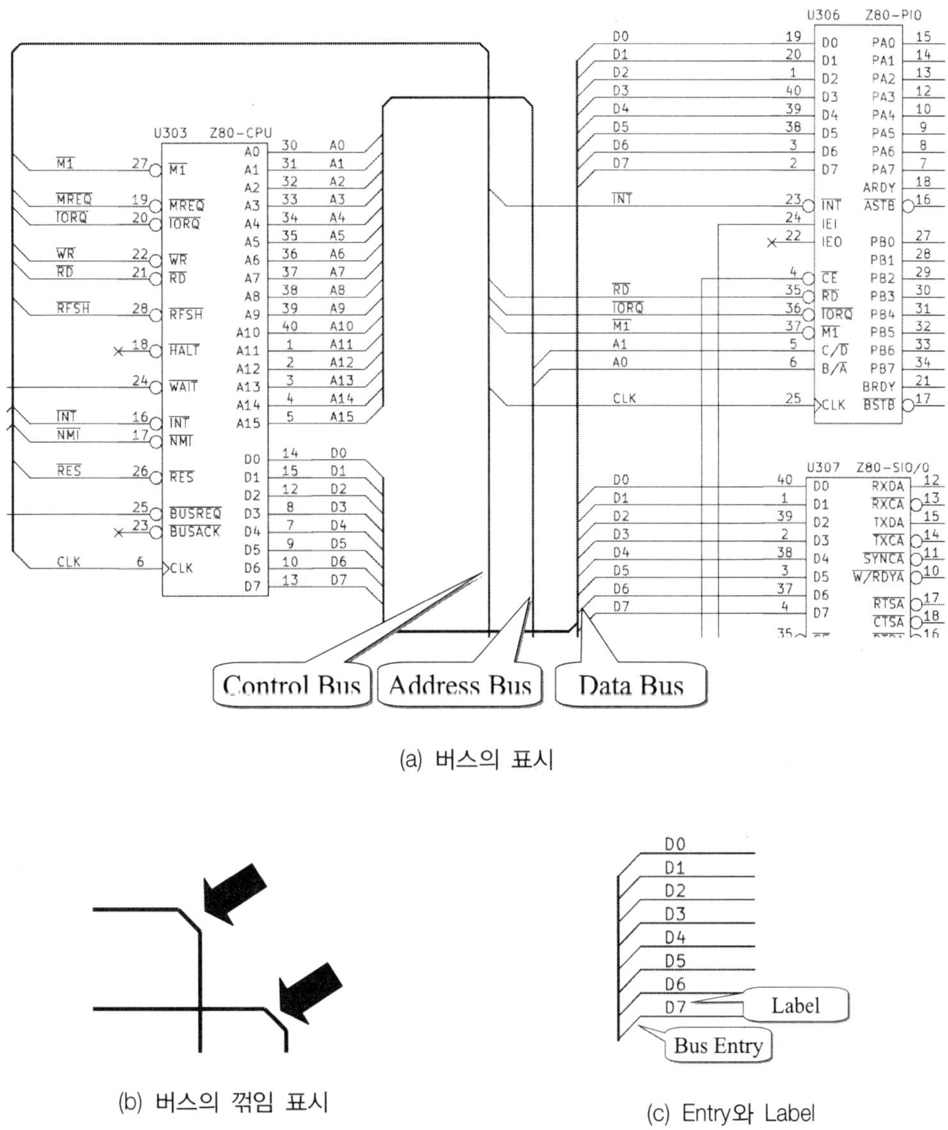

(a) 버스의 표시

(b) 버스의 꺾임 표시

(c) Entry와 Label

[그림 2-2-1] 회로의 각종 기호들

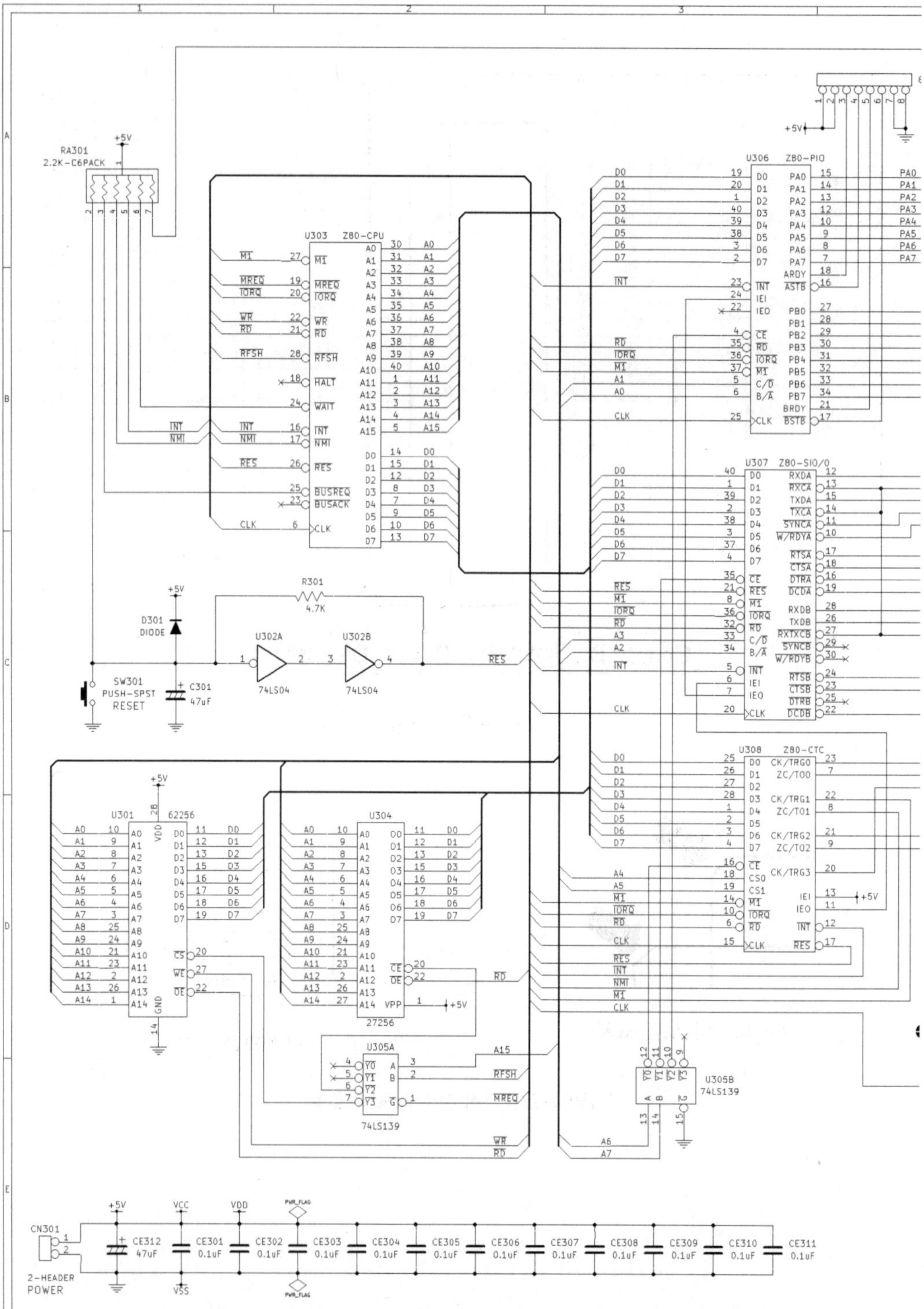

[그림 2-2-2] EZ-80 메인보드 회로 – 1/2

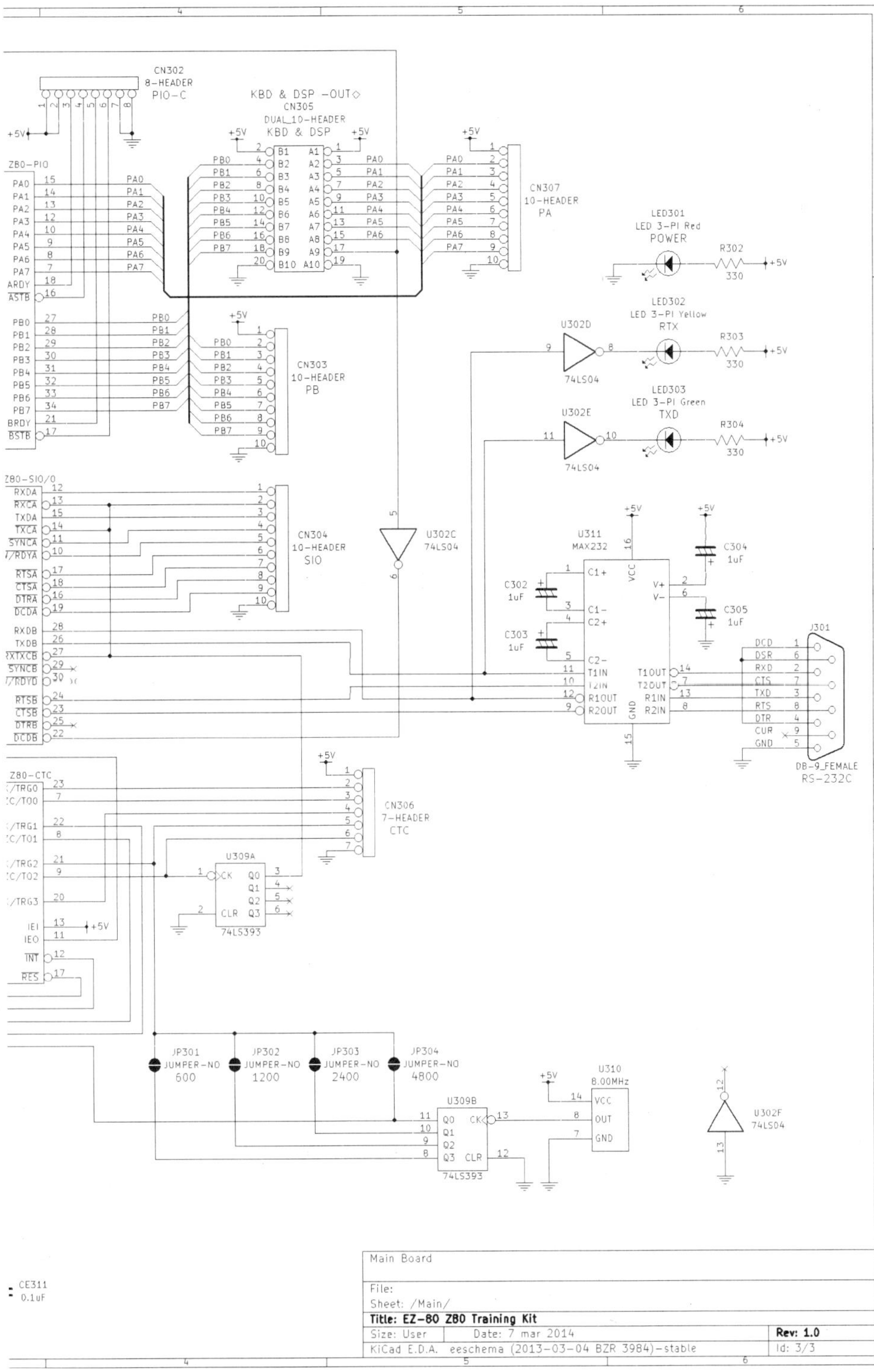

[그림 2-2-3] EZ-80 메인보드 회로 - 2/2

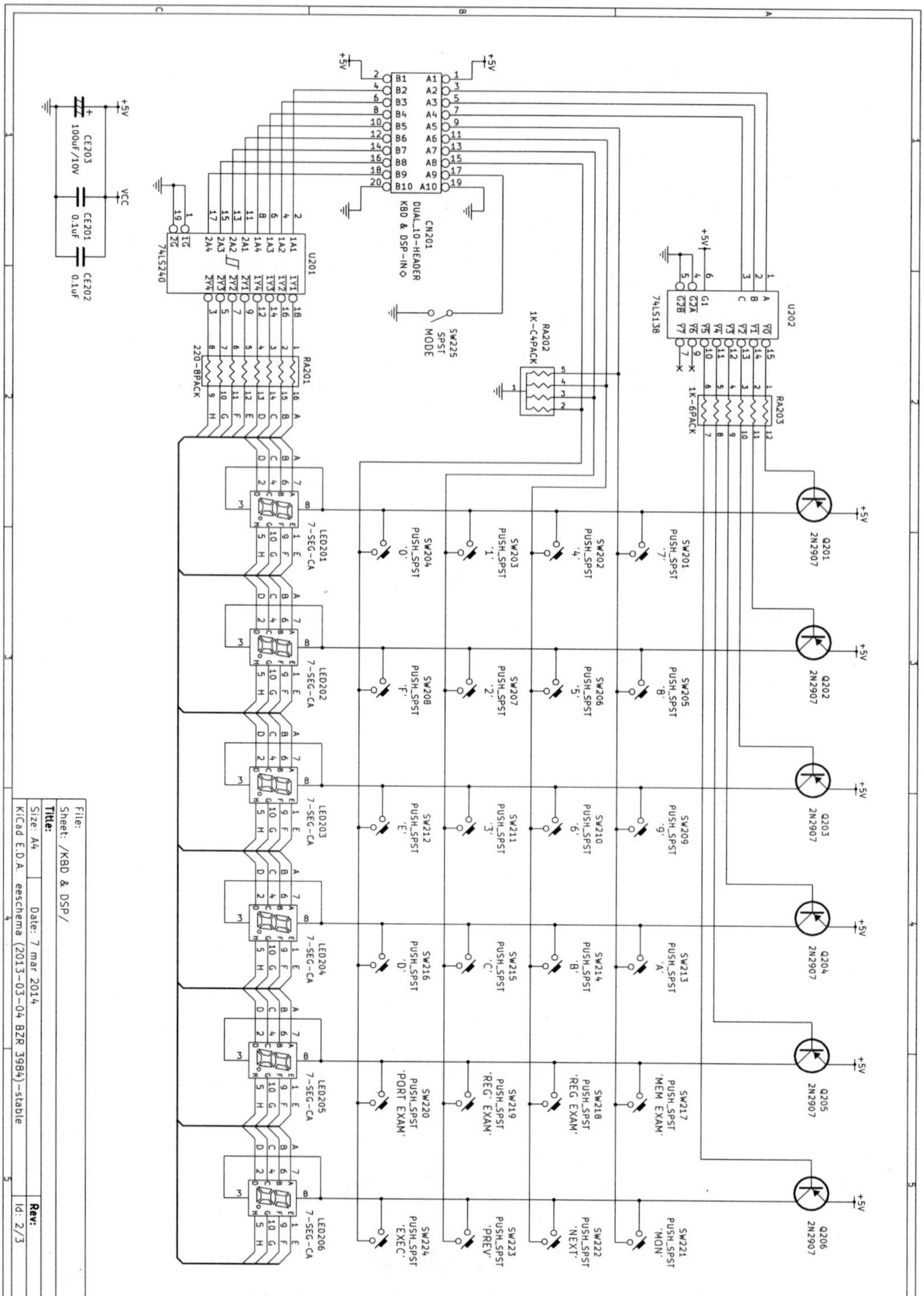

[그림 2-2-4] EZ-80 디스플레이/키보드 회로

(2) POR 회로

① 회로의 구성

컴퓨터에 전원이 투입된 직후에는 CPU가 초기화되어 있지 않으므로 처음 한 번은 리셋을 시켜야 한다. 전원이 투입되었을 때 자동으로 회로를 리셋시키는 회로를 POR(Power-On Reset) 회로라 소개했는데, 이 보드에서의 POR 회로 부분을 그림 2-2-5에 나타내었다.

참고로, U302A, U302B라는 표시는 U302 74LS04 소자 내의 6개 NOT 게이트 중 어떤 것을 사용하고 있는지를 나타낼 때 이와 같이 A, B, C를 추가한다.

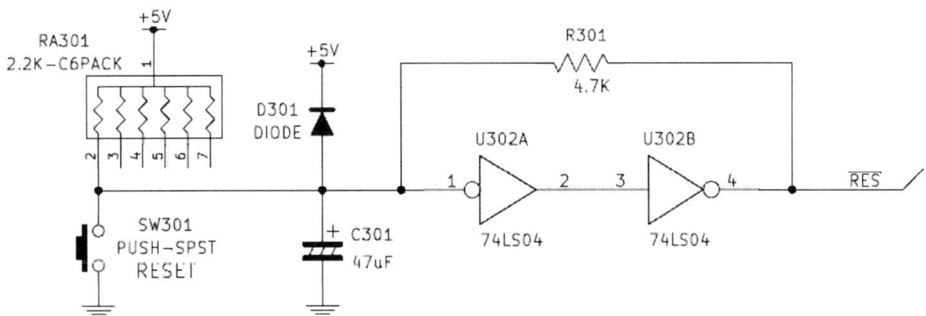

[그림 2-2-5] POR(Power-On Reset) 회로

이 회로는 앞 장에서 소개한 Power-On-Reset 회로와 동일한 동작을 하는 회로로서, RA301의 2.2*K*와 C301이 적분회로를 형성하고, D301은 전원 off 직후 연속해서 전원이 on 될 때 정상적인 POR 동작이 이루어지도록 커패시터를 순간 방전하기 위한 다이오드이다. SW301은 수동 리셋 스위치로서, 이 스위치의 채터링은 RA301과 C301의 적분회로에서 디바운스 한다.

U302A, U302B, R301은 그림 2-2-6(a)와 같은 과정을 거쳐 슈미트 트리거 버퍼를 구성하는 소자들로서, 2개 NOT 게이트는 버퍼 회로를 구성하며, R301에 의해 정귀환(positive feedback)되어 슈미트 트리거 회로가 구성되는데, 이의 상세한 원리는 이후에 설명한다. 여기서 2개의 NOT 게이트를 이용해 버퍼를 구성한 것은 74LS04 IC에는 6개의 NOT 게이트가 내장되어 있으며, 이들 중 다른 곳에 이용하고 남은 게이트를 이용했기 때문이다.

따라서 그림 2-2-5 회로를 다시 정리하면 그림 2-2-6(b)과 같이 앞서 소개한 POR 회로와 동일함을 알 수 있다.

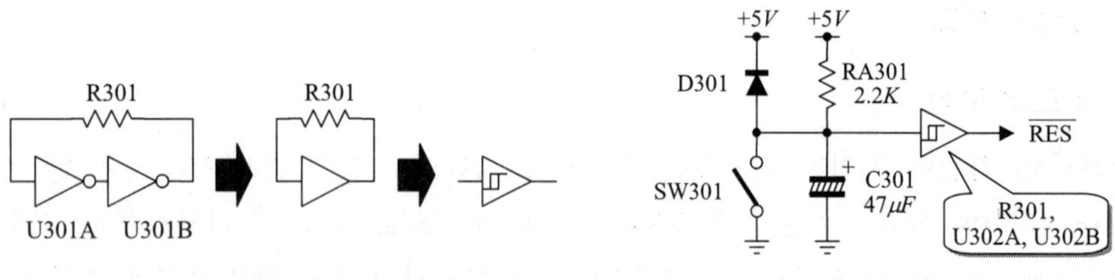

(a) 슈미트 트리거의 구성 (b) 다시 그린 회로

[그림 2-2-6] 회로의 구성

② 슈미트 트리거 회로의 구성

정귀환(positive feedback)에 의한 슈미트 트리거(Schmitt trigger) 회로구성 원리를 수학적으로 해석해도 되지만 여기서는 동작원리 위주로 설명한다. 설명을 위해 키트에 구성된 원래 회로에서 NOT 게이트를 버퍼 게이트로 표시하고, 적분 부분만을 나타내면 그림 2-2-7(a)와 같다.

㉠ 초기에 전원이 인가되면 커패시터는 충전되어 있지 않으므로 버퍼의 입력은 'L' 상태이고, 따라서 버퍼의 출력도 'L' 상태이다.

㉡ 이때는 그림 2-2-7(b)에 나타낸 바와 같이 RA301 저항에 의해 커패시터로 전류가 유입되지만, 이 전류 중 일부는 R301에 의해 유출되고 커패시터 충전전압이 높아질수록 R301의 유출전류는 더욱 커져 결과적으로 커패시터의 충전은 R301에 의해 상당히 방해를 받는다. 즉 전압이 높아지기 쉽지 않다.

㉢ 커패시터의 충전전압이 일정 한계(버퍼가 입력을 'L'로 인정해주는 전압의 한계, 즉 noise margin)를 넘어서면 버퍼의 출력은 갑자기 'H'로 된다.

㉣ 이때는 그림 2-2-7(b)에 나타낸 바와 같이 커패시터의 충전전류는 RA301에 의해서 뿐만 아니라 이제는 R301에 의해서도 전류를 공급받으므로 더 고속으로 충전되어 버퍼의 입력전압이 논리적으로 불확실한 전압에서 빨리 벗어나도록 동작한다.

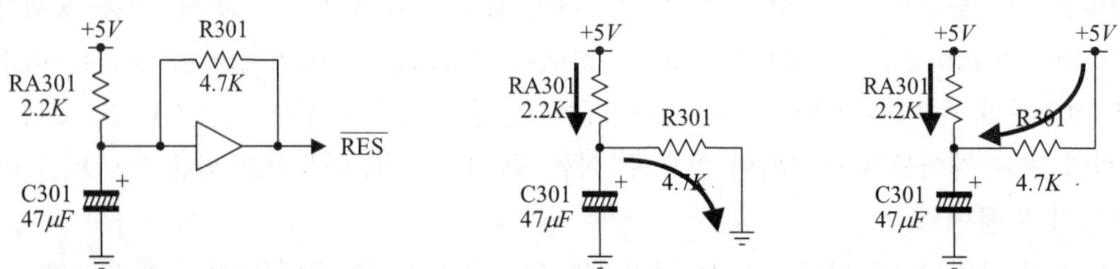

(a) 분석을 위한 회로 (b) 출력이 'L'일 때 (c) 출력이 'H'일 때

[그림 2-2-7] 정귀환에 의한 슈미트 트리거 원리

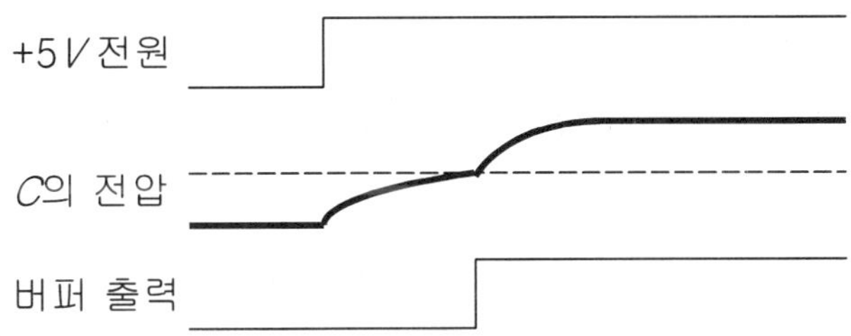

[그림 2-2-8] 회로의 동작곡선

이상의 전압상태를 그래프로 나타내면 그림 2-2-8과 같다. 즉, 출력이 'L'인 동안은 'H'로 변화하기 어렵게 제어하고, 출력이 일단 'H'로 변화하면 더욱 'H'가 되도록 부추기는 역할을 하기 때문에 이를 정귀환(positive feedback)이라 하며, 이는 'H'에서 'L'로 이동할 때도 유사한 과정이 발생한다. 즉 일단 'H'인 상태라면 R301에 의해 커패시터로 계속 충전전류를 공급하므로 'L'로 끌어내리기 어렵지만, 출력이 'L'이 되고 나면 오히려 전류를 더 끌어내어 빠른 시간에 전압을 방전시킨다. 따라서 그 결과는 슈미트 트리거와 동일하게 나타나는데, 그림 2-2-9(a)와 같이 커패시터를 제거한 상태에서 구형파 입력신호를 인가하면 그림 2-2-9(b)와 같은 출력이 나타나 슈미트 트리거와 완전히 동일함을 알 수 있다.

그림 2-2-9(b)에서, 오실로스코프의 X축은 입력신호, Y축은 출력신호로서, 'L'에서 'H'로 진행할 때(우측방향)는 오른쪽 경사를 따라 진행되고, 'H'에서 'L'로 진행할 때(좌측방향)는 왼쪽 경사를 따라 진행되어 히스테리시스 곡선이 나타난다.

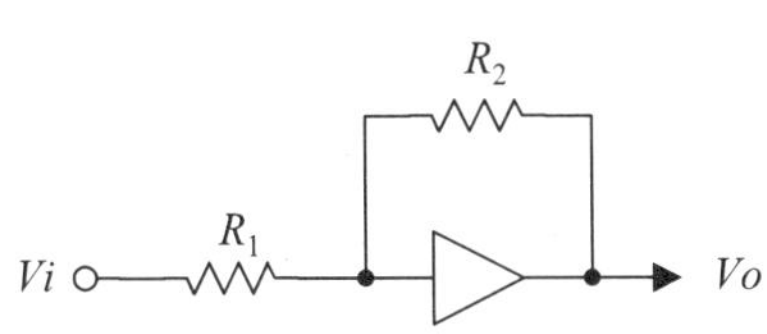

(a) 커패시터 없는 실험회로

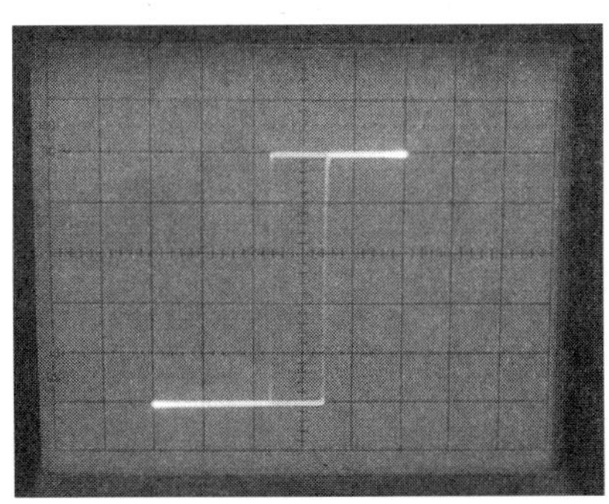

(b) 출력파형

[그림 2-2-9] 일반 게이트에 의한 슈미트 트리거의 구성

(3) 메모리 관련 회로

EZ-80에서는 비휘발성 메모리로는 UVEPROM을, 휘발성 메모리로는 SRAM을 각각 사용하고 있는데, EZ-80의 메인보드 회로-1 아랫부분에 U301과 U304 2개의 메모리가 있으며, 이 중 U301이 SRAM이고 U304가 ROM이다. 또한 U305A는 이 메모리들을 각각 동작시키기 위한 메모리 어드레스 디코더(memory address decoder)이다.

① 메모리 어드레스 디코더

EZ-80의 메인보드 회로-1의 중앙 부분에 2개의 2×4 디코더가 있는데, 이 중 아래쪽의 U305A가 메모리 어드레스를 디코드하는 부분이며 이를 그림 2-2-10에 다시 나타내었다.

회로의 입력에는 A15와 $\overline{\text{RFSH}}$, 그리고 $\overline{\text{MREQ}}$가 입력되어 있으며, 이들의 조합에 의해 표 2-2-1과 같은 출력이 발생한다.

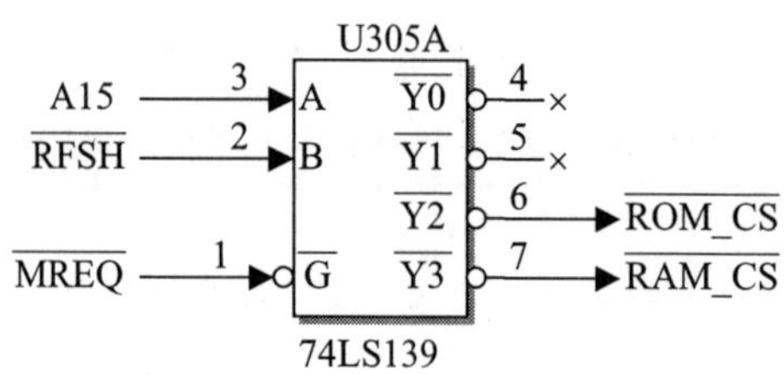

[그림 2-2-10] 메모리 어드레스 디코더

〈표 2-2-1〉 메모리 어드레스 디코더의 출력

$\overline{\text{MREQ}}$	$\overline{\text{RFSH}}$	A15	$\overline{\text{Y0}}$	$\overline{\text{Y1}}$	$\overline{\text{Y2}}$	$\overline{\text{Y3}}$	의 미
0	0	0	0	1	1	1	A15=0 영역 리프레시
0	0	1	1	0	1	1	A15=1 영역 리프레시
0	1	0	1	1	0	1	A15=0 영역 액세스(ROM)
0	1	1	1	1	1	0	A15=1 영역 액세스(RAM)
1	X	X	1	1	1	1	디코더 동작하지 않음

각 신호들은 표의 '의미'에 나타낸 바와 같이 디코드되며, 이들 신호 중 $\overline{\text{Y2}}$는 ROM의 $\overline{\text{CS}}$에, $\overline{\text{Y3}}$는 RAM의 $\overline{\text{CS}}$에 접속되어 있다. 즉, 리프레시가 아니면서 A15=0이면 ROM 소자가 선택되고, 리프레시가 아니면서 A15=1이면 RAM 소자가 선택된다. EZ-80에서는 DRAM을 사용하지 않으므로 리프레시 때는 아무 것도 선택되지 않는다. 따라서 이 회로에 의해 선택되는 소자와 해당 어드레스 범위는 표 2-2-2와 같다.

〈표 2-2-2〉 디코드된 메모리 어드레스

A15	어드레스 범위	선택되는 메모리
0	0000h~7FFFh [32*K*byte] (0000 0000 0000 0000b~0111 1111 1111 1111b)	ROM
1	8000h~FFFFh [32*K*byte] (1000 0000 0000 0000b~1111 1111 1111 1111b)	RAM

표 2-2-2에서, CPU가 메모리를 액세스할 때 A15=0이라면 그때 나머지 어드레스 비트들, 즉 A14부터 A0까지의 변화에 의해 표와 같이 16진수 0000h부터 7FFFh가 된다. 이는 CPU가 이 범위의 주소를 액세스하면 디코더는 ROM 소자가 선택되었다는 것을 ROM에게 알려주는 것이다. 마찬가지로, A15=1일 때, 즉 CPU가 8000h부터 FFFFh 범위의 주소를 액세스하면 디코더는 RAM 소자가 선택되었다는 것을 RAM에게 알려준다. 이와 같이 디코드된 메모리 선택신호를 이용해 2가지 종류의 메모리, 즉 비휘발성 메모리와 휘발성 메모리를 각각 선택한다.

② ROM의 접속

EZ-80은 256*K*bit(32*K*×8) 용량의 27256 UVEPROM을 사용하는데, 이에 관한 회로를 그림 2-2-11에 나타내었다.

그림에 나타낸 바와 같이 ROM의 어드레스 핀과 데이터 핀은 시스템의 어드레스 버스와 데이터 버스에 그대로 접속된다. 32*K*byte 용량의 어드레스를 지정하기 위해서는 15개의 어드레스 라인이 필요하며, 데이터는 한 주소당 8bit씩 출력되어 데이터 버스에 직접 접속된다.

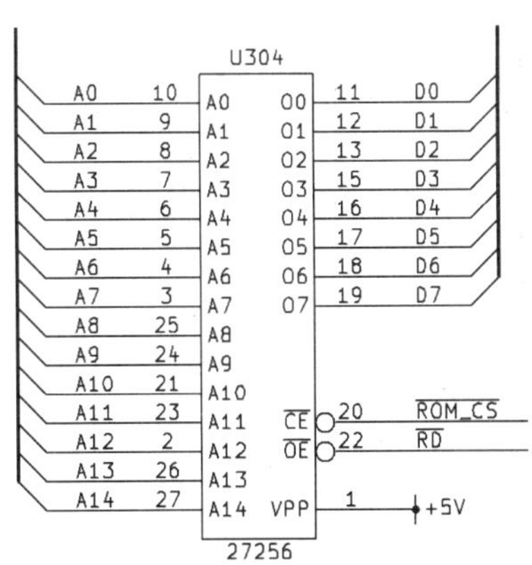

[그림 2-2-11] ROM 접속회로

27256 UVEPROM의 1번 핀 VPP 단자는 ROM에 프로그램을 기입할 때 고압을 인가하는 단자로서, 보통 때는 +5*V*로 접속해둔다.

20번 $\overline{CE}$(Chip Enable) 핀은 앞서 설명한 메모리 어드레스 디코더의 ROM 선택 출력과 접속되며, 이 신호가 'L'일 때 이 소자가 동작한다.

22번 $\overline{OE}$(Output Enable) 핀은 'H'가 입력되었을 경우 이 소자가 $\overline{CE}$='L'에 의해 동작 중이라 하더라도 출력이 외부로 나타나지 않고 Tri-state 상태로 되며, 이 단자가 'L'일 때 데이터가 출력된다. 회로에서는 시스템의 $\overline{RD}$(Read)와 접속되어 있으며, 이는 CPU가 데이터를 읽을 때(read)만 소자에서 데이터를 출력한다. 만약 이러한 처리를 행하지 않으면, 프로그램을 잘못 작성하여 ROM 영역에 데이터를 기입(write)했을 때 ROM은 자신이 선택되었으므로 데이터를 버스로 출력하고, CPU도 데이터를 기록하기 위해 버스로 출력하므로 두 소자 간에 버스가 충돌하여 소자가 파손된다.

③ RAM의 접속

EZ-80은 256*K*bit(32*K*×8) 용량의 62256 SRAM을 사용하며, 이에 관한 회로를 그림 2-2-12에 나타내었다. 그림에 나타낸 바와 같이 RAM의 어드레스 핀과 데이터 핀은 ROM의 경우와 마찬가지로 시스템의 어드레스 버스와 데이터 버스에 그대로 접속된다. 32*K*byte의 어드레스를 지정하기 위해서는 15개의 어드레스 라인이 필요하며, 데이터는 한 주소당 8bit씩 한꺼번에 출력되어 데이터 버스와 직접 접속한다.

20번 $\overline{CS}$(Chip Select) 핀은 앞서 설명한 메모리 어드레스 디코더의 RAM 선택 출력과 접속되며, 이 신호가 'L'일 때 이 소자가 동작한다.

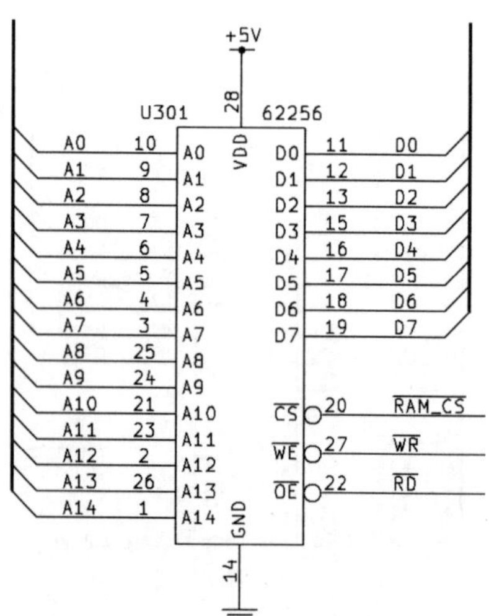

[그림 2-2-12] RAM 접속회로

22번 $\overline{OE}$(Output Enable) 핀은 'H'가 입력되었을 경우 이 소자가 $\overline{CE}$='L'에 의해 동작 중이라 하더라도 출력이 외부로 나타나지 않고 Tri-state 상태로 되며, 이 단자가 'L'일 때 데이터가 출력된다. 회로에서는 시스템의 $\overline{RD}$(Read)와 접속되어 있으며, 이는 CPU가 데이터를 읽을 때(read)에만 소자에서 데이터를 출력한다.

27번 $\overline{WE}$(Write Enable)핀은 이 소자가 $\overline{CE}$='L'에 의해 동작 중일 때 소자 내에 데이터를 받아들여 기억하도록 하며, CPU가 데이터를 기입할 때 $\overline{WR}$='L'을 출력하므로 이 신호와 접속한다.

(4) I/O 관련 회로

① I/O 어드레스 디코더

메인보드 회로-1의 중앙 부분에 2개의 2×4 디코더가 있는데, 이 중 오른쪽의 U305B가 I/O 어드레스를 디코드하는 부분이며 이를 그림 2-2-13에 다시 나타내었다.

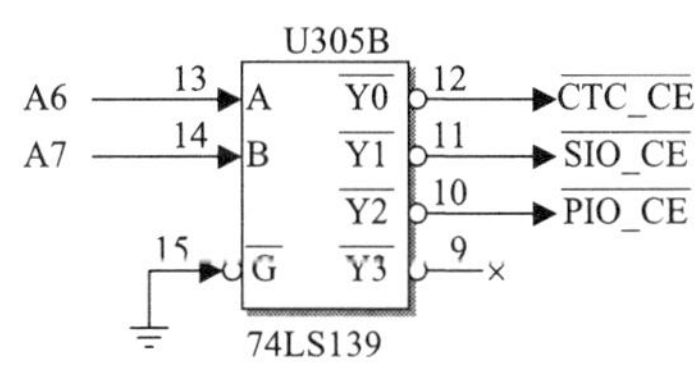

[그림 2-2-13] I/O 어드레스 디코더

어드레스 디코더(address decoder)에 입력되는 신호는 A6, A7밖에 없으므로 메모리 어드레스나 I/O 어드레스 또는 리프레시 어드레스에 관계없이 무조건 디코드한다. 디코드된 출력은 Z80 패밀리들, 즉 CTC, SIO, PIO를 선택하는 신호로 공급된다. 그러나 이들 패밀리들이 이 신호를 무조건 받아들이지 않고, 자체적으로 $\overline{IORQ}$ 신호와 함께 입력을 받기 때문에 최종적으로 패밀리에 접수되는 신호는 I/O 어드레스 중에서 디코드된 것만이 유효하며 이의 개념을 그림 2-2-14에 나타내었다.

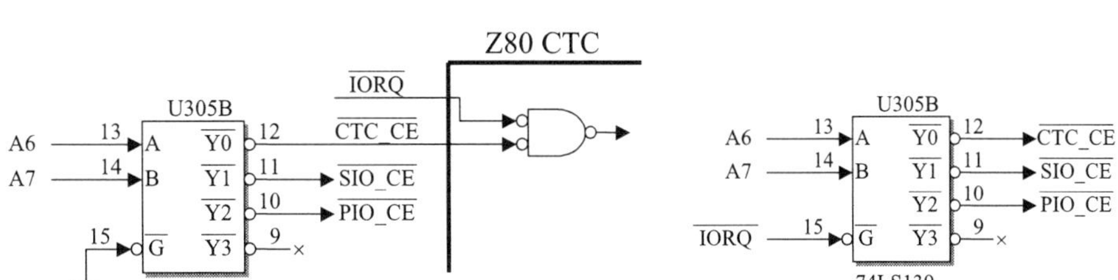

(a) Z80 패밀리와의 접속 예　　(b) 회로의 효과

[그림 2-2-14] I/O 어드레스 디코드 개념

그림 2-2-14(a)는 Z80CTC를 예로 든 것인데, 다른 패밀리들도 마찬가지 개념이 적용된다. 이 회로의 효과는 그림 2-2-14(b)와 같이 I/O 어드레스 출력 중의 A6, A7만이 디코드되는 결과가 나타나는데, 실제 회로를 처음부터 그림 2-2-14(b)와 같이 구성하면 디코드 신호의 타이밍에 문제가 발생하므로 그림 2-2-14(a)와 같이 접속해야 한다(Z80 패밀리 내부에서 $\overline{IORQ}$ 신호와 $\overline{CE}$ 신호를 여기서 설명하는 용도 외에 다른 용도로도 사용하고 있기 때문이다).

이상과 같은 디코드 회로에 의한 결과는 표 2-2-3과 같다.

〈표 2-2-3〉 I/O 어드레스 디코드 출력

A7	A6	$\overline{Y0}$	$\overline{Y1}$	$\overline{Y2}$	$\overline{Y3}$	의 미	
0	0	0	1	1	1	00xx xxxxb 영역 액세스	단, $\overline{IORQ}$=0 일 때만 유효
0	1	1	0	1	1	01xx xxxxb 영역 액세스	
1	0	1	1	0	1	10xx xxxxb 영역 액세스	
1	1	1	1	1	0	11xx xxxxb 영역 액세스	

디코더의 출력신호는 앞서 설명한 바와 같이 CPU가 I/O를 액세스할 때($\overline{IORQ}$=0)만 유효하며, 어드레스 버스 중의 A7~A0에서만 I/O 어드레스가 나타나므로 A7이 최상위가 된다. 표에 나타낸 '의미'는 디코드된 결과를 2진수로 표현한 것으로서, 이를 16진수를 이용한 '영역'으로 표시하면 표 2-2-4와 같다.

EZ-80에서는 I/O 어드레스 디코더의 출력이 메인보드 회로-1의 오른쪽 부분에 위치한 Z80PIO, SIO, CTC에 각각 공급되어 CPU가 I/O를 액세스할 때 이들 패밀리 중 하나를 선택한다.

〈표 2-2-4〉 디코드된 I/O 어드레스 영역

A7	A6	어드레스 범위	선택되는 패밀리
L	L	00h~3Fh (0000 0000b~0011 1111b)	Z80CTC
L	H	40h~7Fh (0100 0000b~0111 1111b)	Z80SIO
H	L	80h~BFh (1000 0000b~1011 1111b)	Z80PIO
H	H	C0h~FFh (1100 0000b~1111 1111b)	사용 안함

② Z80PIO

그림 2-2-15는 EZ-80 회로 중 Z80PIO와 관련된 부분을 나타낸 것이다.

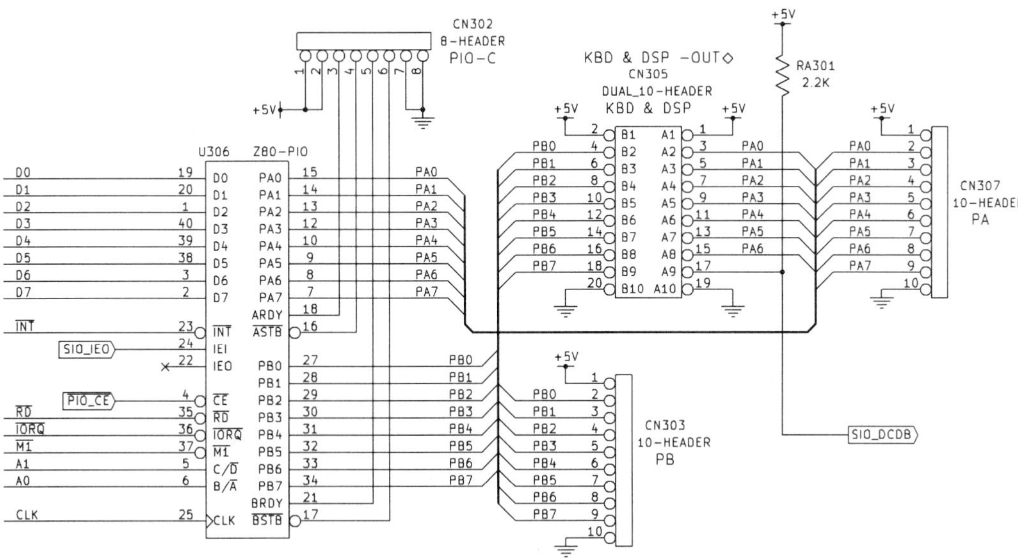

[그림 2-2-15] Z80PIO 부분 회로

그림에서 Z80PIO를 기준으로 왼쪽은 CPU와 접속되고 오른쪽은 외부 I/O와 접속된다. Z80PIO의 D0~D7은 시스템 데이터 버스와 연결되어 이를 통해 Z80CPU와 데이터 수납을 한다. Z80PIO의 $\overline{\text{INT}}$는 open-drain 출력이므로 다른 패밀리의 $\overline{\text{INT}}$핀과 직접 접속해 wired-logic을 형성한다. IEI와 IEO는 인터럽트 데이지-체인(daisy-chain)용 핀인데, 인터럽트 우선순위가 높은 Z80SIO의 IEO로부터 발생되는 체인 신호가 IEI로 입력되고, EZ-80에서 사용되는 3개의 주변소자 중 PIO가 우선순위가 가장 낮게 설정되어 있기 때문에 다음으로 연결될 IEO는 없다.

$\overline{\text{CE}}$ 신호는 앞서 설명한 I/O 어드레스 디코더의 출력이 접속되어 CPU가 이 소자를 사용하려는지의 여부(80h~BFh 영역 액세스)를 알린다. $\overline{\text{RD}}$, $\overline{\text{IORQ}}$와 $\overline{\text{M1}}$은 Z80CPU와 접속되어 CPU의 상황이 전달된다. C/$\overline{\text{D}}$와 B/$\overline{\text{A}}$는 각각 A1과 A0에 접속되어 $\overline{\text{CE}}$ 신호와 더불어 표 2-2-5와 같은 의미로 해석된다.

CLK 단자는 CPU에 공급되는 클록에 함께 접속되어 CPU와 동기를 취한다.

Z80PIO의 오른쪽 부분은 실습을 위한 확장용 커넥터들이 접속되어 있는데, 이들 중 CN305는 키보드와 디스플레이 보드를 접속하는 커넥터로서, 포트-A와 포트-B가 함께 접속되어 있다.

〈표 2-2-5〉 PIO 어드레스의 해석

$\overline{CE}$	A1 (C/$\overline{D}$)	A0 (B/$\overline{A}$)	I/O 어드레스	선택된 사항
0	0	0	80h (10xx xx00b)	포트-A 데이터
0	0	1	81h (10xx xx01b)	포트-B 데이터
0	1	0	82h (10xx xx10b)	포트-A 커맨드
0	1	1	83h (10xx xx11b)	포트-B 커맨드
1	×	×	-	PIO 선택 안 됨

③ Z80SIO

그림 2-2-16은 EZ-80 회로 중 Z80SIO와 관련된 부분을 표시한 것이다.

그림에서 Z80SIO를 기준으로 왼쪽은 CPU와 접속되고 오른쪽은 외부 I/O와 접속된다. Z80SIO의 D0~D7은 시스템 데이터 버스와 연결되어 이를 통해 Z80CPU와 데이터를 수납한다.

$\overline{CE}$ 신호는 앞서 설명한 I/O 어드레스 디코더의 출력이 접속되어 CPU가 이 소자를 사용하는지 여부(40h~7Fh 영역 액세스)를 알린다. $\overline{RES}$는 시스템 리셋과 접속되어 POR이나 수동 리셋 시 함께 리셋된다. $\overline{RD}$, $\overline{IORQ}$와 $\overline{M1}$은 Z80CPU와 접속되어 CPU 상황이 전달된다. C/$\overline{D}$와 B/$\overline{A}$는 각각 A3과 A2에 접속되어 $\overline{CE}$ 신호와 더불어 표 2-2-6과 같은 의미로 해석된다.

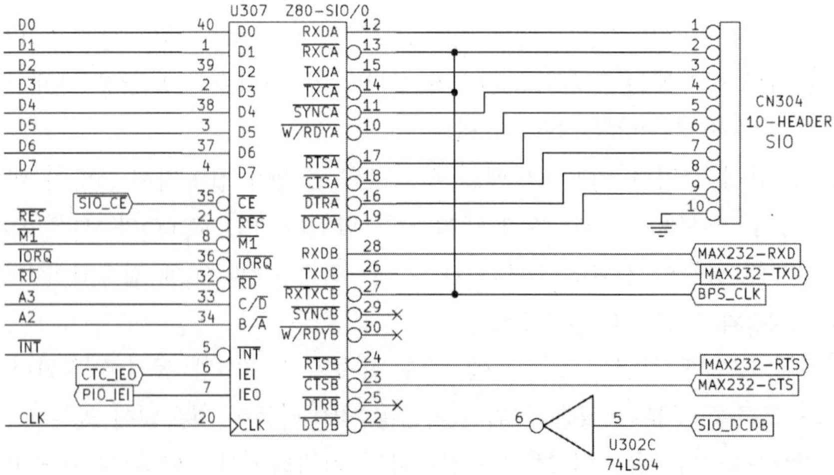

[그림 2-2-16] Z80SIO 부분 회로

〈표 2-2-6〉 SIO 어드레스의 해석

$\overline{CE}$	A3 (C/$\overline{D}$)	A2 (B/$\overline{A}$)	I/O 어드레스	선택된 사항
0	0	0	40h (01xx 00xxb)	채널-A 데이터
0	0	1	44h (01xx 01xxb)	채널-B 데이터
0	1	0	48h (01xx 10xxb)	채널-A 커맨드
0	1	1	4Ch (01xx 11xxb)	채널-B 커맨드
1	×	×	-	SIO 선택 안 됨

Z80SIO의 $\overline{INT}$는 PIO와 마찬가지로 open-drain 출력이므로 다른 패밀리의 $\overline{INT}$ 핀과 직접 접속해 wired-logic을 형성하며, 인터럽트 데이지-체인용 핀은 우선순위가 바로 위인 Z80CTC의 IEO로부터 발생되는 체인 신호가 IEI로 입력되고, 아래 순위인 PIO로 IEO 출력이 전달된다.

CLK 단자는 CPU에 공급되는 클록에 함께 접속되어 CPU와 동기를 취한다.

Z80SIO의 오른쪽 부분은 실습을 위한 확장용 커넥터들이 접속되어 있으며, 이들 중 13, 14, 27번 핀은 서로 연결되어 직렬통신용 클록이 입력된다. RXDB와 TXDB는 다음에 설명할 MAX232 회로와 접속되어 RS 232C를 이용한 인터페이스 회로의 데이터 송수신용으로 사용된다. 마찬가지로 $\overline{RTSB}$와 $\overline{CTSB}$도 RS-232C 인터페이스 회로의 핸드-셰이크용으로 사용한다. $\overline{DCDB}$ 입력은 EZ-80에서는 직렬통신용으로 사용하지 않고 디스플레이 보드에서 스위치에 의해 선택된 신호(키보드/디스플레이를 사용할 것인가, 아니면 컴퓨터 통신에 의해 사용할 것인가)를 입력받는다.

④ Z80CTC

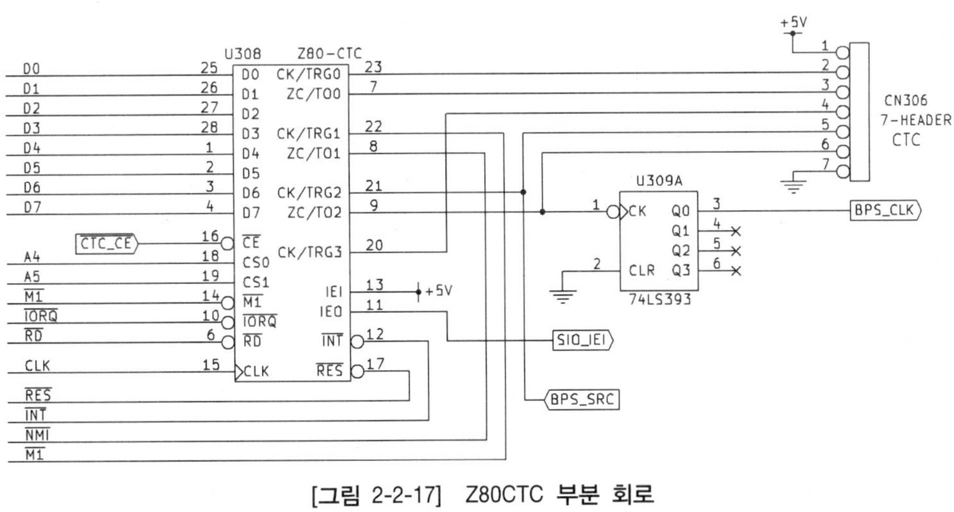

[그림 2-2-17] Z80CTC 부분 회로

그림 2-2-17은 EZ-80 회로 중 Z80CTC와 관련된 부분을 표시한 것이다.

그림에서 Z80CTC의 D0~D7은 시스템 데이터 버스와 접속되어 이를 통해 Z80CPU와 데이터를 수납한다.

$\overline{CE}$ 신호는 앞서 설명한 I/O 어드레스 디코더의 출력이 접속되어 CPU가 이 소자를 사용하는지 여부(00h~3Fh 영역 액세스)를 알린다.

CS0과 CS1은 각각 A5와 A4에 접속되어 $\overline{CE}$ 신호와 더불어 표 2-2-7과 같은 의미로 해석된다.

〈표 2-2-7〉 CTC 어드레스의 해석

$\overline{CE}$	A5 (CS1)	A4 (CS0)	I/O 어드레스	선택된 사항
0	0	0	00h (0000 xxxxb)	채널-0 선택
0	0	1	10h (0001 xxxxb)	채널-1 선택
0	1	0	20h (0010 xxxxb)	채널-2 선택
0	1	1	30h (0011 xxxxb)	채널-3 선택
1	×	×	-	CTC 선택 안 됨

$\overline{RD}$, $\overline{IORQ}$와 $\overline{M1}$은 Z80CPU와 직접 접속되어 CPU 상황이 전달된다.

Z80CTC의 $\overline{INT}$도 다른 패밀리와 마찬가지로 open-drain 출력이므로 다른 패밀리의 $\overline{INT}$ 핀과 직접 접속해 wired-logic을 형성한다. 인터럽트 데이지-체인용 핀은 Z80CTC가 가장 우선순위가 높으므로 항상 인터럽트가 가능하도록 $+5V$로 직접 접속되고, 아래 순위인 SIO로 IEO 출력이 전달된다.

CLK 단자는 CPU에 공급되는 클록에 함께 연결되어 CPU와 동기를 취한다. $\overline{RES}$는 시스템 리셋과 접속되어 POR이나 수동 리셋 시 함께 리셋된다.

Z80CTC의 오른쪽 부분은 실습을 위한 확장용 커넥터들이 접속되어 있으며, 이들 중 채널-1은 프로그램 Trace용으로 사용하기 위해 채널 입력에 시스템 클록이 접속되고, 채널 출력은 $\overline{NMI}$와 접속된다. 채널-2는 직렬전송용 BPS 클록을 생성하는 것으로서 이에 대해서는 다음의 "BPS 클록 발생회로"에서 설명한다.

⑤ Fan-out의 분배

②, ③, ④절에서 설명한 Z80PIO, Z80SIO, Z80CTC의 사용 어드레스를 살펴보면, Z80PIO는 A0, A1을, Z80SIO는 A2, A3을, Z80CTC는 A4, A5를 사용하고 있다. 모든 소자에서 동일하게 A0, A1을 이용하지 않은 이유는 Z80CPU에서 출력되는 어드레스 버

스의 Fan-out을 분배하기 위함인데, A0부터 A14까지는 이미 SRAM과 ROM에서 하나씩 사용하고 있다. 여기에 주변소자들이 모두 A0와 A1을 사용하면 이 라인들의 Fan-out이 부족할 수 있기 때문에 A0부터 A5까지 사용을 고르게 분배한 것이다. 만약 이러한 문제를 근본적으로 해결하려면 프로세서의 버스 라인에 버퍼 처리를 한다.

⑥ 인터럽트 관련 회로

EZ-80에서 사용하는 인터럽트 관련 계통의 회로들을 그림 2-2-18에 정리해 나타내었다.

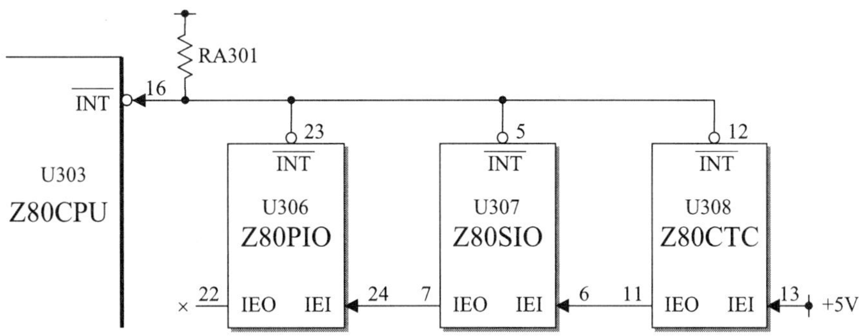

[그림 2-2-18] 인터럽트 관련 회로

그림에 나타낸 바와 같이 Z80CTC, SIO, PIO는 모두 데이지-체인 방식으로 엮여 있으며, 이들 중 Z80CTC의 우선순위가 가장 높고, 다음이 SIO, PIO 순으로 되어 있다. 각 소자들의 인터럽트 요청 라인은 Open-drain 출력과 RA301 풀업(pull-up) 저항을 이용해 Wired-logic을 구성하여 어떤 소자에서든지 인터럽트 요청이 가능하고 앞으로 확장도 가능하다.

⑦ RS-232C 인터페이스 회로

EZ-80과 PC 사이의 접속용 RS-232C 인터페이스 회로를 그림 2-2-19에 나타내었다. 회로의 위치는 메인보드-2의 우측 중간이다.

그림에서, U307 Z80SIO의 RXDB, TXDB, $\overline{\text{RTSB}}$, $\overline{\text{CTSB}}$는 U311 MAX232와 접속되며, MAX232에서 RS-232C 전압변환이 이루어진다. 즉, TXDB와 $\overline{\text{RTSB}}$는 $0V$와 $+5V$가 $+10V$와 $-10V$로 변환되어 송출되고, RXDB와 $\overline{\text{CTSB}}$는 $+12V$, $-12V$로 수신된 전압이 $0V$와 $+5V$로 변환된다. $+10V$와 $-10V$의 생성원리는 이후에 별도로 설명한다.

RXDB, TXDB는 직렬통신 데이터 라인이며, $\overline{\text{RTSB}}$와 $\overline{\text{CTSB}}$는 핸드-셰이크 라인이다. 또한 RXDB와 TXDB는 U302D와 U302E로 버퍼링한 후 LED302와 LED303을 구동해 통신상태를 표시한다.

J301은 PC와 접속되는 통신 커넥터로서, RS-232C의 기본 사양만 이용하므로 9-pin 커넥터를 사용하였고, DCD, DSR, DTR은 PC 측에서 발생한 신호를 되돌려 보내 본 기기와 접속되었음을 알린다.

이 회로에서 통신제어소자는 Z80SIO이고, 여기서 발생된 통신신호를 RS-232C 규격으로 변환하기 위해 MAX232 소자를 사용했다. 전형적인 RS-232C 드라이버와 리시버는 그림 2-2-20에 나타낸 75188(1488)과 75189(1489) 소자이지만, 75188은 +12*V*(*Vcc*)와 −12*V*(V_{EE})의 2개 전원이 필요하고, 75189와 컴퓨터 회로에서는 +5*V*가 필요하므로 통신을 위해 3종류의 전원이 필요하다.

±12*V* 전원을 이미 사용하고 있는 시스템에서는 75188과 75189를 사용해 저가격으로 RS-232C를 구현하면 되지만, ±12*V*가 없는 시스템에서 이들을 사용하려면 별도의 전원회로 2개를 추가해야 하므로 비용이 증가함은 물론 시스템의 부피도 커진다. 이러한 경우 MAX232 시리즈 소자를 사용하면 +5*V* 단일전원으로 RS-232C가 구현되는데, 그림 2-2-21에 이 소자의 내부 구성도를 나타내었다.

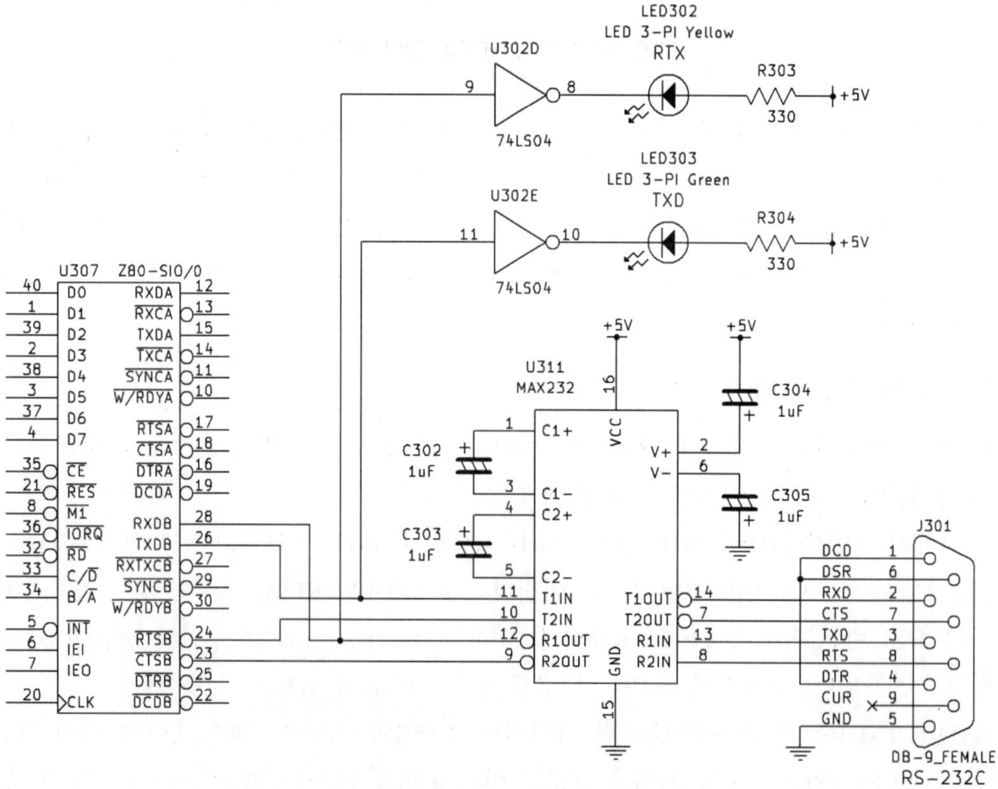

[그림 2-2-19] EZ-80의 RS-232C 인터페이스 회로

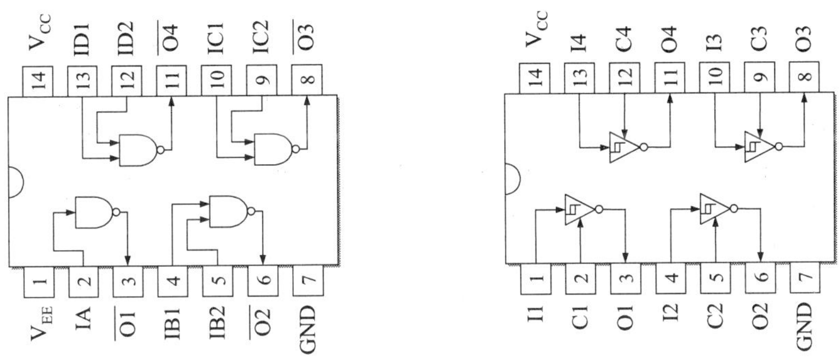

(a) 75188(1488) 드라이버 (b) 75189(1489) 리시버

[그림 2-2-20] RS-232C **드라이버와 리시버 소자**

MAX232는 $+5V$ 단일전원으로 동작하고, 자체에서 $\pm 10V$를 생성해 RS-232C용으로 사용하는데, 그림 2-2-21의 C302~C305가 $+5V$로 $\pm 10V$를 생성하는 주요 소자들이다. 이들 소자가 전압을 생성하는 원리를 그림 2-2-22에 나타내었다.

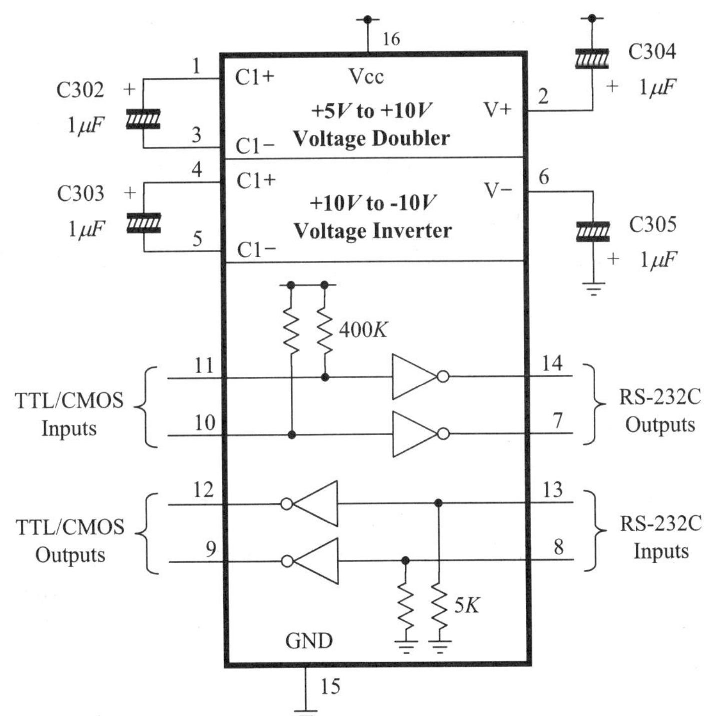

[그림 2-2-21] MAX232 **내부 구성도**

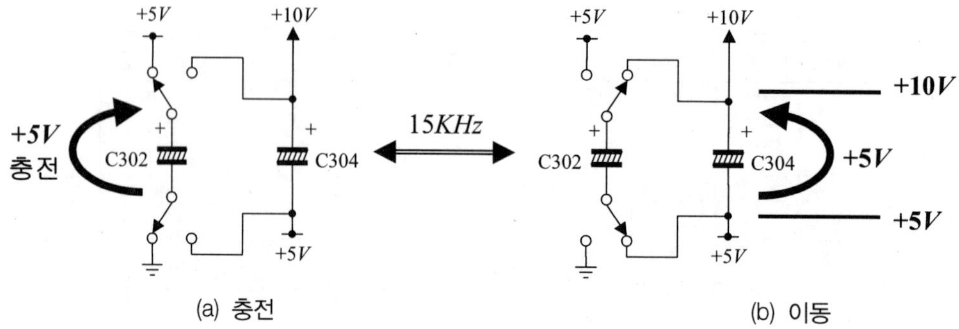

[그림 2-2-22] +10V 생성원리(voltage doubler)

그림 2-2-22는 +5V로부터 +10V 전압을 생성하는 Voltage Doubler를 나타낸 것으로서, 그림 2-2-22(a)와 같이 C302에 +5V를 충전한 후, 그림 2-2-22(b)와 같이 스위칭해 C302로부터 C304로 충전을 옮기면 C304의 (+)단자는 (−)단자보다 +5V 높으므로 GND 기준으로 +10V가 된다. 이 같은 (a), (b)의 과정을 빠른 속도로 반복(15KHz)하면 C304의 (+)단자에는 항시 +10V가 충전되며 송신기는 이 전압을 사용한다. 커패시터를 이와 같이 전기를 충전해 다른 곳으로 이동시켜 사용하는 것을 'Charge Pump'라 한다.

그림 2-2-23에는 −10V를 생성하는 Voltage Inverter의 원리를 나타내었다.

그림 2-2-23(a)에서 앞서 생성한 +10V를 C303에 충전하고 그림 2-2-23(b)와 같이 C305에 충전을 옮기면 C305에는 +10V가 충전되지만 (+)단자가 GND로 접속되어 있으므로 C305의 (−)단자는 −10V가 나타나며, 이 같은 과정을 15KHz의 빠른 속도로 반복한다.

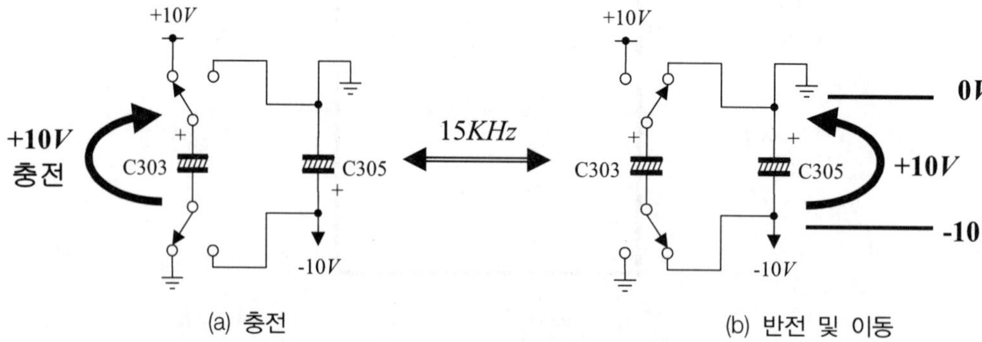

[그림 2-2-23] −10V 생성 원리(voltage inverter)

⑧ BPS 클록 발생회로

EZ-80에서 BPS용 클록을 발생시키는 계통도를 그림 2-2-24에 나타내었다. 회로의 위치는 메인보드 회로-2의 우측 하단이다.

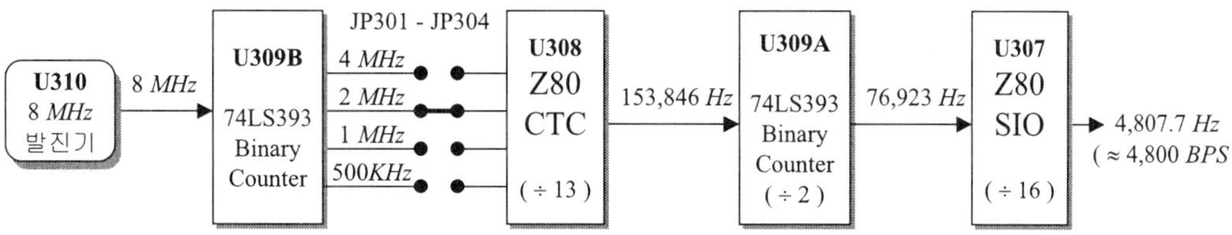

[그림 2-2-24] BPS 클록 발생 계통도

그림에서, U310 크리스털 발진기로부터 8*MHz*의 클록이 발생되며, 이는 U309B 74LS139 Binary Ripple Counter에 의해 분주되어 4*MHz*, 2*MHz*, 1*MHz*, 500*KHz*의 주파수가 발생한다. 이 주파수 중 4*MHz*는 시스템 클록으로 사용되고 나머지 3개 주파수를 BPS 클록으로 이용한다. 이들 중 점퍼(jumper)에 의해 2*MHz*를 선택했다면, 이는 U308 Z80CTC로 입력되어 내부에서 13카운트를 거쳐 카운트값이 0이 될 때마다(ZC : Zero Count) 출력이 발생하며, 발생되는 주파수는 153.846*KHz*이다. Z80CTC에서 출력되는 ZC 신호는 거의 임펄스 모양이므로(12 카운트 지나고 13번째에 한 번 나타난다) 이의 듀티를 50%로 만들기 위해 U309A Binary ripple counter에서 다시 한 번 2분주하면 76.923*KHz*의 듀티 50% 펄스가 발생한다. 이 펄스를 U307 Z80SIO의 송수신 클록에 입력하면 내부에서 ×16 모드에 의해 16분주되어 4,807.7*Hz*, 즉 약 4,800*BPS*의 통신속도가 얻어진다.

※ U309B에서 발생하는 4*MHz*를 선택하면 이론적으로 9,600*BPS*를 얻을 수 있으나, Z80CTC의 입력특성상 자신의 클록 주파수보다 절반 이하 주파수만 입력되므로 4*MHz*에서는 동작하지 않는다.

2) 디스플레이와 키보드

그림 2-2-4는 EZ-80의 디스플레이(display)/키보드(keyboard) 부분의 회로이다. 이 보드에서는 EZ-80 메인보드와 연결되어 EZ-80의 디스플레이 출력과 키보드 입력을 담당한다.

(1) 디스플레이 회로

EZ-80 키트의 디스플레이는 6자리의 7-Segment LED로 구성되며 다이내믹 디스플레이(dynamic display)로 구동된다.

① 디스플레이 자리선택

디스플레이 자리선택 회로 부분을 간추려 그림 2-2-25에 나타내었다.

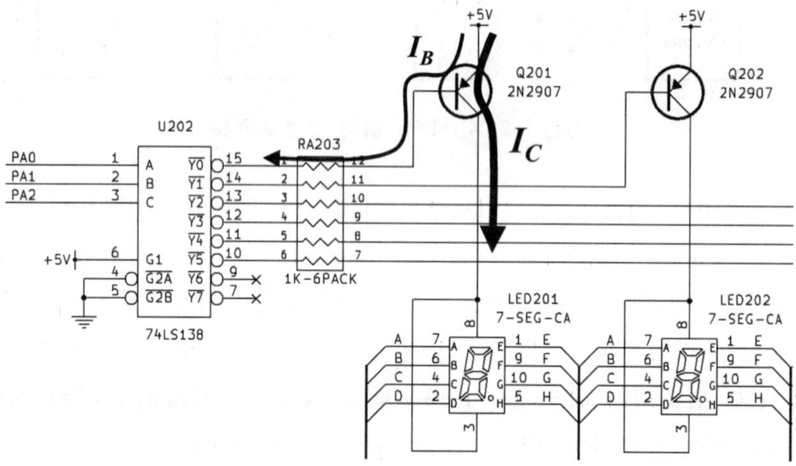

[그림 2-2-25] 간소화한 자리선택 회로

회로의 U202 74LS138은 3×8 디코더(decoder)이며, 6자리의 세그먼트 디스플레이 중 어느 자리를 켤 것인지 선택한다. 그림은 U202의 입력에 자리선택 신호 '000'이 입력되었을 경우를 나타낸 것으로서, 입력신호 '000'이 디코드되어 $\overline{Y0}$이 'L'이 된다. 이 신호는 Q201 PNP 트랜지스터의 베이스로부터 전류를 흡수하고 트랜지스터에서 증폭되어 큰 전류가 세그먼트 디스플레이 LED201로 공급된다. 이 회로의 해석을 위해 그림 2-2-26에 등가회로를 나타내었다.

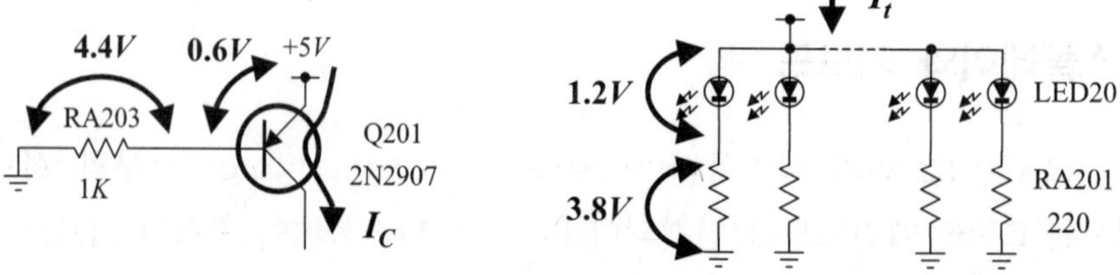

(a) 입력 측 해석

(b) 부하 측 해석

[그림 2-2-26] 자리선택 회로의 등가회로

만약 74LS138의 출력이 완전히 $0V$라 가정하면 그림 2-2-26(a)과 같은 회로가 구성되며, 이때 트랜지스터의 베이스에서 유출되는 전류는 $4.4mA$이다. 회로에 사용한 트랜지스터는 일반적으로 h_{FE}가 약 150 정도이므로 흐를 수 있는 컬렉터 전류는 다음과 같다.

$$I_c = 4.4mA \times 150 = 660mA$$

반면, 이 컬렉터 전류를 소비하는 부하(세그먼트 디스플레이)를 나타내면 그림 2-2-26(b)와 같으며, 모든 LED가 on 되어 최대 전류가 흐르는 경우의 전류는 다음과 같다.

$$I_t = \frac{(5V - 1.2V)}{220\Omega} \times 8 = 138mA$$

단, 트랜지스터의 offset은 없으며, LED의 offset은 $1.2V$로 가정한 것이다.

즉, 모든 LED가 on 되었을 경우 최대 $I_t = 138mA$의 전류가 흐르며, 트랜지스터에서 공급할 수 있는 전류는 $I_c = 660mA$이므로 트랜지스터는 충분한 전류를 공급하는 포화(saturation)상태에서 동작해 완전한 스위칭 회로를 형성한다.

※ 만약, 최악의 상황을 가정해, 트랜지스터의 특성이 변화하여 h_{FE}가 50으로 저하하고, 74LS138의 출력전압이 $0.4V$까지 떠오르더라도 트랜지스터의 최대 출력전류는 $200mA$이므로 충분한 포화상태를 유지한다.

② 디스플레이 회로

디스플레이 회로는 앞서 설명한 디스플레이 자리선택 회로와 연동해 동작하며, 이 부분을 그림 2-2-27에 나타내었다.

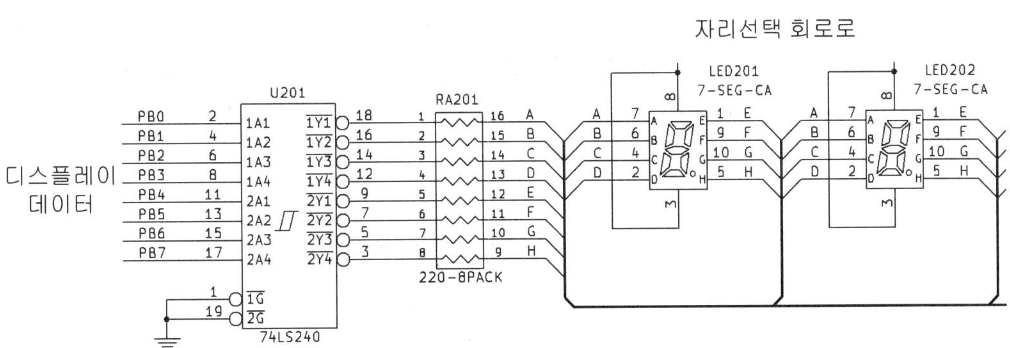

[그림 2-2-27] 디스플레이 회로

그림에서 U201 74LS240은 반전형 Tri-state 버퍼이며, 1번 핀과 19번 핀이 접지되어 있으므로 항상 동작해 입력되는 디스플레이 데이터를 반전시키면서 버퍼링한다. 회로의 동작원리를 이해하기 위해 1개 LED에 대한 등가회로를 그림 2-2-28에 나타내었다.

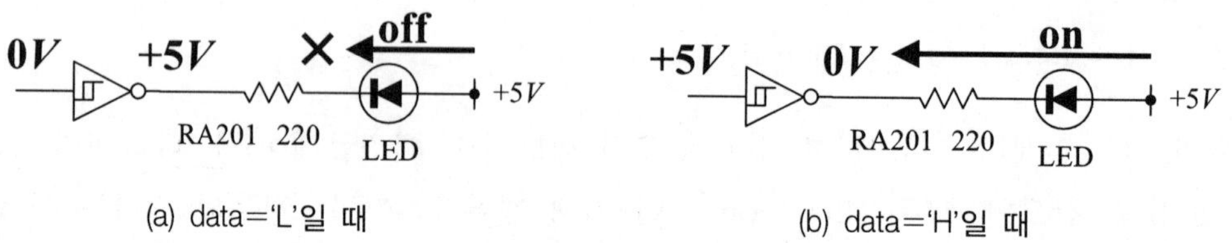

[그림 2-2-28] LED의 구동원리

그림 2-2-28(a)는 데이터 신호에 'L'이 인가되었을 경우를 나타낸 것으로서, 입력신호는 U201에 의해 반전되어 $+5V$의 출력이 나타난다. 따라서 LED는 애노드와 캐소드 양쪽이 모두 $+5V$이므로 전류가 흐르지 않아 off 된다.

그림 2-2-28(b)는 데이터 신호에 'H'가 인가되었을 경우를 나타낸 것으로서, 입력신호는 U201에 의해 반전되어 $0V$의 출력이 나타난다. 따라서 LED에 전압 차가 발생해 전류가 흘러 on 된다.

회로의 전기적 해석을 위해서 1개 LED에 대한 등가회로를 그림 2-2-29에 나타내었다.

그림에서, 만약 자리선택 회로에서 완전한 $+5V$가 인가되고, U201의 출력은 완전히 $0V$라 가정하면 220Ω 저항 양단에는 LED의 오프셋 전압을 제외한 $3.8V$가 인가되며, 따라서 LED에 흐르는 전류는 다음과 같다.

$$\frac{3.8\,V}{220\Omega} = 17mA$$

정상적인 LED 전류는 약 $10mA$ 정도이나, 이 회로는 다이내믹 디스플레이를 행하므로 밝기가 어두워지는 것을 보완하기 위해 LED가 파손되지 않는 한도 내에서 최대로 전류를 흘린다. U201 74LS240의 출력특성은 'H'일 때 전류유출은 약 $2.4mA$ 정도, 'L'일 때 전류흡입은 약 $24mA$ 정도이므로 흡입전류를 이용하면 충분히 LED가 구동된다.

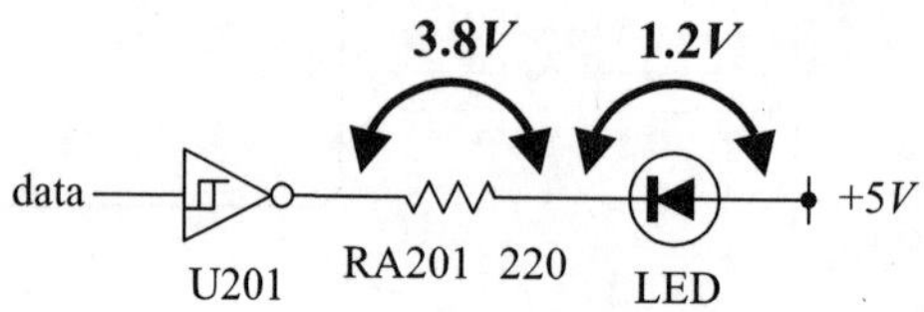

[그림 2-2-29] 1개 LED 등가회로

이상의 디스플레이 회로는 6개 세그먼트 디스플레이에 모두 버스 형식으로 공통 접속되어 있지만, 자리선택 신호가 인가되지 않는 세그먼트에는 +5*V*가 인가되지 않으므로 켜지지 않고, 오직 자리선택된 세그먼트만 동작한다.

(2) 키보드 회로

키보드 회로는 디스플레이 자리선택 회로와 연동해 동작하며, 이 부분을 그림 2-2-30에 나타내었다. 그림에서 자리선택 회로 영역은 앞서 설명한 회로 부분으로서, 이곳에서 자리가 선택되면 이와 연결된 스위치들(예를 들어, Q201이 선택되면 SW201, SW202, SW213, SW214)에 +5*V*가 인가되며, 스위치가 눌려 있다면 그에 해당되는 스위치 데이터 출력이 나타난다. 이 회로는 다이내믹 디스플레이 실행 시 해당 자리의 키 데이터를 읽음으로써 모든 스위치를 검색할 수 있다. 이러한 기법을 다이내믹 스캐닝(dynamic scanning)이라 하는데, 이에 관해서는 2권의 키보드 부분에서 상세히 설명한다. RA202 저항은 스위치가 눌리지 않은 경우 라인이 플로트(float)되는 것을 방지하기 위한 풀다운(pull-down) 저항이다.

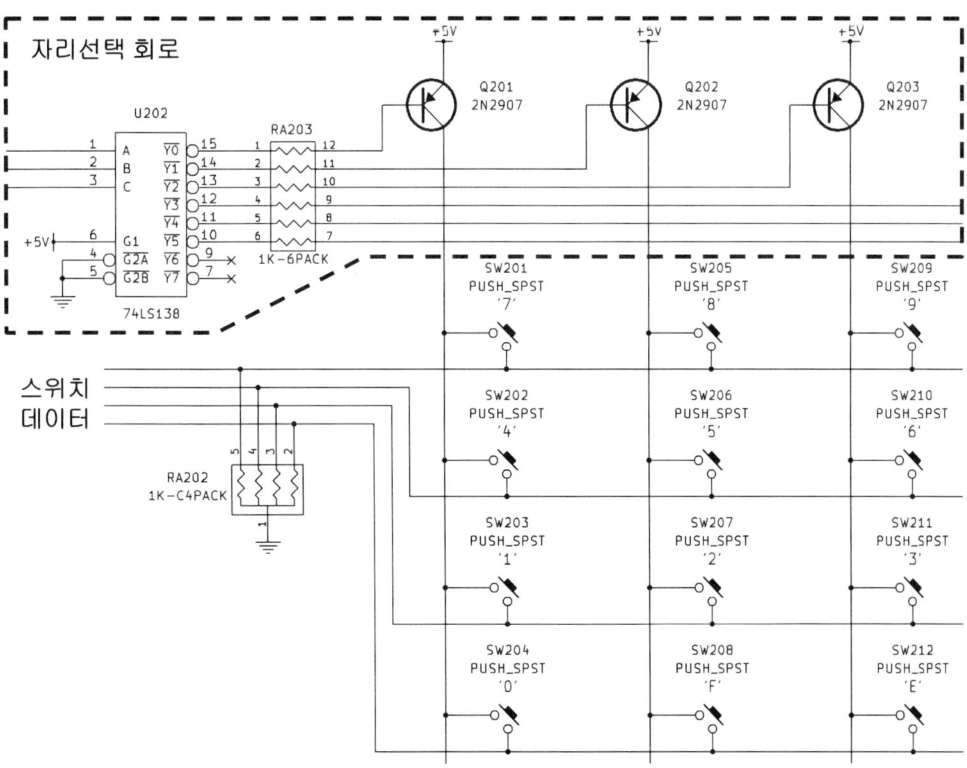

[그림 2-2-30] 키보드 검출회로

제 3 장

통신 관련 회로

1. 통신 개론
2. 직렬통신
3. 단거리 통신회로
4. 장거리 통신회로

이 장에서는 통신에 관련된 기초적인 이론과 직렬통신에 관해 살펴보고, 각종 통신회로들을 단거리용, 장거리용으로 구분해 살펴본다. 특히 통신관련 이론인 OSI 7계층이나 오류검출방법 등은 우리가 필요로 하는 내용에 국한해 원리적으로 쉽게 접근하도록 한다.

1. 통신 개론

1) 통신망의 결합

(1) 각종 통신망의 구성

통신망(통신 네트워크)은 아주 오래전부터 각자 그 필요에 의해 개별적으로 발전해 왔다. 예를 들어 우리가 사용하는 전화는 매우 오래전에 개발된 것으로서, 그 나름대로 지속적인 발전을 거듭해 오늘에 이르렀다. 그런가 하면 한편에서는 은행 온라인 시스템이 개발되고 발전하여 전국 어디서나 나의 은행계좌를 대상으로 입금하거나 출금할 수 있게 되었다. 이러한 각종 망들은 독자적으로도 충분한 기능을 발휘하지만, 이들이 서로 연결되면 생각지 못한 훨씬 큰 효과를 발생한다. 그래서 최근의 정보통신기술은 기존의 통신 방식들이나 각종 기술들을 융합하는 방향으로 발전하고 있다.

① 전화망

ⅰ) 전화망의 발달

우리가 자주 사용하는 통신수단 중 하나는 단연 전화망이라 할 수 있는데, 전화망의 가장 기본적인 형태는 그림 3-1-1(a)의 인터폰을 예로 들 수 있다.

인터폰은 서로 거리가 떨어져 있는 사람들 사이에서 통화를 하지만 일대일로만 가능하다. 이러한 인터폰을 더 확장하면 그림 3-1-1(b)와 같이 아파트의 인터폰망을 생각할 수 있는데, 모든 가정의 인터폰들은 경비실에 집중되어 있고, 경비실을 경유해 다른

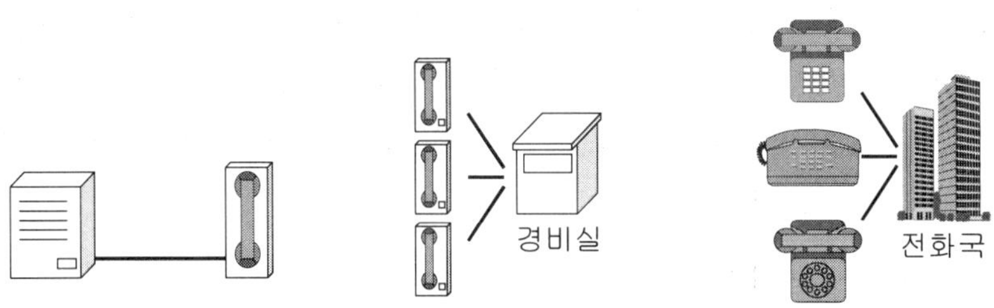

(a) 단독 인터폰 (b) 아파트 경비실 (c) 단일 전화국

[그림 3-1-1] 전화망의 개념

집과 통화가 가능하다. 이와 동일한 개념으로 그림 3-1-1(c)와 같이 기본적인 전화망을 구성할 수 있는데, 이는 아파트의 경비실과 동일한 역할을 자동화한 전화국이 있고, 이 전화국과 각 가정이 전화기로 연결되어 있으며, 호출번호(전화번호)를 전송하면 해당 가정으로 자동 연결된다.

그림 3-1-1(c)와 같은 단일 전화국을 그림 3-1-2(a)와 같이 여러 가지 수단(전파나 전선 또는 광섬유 등)을 이용해 다른 전화국과 연결하면, 상대편 전화국에 연결된 가정으로 연결이 가능하며 이와 같은 방법으로 한 도시 단위로 전화를 연결할 수 있다. 단, 이때는 해당 전화국을 구분하는 '국번'이 필요하다.

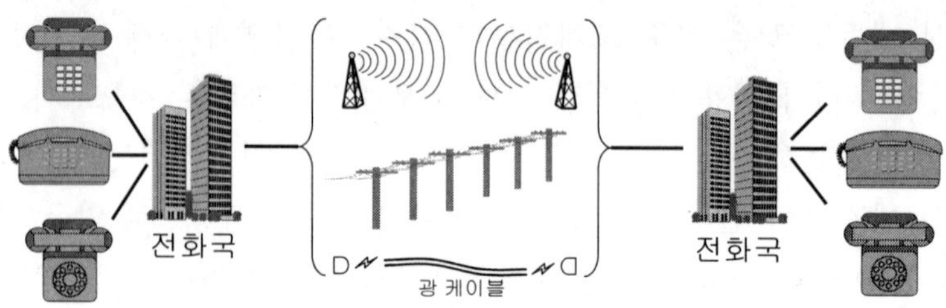

(a) 전화국과 전화국의 연결

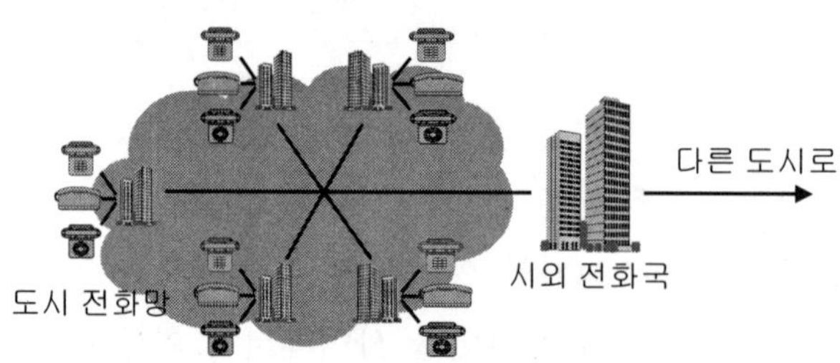

(b) 도시와 도시의 연결

[그림 3-1-2] 전화망의 확장 예

그림 3-1-2(a)와 같은 방법으로 하나의 도시가 연결되면, 이와 동일한 방법으로 다른 도시와 도시 사이를 연결해 '시외전화'가 가능해지며, 어느 도시를 선택할 것인가를 결정하기 위해 '지역번호'가 필요해진다. 이를 더욱 확장하면 국제전화까지 가능해지며, 이때는 '국가번호'가 필요해진다.

ii) 전화망의 응용 – 팩시밀리

전화망은 비약적으로 발전하여 과학기술이 존재하는 지역은 모든 곳에 연결이 가능해졌다. 전화망은 기본적으로 사람과 사람의 통화가 기본 목표였지만, 광범위하게 확산된 전화망을 이용해 다른 종류의 데이터를 전송할 수 있도록 한다면, 이 또한 전화가 있는 곳이면 어디에서나 이용이 가능하게 될 수 있다.

팩시밀리는 그림 3-1-3과 같이 전화망을 경유해 문서를 전달할 수 있도록 개발한 것으로서, 원고를 읽어 이 데이터를 디지털로 변환하고 이를 다시 소리신호로 변환해 전화망을 경유해 전달한다.

[그림 3-1-3] 전화망을 이용한 문서의 전송

ii) 전화망의 응용 – PC 통신

과거에 유행하던 '하이텔'이나 '천리안' 등이 이 시스템의 대표적인 예로서, 컴퓨터의 통신 데이터를 소리신호로 변환해 전화망을 경유해 전달한다.

[그림 3-1-4] 전화망을 이용한 PC 통신

이와 같이 팩시밀리나 PC 통신은 전화망을 이용하기 때문에, 전화가 있는 곳이면 어디에서나 이러한 서비스의 이용이 가능하다.

② 은행 온라인망

은행 온라인망은 인터넷이 보급되기 훨씬 오래전부터 구축되었던 것으로서, 이러한 시스템이 구축되기 전에는 은행의 예금 입출금을 꼭 자신의 지점에 가서 처리해야 했으며, 다른 계좌로의 송금 등은 되지 않았다.

초기의 은행 온라인망은 그림 3-1-5(a)와 같이 은행 본점과 지점 사이에 네트워크를 형성시켜놓은 것으로서, 이 경우 동일한 은행이라면 비록 다른 지점에서라도 나의 통장에 입출금을 할 수 있고, 동일 은행 내에서 다른 사람에게 송금도 가능해진다. 이러한 한 은행 내의 온라인망들이 그림 3-1-5(b)와 같이 서로 접속되면 다른 은행 간에도 계좌관리가 가능해져 타 은행으로 송금을 할 수 있도록 된다.

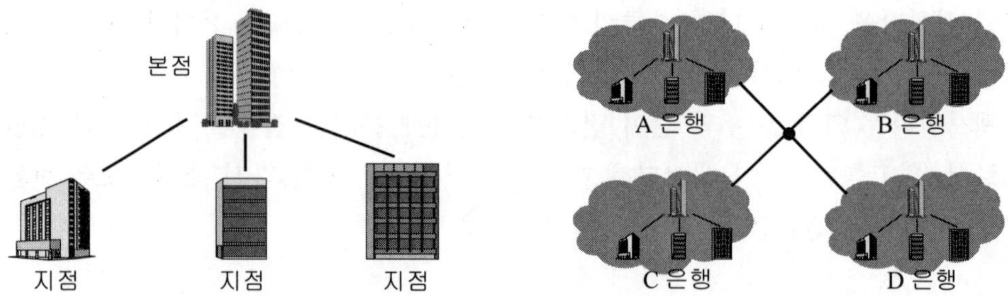

(a) 한 은행의 온라인망의 형성 (b) 은행 간의 접속

[그림 3-1-5] 은행의 온라인망

이에 따라 현재의 은행은 전국 어디에서나 나의 계좌로부터 입출금이 가능해졌고, 은행의 종류와 지역에 상관없이 송금이 가능해졌다.

③ 휴대폰망

휴대폰망은 비교적 최근에 급속도로 발전한 것으로서, 그림 3-1-6과 같이 무선 기지국에 휴대폰 신호들이 접속되고 이 신호들은 다시 이동전화국으로 집중되어 교환이 이루어진다.

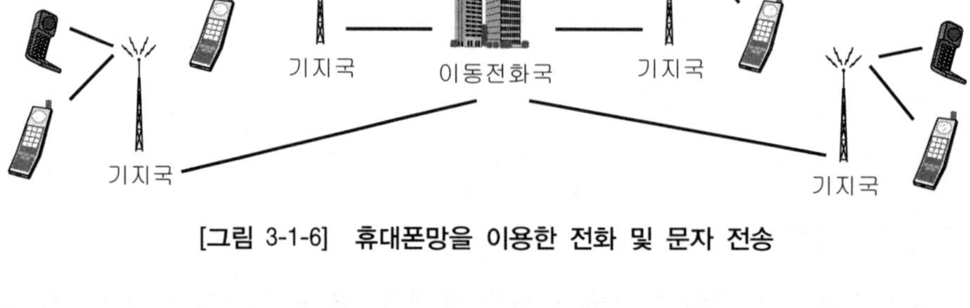

[그림 3-1-6] 휴대폰망을 이용한 전화 및 문자 전송

휴대폰은 그 기능상 기본적으로 육성통화와 더불어 문자 메시지 기능을 가지고 있는데, 최근에는 각종 멀티미디어 콘텐츠 등도 교환할 수 있다.

④ 인터넷망

인터넷망은 전 세계 컴퓨터들이 연결된 망으로서, 이를 이용해 컴퓨터의 각종 데이터를 전송할 수 있다. 컴퓨터의 접속 필요성은 초기에는 그림 3-1-7(a)와 같이 2대의 컴퓨터 사이에 데이터를 교환하기 위한 것이 목적이었는데, 컴퓨터의 용도가 점차 넓어짐에 따라 2대 이상의 컴퓨터들이 상호 연결될 필요성이 증가되었다.

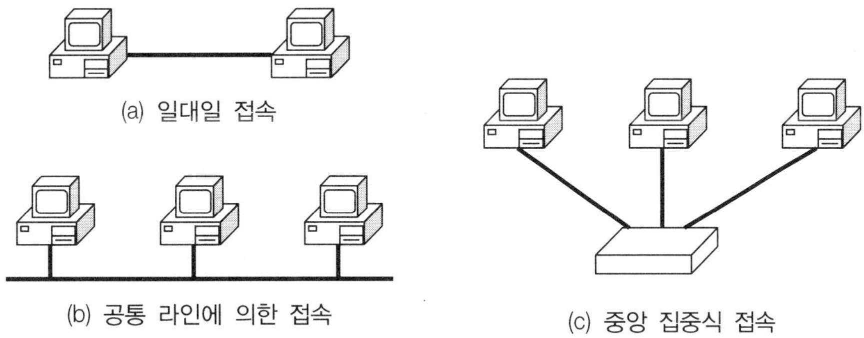

[그림 3-1-7] 컴퓨터의 접속방법 예

이에 따라 그림 3-1-7(b), 그림 3-1-7(c)에 나타낸 예와 같은 다양한 접속법이 개발되었는데, 그림 3-1-7(b)는 모든 컴퓨터들이 통신 라인을 공통으로 함께 사용하는 방식으로서 현재 인터넷의 LAN에서 주로 사용되는 이더넷이 이러한 형태로 구성된다. 이에 비해 그림 3-1-7(c)는 중앙에 집중기를 설치하고 각 컴퓨터들은 마치 일대일 접속과 같은 구조로 연결하는 방법인데, 이는 최근에는 그다지 사용되고 있지 않지만 X.25라는 네트워크(과거에 시청과 동사무소 간의 네트워크 등에 사용되었다)가 대표적인 예이다. 단, 이 구조는 이더넷의 '허브'를 이용하는 것과는 다른 것으로서, 이더넷의 허브는 내부적으로 그림 3-1-7(b)와 같은 접속을 형성한다.

3대 이상의 컴퓨터가 접속될 수 있는 이더넷을 사용함에 따라 회사 내의 컴퓨터나 학교 내의 컴퓨터들을 모두 함께 연결해 데이터를 교환하거나 공유할 수 있게 되었는데, 이와 같이 한 단위 내의 네트워크를 LAN(Local Area Network)이라 하며, 그림 3-1-8(b)의 비유에서 시내 도로망에 해당한다.

이러한 LAN 집단끼리 그림 3-1-8(a)와 같이 연결할 수 있는데, 이때 LAN 집단 내부로 진입하거나 바깥으로 나가는 경로에는 게이트웨이라는 중계장치를 두어(마치 전화망의 시외전화국과 유사) 이를 경유해 외부와 접속하도록 하며, 이는 비유에서 고속도로 톨게이트에 해당한다. 또한, 외부의 어떤 컴퓨터와 접속해야 할 때, 그 컴퓨터가 어느 게이트웨이를 통해 어떤 LAN으로 접속해야 할지를 안내할 수 있도록 '라우터'라는 컴퓨터가 추가되는데, 이는 비유에서 도로안내(내비게이션)에 해당된다. 이와 같은 구조로 전 세계의 컴퓨터가 접속된 망을 인터넷이라 한다.

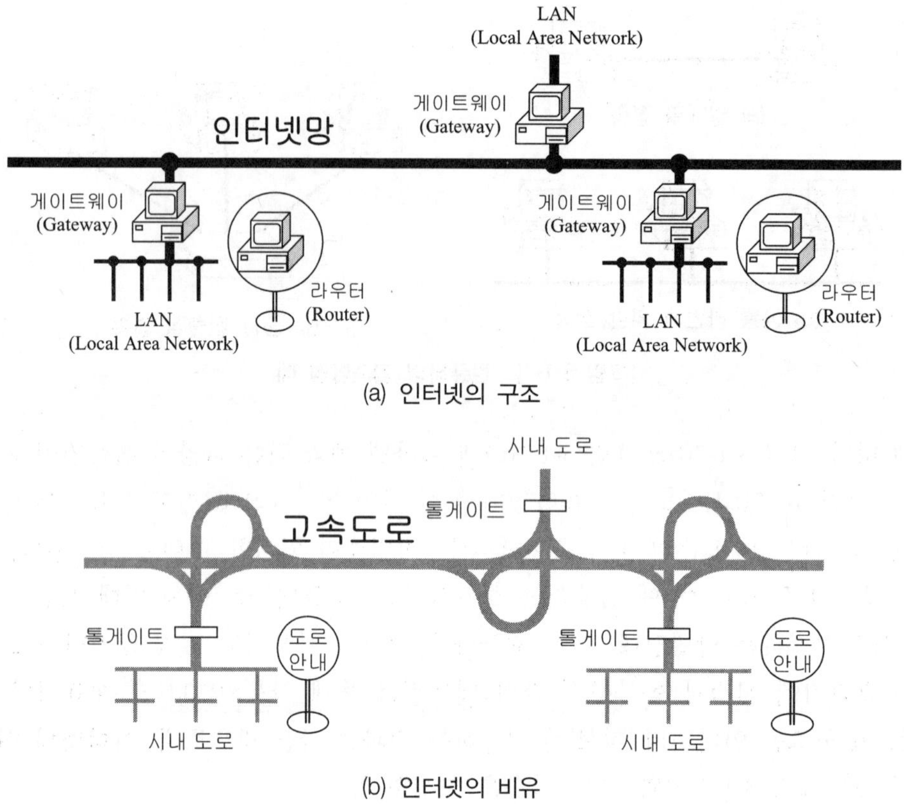

[그림 3-1-8] 인터넷의 구조 및 비유

(2) 다른 망과의 결합효과

앞서 살펴본 각종 망들은 각자 본래의 목적에 맞게 개발되어 나름대로의 발전을 거듭하며 성장해왔다. 그런데, 이와 같은 다른 망들이 서로 연결될 경우에는 본래의 기능 이외에 다른 서비스를 창출할 수 있는데, 몇 가지 예를 통해 그 효과를 살펴본다.

① 전화망+은행 온라인망

가장 보편적인 망의 하나인 전화망과 은행들 사이에서 사용되는 은행 온라인망이 서로 연결되었을 경우, 전화의 기능과 은행의 기능이 서로 연결되기 때문에 전혀 다른 효과를 얻을 수 있는데, 그 전형적인 예를 소개한다.

ⅰ) 폰-뱅킹 시스템

전화망과 은행 온라인망은 그림 3-1-9와 같이 서로 접속될 수 있으며, 따라서 사용자는 전화를 이용해 은행과 접속할 수 있다.

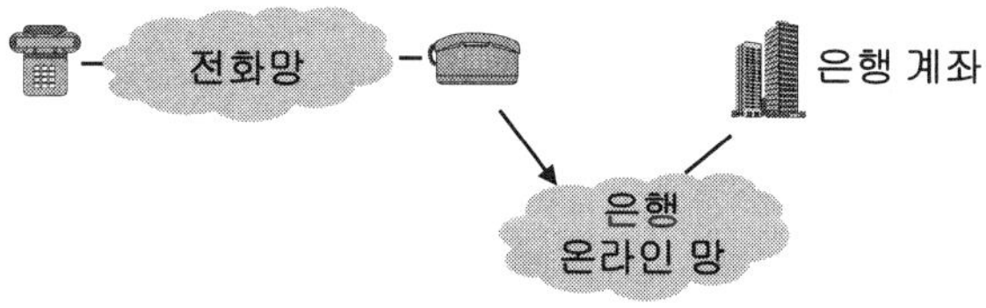

[그림 3-1-9] 폰-뱅킹 시스템의 구성

이 때문에 전화의 키패드를 이용해 은행의 계좌를 관리할 수 있는 '폰-뱅킹(phone-banking)' 시스템이 구성되며, 이 경우 굳이 고객이 은행에 가지 않더라도 장소에 상관없이 자신의 계좌에 대한 잔액조회나 다른 계좌로의 송금 등 각종 계좌관리를 처리할 수 있다.

ii) 신용카드 결제 시스템

앞서 전화망을 이용해 디지털 데이터도 전송할 수 있음을 살펴보았는데, 전화망의 이러한 기능을 사용하면 디지털 데이터를 은행 온라인망으로 전송할 수 있다. 따라서 그림 3-1-10과 같이 전화망에 신용카드를 읽을 수 있는 카드 리더를 설치하고 카드의 정보를 전화망을 경유해 은행 온라인망으로 전송하면 신용카드 결제 시스템이 구성된다.

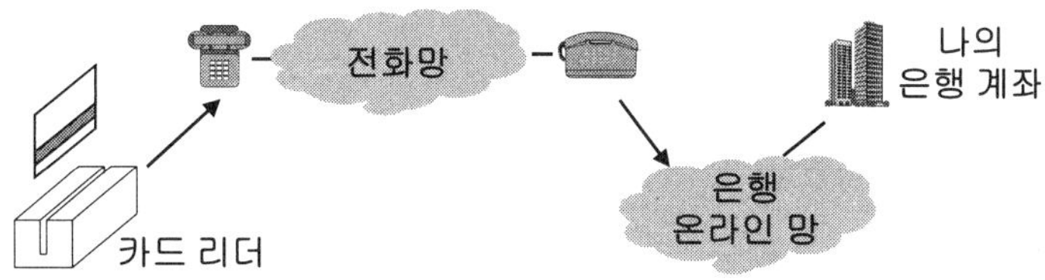

[그림 3-1-10] 신용카드 결제 시스템

이와 같이 신용카드 결제 시스템을 이용하면 사용자는 현금을 가지고 다니지 않는 상태에서도 물건을 구매하고 그 대금은 은행의 계좌에서 자동으로 결제되기 때문에 매우 편리한 효과를 얻을 수 있다.

iii) 현금 입출금기

앞서 신용카드 결제 시스템과 유사하게 전화망을 경유해 디지털 데이터를 송수신하되, 컴퓨터가 내장된 현금 입출금기를 그림 3-1-11과 같이 설치하면 은행계좌로부터 직접 현금을 인출하거나 입금할 수 있다. 이는 원거리에서 현금을 입출금할 수 있음은 물론 다른 사람에게 송금을 하거나 공과금 납부 등의 업무를 볼 수 있어 사용자의 편리성이 증가됨은 물론 은행에서도 인력절감의 효과가 크게 나타난다.

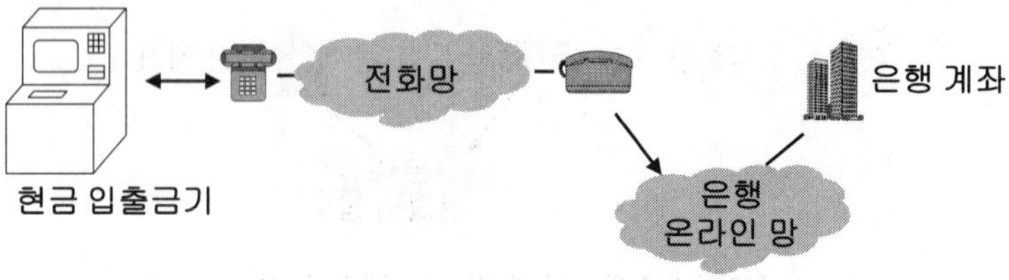

[그림 3-1-11] 현금 입출금 시스템

② 휴대폰망의 추가

앞서 살펴본 전화망과 은행 온라인망이 결합된 네트워크에 그림 3-1-12와 같이 휴대폰망이 추가될 경우 휴대폰이 가지는 고유의 기능을 이용해 또 다른 서비스가 창출될 수 있다.

휴대폰은 기본적으로 문자전송 기능이 있기 때문에, 사용자가 신용카드를 이용해 결제를 진행하면 그 즉시 휴대폰에 결제내역이 문자 메시지로 전송될 수 있으며, 이 기능에 의해 사용자는 정상적인 결제가 진행되었음을 확인할 수 있고, 신용카드를 분실했을 경우에도 결제가 진행되는 것을 확인할 수 있어 카드 분실 시의 피해를 최소화 할 수 있다.

이 이외에도 카드 리더를 휴대폰에 접속하면 이동식 카드 리더가 구성될 수 있으며, 사용자가 물건을 배달시킨 후 그 대금을 신용카드로 결제할 때 사용할 수 있다. 예를 들어, 피자를 주문하면서 그 대금을 카드로 지불하겠다고 미리 얘기해놓으면 배달원은 이와 같은 휴대폰 부착 카드 리더기를 가지고 오며, 이 기계를 이용해 카드 결제가 가능하다.

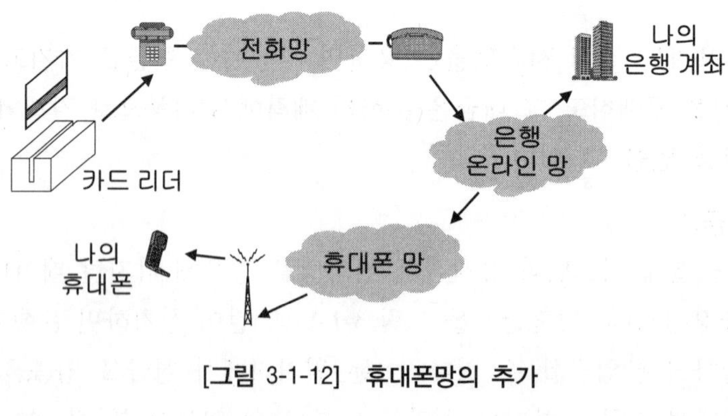

[그림 3-1-12] 휴대폰망의 추가

③ 인터넷망의 추가

인터넷망을 이용한 데이터 전송은 글자정보는 물론 그림, 멀티미디어 동영상 등 다양한 정보를 제공할 수 있기 때문에 데이터 통신수단의 중요 부분을 차지하고 있다. 이 때문에 앞서 구성된 통합망에 그림 3-1-13과 같이 인터넷이 연결되면 그 효과는 매우 커지는데, 이러한 예는 무수히 많기 때문에 일부만 소개한다.

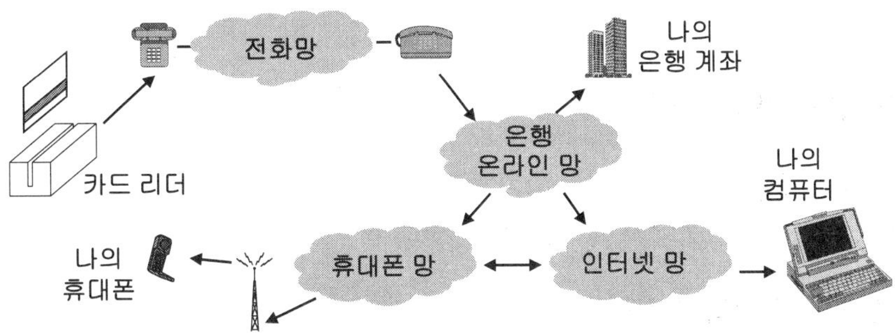

[그림 3-1-13] 인터넷의 추가

i) 인터넷에 의한 은행계좌 조회 및 카드 사용내역 조회

인터넷을 이용해 은행 홈페이지에 접속하면 나의 은행계좌 내역을 조회하거나 계좌이체에 의한 송금 등 원거리에서 은행업무를 볼 수 있으며, 은행계좌와 연계된 신용카드의 사용내역을 조회하는 서비스 등이 가능하고 카드이용 내역서 등을 E-mail로 받아볼 수 있어 비용절감에도 큰 효과가 있다.

ii) 컴퓨터로 휴대폰 메시지 전송

휴대폰으로 문자 메시지를 전송하는 것은 이동 중인 사람들 사이에서는 매우 편리하고 확실한 정보전달 수단(전화번호나 계좌번호, 주소 등 전송 시 발음에 의한 오류가 발생할 수 있는 정보들에 대해)이다. 그러나 휴대폰의 제한된 키를 이용해 문자를 입력하는 것이 쉽지 않은 것이 단점인데, 만약 사용자가 인터넷과 연결된 컴퓨터를 사용중인 경우, 인터넷망을 경유해 휴대폰망으로 문자 메시지를 전송할 수 있으므로 문자의 입력은 물론 데이터의 관리 등이 편리해진다.

iii) 휴대폰과 인터넷이 연계된 본인 확인

인터넷의 가장 큰 문제점 중 하나는 본인 확인이 어렵다는 것인데, 인터넷에 접속한 사람의 확인을 위해 휴대폰을 이용할 수 있다. 즉, 현재 인터넷에 접속한 사용자가 실제 해당 사용자인지를 확인하기 위해 회원의 휴대폰으로 확인용 문자 메시지를 전송한 후 이를 인터넷으로 다시 입력하도록 한다. 또한, 인터넷 사이트의 비밀번호를 분실했을 경우 새로운 임시 비밀번호를 회원의 휴대폰으로 전송해 안전하게 본인에게 전달할 수 있다.

ⅳ) 휴대폰에서 인터넷 메일 확인

인터넷에서만 통용되던 E-mail을 인터넷을 사용할 수 없는 상황에서도 휴대폰을 이용해 확인할 수 있다. 따라서 과거에는 인터넷이 연결된 컴퓨터가 있어야만 E-mail을 주고받을 수 있었지만, 현재는 휴대폰을 이용해 언제 어디서든지 인터넷 E-mail을 확인할 수 있다.

(3) 기타 결합 가능한 예

이상에서 살펴본 각종 망의 결합 이외에도 다른 망과의 결합에 의한 응용 분야가 속속 등장하고 있는데, 이들 중 몇 가지를 살펴본다.

① 지리정보 시스템과의 결합

과거에는 어떤 장소를 찾아가기 위해서 지도가 필수요건이었지만, 이는 위치를 찾기 어렵고 휴대하기 불편하며, 특히 시간이 지남에 따라 지리가 바뀌거나 도로망이 변경되기 때문에 가장 최신의 지도를 입수해야 할 필요가 있다. 그런데, 각종 지리 데이터를 관리하는 지리정보 시스템을 인터넷이나 휴대폰망과 결합시키면 인터넷이나 휴대폰 상에서 지도를 검색할 수 있으며, 이에 따라 휴대가 간편해지고 지역 이름만 입력하면 자동으로 찾아주는 편리성을 제공하며, 특히 가장 최신의 지리정보를 얻을 수 있다는 장점이 있다.

② 자동차와의 결합

현대의 가장 중요한 이동수단 중 하나인 자동차는 그 중요성 때문에 각종 망에 의한 혜택을 받을 수 있는 대상으로 떠오르고 있는데, 그중 대표적인 것이 내비게이션 시스템과 원격 차량점검 시스템이다.

ⅰ) 내비게이션 시스템

자동차 내에서 지리정보 시스템을 이용하면 지도검색이 가능하고 여기에 GPS 기능을 추가하면 현재 나의 위치를 파악할 수 있으므로 지도상의 나의 위치를 표시해 내비게이션(navigation) 시스템이 구성된다. 이는 특히 처음 가는 도로 등에서 그 위력을 발휘하는데, 과거에는 지도를 찾아가며, 또한 주기적으로 사람들에게 물어가며 위치를 찾아야 했지만, 내비게이션 시스템을 이용하면 내가 가야 할 목적지를 설정해두면 현재 나의 지도 상 위치를 표시해주고, 목적지까지 가는 길을 안내해준다.

ii) 원격 시동 및 차량점검 시스템

최근의 자동차에는 원격 시동장치를 많이 부착하고 있는데, 이를 더 발전시키면 그림 3-1-14와 같이 원격으로 자동차의 상태를 미리 점검하거나 제어할 수 있다.

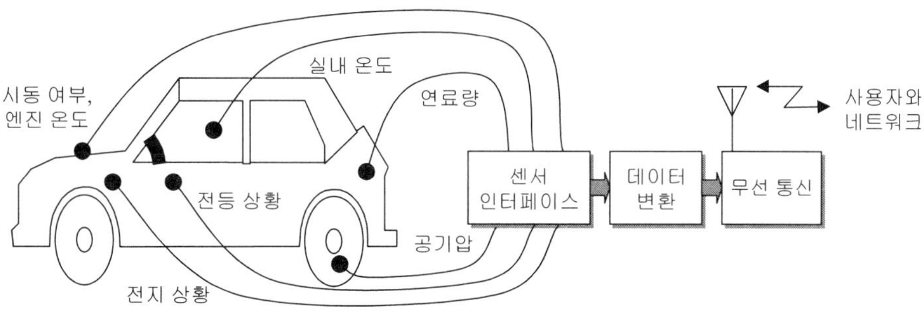

[그림 3-1-14] 자동차의 원격 점검 시스템

따라서 실내등이나 미등을 깜박 잊고 켜놓았을 경우 이를 사용자에게 알려줘 원격에서 제어할 수 있고, 연료량을 점검해 얼마 남지 않았다면 주유에 관한 비용을 준비할 수 있으며, 직접 관찰해도 알기 어려운 공기압이나 엔진 상태 등을 미리 알아 정비를 받을 수도 있다.

③ 가전기기들 간의 결합

가전기기들의 상태를 원격으로 감시하거나 제어할 수 있으면 여러 가지 경우에서 편리성을 제공하는데, 예를 들어 사무실이나 가정에서 외출을 했을 경우 종종 전등을 끄고 나왔는지, 가스는 안전하게 잠겼는지 등이 불안할 때가 자주 있다. 이럴 때 원격으로(휴대폰 등으로) 이를 검출해 현재상태를 알아볼 수 있으며, 필요하다면 이를 제어할 수 있다. 또한 장시간 여행을 다녀온다든지 할 경우 원격에서 조명을 켜고 끄는 조작을 통해 방범에 도움을 줄 수도 있으며, 겨울철에는 집에 도착하기 전에 미리 집의 온도를 점검해 보일러를 켜놓는 등 생활환경을 편리하게 해줄 수 있다.

만약, 쇼핑 중에 우리 집 냉장고에 어떤 물건이 얼마나 남아 있는지를 파악할 수 있다면 부족한 물건을 구입할 수 있고, 이미 있는 물건은 또 살 필요가 없으며, 비록 물건이 있더라도 이의 유효기간을 파악할 수 있다면 유효기간이 지난 물건은 새로 구입할 수 있을 것이다.

(4) 블루투스

비교적 최근에 떠오른 용어 중 하나에 블루투스(Bluetooth)라는 것이 있는데, 이는 반경 $10m$ 이내의 기기들을 전파를 이용해 함께 교신하도록 한 통신의 표준안이다. 블루투스의 개념 중 상당 부분이 유비쿼터스의 기본 개념과 관련이 있으므로 이의 개념과 기능에 관해 간단히 살펴본다.

① 블루투스의 필요성

블루투스의 개념을 이해하려면 그 필요성에 관해 살펴보면 쉽게 답을 얻을 수 있는데, 현재 가정에서 발생하고 있는 상황의 예를 다음에 나열하였다.

- 휴대전화에 저장한 각종 사진이나 기타 데이터를 컴퓨터로 이동시킬 경우, 또는 컴퓨터에 담겨 있는 주소록이나 사진 등을 휴대전화로 이동시킬 경우 휴대전화와 컴퓨터 사이를 전선으로 접속(대부분 USB를 사용 중)해야 한다.
- 가정에 설치된 전화기는 이동성이 편리하도록 나의 휴대전화가 있음에도 불구하고 무선전화기를 별도로 가지고 있는 경우가 많다.
- 오디오 음악을 조용히 혼자서 들을 경우, 또는 주위가 시끄러운 상황에서 텔레비전을 시청하는 경우 기기와 헤드폰을 연결해서 듣는다.
- 컴퓨터와 접속되는 주변기기들, 예를 들어 프린터, 스캐너, 키보드, 마우스 등은 상호 간의 교신을 위해 모두 전선으로 접속되어 있다.

이상에 나열한 예 이외에도 더 많은 예가 있는데, 이상의 기기들이 만약 전파로 서로 연결되어 있다면 다음과 같은 편리한 효과가 나타날 수 있다.

- 휴대전화에 담겨 있는 각종 데이터를 컴퓨터와 전파로 교신해 데이터를 주고받을 수 있으므로 선을 연결하는 등의 복잡한 조작이 필요 없다.
- 일반 전화기로 전화가 걸려올 때 내가 가지고 있는 휴대전화는 무선전화기의 역할을 하여 가정 내 아무 곳에서나 받을 수 있다. 즉, 휴대전화가 정상적인 휴대전화로서의 역할뿐만 아니라 무선전화기의 역할도 겸해서 행한다.
- 오디오 기기나 텔레비전과 나의 헤드폰이 전파로 연결되어 있어 전선의 접속 없이도 헤드폰을 사용할 수 있으며, 헤드폰에서 어느 기기의 소리를 들을 것인지도 선택이 가능하다.
- 컴퓨터와 주변기기들이 모두 전파로 연결되어 있어 기기 사이에 접속되는 복잡하고 많은 전선이 모두 사라져 이동이 간편해지며, 기기 간의 거리가 약간 떨어져 있어도 무방하다.

이러한 근접한 거리에 있는 기기들을 전파를 이용해 데이터 교신을 행하기 위해 제정된 규격이 블루투스이다.

② 블루투스의 개요

블루투스는 저렴한 가격, 적은 전력소모(100mW)로 휴대전화, 노트북 PC 등과 같은 휴대장치들과 주변장치들을 특정 영역(10~100m) 내에서 전파를 이용해 무선으로 연결하는 규격이다. '블루투스(Bluetooth)'라는 이름은 10세기경 덴마크와 노르웨이를 통일시킨 '바이킹'의 헤럴드블루투스(Herald Bluetooth)에서 유래되었다. 헤럴드가 스칸디나비아를 통일시킨 것처럼 이 기술을 이용하면 전선 없이 기기들의 단일화된 접속을 이룰 수 있다는 것을 의미한다. 이 명칭은 본래 이 프로젝트의 이름이었지만, 이후 공식명칭으로 정해졌다. 블루투스에 정해진 하드웨어와 통신 규격을 실행하는 소자를 '블루투스 칩'이라 하며, 이를 각 기기에 내장하면 블루투스 통신이 가능하게 된다. 예를 들어 그림 3-1-15에 나타낸 바와 같이 휴대전화, 컴퓨터, 일반 전화기, 텔레비전, 오디오 등에 블루투스 칩을 내장하면 이들 간에 전파를 이용해 앞서 소개한 기능들을 수행할 수 있다.

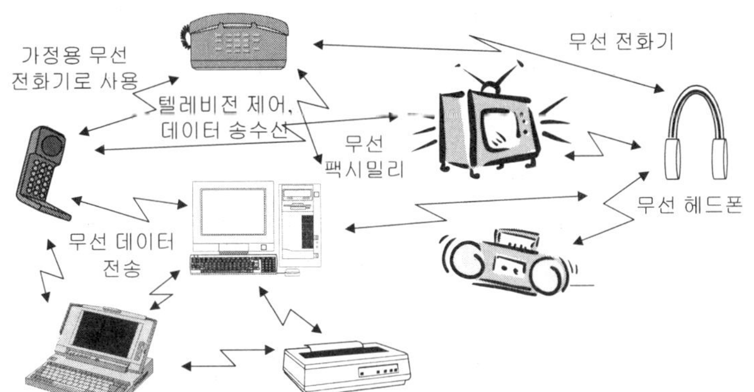

[그림 3-1-15] 블루투스 칩에 의한 교신 예

그러나 블루투스는 그 사양의 제약에 의해 CD급 음질의 오디오 전송이나 초고속 인터넷 등과 같은 용도로는 사용하기 어려우며, 전화음질 수준의 오디오 전송이나 저속 모뎀 정도의 통신속도라는 단점이 있다.

블루투스는 대략적으로 다음과 같은 사양을 가지고 있다.

- 2.4GHz대의 ISM(Industrial Scientific Medical) 대역 사용
- 1$Mbps$의 전송속도(실제 723$Kbps$)
- 간섭방지를 위한 주파수 호핑 방식(79/23hop, 1600hop/sec)
- 저소비전력(대기상태 0.3mA, 송수신 시 최대 30mA)

- 전송거리 10m 및 옵션(option)으로 100m까지 가능
- Class 1, 2, 3의 송신 파워(각 100mW, 2.5mW, 1mW)
- 변조 방식 : GFSK(Gaussian Frequency Shift Keying)
- 3채널의 Voice 지원(A-Law, u-Law PCM, CVSD)
- Point to Point, Point to Multi 방식의 연결 가능

(5) 유비쿼터스

유비쿼터스(ubiquitous)란 라틴어에서 유래된 용어로서, 그 사전적인 뜻은 '동시에 도처에 있는', '언제 어디서나 있는'의 뜻이다. 이는 네트워크를 이용하는 사용자가 컴퓨터나 네트워크에 대한 특별한 의식이 없는 상태에서 장소에 구애받지 않고 사용할 수 있는 것을 의미하는데, 예를 들어 현재의 컴퓨터 네트워크의 경우 컴퓨터를 이용해 인터넷을 이용하려면 컴퓨터와 네트워크 장치가 연결되어 있어야 하며 이를 위해서는 네트워크가 존재하는 장소에 컴퓨터를 설치하고 이를 연결해야만 가능하다. 유비쿼터스 환경이 구축된 상태에서는 이러한 네트워크나 컴퓨터 설치 장소 등에 관해 사용자가 별다른 신경을 쓸 필요 없이 아무 곳에서나 자신의 컴퓨터를 켜기만 하면 곧바로 네트워크가 작동되며 컴퓨터 또한 현재의 컴퓨터와 같이 복잡한 설치가 필요 없이 마치 휴대폰과 같이 간편하게 사용할 수 있다.

유비쿼터스 환경이 조성되는 가장 기본적인 원리는 앞 절에서 살펴본 네트워크 간의 연결에서 찾아볼 수 있는데, 전화망과 은행 온라인망, 휴대폰망, 인터넷 등이 결합함으로써 기존에 존재했던 각종 응용을 뛰어넘는 여러 가지 응용이 개발될 수 있었다. 이러한 네트워크의 연결을 사소한 모든 사물에까지 확장하고자 하는 것이 유비쿼터스의 목표 중 하나이다. 이는 앞서 가전기기들 간의 접속 부분에서 소개했듯이 우리 집 냉장고에 있는 물건의 내용이나 유효기간 등을 파악할 수 있다면 쇼핑할 때 큰 도움이 될 수 있으며, 어떤 상품을 구입할 때 그 상품의 생산자에 대한 정보나 유통경로 등을 파악할 수 있다면 편리할 수 있다. 이러한 기능이 실현되려면 모든 물품에 그 물품에 대한 정보를 담은 부품이 부착되어 있어야 하고, 어떤 환경에서든지(냉장고 내부에서나 쇼핑센터에서나) 이 정보를 판독할 수 있어야 하며, 이 정보가 네트워크를 통해 전달될 수 있어야 한다.

이와 같은 유비쿼터스 환경을 구축하기 위해서는 어떠한 요건들이 필요한지 간단히 살펴본다.

① 모든 사물들의 결합

ⅰ) 사물결합의 효과

앞서 예를 든 냉장고 내에서의 물건상태 파악 등에 필요한 요건은 각 물건과 냉장고와의 유기적인 관계가 있어야 한다. 그림 3-1-16(a)는 현재 사용되고 있는 IC 칩 카드의 예로서, 카드 내에 아주 작은 통신 칩이 내장되어 있으며, 이 칩에는 카드 번호, 유효기간 등 각종 정보가 담겨 있고, 외부와의 교신에 의해 버스나 지하철의 자동 결제 등에 사용된다.

(a) 정보교신용 칩의 예 (b) 냉장고 내의 사물결합 예

[그림 3-1-16] 모든 사물결합의 방법 예

만약 그림 3-1-16(b)와 같이 각 물건들에 이러한 작은 칩이 모두 부착되어 있고, 이 칩에 물건의 종류 및 생산날짜 등의 정보가 담겨 있다면, 이를 냉장고에서 검출해 냉장고 내의 물품목록을 작성할 수 있고 냉장고 겉면의 액정 디스플레이에 표시되며, 이는 인터넷이나 휴대폰망과 연결되어 원격에서 검색할 수 있다.

이러한 상품들은 생산 시 부착되기 때문에 생산날짜나 생산지 등의 정보를 내장시킬 수 있고, 이 때문에 상품이 유통되는 과정 중에는 어떤 트럭에 어떤 물건들이 얼마만큼 실려 있으며, 이들이 어디로 수송되고 있는지 등을 굳이 물건들을 확인하지 않고서도 원격으로 모두 확인할 수 있다.

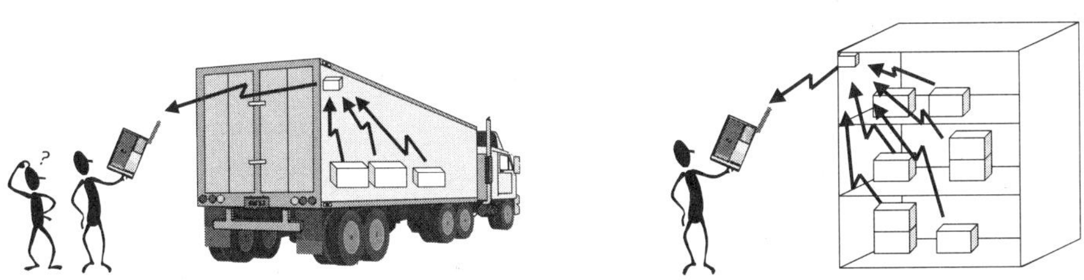

(a) 상품수송 시 (b) 상품진열 시

[그림 3-1-17] 유통과정 중의 활용

또한, 이러한 상품을 쇼핑센터에 진열해놓은 경우 어떤 상품이 얼마만큼 남아 있는지 등을 자동으로 검출해 이를 네트워크를 통해 알려줄 수 있으므로, 상품의 재고파악이나 소비자가 상품구매 시 해당 상품의 유무 등을 원격으로 미리 파악할 수 있고, 소비자가 상품구매 시 쇼핑 카트에 물건을 넣자마자 상품에 대한 상세정보 등이 카트에 부착된 액정 표시기에 표시되고 카트 내에 있는 상품들의 전체 가격 등이 나타날 수 있으며, 카트를 밀고 계산대를 그대로 통과하면 전체 금액이 자동으로 계산되어 현재와 같이 상품을 하나씩 계산하는 번거로운 과정이 크게 개선될 수 있다.

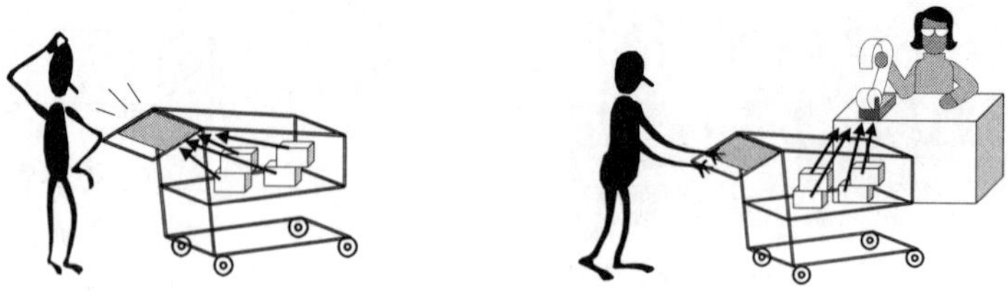

(a) 상품구매 시　　(b) 계산 시

[그림 3-1-18] 상품구매과정에서의 활용

ii) 사물결합을 위한 요건

모든 사물들의 결합에 의한 유비쿼터스 환경 조성을 위해 필요로 하는 가장 기본적인 요소는 사물에 부착될 정보 보관 및 통신용 칩이다. 또한 이러한 칩과 교신할 통신기기가 필요하며, 각 사물들의 상태를 감지하기 위한 센서들이 필요하다.

앞서 예를 들었던 냉장고 내의 물건을 검출해 그 내역을 전송하는 경우, 우선 물품과 냉장고와의 교신이 필요하고, 여기에 더불어 물품의 상태를 알기 위해 각 물품에는 센서도 부착될 수 있다. 그리고 이와 같이 수집된 데이터를 분석해 이를 냉장고의 디스플레이에 표시하고 통신선로를 거쳐 외부와 정보교환을 해야 한다.

이에 따라 물건과 냉장고 사이에서는 무선통신기술이 필요하고, 물건 자체에서는 센서 기술과 정보보관 능력이 필요하며, 냉장고는 무선통신과 데이터 수집 능력 및 유선통신기술 등이 필요하다.

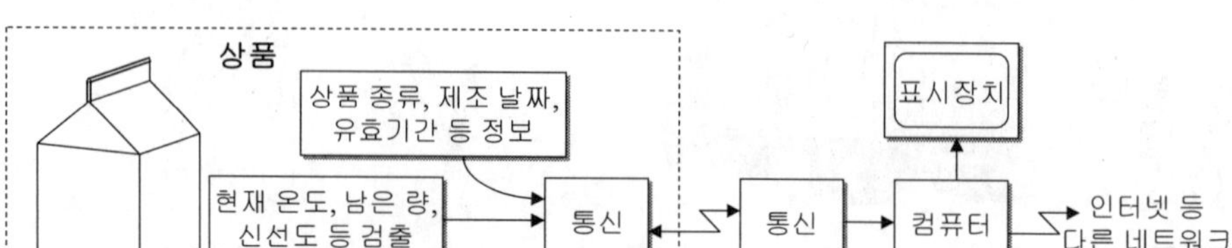

[그림 3-1-19] 냉장고 내의 물건검출의 예

이 이외에도 각종 요건들이 결합되어야 유비쿼터스를 구성할 수 있는데, 이에 관해서는 다음 절에 더 상세히 설명한다.

② 센서 네트워크

앞서 예를 들었던 냉장고의 경우 내부의 한정된 공간에 사물이 존재하므로 이는 무선통신을 이용해 용이하게 사물을 검출할 수 있다. 그러나 실제 사물들은 가정 내에서나 사무실 내에서와 같이 비교적 넓은 공간에 배치되어 있으며, 이러한 경우 어떤 사물은 그림 3-1-20(a)의 'S5', 'S6'과 같이 정보를 수집할 기기와 너무 떨어져 있어 교신이 되지 않는 경우가 발생한다.

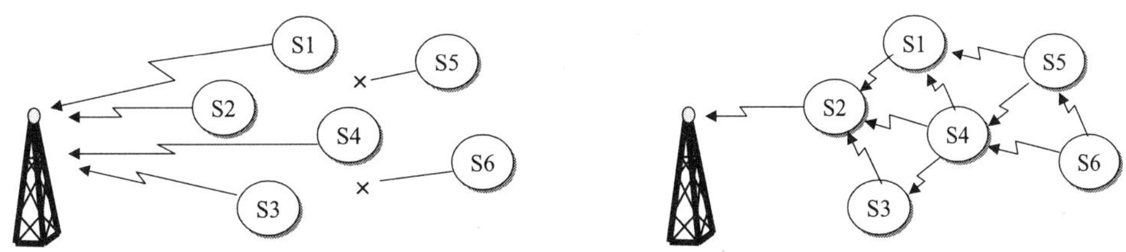

(a) 중앙집중식 정보수집　　(b) 센서 네트워크에 의한 정보수집

[그림 3-1-20] 정보수집기기와 원거리인 사물

이때 만약 그림 3-1-20(b)와 같이 각 사물들끼리 각각 교신이 가능하고 다른 사물의 정보를 전달할 수 있는 능력이 부여된다면 비록 정보수집기기와 사물이 멀리 떨어져 있더라도 정보수집이 가능해지며, 또한 각 사물들 간 정보교환이 이루어질 수 있으므로 자신이 필요한 다른 사물에 관한 정보도 입수가 가능해진다. 이와 같이 구성된 사물들 간의 네트워크를 '센서 네트워크'라 하는데, 각 사물들은 자신의 정보를 제공하는 능력이 있어야 함은 물론 다른 사물로부터 전송되어온 정보를 다시 다른 사물에게 전송할 수 있는 능력이 필요하며, 어떤 경로를 통해 정보를 제공할 것인가까지 제어할 수 있는 능력이 필요하다.

이와 같은 센서 네트워크가 구성될 수 있다면, 센서 설치 작업이 획기적으로 간소화될 수 있는데, 예를 들어 그림 3-1-21과 같이 주차장 관리 시스템을 구성할 경우, 그림 3-1-21(a)의 유선 방식에 의한 센서 네트워크는 모든 센서들에 배선을 해야 하는 번거로움과 비용 문제가 따른다. 설령 무선 방식으로 한다 하더라도 무선 기지국을 설치하는 장소에 따라 그림 3-1-21(b)와 같이 통신 범위에서 벗어나는 센서가 있기 마련이므로 이를 모두 수용하려면 기지국을 많이 설치해야 하며, 또한 각 기지국들은 서로 배선이 되어 있어야 하므로 그 복잡성은 역시 남아 있다.

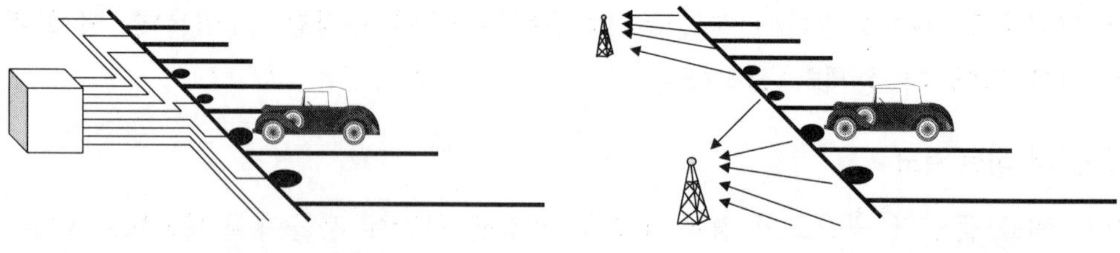

(a) 유선 방식에 의한 연결 (b) 무선 방식에 의한 연결

[그림 3-1-21] 기존의 주차관리 시스템 설치 예

이에 비해 센서 네트워크를 이용하면 그림 3-1-22와 같이 각 센서들은 각각 자신의 위치에만 설치되고 기지국은 아무 곳에나 편리한 위치에 한 곳만 설치하면 각 센서들은 센서들끼리 통신과 데이터 교환을 함에 따라 모든 주차장의 구석구석이 빠짐없이 통신 가능하면서도 그 설치는 매우 간단해진다.

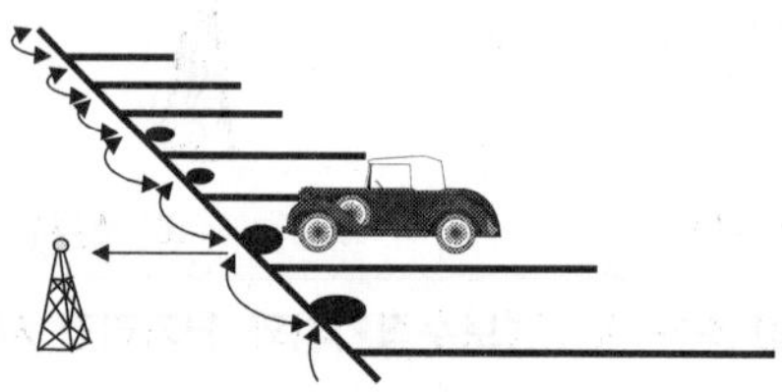

[그림 3-1-22] 센서 네트워크의 주차관리 시스템 응용 예

③ 유비쿼터스 요소기술

앞서 간단히 살펴본 유비쿼터스의 예로부터 유비쿼터스를 구성하기 위해 필요로 하는 각종 요소기술을 살펴볼 수 있는데, 이는 다음과 같이 크게 분류된다.

i) 태그(tag) 기술

유비쿼터스의 가장 기본적인 단위 중 하나라 할 수 있는 것으로서, 모든 사물에 부착되어 각 사물의 고유번호나 기타 정보들을 보유하는 기술이다. 이는 현재 사용 중인 IC 카드의 발전형이라 생각할 수 있는데, 각 카드에는 사용자에 관한 정보가 담겨 있고 이를 특정 기기(지하철 개찰구, 버스요금 계산대 등)에 근접시키면 이와 교신해 각종 정보를 주고받을 수 있다.

ii) 센서 기술

각종 사물의 상태를 검출할 수 있는 기술로서, 예를 들어 상품의 현재 온도나 습도, 변질상태를 검출할 수 있는 기술이다. 이러한 센서 기술에 의해 수집되는 각종 데이터들이 상황을 분석하는 기초 정보로 사용된다.

iii) 통신기술(네트워크 기술)

네트워크 기술은 무선통신을 포함해 유선통신과 통신을 제어하기 위한 각종 라우팅 기술 등 광범위한 기술을 포함한다.

iv) 미들웨어 기술

유비쿼터스를 구성하는 각종 기기들을 제어하는 프로그램 모듈을 위한 기술로서, 일반적으로 기기 내부에 고정되는 형태로 구성되므로 '소프트웨어'가 아닌 '미들웨어'라 한다.

v) 인터페이스 기술

인터페이스란 종류가 다른 사물끼리 접속시키는 것을 의미하는데, 대표적으로 사용자인 사람과 기계 간의 정보전달을 위한 접속을 들 수 있다. 예를 들어 사람이 기계에 정보를 입력하기 위해 버튼이나 볼륨 등을 이용할 수 있고 또는 마우스나 키보드를 이용할 수도 있으며, 터치스크린이나 카드 리더기 등을 이용할 수도 있다. 이와 반대로 기계가 사람에게 정보를 전달할 경우에는 모니터나 스크린, 또는 종이로 인쇄를 해 사람의 눈을 통해 전달할 수도 있고, 소리를 이용해 사람의 귀를 통해 전달할 수도 있으며, 진동 등의 방법으로 촉각을 이용해 전달할 수도 있다.

vi) 텔레메트릭스 기술

텔레메트릭스(telemetrics)란 텔레메트리(telemetry)와 전자기술(electronics)의 합성어로서, 먼 곳에서 기계장치를 조작하거나 관리하는 기술이나 학문을 의미한다.

현대의 중요한 교통수단인 자동차에 관련한 기술, 예를 들어 이동 중에 인터넷 등 각종 통신 서비스 등을 이용할 수 있거나, 자동차의 위치 등을 알려주는 내비게이션 시스템, 자동차의 상태 점검 등에 필요한 각종 기술 등을 의미한다. 그리고 이 기술은 자동차 분야에만 한정되는 것이 아니라 더 확장하여 기차, 비행기, 항만 등 이동성 있는 곳에 모두 적용될 수 있는 것으로서, 군사적으로나 민간용으로도 매우 중요한 기술로 인식되고 있다.

④ 유비쿼터스 구현의 다른 예

앞서 유비쿼터스를 설명하면서 든 쇼핑 시스템이나 물류관리 시스템 이외에도 그 활용 예는 여러 가지가 있으며, 그중 몇 가지 예를 살펴본다.

i) 의류구매 시스템

유비쿼터스가 적용된 의류구매 시스템의 경우, 손님이 매장에서 어떤 옷을 골라 거울 앞에 서면 그 옷에 관련된 정보, 예를 들어 가격, 사이즈, 그 옷과 어울리는 다른

[그림 3-1-23] 의류구매 시스템의 구성 예

옷 등에 관한 소개가 거울 표면에 나타난다. 손님이 옷을 선택한 후 계산대에 서면 가격이 자동으로 계산되어 계산서가 출력된다.

ii) 식품관리 시스템

시장에서 식료품을 구입한 경우 봉투째 컴퓨터에 가까이 대면 제품 목록들과 해당 제품의 생산지, 생산날짜 등 여러 가지 정보를 쉽게 판독할 수 있다. 또한 이들 식품들을 냉장고에 보관한 경우, 냉장고 내에 어떤 재료가 있으며, 유통기한이 가까워져 먼저 조리해야 할 재료들을 미리 알려주기 때문에 식품재료가 냉장고에 있었는지를 잊어버려 부패해버리는 경우를 크게 줄일 수 있다.

[그림 3-1-24] 식품관리 시스템의 예

(6) OSI 7계층

현재의 컴퓨터 통신은 OSI 7계층이라는 표준 규격에 준해 설계하도록 되어 있다. 이 규격은 통신에 필요한 각종 기술들, 예를 들어 하드웨어 기술, 통신 프로토콜 기술, 네트워크 기술, 소프트웨어 기술 등 각종 기술들을 계층화시켜 새로운 기술을 개발할 때 그 기술이 다른 계층과 맞물릴 수 있도록 해 기존의 기술들과 연계성을 가지도록 한 것이다. OSI 7계층은 통신기술의 뼈대를 이루는 기본 골격으로서 중요한 사항이지만, 이를 처음 접하는 독자는 그 개념과 목적을 이해하기 어렵기 때문에 이에 대한 상세한 이해보다는 이와 같은 계층 분리의 목적을 이해하는 데 중점을 두고자 한다. OSI 7계층 정의의 목적을 이해하기 위해 컴퓨터 통신과는 다르지만 우리가 보편적으로 사용하고 있는 전화를 예로서 설명한다.

우리가 사용하는 전화는 물리적(실제의 기계)으로는 그림 3-1-25(a)와 같이 전선을 사용하거나 광케이블 또는 전파 등 여러 경로를 통해 연결되어 있다. 전화국 기술자는 이러한 부분이 자신의 담당 영역이며 관심사일 것이다.

전화 사용자는 그림 3-1-25(b)와 같이 전화끼리 어떻게 연결되어 있든 상관없이 전화를 거는 방법이 주요 관심사이다. 즉, 전화기가 단추식인가 다이얼식인가 또는 무선전화인가에 따라 거는 방법을 달리해야 하며, 전화기 발신음, 통화 중 신호음, 통화음 등과 전화를 받는 측에서는 전화벨이 울리는 의미 등을 아는 등 기본적인 전화기 사용법을 알아야 하며, 전화기가 달라지면 이러한 사용법은 달라진다.

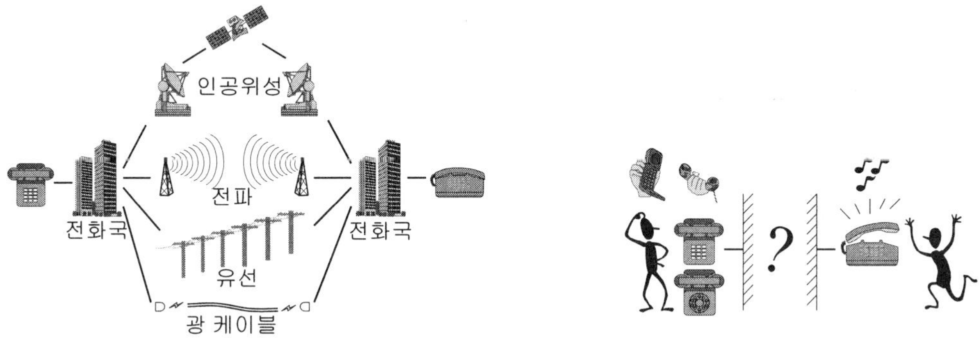

(a) 전화국 기술자의 관심사 (b) 사용자의 관심사

[그림 3-1-25] 전화망의 예

다음의 관심사는 전화를 거는 양식에 관한 것인데, 전화기 기종에 관계없이 전화가 연결되면 우선 “여보세요”라는 말을 하고 상대방을 확인하며, 인사말, 용건, 맺음말 등의 순서를 거쳐 통화를 한다. 이러한 전화를 거는 양식은 전화기 기종과는 상관이 없는 사항이다.

그 다음은 이러한 전화를 이용해 어떤 용도에 사용하는가가 관심사인데, 예를 들어 전화를 이용해 상품을 주문하고 배달하는 데 사용하는 경우도 있고, 단순히 안부전화를 위한 통화일 수도 있으며, 기업 간 상거래용으로 또는 정치외교용으로, 그리고 군사용으로도 사용할 수 있다.

이상에서 예로 든 전화통화의 체계를 정리하면 표 3-1-1과 같이 나타낼 수 있다.

〈표 3-1-1〉 전화기의 계층 예

전화응용 계층	전화를 이용한 최종적인 응용 분야 예) 상품주문용? 정치외교용? 군사용?
전화통화 양식	전화를 서로 통화하기 위한 예절과 기본적인 절차
전화기 사용 계층	전화기의 종류에 따른 사용법의 차이 예) 다이얼식? 단추식? 무선전화기? 등
물리적 계층	전화망의 접속 형태 예) 전파? 유선? 광케이블?

이상의 전화기에 대한 계층은 이해를 쉽게 하기 위해 비유로 설명한 것이지만, 컴퓨터 통신에서는 이와 같은 계층이 표 3-1-2에 나타낸 바와 같이 명확하게 정의되어 있으며, 이를 OSI(Open System Interconnection) 7계층이라 한다.

〈표 3-1-2〉 OSI 7계층의 요약

계 층	정 의
7. 응용 계층 (application layer)	사용자에게 네트워크 서비스를 제공한다. 예) 파일 전송 서비스(FTP), 네트워크 관리, 네트워크 전문 서비스 등
6. 표현 계층 (presentation layer)	표준화된 응용 접속과 공통으로 이해할 수 있는 정보를 제공하기 위해 데이터에 유용한 변환을 가한다. 예) 암호화, 내용압축, 형식변환, 가상 터미널 프로토콜(VTP) 등
5. 세션 계층 (session layer)	프로세스 간의 대화연결을 확립, 관리, 단절시키는 수단을 제공한다. 예) 체크 포인트와 재시작 서비스, 차단 서비스 등
4. 트랜스포트 계층 (transport layer)	통신의 양단간에 신뢰성 있고 투명한 데이터 전송을 제공한다. 예) 양단간 오류 제어, 통신량 제어, 다중화 등
3. 네트워크 계층 (network layer)	네트워크를 통해 데이터 패킷을 전송, 통신 경로의 제어, 통신량 제어 등
2. 데이터 링크 계층 (datalink layer)	신뢰성 없는 전송 채널을 신뢰성 있는 채널로 변환한다. 오류 체크 가능한 데이터 블록 전송, 오류검출 및 재전송 요구 등 예) SDLC, HDLC, BSC 등
1. 물리 계층 (physical layer)	전송매체인 회선 상에 비트열을 전송한다. 회선연결 확립/유지/단절을 위한 기계/전기/기능/절차적 특성 등을 정의 예) 광케이블, 동축케이블, 트위스트-페어, 무선통신

이러한 계층에 관한 세부적이고 기술적인 내용을 완전히 이해하기 위해서는 상당한 학습이 요구되므로 우선 필요로 하는 계층만을 간단히 소개한다.

① 물리 계층

물리 계층(physical layer)은 앞서 전화기 비유의 설명 중 전화끼리 어떠한 매체로 연결되어 있는 지와 유사한 개념으로서, 컴퓨터 통신의 상황에 따라 어떤 전선을 사용할 것인가, 무선을 사용할 것인가 등 통신망이 접속되는 전선의 종류나 커넥터의 모양 등을 결정하는 계층이다. 물리 계층에 관한 것은 2절 전송매체에서 상세히 다룬다.

② 데이터 링크 계층

앞서 물리 계층에 의해 어떤 방법으로든 컴퓨터와 컴퓨터가 이미 접속되어 있는 상태에서, 이를 이용해 데이터를 전송하기 위한 제어절차를 다루는 단계가 데이터 링크 계층(datalink layer)이다. 즉, 전화기의 비유에서, 전화기끼리 어떻게 연결되어 있는지 알 수는 없어도 어떻게든 연결되어 있고, 이 전화를 사용하는 사용자는 이제 전화기의 사용법을 익히고 어떤 방법으로 전화를 하며 어떻게 받는지 등이 관심사인 것과 마찬가지이다. 데이터 링크 계층에 해당하는 예는 이후에 소개할 2진 데이터 동기통신(BSC : Binary Synchronous Communication)이나 SDLC(Synchronous Data Link Control), HDLC (High-level Data Link Control) 등과 오류검출 등이 이에 속한다.

③ 네트워크 계층

네트워크 계층(network layer)의 정확한 이해를 위해, 그림 3-1-26(a)와 같은 전화기 비유를 들 수 있다.

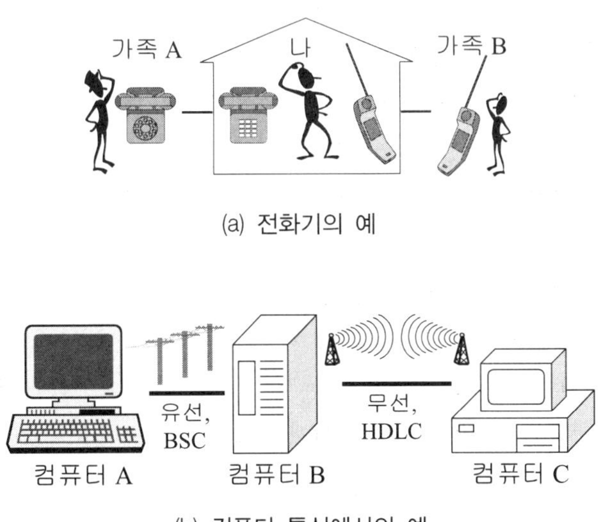

[그림 3-1-26] 네트워크 계층 필요성의 예

가족 A는 일반 전화로 나와 연결되고, 다른 가족 B는 무전기로 나와 연결될 수 있다고 할 때, 만약 A가 B와 연락을 취하고 싶다면 어찌해야 하겠는가? 이러한 경우 내가 중간에서 중계역할을 해 A의 메시지를 C에 전달해주고 C의 메시지를 A에게 전달해준다면 가능해질 것이다. 이와 같은 중계역할을 기계가 담당할 수 있는데, 전화국에서는 유선전화기와 휴대폰 간을 중계해주는 역할을 함으로 인해 유선전화를 이용해 휴대폰과 직접 교신이 가능하다. 유선전화를 사용하고 있는 나는 분명히 직접 휴대폰과 교신하는 것이 아니라 전화국과 교신하는 것이며, 휴대폰 사용자도 내 전화와 직접적으로 연결된 것이 아니라 휴대폰 기지국을 포함한 전화국과 교신한 것이지만, 최종적인 결과는 나의 유선전화기와 휴대폰이 직접 연결된 것과 같은 효과가 나타난다.

이러한 비유는 실제 컴퓨터 통신에서는 다음과 같은 사항에 해당된다. 앞서 설명한 물리 계층과 데이터 링크 계층을 이용해 컴퓨터들을 그림 3-1-26(b)와 같이 접속할 수 있는데, 컴퓨터 A와 B는 전선을 통해 접속되어 있고, 이들 사이에서는 BSC라는 통신방법을 사용하고 있다고 가정하자. 또한 컴퓨터 B는 다른 컴퓨터 C와 무선을 통해 접속되어 있고 이들 사이에서는 HDLC라는 통신방법을 사용한다고 가정하자. 이 경우 컴퓨터 A와 B 사이, 컴퓨터 B와 C 사이에서는 교신이 서로 가능하지만 컴퓨터 A와 C 사이에서는 매체도 서로 다르고 통신방법도 다르기 때문에 직접 교신이 가능하지 않다. 또한 컴퓨터 A가 전송하는 데이터는 무조건 컴퓨터 B로만 도착하도록 되어 있으므로 컴퓨터 A와 C가 통신이 되려면 컴퓨터 B가 중계역할을 해야 하는데, 이에 관한 표준이 네트워크 계층이다.

네트워크 계층에서 필요로 하는 사항 중 중요한 것은 전송하는 데이터가 어느 컴퓨터에 도착할 것인가를 알릴 수 있어야 하는 기능인데, 그림 3-1-26(b)의 예에서 컴퓨터 A가 전송한 데이터가 컴퓨터 B로 전송하는 것인지 아니면 컴퓨터 C로 전송하는지의 구분이 필요하다. 만약 이러한 것을 구분할 수 있다면 이보다 더 많은 대량의 컴퓨터가 접속되어 있어도 원하는 컴퓨터로 정확히 데이터를 전송할 수 있을 것이다.

네트워크 계층의 통신방법 예로서는 X.25라는 규격과 IP(Internet Protocol) 규격 등이 있는데, IP 규격에서 각 컴퓨터를 구분하기 위한 주소가 현재 인터넷에서 사용하는 IP 주소이다. 이들 규격들은 그림 3-1-27에 나타낸 예와 같이 여러 대의 컴퓨터에 데이터를 전송할 때 데이터를 일정 조각으로 분할해 전송하면 각 컴퓨터는 시간이 걸리지만 동시에 파일을 전송받을 수 있는데, 이때 이러한 데이터 조각을 '패킷(packet)'이라 한다.

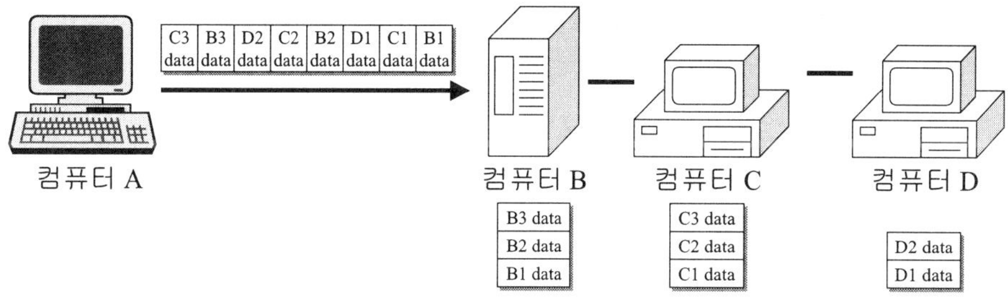

[그림 3-1-27] 패킷 전송에 의한 동시 데이터 전송

④ 트랜스포트 계층

앞서 네트워크 계층까지의 개념을 활용하면 그림 3-1-26(b)의 컴퓨터 A와 컴퓨터 C의 경우 물리적으로 직접 연결되어 있지 않음에도 불구하고 서로 통신이 가능하였다. 지금까지 설명한 계층들을 요약하면 그림 3-1-28과 같이 표현할 수 있다.

즉, 앞서 예를 들었던 바와 같이 컴퓨터 A와 B는 유선으로 접속되어 있고 이를 이용해 BSC로 데이터를 전송한다. 컴퓨터 B와 C는 무선으로 접속되어 있고 이를 이용해 HDLC로 데이터를 전송하고 있다. 그런데, 컴퓨터 B의 중계기능을 이용하면 컴퓨터 A와 컴퓨터 C는 서로 간접적으로 연결되어 통신이 가능하게 된다. 따라서 최종적으로는 그림 3-1-29와 같이 컴퓨터 A와 컴퓨터 C는 어떤 경로를 통해서든 서로 접속되고

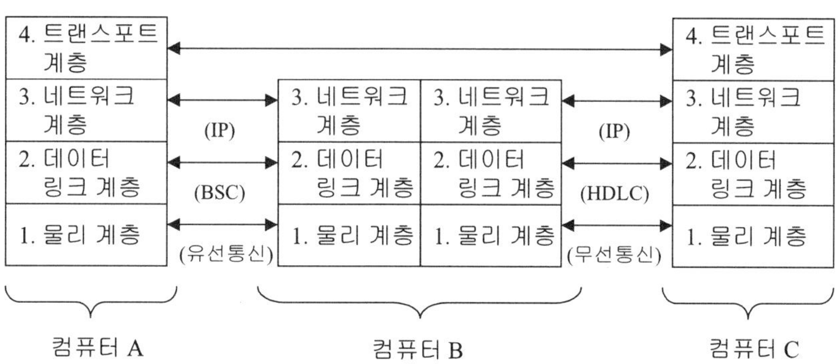

[그림 3-1-28] 떨어져 있는 컴퓨터와의 데이터 흐름

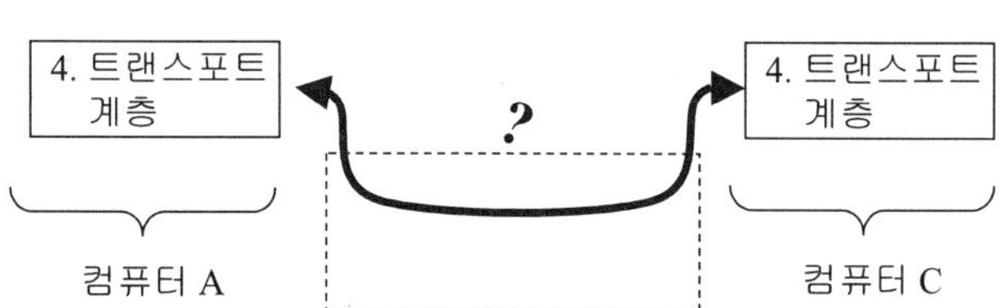

[그림 3-1-29] 트랜스포트 계층에서 본 네트워크

교신이 가능하기 때문에 마치 이들이 직접 접속된 것과 같이 간주할 수 있는데, 이러한 상태를 가정하고 통신을 하는 것이 트랜스포트 계층(transport layer)이다.

트랜스포트 계층에서 하는 일은, 이와 같이 어떤 경로를 거쳐 멀리 있는 컴퓨터와 접속된 상태에서 이들 간의 데이터 전송 오류나 통신 제어 등을 행하며, 이러한 프로토콜의 예로는 인터넷에서 사용하는 TCP(Transmission Control Protocol)가 있다. 참고로, 현재 사용하는 인터넷에서는 TCP와 IP를 함께 사용하므로 이를 'TCP/IP'라 한다.

⑤ 응용 계층

세션 계층과 표현 계층에 관한 내용은 전문적이고 복잡하기 때문에 이 분야를 전문적으로 취급하지 않는 한 내용을 이해하기 어렵다. 따라서 이 부분은 생략하고 최종의 응용 계층(application layer)에 관해 설명한다. 응용 계층은 지금까지 다루었던 각종 계층에 의해 최종적으로 통신을 응용한 서비스를 행하는 단계로서, 전화의 비유에서 전화가 어떻게든 접속되어 있고, 우리는 이 전화를 이용해 물건주문용으로 사용한다든지 안부전화용으로, 정치용으로, 또는 군사목적용으로 사용할 수 있는 단계에 해당된다.

이러한 예로서는 현재 사용하는 인터넷을 들 수 있는데, 우리는 컴퓨터 간에 어떻게 접속되어 있는지, 내부적으로 어떤 프로토콜을 사용하고 있는지는 큰 관심이 없으며 단지 어느 홈페이지에 접속해 그 내용을 보고 사용하기만 한다. 즉, 인터넷 사용자의 최종 관심사는 어떤 인터넷 사이트에 접속하고 그 사이트는 어떤 용도로 쓰이며 등등이다. 이 계층에 해당되는 다른 예로는 파일을 전송하기 위한 FTP(File Transfer Protocol)나 컴퓨터 제어를 위한 Telnet, 인터넷을 이용한 E-mail 전송 등이 있다.

2) 오류검출

송신 측에서 수신 측으로 데이터를 전송하는 과정 중에 잡음이 유입되거나 신호의 감쇄에 의해 데이터가 변화되어 오류가 발생할 수 있는데, 전송 라인을 고급화하면 이러한 오류는 최대한 억제되지만 그만큼 비용이 증가하며 여전히 오류발생의 여지는 남아 있다. 따라서 오류의 억제도 중요하지만 오류가 발생했는지 아닌지를 수신 측에서 판단해 조치를 취하는 것이 더욱 중요하다. 오류가 발생한 경우 조치를 취하는 방법으로는 송신 측에 데이터를 다시 보내도록 재전송 요구를 하는 것과, 이러한 것이 여의치 않을 경우 자체에서 오류를 정정하는 방법이 있다. 다음은 오류를 검출하는 데 사용되는 몇 종류를 살펴본다.

(1) 패리티 비트

패리티 비트(parity bit)는 데이터 오류를 검출하는 가장 단순한 방법으로서, 오류검출 능력은 그다지 좋지 않다.

① 패리티 비트의 원리

패리티 비트는 전송하는 데이터 비트 중의 '1' 또는 '0'의 개수를 짝수나 홀수로 맞춰 전송하고 수신 측에서 이를 확인한다. 예를 들어, '1'의 개수를 짝수로 약속한 경우 그림 3-1-30과 같이 패리티 비트를 부여한다.

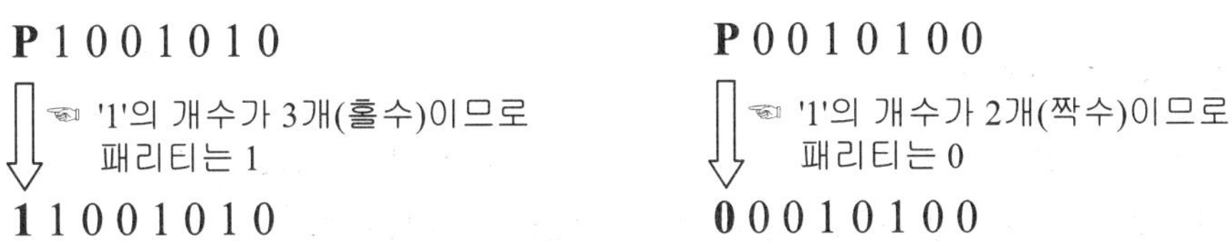

(a) '1'의 개수가 홀수인 예　　(b) '1'의 개수가 짝수인 예

[그림 3-1-30] 패리티 비트의 추가 예

그림 3-1-30(a)는 본래의 데이터 중 '1'의 개수가 홀수이므로 패리티 비트를 '1'로 채워 전체적인 '1'의 개수를 짝수로 조정해 전송한다. 그림 3-1-30(b)는 데이터 중의 '1'의 개수가 짝수이므로 패리티 비트를 '0'으로 채워 전체적인 '1'의 개수를 짝수로 조정해 전송한다. 이와 같이 패리티 비트가 부가된 데이터를 받은 수신부에서는 '1'의 개수가 짝수임을 확인해 오류를 검사하며, 오류가 없음이 확인되면 패리티 비트 부분을 제거해 원래 데이터로 복원한다.

② 패리티 발생회로

패리티 비트를 발생하는 회로는 그림 3-1-31과 같이 XOR(Exclusive-OR) 회로의 성질을 이용하면 간단히 구성할 수 있는데, 예를 들어 2개 비트에 대한 패리티는 그림 3-1-31(a)와 같이 입력되는 2개 비트와 패리티 비트를 합쳐 전체 3개 비트는 항상 '1'의 개수가 짝수로 유지된다. 만약 홀수로 유지하려면 XOR의 최종 출력에 NOT을 추가한다.

동일한 방법으로 3개 비트, 4개 비트, 그 이상의 경우에도 그림 3-1-31(b), (c)와 같이 XOR을 이용해 확장할 수 있다.

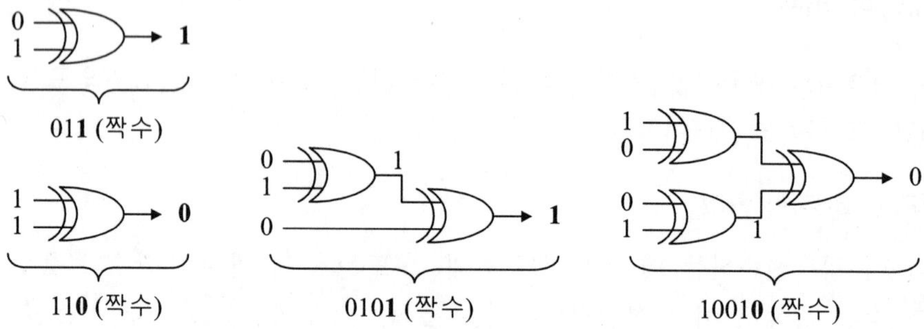

(a) 2개 비트 (b) 3개 비트 (c) 4개 비트

[그림 3-1-31] 패리티 발생회로 예

③ 패리티 비트의 약점

패리티 비트는 짝수 개의 비트에 동시에 오류가 발생하면 이를 검출할 수 없는 약점이 있는데, 예를 들어 그림 3-1-32(a)와 같이 본래의 데이터 중 2개 비트에 오류가 발생하면 전체 '1'의 개수는 여전히 짝수이므로 오류로 검출되지 않는다.

(a) 2개 비트 오류

0 1 0 0 0 0 1 0 원 데이터 ('1'이 짝수)

↓ ↓

0 1 **1** 0 0 0 0 **0** 0 변형된 데이터 ('1'이 짝수)

(b) 4개 비트 오류

0 1 0 0 1 0 1 0 원 데이터 ('1'이 홀수)

↓ ↓ ↓ ↓

1 0 1 0 1 0 **0** 0 변형된 데이터 ('1'이 홀수)

[그림 3-1-32] 오류검출을 하지 못하는 예

마찬가지로, 그림 3-1-32(b)와 같이 4개 비트가 동시에 오류가 발생해도 검출되지 않는다. 따라서 패리티 비트에 의해 오류를 검출하지 못할 확률이 적지 않다.

④ 블록 패리티

패리티 비트는 앞서 설명한 바와 같이 오류를 검출하지 못하는 경우가 많기 때문에 이를 보완하기 위해 그림 3-1-33과 같은 블록 패리티(block parity) 방법을 사용하기도 한다.

그림 3-1-33(a)에서, 패리티 비트가 부여된 여러 데이터들이 한 블록을 형성하고, 이 블록 내에서 세로방향의 비트 열에서 다시 패리티를 부여한다. 이와 같이 세로 패리티로 구성된 새로운 바이트에 다시 패리티를 부여하면 가로방향, 세로방향 모두 패리티 관계가 성립한다.

가로 패리티	데이터 비트						
1	0	0	1	1	0	1	0
0	1	0	0	1	1	0	1
0	0	0	1	0	1	1	1
1	1	1	0	0	0	1	0
1	0	1	1	1	0	0	0
0	1	0	1	0	0	1	1
0	1	1	0	0	1	1	0
세로 패리티 ☞ 1	0	1	0	1	1	1	1

(a) 블록 패리티의 원리

가로 패리티	데이터 비트						
1	0	**1**	1	1	0	**0**	0
0	1	0	0	1	1	0	1
0	0	0	1	0	1	1	1
1	1	1	0	0	0	1	0
1	0	1	1	1	0	0	0
0	1	**1**	1	0	0	**0**	1
0	1	1	0	0	1	1	0
세로 패리티 ☞ 1	0	1	0	1	1	1	1

(b) 오류검출이 안 되는 경우

[그림 3-1-33] 블록 패리티

이 방법은 앞서 1차원 패리티에 비해 한층 오류검출 능력이 증가하는데, 예를 들어 어떤 한 데이터의 2개 비트가 동시에 변화한 경우 가로 패리티는 변화가 없을지라도 세로 패리티에서 오류가 검출된다. 그러나 이 방법 역시 그림 3-1-33(b)에 나타낸 바와 같이 정방형으로 짝수 개 비트에 오류가 발생한 경우에는 이를 검출할 수 없다.

(2) 체크 섬

체크 섬(check sum)은 패리티 비트보다 더 우수한 검출 능력을 가지고 있다.

① 체크 섬의 원리

체크 섬은 전송할 데이터를 모두 덧셈해 그 값을 구하는 것으로서, 그 예를 그림 3-1-34에 나타내었다. 단, 설명의 편의상 모든 데이터는 10진수 1자리로 되어 있다고 가정한다.

그림 3-1-34(a)에서, 10진수로 구성된 5개의 데이터를 전송한다면, 이를 전송할 때마다 덧셈을 행하는데, 자리올림이 발생하면 이는 무시하고 계속 누적연산을 한다. 덧셈이 모두 종료되면 그림 3-1-34(a)의 예에서는 최종적으로 2가 남으며, 이 데이터를 그

전송 데이터	누적 합
1	1
5	5+1 → 6
3	3+6 → 9
9	9+9 → 8
4	8+4 → 2

(a) 체크 섬 계산

1 , 5 , 3 , 9 , 4 , 2

(b) 전송하는 데이터

[그림 3-1-34] 체크 섬 구하는 10진수의 예

림 3-1-34(b)와 같이 마지막에 추가해 전송한다. 수신 측에서는 전송되는 데이터를 동일한 방법으로 덧셈을 행하며, 마지막에 전송된 체크 섬과 비교해 데이터 오류를 검출할 수 있다.

앞서 패리티의 경우 2진수 각 비트가 단지 '0'이냐 '1'이냐의 개수만이 중요하기 때문에 짝수 개 비트가 변화하면 홀수, 짝수의 여부는 여전히 동일한 반면, 체크 섬의 경우 각 비트들은 자신의 위치에 따라 자릿수가 달라 비트 내용이 변화하면 이는 숫자에 대한 자릿수 내용에 영향을 미치기 때문에 검출이 가능하다.

그림 3-1-35에 8비트 데이터의 16진수 체크 섬 계산 예를 나타내었다. 그림 3-1-35(a)와 같은 5개의 8비트 데이터를 전송할 때, 그림 3-1-35(b)와 같이 패리티에 의해서는 검출되지 않는 오류, 즉 2개 비트가 변화했을 때도 최종적인 체크 섬이 달라 오류가 검출될 수 있다.

전송 데이터		체크 섬
2진수	16진수	누적 합
0100 1001	49	49
1100 1011	CB	14
1011 0101	B5	C9
0101 1110	5E	27
0011 1001	39	60

(a) 송신 측 계산

수신 데이터		체크 섬
2진수	16진수	누적 합
0100 1001	49	49
1100 1011	CB	14
1110 0101	E5	F9
0101 1110	5E	57
0011 1001	39	90

(b) 오류발생 후 수신 측 계산

[그림 3-1-35] 8비트 데이터의 체크 섬 예

② 체크 섬의 약점

체크 섬은 앞서 설명한 바와 같이 패리티 비트에 비해 우수한 오류검출 능력을 가지고 있지만, 데이터들의 합이 동일하도록 계산되는 오류가 발생하면 이는 검출할 수 없다. 이러한 예를 그림 3-1-36에 나타내었다.

전송 데이터	
2진수	16진수
0100 1001	49
1100 1011	CB
1011 0101	B5
0101 1110	5E
0011 1001	39

(a) 송신 데이터

수신 데이터		오류 내용
2진수	16진수	
0100 1101	49 → 4D	4 증가
1100 1011	CB	
1011 0101	B5	
0101 1010	5E → 5A	4 감소
0011 1001	39	

(b) 2비트가 변화한 예

수신 데이터		오류 내용
2진수	16진수	
0100 1101	49 → 4D	4 증가
1100 1000	CB → C9	3 감소
1011 0100	B5 → B4	1 감소
0101 1111	5E → 5F	1 증가
0011 1000	39 → 38	1 감소

(c) 모든 비트가 변화한 예

[그림 3-1-36] 오류검출이 안 되는 예

그림 3-1-36(a)와 같은 데이터의 전송 중 그림 3-1-36(b)와 같이 2개 비트에서 오류가 발생하면, 각 비트들은 해당 바이트 내에서 각각 '4'의 가중치를 가지고 있으므로 체크 섬에 변화가 없어 오류가 검출되지 않는다. 마찬가지로, 그림 3-1-36(c)와 같이 모든 비트가 변화했음에도 불구하고 총합에는 변화가 없으므로 오류를 검출할 수 없다. 이러한 오류들은 패리티 비트에 비해 확률적으로 훨씬 드물지만 존재하는 것이 사실이다.

③ 가로-세로 체크 섬(블록체크 섬)

앞서 체크 섬의 오류 미검출 확률을 줄이기 위해 가로-세로 체크 섬이라는 방법을 사용할 수 있는데, 이는 그림 3-1-37에 나타낸 바와 같이 특정 바이트 개수마다 체크 섬 데이터를 구하고, 각 바이트 블록 내의 순서(그림에서의 세로방향)에 따라 다시 체크 섬을 구하는 방법이다.

	데이터				가로 체크 섬	
	16	EC	8F	71	**02**	
	D3	59	0A	BF	**F5**	
	06	8D	0E	D4	**75**	
세로	CB	21	69	50	**A5**	전체
체크 섬 ☞	**BA**	**F3**	**10**	**54**	**11**	☜ 체크 섬

[그림 3-1-37] 가로-세로 체크 섬

이와 같은 가로-세로 체크 섬은 앞서 단순한 1차원 체크 섬에 비해 오류를 더욱 잘 검출할 수 있지만, 그림 3-1-38과 같이 특수하게 값이 변화한 경우에는 오류를 검출할 수 없으며, 이러한 경우는 여러 가지 조합으로 얼마든지 발생할 가능성이 있다.

데이터 변화				체크 섬 변화
0	0	0	0	0
+1	0	−1	0	0
0	0	0	0	0
−1	0	+1	0	0
0	0	0	0	0

[그림 3-1-38] 오류를 검출할 수 없는 데이터 변화의 예

(3) CRC

앞서 살펴본 패리티나 체크 섬에 의한 방법들은 오류를 검출하지 못하는 경우가 자주 발생하기 때문에, 이들보다 더 정확한 오류검출을 위해 고안된 것이 CRC(Cyclic Redundancy Check)이다. 체크 섬이 패리티에 비해 오류를 잘 검출할 수 있는 이유는 각 비트들이 가지고 있는 고유한 자릿수 변화를 검출하기 때문인데, 데이터들 사이의 같은 자릿수 숫자가 각각 증감하면 검출하지 못한다. 만약, 데이터가 훨씬 큰 자릿수를 가지고 있다면 동일 자릿수가 생성되는 확률이 그만큼 줄어들고, 따라서 오류검출이 되지 않는 확률은 더 줄어든다.

이 책에서는 CRC의 구체적인 계산법 등 복잡한 부분은 생략하고 가장 본질적인 문제, 즉 오류검출을 행하는 기본적인 원리 이해에 중점을 두어 설명한다.

① 나머지 연산에 의한 오류검출 원리

CRC의 오류검출 원리를 이해하기 위해, 10진수로 구성된 다른 예를 먼저 설명한다. 어떤 숫자를 전송할 때 이 숫자를 약속된 특정 소수로 나누어 그 나머지가 일치하는지 살펴보면 오류검출을 더 정확히 할 수 있는데, 예를 들어, '5'와 '3'이라는 숫자를 전송한다면 이들 숫자를 일렬로 이어 '53'을 만든 후, 이를 특정 소수, 예를 들어 7로 나눈다면 나머지는 4를 얻는다. 송신할 때 '5', '3', '4'로 데이터를 전송하면 수신 측에서는 동일한 방법으로 '53'을 약속된 소수 7로 나누어 나머지 4가 나타나면 오류가 없는 것으로 확인할 수 있다. 이때 데이터 '5'와 '3'에 오류가 발생해도 검출되지 못하는 경우는 변화된 데이터가 7로 나누었을 때 나머지가 여전히 4가 되는 숫자여야 하며, 이는 다음과 같은 경우이다.

53 → 04, 11, 18, 25, 32, 39, 46, 53, 60, 67, 74, 81, 88, 95

[그림 3-1-39] 오류 미검출 숫자들

이들 숫자의 특징을 살펴보면, 첫 숫자 이후에는 모두 7의 배수로 반복되어(cyclic) 나타나 2자리 숫자 100개(00~99) 중 14개 숫자가 발생하며, 이들 중 올바른 데이터 53을 제외하면 99개 숫자 중 13개 숫자가 오류를 검출할 수 없는 숫자이다. 만약 다른 소수를 사용한다면 그림 3-1-40과 같은 경우들이 있을 수 있다.

그림의 결과를 살펴보면 소수가 커짐에 따라 숫자 반복 간격이 넓어져 오류가 검출되지 않는 숫자의 개수가 급격히 줄어드는 것을 알 수 있다.

소수	나머지	오류로 검출되지 않는 숫자들
7	4	04, 11, 18, 25, 32, 39, 46, 53, 60, 67, 74, 81, 88, 95
11	9	09, 20, 31, 42, 53, 64, 75, 86, 97
13	1	01, 14, 27, 40, 53, 66, 79, 92
17	2	02, 19, 36, 53, 70, 87
19	15	15, 34, 53, 72, 91
23	7	07, 30, 53, 76, 99
29	24	24, 53, 82

[그림 3-1-40] 다른 소수 사용 시 검출되지 않는 오류의 예

② CRC의 원리

CRC는 앞서 나눗셈 나머지 연산과 유사한 원리를 이용한 것으로서, 이해를 돕기 위해 10진수를 예로 든다. 어떤 데이터 5와 3이 있을 때, 이들 숫자를 일렬로 이어 '53?'이라는 숫자를 만든 후, 이 숫자를 약속된 특정 소수, 예를 들어 7로 나누어떨어지는(나머지가 없는) '?' 숫자를 구하면 2이다. 따라서 숫자는 '532'로 결정되며 이를 전송하면 수신 측에서는 이 숫자를 약속된 소수 7로 나누어 나머지가 없으면 오류가 없는 것으로 간주한다. 이때 '?' 숫자에 해당하는 것이 CRC이며, 검출되지 않는 오류가 발생하려면 CRC 숫자 이외의 2자리 숫자에 다음과 같은 오류가 발생할 때이다.

532 → 007, 042, 112, 182, 252, 322, 392, 462, 602, 672, 742, 812, 882, 952

[그림 3-1-41] 검출되지 않는 오류의 예

CRC 숫자 자체가 변화하면 이 경우는 더 다양하게 나타날 수 있다. 만약 약속된 소수 7이 더 큰 소수일 경우에는 앞서 살펴본 바와 같이 오류 미검출 확률은 급격히 낮아진다. 2진수 데이터의 경우에는 그림 3-1-42와 같이 CRC를 구성한다.

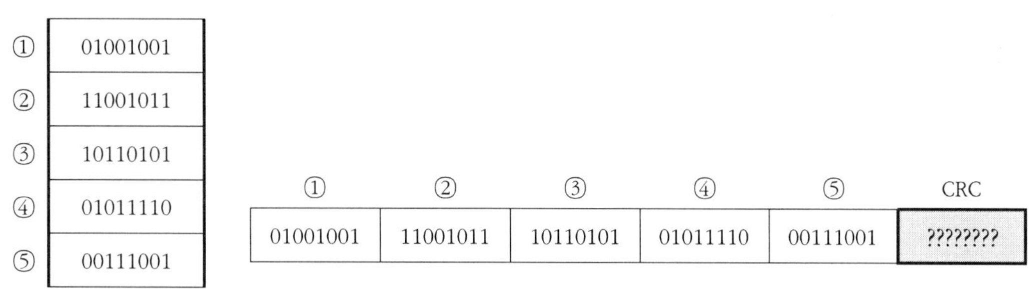

(a) 전송할 데이터 (b) CRC 계산을 위한 배열

[그림 3-1-42] CRC 계산방법

전송할 데이터가 5바이트라면 이들을 그림 3-1-42(b)와 같이 일렬로 구성해 큰 숫자를 형성한다. 그 후 마지막에 CRC 바이트가 추가되고 이와 같이 형성된 큰 숫자를 약속된 특정 소수로 처리했을 경우 나머지가 0이 되도록 CRC 숫자를 구해 이를 추가한다. CRC 숫자를 계산하는 구체적인 방법에 대해서는 그 분량이 많고 다른 통신 관련 서적에 상세히 소개되어 있으므로 이 책에서는 생략한다.

앞서 나눗셈의 원리에서 살펴본 바와 같이 사용하는 소수의 크기가 크면 클수록 오류검출의 정확성은 향상됨을 알 수 있으며, 따라서 CRC 비트가 클수록, 그리고 이 비트가 허용하는 내에서 가장 큰 소수를 사용하면 오류검출 능력이 향상된다. 16비트 크기의 CRC를 사용하면 **'CRC-16'**이라 하고 32비트 크기의 CRC를 사용하면 **'CRC-32'**이라 하며, CRC-32의 경우가 당연히 오류검출 성능이 훨씬 향상된다. 참고로, CRC 계산에 사용하는 소수는 그림 3-1-43과 같이 규정되어 있으며, CRC-16 방식은 주로 미국에서, CRC-CCITT 방식은 주로 유럽에서 널리 사용되며, CRC-32는 LAN의 표준으로 사용되고 있다. 이 숫자들은 CRC보다 1비트 큰 숫자(CRC-16의 경우 17비트)이며, 이를 이용해 CRC 처리하면 결과는 1비트 줄어들어 본래의 CRC 비트와 동일해진다.

CRC-16	1 1000 0000 0000 0101
CRC-CCITT	1 0001 0000 0010 0001
CRC-32	1 0000 0100 1000 0001 0001 1101 1011 0111

[그림 3-1-43] CRC 생성을 위한 소수

(4) 해밍 코드

데이터 송수신 시스템이 양방향성이고 데이터 전송 및 수신 시점이 중요하지 않은 일반 통신에서는 앞서 사용한 오류검출 기법에 의해 데이터를 검사해 오류가 발생하면 재전송해 올바른 데이터 전송을 행할 수 있다. 그러나 데이터 전송 시스템이 단방향성이거나 또는 데이터가 수신 즉시 처리돼야 하는 즉, 실시간 처리가 돼야 하는 경우에는 데이터 재전송 등이 어렵기 때문에 수신 측에서 오류가 검출되면 어디에서 발생했는지를 찾아내 이를 수정하는 것이 해밍 코드(hamming code)이다.

① 해밍 코드의 사용법

4비트 데이터를 해밍 코드를 이용해 전송하려면 3비트의 패리티 비트가 추가되어 총 7비트를 전송해야 하며, 이 데이터를 표 3-1-3에 나타내었다. 이 표는 한 비트에 오류가 발생할 경우 어느 비트에서 오류가 발생했는지 검출할 수 있도록 고안되어 있다.

〈표 3-1-3〉 **해밍 코드 변환 표**

데이터	b1	b2	b3	b4	b5	b6	b7	전송 데이터
0	0	0	0	0	0	0	0	00
1	1	1	0	1	0	0	1	69
2	0	1	0	1	0	1	0	2A
3	1	0	0	0	0	1	1	43
4	1	0	0	1	1	0	0	4C
5	0	1	0	0	1	0	1	25
6	1	1	0	0	1	1	0	66
7	0	0	0	1	1	1	1	0F

데이터	b1	b2	b3	b4	b5	b6	b7	전송 데이터
8	1	1	1	0	0	0	0	70
9	0	0	1	1	0	0	1	19
A	1	0	1	1	0	1	0	5A
B	0	1	1	0	0	1	1	33
C	0	1	1	1	1	0	0	3C
D	1	0	1	0	1	0	1	55
E	0	0	1	0	1	1	0	16
F	1	1	1	1	1	1	1	7F

만약 전송할 데이터가 6이라면 표 3-1-3에 의해 실제로 66h를 전송하고, 전송할 데이터가 A라면 실제로 5Ah를 전송한다. 데이터 수신 측에서는 받은 데이터를 그림 3-1-44와 같은 간단한 방법으로 계산하면 오류가 발생했는지, 아닌지, 그리고 발생했다면 어느 비트가 발생했는지를 알아낼 수 있다.

그림 3-1-44(a)는 해밍 코드의 비트 번호를 나타낸 것으로서, 일반적인 비트 위치와는 반대로 되어 있음에 유의하라. 그림 3-1-44(b)식의 E1, E2, E3는 오류가 없을 경우에는 모두 '0'이 나타나도록 해밍 코드가 구성되어 있다. 만약 b7이 잘못되면 이는 E1, E2, E3 모두에 영향을 미쳐 '111'이 나타나 b7이 오류가 발생함을 나타낸다. 마찬가지로, b3이 잘못되면 이는 E1, E2에 영향을 미쳐 '011'이 나타나 b3이 오류임을 나타낸다.

b1	b2	b3	b4	b5	b6	b7

(a) 비트의 위치

$$E1 = b1 \oplus b3 \oplus b5 \oplus b7$$
$$E2 = b2 \oplus b3 \oplus b6 \oplus b7$$
$$E3 = b4 \oplus b5 \oplus b6 \oplus b7$$

(b) 오류검사 식

E3	E2	E1	결과
0	0	0	오류 없음
0	0	1	b1 오류
0	1	0	b2 오류
0	1	1	b3 오류
1	0	0	b4 오류
1	0	1	b5 오류
1	1	0	b6 오류
1	1	1	b7 오류

(c) 결과의 의미

[그림 3-1-44] 오류검사

② 오류보정의 예

만약 데이터 6을 전송하려면 해밍 코드 표에 의해 66h(110 0110)를 전송한다. 이때 오른쪽에서 세 번째 비트(b5)에 오류가 발생하면 그림 3-1-45(a)와 같이 62h(110 0010)로 변한다.

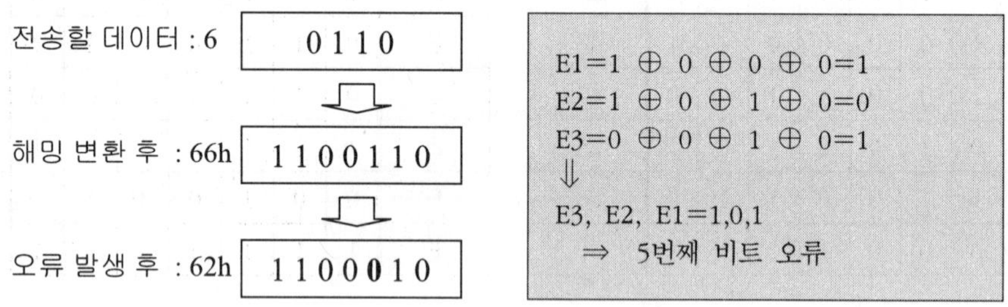

(a) 데이터 전송과정 (b) 오류검사 결과

[그림 3-1-45] 해밍 코드의 적용 예

수신된 데이터를 그림 3-1-45(b)와 같이 검사하면 5번째 비트인 '0'이 오류가 발생했음을 알 수 있으므로 이를 다시 '1'로 수정하면 본래 데이터로 복구된다.

이상의 해밍 코드는 오류가 단 한 비트만 발생했을 경우에 사용하는 것으로서, 여러 비트에 동시에 적용하려면 더 복잡한 해밍 코드를 사용해야 한다.

2. 직렬통신

최근의 데이터 통신 방식은 병렬통신에 비해 비용이나 구현의 편리성 측면에서 유리한 직렬통신을 주로 사용한다. 컴퓨터 시스템에서도 주변장치와 교신할 때 상당수는 직렬 형태로 구성되며 이를 유선이나 무선을 통해 전송한다.

직렬통신(serial communication)은 '한순간에 하나의 비트씩 전송하는 것'을 의미하며, 이러한 개념을 그림 3-2-1에 나타내었다.

... D3 D2 D1 D0 ●⟶ ... D3 D2 D1 D0

[그림 3-2-1] 직렬통신의 기본 개념

그림에 나타낸 바와 같이 직렬통신은 여러 개의 비트를 하나의 전선을 사용해 차례로 전송하는 것을 의미하며, 이는 한순간에 하나의 비트가 전송되므로 병렬통신에 비해 전송속도가 느리고 제어가 어렵지만, 드라이브 회로의 수가 적다는 것과 함께 전송거리가 길어질 경우 전선비용이 병렬통신에 비해 매우 저렴하다는 장점이 있다. 따라서 직렬통신은 일반적으로 장거리를 저렴한 비용으로 전송할 때 주로 사용한다.

직렬통신은 통신방법이나 회로구성 등에 의해 여러 가지로 분류되는데, 그중 여기서 다룰 개략적인 목표를 그림 3-2-2에 나타내었다.

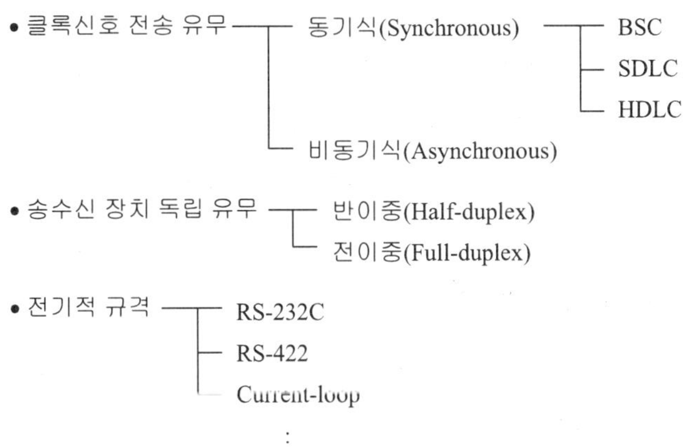

[그림 3-2-2] 이 절에서 다룰 직렬통신의 분류

1) 직렬통신의 기초

(1) 직렬통신의 원리

그림 3-2-3에 직렬통신의 기본 개념을 설명하는 회로를 나타내었다.

그림 3-2-3(a)는 D-플립플롭으로 구성된 시프트 레지스터를 나타낸 것으로서, 시프트 레지스터 왼쪽의 '데이터'에 한 비트 데이터를 인가한 후 '클록'에 펄스를 입력하면 U_4에는 U_3에 있던 데이터가 입력되고, U_3에는 U_2의 내용이, U_2에는 U_1이, 그리고 U_1에는 새로 주어진 데이터가 입력된다. 즉, 클록 펄스가 한 번 주어질 때마다 데이터 비트들은 왼쪽에서 오른쪽으로 이동하며, 이를 "시프트(shift)한다"고 한다. 그런데, 이러한 시프트 레지스터가 그림 3-2-3(b)와 같이 서로 거리가 떨어져 있는 경우를 가정하면, 거리가 떨어져 있다는 것을 제외하고는 왼쪽에 입력된 데이터는 여전히 오른쪽으로 진행되는데, 이것이 직렬통신의 기본 원리이다.

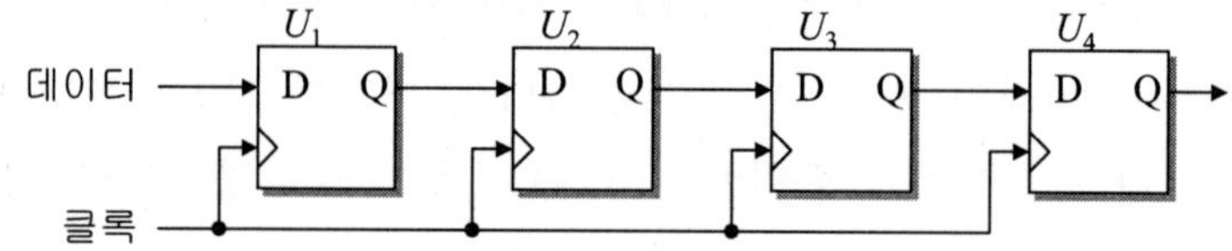

(a) 시프트 레지스터 회로

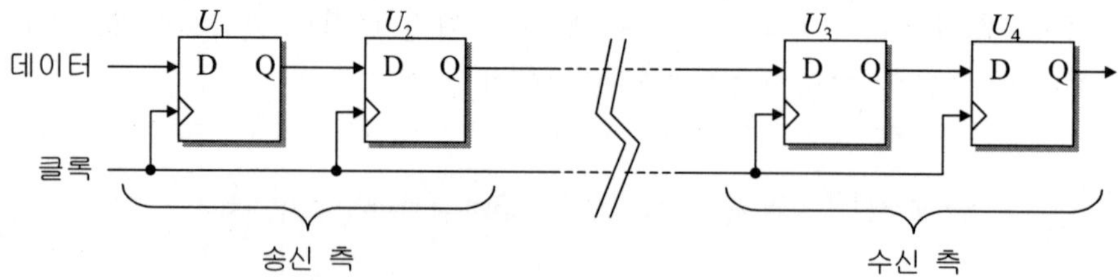

(b) 먼 곳에 떨어진 시프트 레지스터 회로

[그림 3-2-3] 직렬통신의 개념을 위한 회로

(2) 반이중 방식과 전이중 방식

두 기기가 양방향 교신을 하는 데 있어 데이터 진행경로 구성방법에 따라 반이중 방식과 전이중 방식으로 분류할 수 있다.

① 반이중 방식

i) 반이중 방식의 구조

반이중 방식은 통신을 위한 두 기기가 송신기와 수신기를 별도로 가지지 않고 하나의 회로가 송수신을 겸하는데, 그 원리를 그림 3-2-4에 나타내었다.

그림에서, 클록을 공급하는 컨트롤러 즉, 중심 역할을 하는 컨트롤러를 '마스터(master)'라 하고, 공급된 클록을 이용하는 컨트롤러를 '슬레이브(slave)'라 한다. 마스터 측에서 슬레이브 측으로 데이터를 전송할 때나 또는 슬레이브에서 마스터로 데이터를

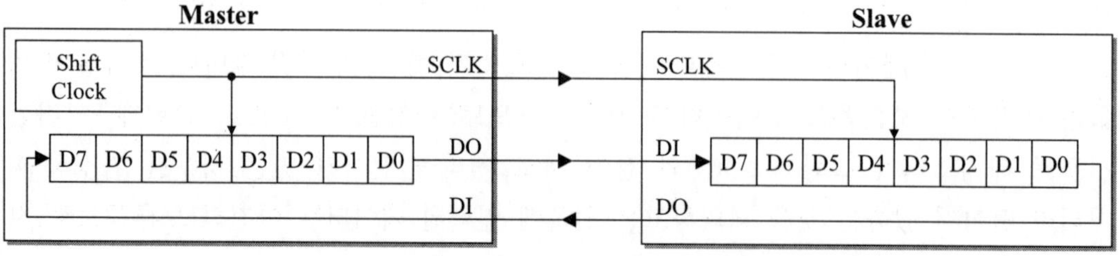

[그림 3-2-4] 반이중 방식의 원리

전송할 때 모두 마스터에서 공급하는 클록에 의해 동작하며, 전체적으로는 시프트 레지스터들이 원형으로 회전하도록 되어 있다. 따라서 전송할 데이터를 시프트 레지스터에 올리면 상대방 측으로 시프트 되어 전송된다.

이러한 반이중 방식을 마이크로컨트롤러에서는 'SPI (Serial Peripheral Interface)'라는 명칭으로 사용하고 있는데, 데이터를 전송하기 위해 8개의 클록을 보내고 나서 다시 8개의 클록을 더 보내면 자신이 보냈던 데이터가 되돌아와 오류 유무를 확인할 수 있는 특징도 있다. 이와 유사한 비유로서 그림 3-2-5와 같은 스키장의 리프트가 있는데, 리프트의 의자들은 아래에서 위로 올라가고 위에서 다시 아래로 내려온다. 즉, 아래에서 의자에 타고 위에 도착한 후 내리지 않는다면 다시 아래로 내려오게 된다. 산에 설치된 케이블카나 공항의 짐을 찾는 컨베이어 등도 이와 유사한 예가 될 수 있다. 이들은 기계에 고장이 발생하면 오르고 내리는 양방향 모두가 멈춰 선다.

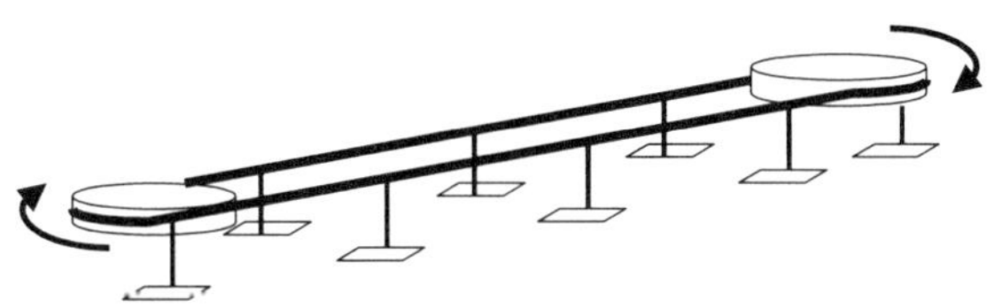

[그림 3-2-5] 반이중 방식의 스키 리프트 비유

ⅱ) 반이중 방식 접속방법

반이중 방식은 하나의 마스터에 여러 개의 슬레이브를 접속할 수 있는데, 그림 3-2-6은 여러 형태의 반이중 방식 접속법을 나타낸 것으로서, 'SK'는 클록을 나타내고, SS는 'Slave Select' 신호로서 이를 이용해 특정 슬레이브를 선택할 수 있다.

그림 3-2-6(a)에서는 각 슬레이브들의 시프트 레지스터는 모두 직렬로 접속되고, 마스터는 직렬통신 라인을 총괄하며, 필요한 커맨드를 슬레이브에 전달하면 이는 모든 슬레이브들을 거쳐 마스터로 되돌아오고, 해당되는 슬레이브는 이에 대응하는 데이터로 마스터에 응답한다. 이는 슬레이브 수가 많아지면 전체 루프가 커져 큰 시간지연이 발생하는 단점이 있다.

그림 3-2-6(b)는 데이터를 수신할 슬레이브를 마스터에서 직접 지정하는 방식으로 구성된 예이다.

그림 3-2-6(c)는 각 슬레이브들이 병렬로 접속되고, 마스터는 슬레이브 주소를 전송해 해당 슬레이브가 반응하도록 구성되어 있다.

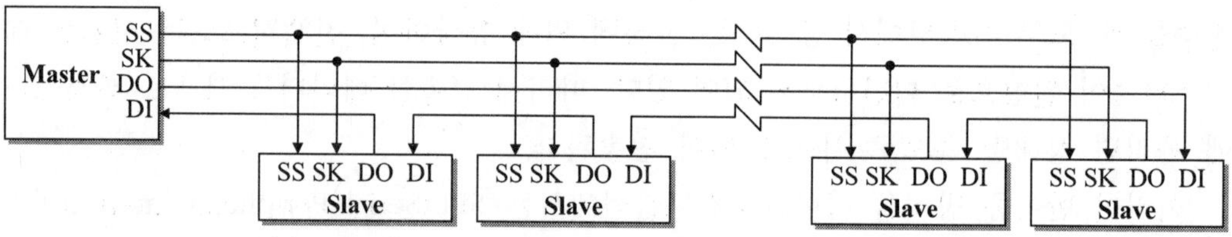

(a) 표준 직렬 설치

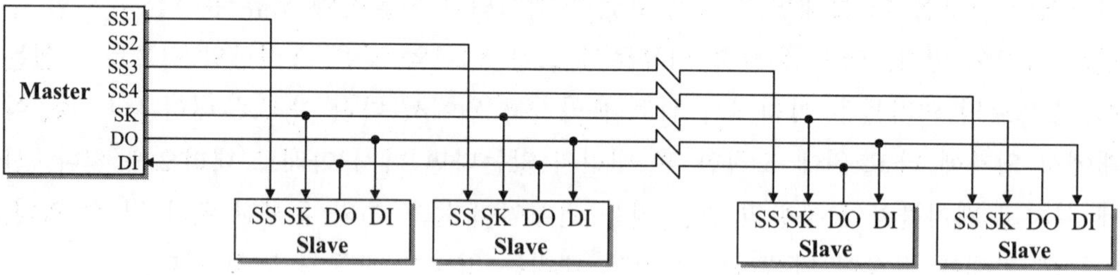

(b) 표준 병렬 설치

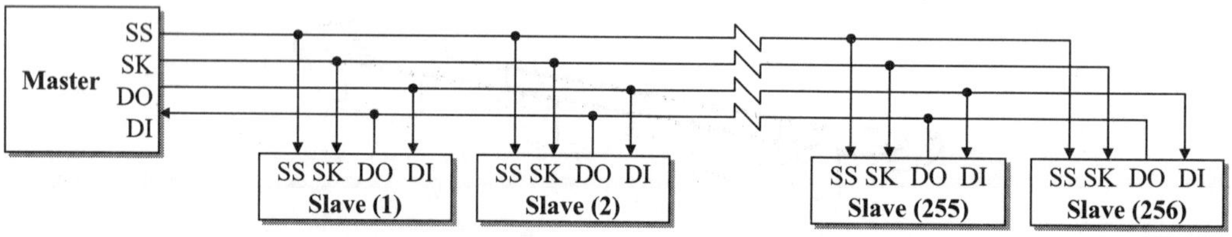

(c) 비교기능 사용 설치

[그림 3-2-6] 여러 가지 반이중 방식 접속방법 예

② 전이중 방식

전이중 방식은 통신기기들이 각각 별도의 송신회로와 수신회로를 모두 갖춰 송수신을 독립적으로 행할 수 있도록 구성된 것으로서, 그림 3-2-7에 구성원리를 나타내었다.

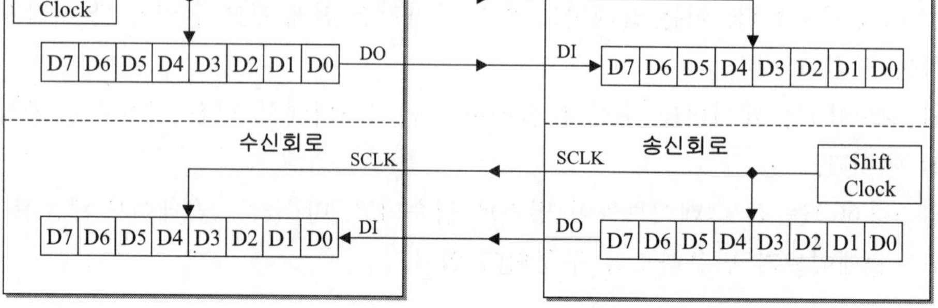

[그림 3-2-7] 전이중 방식의 구성원리

그림에 나타낸 바와 같이 전이중 방식은 송신회로와 수신회로가 완전히 별개로 되어 있어 상대편의 송신 여부에 상관없이 독립적으로 송신이 가능하다. 이와 유사한 비유로는 에스컬레이터를 들 수 있는데, 이는 오르는 쪽이 멈춰 서더라도 내려가는 쪽은 무관하게 동작한다.

(3) 동기통신과 비동기통신

직렬통신은 송신기와 수신기 사이에 '클록(clock)' 신호가 전달되는지 아닌지에 따라 동기통신과 비동기통신으로 구분한다. 어떤 경우에 동기통신과 비동기통신을 선택하는지는 이 절 마지막 부분에서 다룬다.

① 동기통신의 개념

동기통신이란 그림 3-2-8에 나타낸 바와 같이 송신기에서 수신기로 데이터 신호와 함께 클록 신호도 전달하는 것을 의미한다.

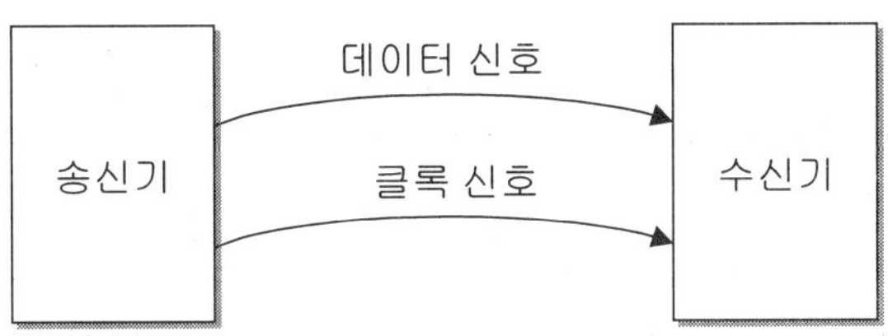

[그림 3-2-8] 동기통신의 블록도

동기통신은 전송 라인이 전송소자 속도보다 빠른 경우, 즉 소자속도에 의해 전송속도가 제한받는 경우에는 동일 조건에서 비동기통신에 비해 전송속도가 최소 8배 이상, 보통 16배 이상 빠르다. 그 이유에 대해서는 "⑤ 동기통신과 비동기통신의 선택"에서 설명한다. 동기통신은 클록 전송을 위해 별도의 라인을 설치하기도 하지만, 데이터와 클록 신호를 합성해 함께 보내는 방법으로 선을 줄일 수 있는데, 예를 들어 LAN에서 사용하는 맨체스터(Manchester) 코딩 등이 이에 속한다. 그러나 전송되는 데이터는 연속되는 2진수의 비트열이므로 전송하는 데이터의 비트 또는 바이트 단위로 동기가 필요하기 때문에 BSC(Binary Synchronous Communication)나 SDLC(Synchronous Data Link Control), HDLC(High-level Data Link Control) 등과 같은 여러 방법을 사용해 동기를 이룬다. 이러한 종류의 통신방법은 통신 관련 전문서적에 상세히 소개되어 있으며 이 책에서는 BSC와 SDLC/HDLC에 관해서만 간단히 설명한다.

② 동기통신 - 2진 데이터 동기통신(BSC)

그림 3-2-9와 같이 연속된 비트 열이 수신되었다고 할 때, 이 비트 열 중 어느 부분이 한 바이트의 시작지점인지 알아야 데이터를 추출할 수 있다.

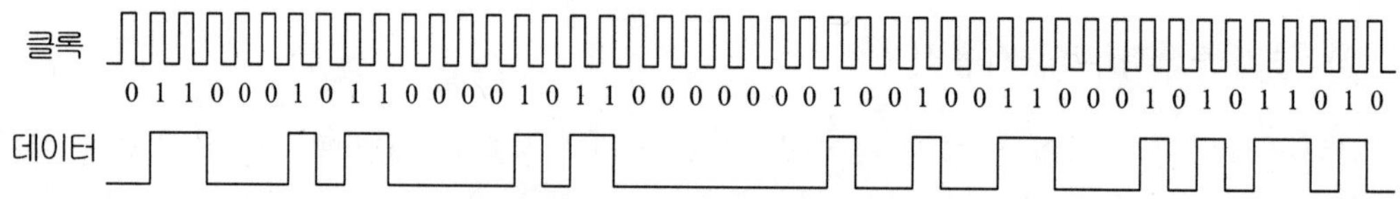

[그림 3-2-9] 수신된 연속된 비트 열

BSC(Binary Synchronous Communication)에서는 특정한 비트 열 '00010110 (16h)'이 2번 연속 검출될 때 이곳이 시작점 신호임을 약속하며, 그림 3-2-10과 같이 구획이 결정되어 비트의 시작점을 찾아낼 수 있고, 따라서 송신기와 바이트 단위의 동기가 이루어진다.

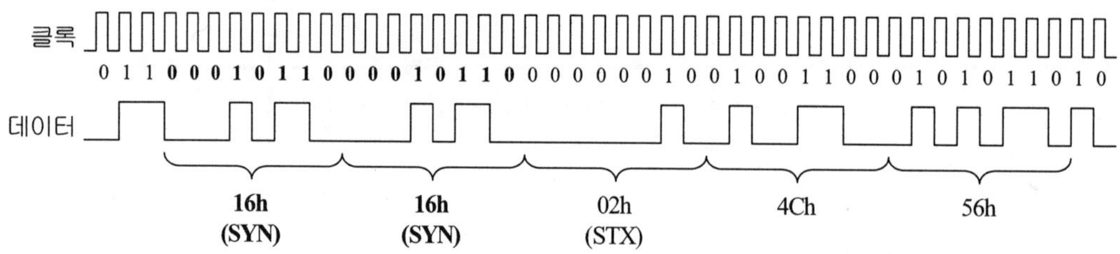

[그림 3-2-10] 동기가 확립된 비트 열

데이터를 보내는 도중 송신기의 사정에 의해 데이터 송출이 잠시 지연될 경우에는, 수신기와의 동기를 잃지 않기 위해 '00010110'을 계속적으로 보내며, 수신기에서는 데이터 도중에 이러한 비트 열이 발견되면 이를 무시한다. 이와 같이 송신기와 수신기의 동기를 유지하기 위한 특정 문자인 16h를 '동기화 문자(synchronous idle)'라 하고 약자로 'SYN'이라 표기한다.

그림 3-2-10의 예에서는 SYN 문자가 2번 연속되고서 02h가 나타나는데, 이는 이 문자 이후부터 본문이 시작됨을 표시하는 것으로서, 'Start of Text'의 약자로 'STX'라 표기한다.

이와 같은 방법으로 데이터 전송을 제어하는 문자들이 정의되어 있는데, 이들 중 몇 가지를 표 3-2-1에 나타내었다.

〈표 3-2-1〉 데이터 전송 제어문자의 예

기호	명 칭	코드	의 미
SOH	Start of Header	0000 0001	전달정보의 헤더가 시작됨을 표시
STX	Start of Text	0000 0010	전달정보의 내용이 시작됨을 표시
ETX	End of Text	0000 0011	헤더나 정보내용의 끝을 표시
ETB	End of Transmission Block	0001 0111	전송 블록의 끝을 표시
EOT	End of Transmission	0000 0100	전송 끝, 데이터 링크의 해제
ENQ	Enquiry	0000 0101	상대국에 데이터 링크의 설정 및 응답 요구
DLE	Data Link Escape	0001 0000	다른 문자와 조합하여 의미를 변화
SYN	Synchronous idle	0001 0110	문자동기
ACK	Acknowledge	0000 0110	수신 데이터 OK
NAK	Not acknowledge	0001 0101	수신 데이터 not OK

따라서 이 방식의 전송에서는 데이터 중에 표 3-2-1과 같은 제어문자들과 동일한 데이터는 전송할 수 없으므로 이 문자 이외의 문자(텍스트 문자)만을 전송할 수 있다는 제한점이 있다.

③ 동기통신 – SDLC, HDLC

앞서 설명한 BSC 방식은 전송 제어문자와의 중첩 때문에 오로지 텍스트 문자만을 전송할 수 있는데, 이는 순수 텍스트 정보만을 전송하는 경우 문제가 없지만 만약 2진 데이터를 전송하기 위해서는 표 3-2-2와 같이 텍스트 문자로 변환해 16진수로 전달해야 한다.

〈표 3-2-2〉 2진 데이터의 전송 예

전송해야 할 데이터	0001 0110	1101 1011
전송할 문자	'1' '6'	'D' 'B'
전송하는 비트 열	0011 0001 0011 0110	0100 0100 0100 0010

이는 실제 전송할 데이터는 '00010110'의 8비트이지만 이를 그대로 전송하면 제어문자로 인식하기 때문에 16진수 16h를 뜻하는 '1'자와 '6'자로 변환한다. 따라서 실제로 전송하는 비트열은 '00110001 00110110'의 16비트로 전체적인 비트 수는 2배 늘어남을 알 수 있다. 따라서 이러한 단점을 보완하기 위해, 즉 제어문자와 동일한 데이터를 전

송할 수 없다는 제약을 뛰어넘기 위해 표 3-2-3과 같이 SDLC(Synchronous Data Link Control)와 HDLC(High-level Data Link Control)에서 사용하는 간단한 규칙이 고안되었다.

〈표 3-2-3〉 SDLC, HDLC에서의 데이터 조작 규칙

구 역	조 작
송신기 (Zero insertion)	① 데이터 프레임의 시작과 끝은 '01111110'으로 구성된 **플래그**로 표시 ② 데이터 중 연속된 '1'이 5개 나타나면 강제로 '0'을 삽입
수신기 (Zero deletion)	① 연속된 '1'이 5개 나타난 후 '1'이 나타나면 플래그 비트로 처리 ② 연속된 '1'이 5개 나타난 후 '0'이 나타나면 '0'을 제거하고 데이터로 처리

i) 플래그

SDLC와 HDLC에서는 송신기와 수신기 사이의 데이터 전송 시 프레임(frame)이라는 데이터 단위를 사용한다. 프레임 내부에는 수신기 어드레스, 제어 필드, 정보 필드, 프레임 검사(CRC) 등을 포함하고 있으며, 이러한 프레임은 플래그(flag)라는 고유의 비트 패턴으로 싸여 있다. 이를 그림으로 나타내면 다음과 같다.

Opening Flag	Address Field	Control Field	Information Field	CRC	Closing Flag
01111110					01111110

[그림 3-2-11] SDLC, HDLC의 프레임 구조

그림에 나타낸 바와 같이 프레임의 시작과 끝은 각각 플래그로 둘러싸여 있으며, 그 내부에 여러 가지 필드들이 구성되어 있다. 내부 필드를 어떻게 이용하는가에 따라 SDLC와 HDLC가 각각 구분되며, 각 필드에 대해서는 데이터 통신에 관한 전문서적을 참조하라.

ii) Zero insertion

SDLC와 HDLC는 프레임의 시작과 끝에 플래그를 사용하는데, 프레임 내부의 내용 중 플래그와 동일한 비트 패턴이 존재하면 안 되므로 Zero insertion이란 조작을 통해 플래그의 비트 패턴과 동일한 경우가 나타나지 않도록 하고 있다. Zero insertion은 데이터 중 연속된 '1'이 5개 나타나면 '0'을 강제로 끼워 넣는 작업을 의미하며, 이러한 예를 그림 3-2-12에 나타내었다.

전송할 데이터	01111110	11111111	01110100	11111011
↓	↓	↓	↓	↓
처리 후 데이터	011111010	111110111	01110100	111110011
	(a)	(b)	(c)	(d)

[그림 3-2-12] Zero insertion의 예

그림 3-2-12의 예에서, (a)의 경우 플래그의 비트 패턴과 동일한 형태의 데이터인 '01111110'은 5번째 '1' 이후에 강제로 '0'이 삽입되어 '011111010'의 9비트 데이터로 변환된 후 전송된다. 마찬가지로, (b)의 경우 모든 비트가 '1'인 데이터도 5번째 '1' 이후에 강제로 '0'이 삽입되어 9비트 데이터로 변환된 후 전송된다. (c)는 연속된 5개의 '1'이 없으므로 아무런 변환 없이 그대로 전송된다. (d)는 연속된 '1'의 개수가 정확히 5개 있으므로 사실상 '0'을 끼워 넣지 않아도 되지만, 하드웨어 구성을 간단히 하기 위해 획일적인 규칙을 적용하므로 그림과 같이 '0'을 삽입해 전송한다.

iii) Zero deletion

Zero deletion은 Zero insertion에 의해 변환된 데이터를 수신하고 이를 원래의 데이터로 복원하는 작업을 의미하며, 수신된 데이터에서 연속된 '1'이 5개 나타나면 그 이후에 오는 '0'을 제거한다. 이러한 예를 그림 3-2-13에 나타내었다.

수신된 데이터	011111010	111110111	01110100	111110011
↓	↓	↓	↓	↓
처리 후 데이터	01111110	11111111	01110100	11111011
	(a)	(b)	(c)	(d)

[그림 3-2-13] Zero deletion의 예

그림의 예는 앞서 Zero insertion 작업에 의해 전송된 데이터를 복원하는 것으로서, (a)의 경우 연속된 5개의 '1' 이후에 '0'이 나타나므로 이를 제거해 원래의 데이터인 '01111110'으로 복원한다. 마찬가지로 (b)의 경우도 연속된 5개의 '1' 이후에 '0'이 나타나므로 이를 제거하면 원래의 데이터인 '11111111'로 복원되며, (c)는 수신된 데이터 중 연속된 5개의 '1'이 없으므로 그대로 접수된다. (d)는 연속된 5개의 '1'이 존재하므로 '0'을 제거해 원래의 데이터로 복원한다.

이상에서 살펴본 바와 같이, 연속된 '1'이 5개 포함되어 있는 데이터는 강제로 '0'을 삽입하기 때문에 전송할 데이터는 8비트에서 9비트로 늘어나지만, 실제로 이와 같이 연속된 '1'이 5개 포함돼 있는 경우는 그다지 많지 않으므로 전체적인 전송효율에는 큰 영향을 미치지 않으면서도 앞서 BSC의 경우와 비교해볼 때 제어문자에 구애받지 않고 데이터를 전송할 수 있다. 설령 모든 데이터가 연속된 5개의 '1'이 포함됐을지라도, 데이터 한 바이트를 전송하려면 SDLC나 HDLC는 8비트에서 9비트로 늘어나는 데 비해 BSC의 경우에는 8비트에서 16비트로 늘어난다.

④ 비동기통신

비동기통신이란, 그림 3-2-14에 나타낸 바와 같이 송신기에서 수신기로 클록 신호 없이 데이터 신호만 전달하는 것을 의미한다.

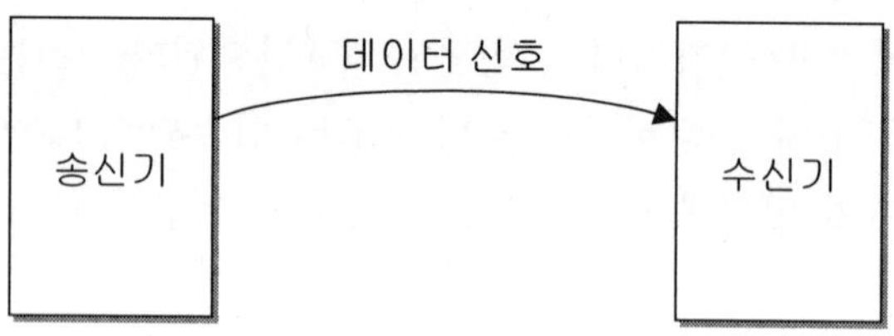

[그림 3-2-14] 비동기 통신의 블록도

비동기통신은 전송 라인이 전송소자 속도보다 느린 경우, 즉 전송 라인에 의해 전송속도가 제한받는 경우에는 동일 조건하에서 동기통신에 비해 전송속도가 약 1.6배 정도 빠르다. 그 이유에 대해서는 "⑤ 동기통신과 비동기통신의 선택"에서 설명한다.

비동기통신은 송신기와 수신기 사이에 클록 신호를 전송하지 않으므로 1개의 전선이나 채널을 통해 전송이 가능하지만, 양측의 데이터를 동기시키기 위해 특별한 회로와 기술이 필요하며, 이를 위해 사용되는 비동기통신에 관한 각종 용어들을 살펴본다.

i) bps

비동기통신에서는 송신기와 수신기 사이에 클록 신호가 전송되지 않으므로, 서로의 전송속도가 일치되도록 미리 약속되어 있어야 한다. 이때 사용하는 전송속도를 bps(bit per sec)라 하며, 1초 동안 전송되는 비트 수를 의미한다. 보통 300*bps*의 배수, 즉 600*bps*, 1,200*bps*, 2,400*bps*, 4,800*bps*, 9,600*bps*, 19,200*bps* 등을 사용한다.

ii) Start bit, Stop bit

수신기는 수신되는 비트들 중에서 바이트의 처음을 구분할 필요가 있고, 특히 송신기에서 언제 데이터를 보내기 시작하는지 알 수 없으므로, 데이터를 전송하기 전에 데이터 전송 시작을 알리는 비트 하나를 먼저 전송한다. 즉, 말로 풀어 표현하면, "데이터를 시작하기 전에 항상 'H'를 한번 먼저 보내고서 데이터를 보내겠다!"라는 식이다. 이를 'Start bit'라 하며, 수신기는 이 비트가 검출되면 이를 기점으로 다음에 전송될 데이터 비트들을 검출한다.

이와 같은 Start bit에 의해 송수신기 사이에서 동기를 확립할 수 있는데, 만약 전송 선로의 잡음, 또는 다른 이유에 의해 수신기가 엉뚱한 곳을 바이트의 시작지점으로 간주하는 경우가 있다. 이러한 경우에 수신되는 데이터는 당연히 오류 데이터이므로 이를 확인하기 위해 데이터 비트가 끝났을 때 항상 하나 또는 2개 비트를 특정한 신호로서 전송한다. 예를 들어, "데이터 비트가 끝나면, 마지막에는 꼭 'L'을 2번 보내겠다!"라는 식이다. 이를 'Stop bit'라 하며, 만약, 어떤 데이터를 수신했는데, 마지막의 Stop bit가 약속과 맞지 않았다면 무엇인가 오류가 발생했다는 것을 알 수 있다. 일반적으로 Stop bit는 1개, 1.5개, 2개로 약속되며, Stop bit가 많아지면 전체적인 데이터 전송속도는 느려지지만 오류를 검출할 수 있는 확률은 높아진다.

iii) Framing Error

수신기가 데이터를 접수하고 마지막에 나타나는 Stop bit를 검사하는데, 약속과 다른 상태가 검출되면 이는 데이터의 시작점을 잘못 잡았다는 의미가 되며, 이를 '프레이밍 에러(framing error)'라 한다. 이 같은 경우가 발생하는 예를 그림 3-2-15에 나타내었다.

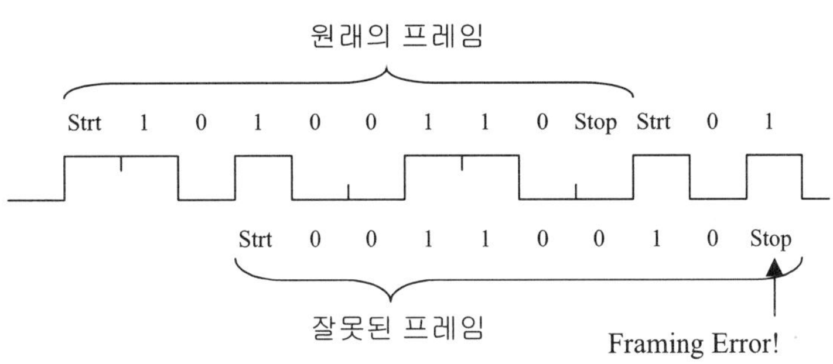

[그림 3-2-15] 프레이밍 에러의 예

그림의 원래 프레임에서는 Stop bit가 '0'으로서 정상적으로 종료하고 있는데, 만약 수신기의 사정으로 인해 그림의 아랫부분과 같이 시작지점을 잘못 선정하면 모든 비트들은 밀려나고 Stop bit 부분에서 '1'이 나타나므로 시작점이 잘못됐음을 검출할 수 있다. 물론, 잘못된 Stop bit 지점이 우연히 '0'이라면 이때는 오류를 검출할 수 없지만, 확률적으로 절반 정도는 찾아낼 수 있다. 따라서 만약 더욱 확실한 전송 확인이 필요한 경우, 즉 데이터 전송 라인의 잡음이 심해 오류발생의 확률이 높은 경우 등은 Stop bit를 2개로 설정하면 2개의 Stop bit 모두가 동시에 '00'이 되어 오류를 검출하지 못할 확률은 약 4분의 1 정도로 떨어져 한층 신뢰도를 높일 수 있다. 이때는 한 바이트를 전송하기 위해 총 11비트를 전송해야 하므로 전송효율이 떨어진다.

ⅳ) Over-run Error

수신기에서 1바이트의 데이터를 수신했는데, 이 데이터를 CPU의 사정상 빨리 가져가지 못해 다음 수신하는 데이터가 밀려들어와 이전 데이터가 손상되는 경우를 'Over-run error'라 한다. 이러한 Over-run error를 억제하기 위해서는 데이터 비트를 수신하고서 CPU가 데이터를 거두어갈 때까지의 시간을 벌도록 Stop bit 시간을 늘리는 방법이 있다. 즉, Stop bit가 1개일 때는 다음 데이터가 도착하기까지 시간여유가 3비트-타임(이 이유는 바로 이후에 설명)밖에 없지만, Stop bit가 2개일 때는 4비트-타임의 시간여유가 있어 Over-run에 걸릴 가능성이 약간은 감소한다. 그러나 데이터의 전송속도가 빠르면 1개 비트-타임 자체가 짧기 때문에 Over-run에 걸릴 가능성이 높아지고, 또한 CPU가 다른 인터럽트 처리 등을 하고 있어 데이터를 곧바로 가져가지 못하는 경우에 특히 Over-run에 걸릴 가능성이 대단히 높다. 따라서 다음에 설명하는 수신버퍼를 설치함으로써 발생을 가급적 억제시킬 수 있다.

그림 3-2-16(a)는 수신버퍼가 없는 경우로서, ○기호로 된 데이터가 도착된 순간을 나타낸 것이다.

이때 데이터가 도착했음을 CPU에 알리기 위해 데이터 수신 인터럽트를 요청해 CPU가 데이터를 가져가기를 기다린다. CPU가 데이터를 가져가지 않았을 경우 데이터가 시프트 레지스터에 남아 있을 수 있는 시간은 3비트-타임(○b7의 절반시간과 ○Stop 비트, □Start 비트, 그리고 □b0의 절반시간. '절반시간'은 비트의 중앙지점에서 샘플링을 하기 때문이다)밖에 없고 이 시간이 지나면 □b0가 시프트 레지스터로 밀려들어와 데이터는 손실되고 만다.

그림 3-2-16(b)에는 수신버퍼가 1개 있는 경우로서, 앞서와 같이 데이터가 도착하면 이를 CPU에 알리면서 동시에 수신버퍼로 이동시켜놓는다. 이후로 다음 □데이터가 모두 도착할 때까지의 10비트-타임 동안 ○데이터는 수신버퍼에 그대로 보존된다. 따라서 이 시간 안에 CPU가 데이터를 가져가면 되며 앞서 수신버퍼가 없는 경우에 비해 약 3배 이상의 시간여유가 있다.

그림 3-2-16(c)에는 수신버퍼가 2개 있는 경우로서, 수신버퍼가 1개 있는 경우와 마찬가지로 데이터가 도착하면 각 수신버퍼에 차례로 밀리면서 데이터가 보관되고, CPU가 데이터를 가져갈 때는 모든 수신버퍼의 데이터를 한꺼번에 가져간다. 이때 첫 데이터를 보관할 수 있는 최대 시간은 20비트-타임으로 커진다.

만약 4중 수신버퍼를 구성한다면 이 경우 40비트-타임의 시간여유가 있어 그만큼 Over-run의 발생을 억제할 수 있다. 표 3-2-4는 일반적으로 사용하는 bps 상태에서 각 버퍼의 여유시간을 계산한 예이다.

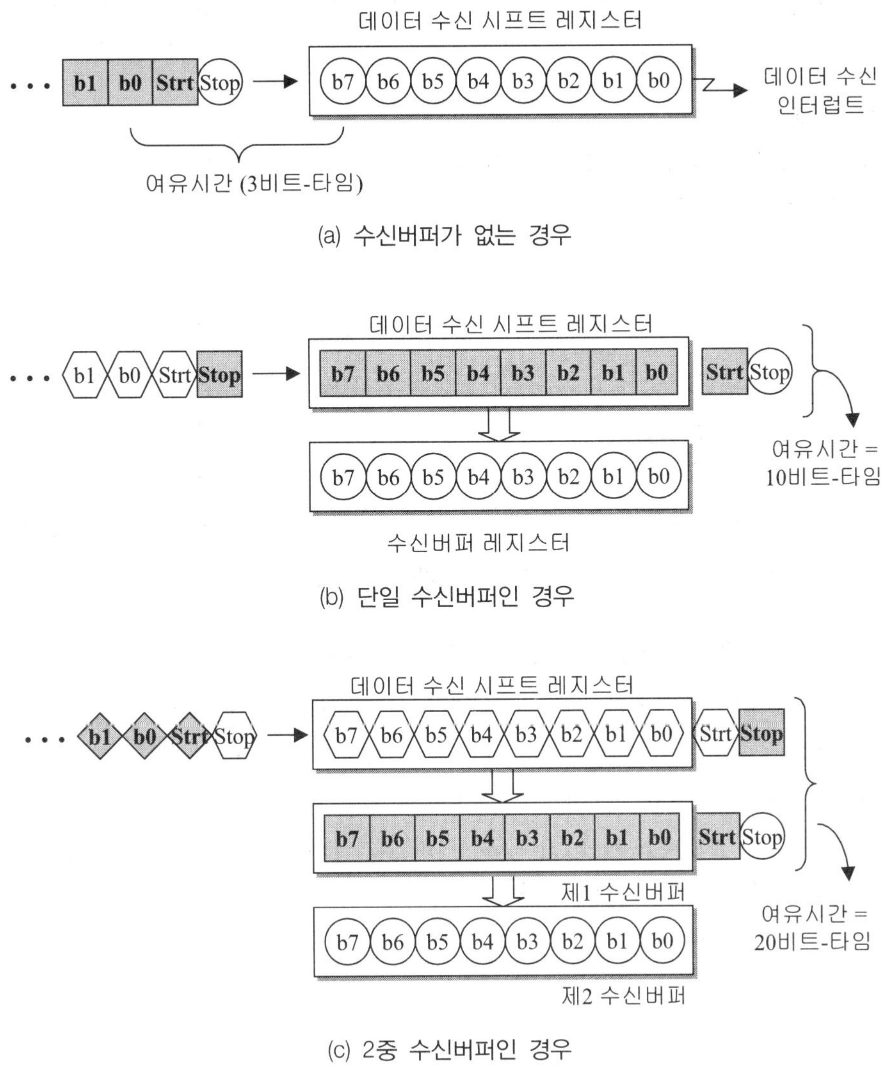

[그림 3-2-16] 수신버퍼에 의한 Over-run의 억제

〈표 3-2-4〉 여러 bps에서의 여유시간 예

bps	버퍼 없음	단일 버퍼	2중 버퍼	4중 버퍼
38400	≅ 78 μS	≅ 260 μS	≅ 521 μS	≅ 1042 μS
9600	≅ 313 μS	≅ 1042 μS	≅ 2083 μS	≅ 4167 μS
2400	≅ 1.25 mS	≅ 4.17 mS	≅ 8.3 mS	≅ 16.7 mS

표에서 알 수 있듯이 4중 버퍼일 때는 버퍼가 없을 때에 비해 약 13배 이상의 데이터 유지시간을 가질 수 있다.

iv) 전송 클록

비동기통신에서는 데이터 송신과 수신 시 사용하는 클록 주파수가 실제 전송되는 데이터 비트의 주파수보다 더 높은 것을 사용한다.

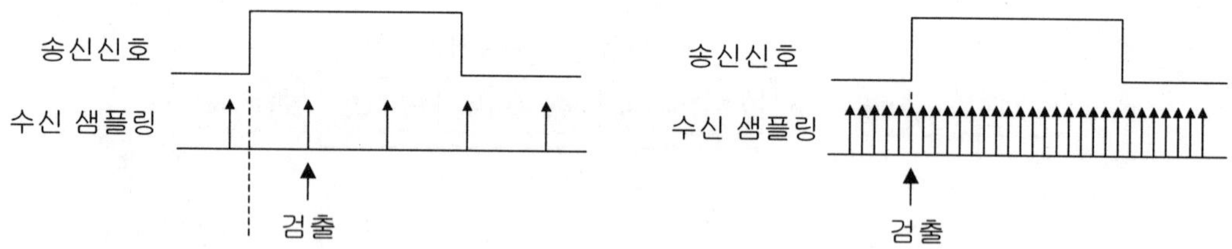

(a) 샘플링 주파수가 낮을 때　　(b) 샘플링 주파수가 높을 때

[그림 3-2-17] 데이터 검출 클록

수신기는 송신기에서 전송되는 Start bit가 언제 시작될 지 알 수 없으므로 항시 이의 시작을 감시해야 하는데, 그림 3-2-17(a)와 같이 비교적 낮은 주파수로 검출(sampling)하는 것과 그림 3-2-17(b)와 같이 높은 주파수로 검출하는 경우를 살펴보면, 높은 주파수로 검출하는 것이 송신기 신호에 더 근사하게 됨을 알 수 있다. 이와 같은 이유에서, 일반적으로 데이터 전송속도에 비해 클록 주파수는 16배나 32배, 또는 64배 정도를 사용한다. 따라서 데이터 송수신용 소자가 최대 속도로 동작한다면, 동기식의 경우 클록 주파수와 bps가 동일하지만 비동기식은 클록 주파수에 비해 bps가 훨씬 낮아짐을 알 수 있다.

그림 3-2-18에 특정 bps를 얻기 위한 주파수 계통의 몇 가지 예를 나타내었고, 그림 3-2-19에는 그림 3-2-18(a)의 회로를 나타내었다.

그림 3-2-19의 회로에서, 발진기에서 발생한 1.536MHz 신호는 U_1 74LS161 Presettable Synchronous Counter로 입력되며, 이는 동기식 카운터이므로 PE(Load) 신호가 'L'인 상태에서 클록이 입력되면 주어진 데이터값(그림에서는 '0000')이 로드된다. 회로에서는 QC의 출력을 반전시켜 PE로 인가하므로 상태도는 그림 3-2-20(a)와 같다.

그림 3-2-19의 회로에서, U_1의 출력 중 QB를 출력으로 사용한 이유는 그림 3-2-20(b)와 같이 출력파형의 듀티가 가급적 고른 파형을 얻기 위한 것으로서, 만약 QC를 출력으로 사용하면 듀티가 심하게 어긋나 직렬통신 제어소자에 따라서는 오동작

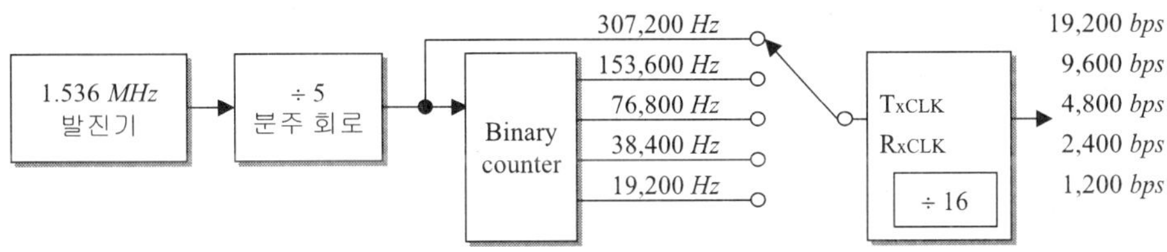

(a)

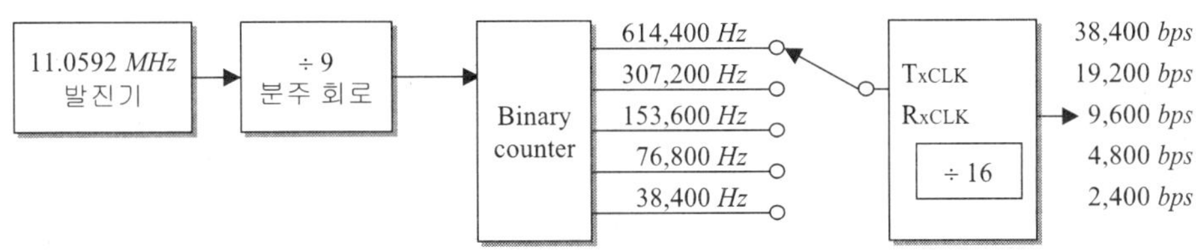

(b)

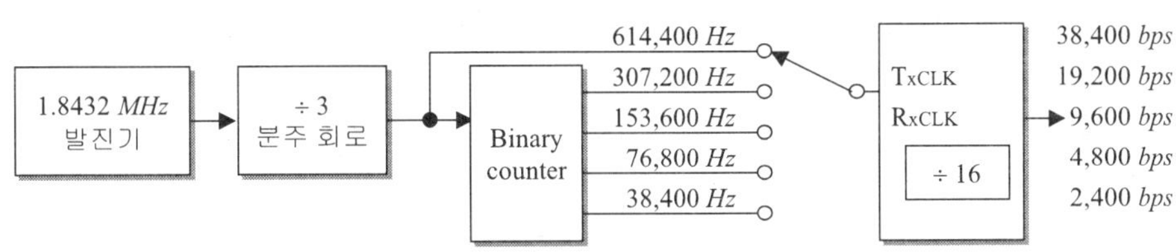

(c)

[그림 3-2-18] 특정 bps를 얻기 위한 주파수 계통의 예

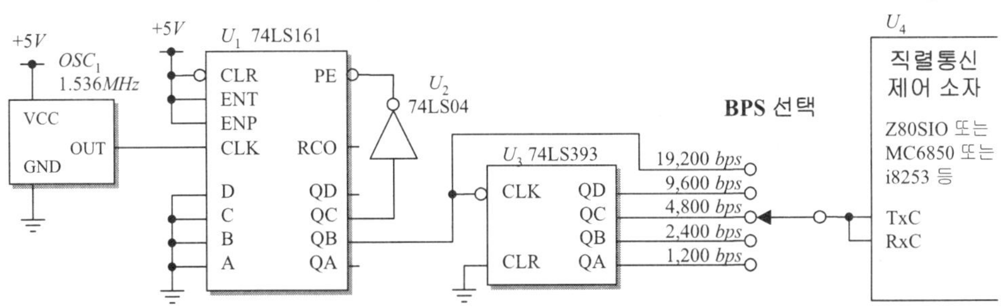

[그림 3-2-19] 특정 bps를 얻기 위한 주파수 발생회로 예

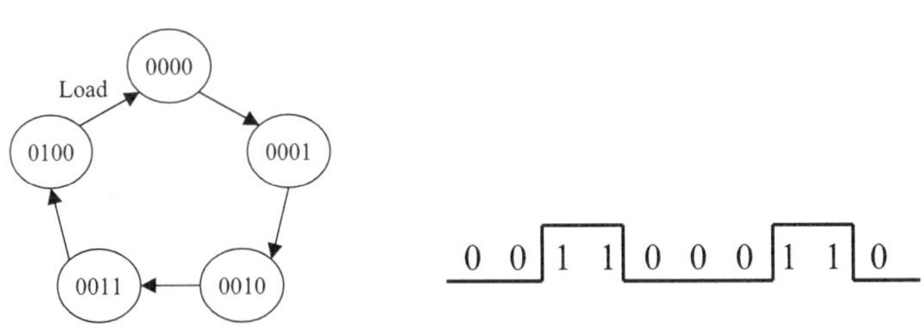

(a) 상태도 (b) 출력파형

[그림 3-2-20] 카운트 과정

을 일으킬 수 있다. 그림 3-2-18의 나머지 주파수 계통들도 이와 동일한 방법을 사용해 원하는 bps를 발생시킬 수 있다.

그런데 앞서 소개한 발진회로들은 일반적인 시스템 주파수가 아니므로 별도의 발진기를 사용해야 하는데, 그림 3-2-21에 일반적인 주파수를 이용해 bps를 발생시키는 예를 나타내었다.

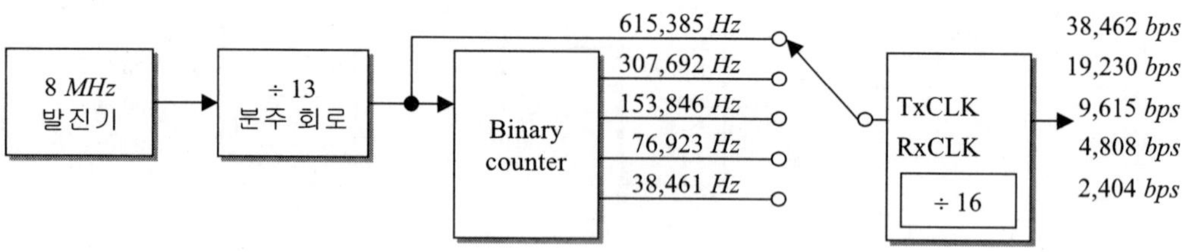

[그림 3-2-21] 일반 주파수를 사용한 bps 발생회로

그림 3-2-21에서, 출력되는 최종 bps는 38,462*bps*, 19,230*bps*, 9,615*bps* 등으로 표준 bps와 약간의 차이가 있지만 이는 다음과 같은 이유로 실용상 큰 문제가 없다.

앞의 bps들에서 발생되는 차이의 오차율을 구하면 다음과 같다.

38,400*bps*의 경우 :

$$\text{오차율} = \frac{38462 - 38400}{38400} \times 100 = \frac{62}{38400} \times 100 \cong 0.16\%$$

9,600*bps*의 경우 :

$$\text{오차율} = \frac{9615 - 9600}{9600} \times 100 = \frac{15}{9600} \times 100 \cong 0.16\%$$

즉, 모든 bps에 걸쳐 약 0.16%의 오차가 발생하는데, 이는 어지간한 소자의 오차율보다 낮은 것이며, 이러한 오차가 통신에 미치는 영향을 살펴보면 그림 3-2-22와 같다.

그림에서, 각 비트마다 0.16%씩 오차가 발생하면 한 비트씩 진행할 때마다 오차가 누적되어 가장 마지막 비트인 Stop bit에서는 10개째 비트이므로 1.6%의 오차가 발생한다.

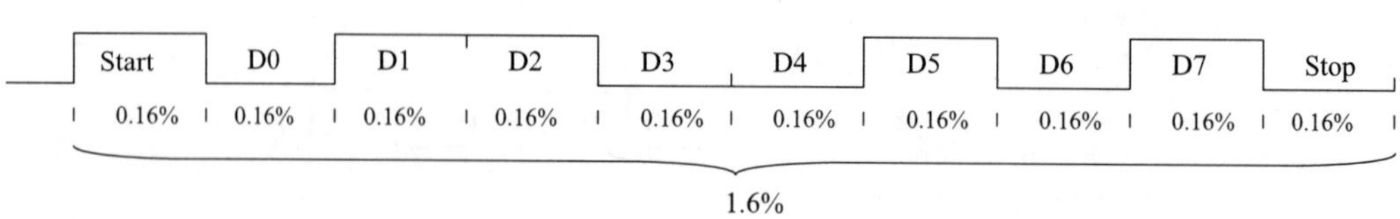

[그림 3-2-22] bps 오차가 미치는 범위

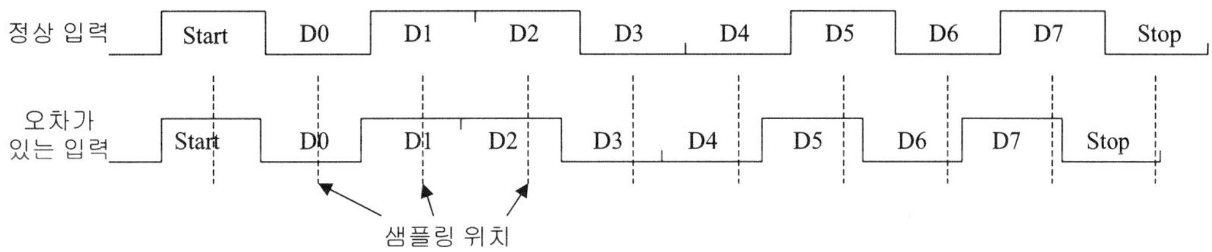

[그림 3-2-23] 송신기와 수신기의 속도 차의 허용 한계

한 비트의 오차가 발생하기 위해서는 마지막 비트 검출 위치에서 다른 비트가 검출되는 경우, 즉 그림 3-2-23과 같이 송신기가 수신기 클록보다 상당히 빠르거나, 또는 송신기가 수신기보다 상당히 느려 이웃한 비트가 잘못 검출되는 경우이며, 이러한 현상이 발생하려면 10개 비트 모두 누적된 오차가 비트의 50%를 차지해야 한다.

따라서 마지막 비트에서 50%의 오차가 발생하려면 각 비트마다 5%의 오차가 발생해야 한다. 앞서 소개한 일반 주파수를 사용한 bps의 경우 한 비트당 오차가 0.16%이므로 5%의 허용오차에 비해 무시할 수 있을 만큼 작은 값이다. 한 바이트 전송 후 다음 바이트가 시작 될 때는 새로운 Start bit에 의해 다시 샘플링 위치를 동기화시키므로 다음 바이트까지 오차가 계속 누적되지 않는다.

v) 비트 샘플링의 원리

16배 클록 주파수를 사용하는 경우, Start bit를 이용하여 데이터 비트를 검출하는 원리를 그림 3-2-24에 나타내었다.

그림 3-2-24에 나타낸 바와 같이 수신회로에서는 Start bit가 검출되면 그 시점부터 클록 주파수 배율의 절반에 해당하는 8클록(그림의 예에서는 16배율이므로)을 카운트한 후 다시 한 번 Start bit를 검사해 잡음인지 아닌지를 확인한다. 정상적인 Start bit임이 확인되면, 이 이후로는 클록 주파수 배율인 16클록마다 데이터를 샘플링하면 그림과 같이 각 데이터 비트의 거의 중앙 점에서 데이터를 검출하게 되므로, 전송 라인 상의 지연

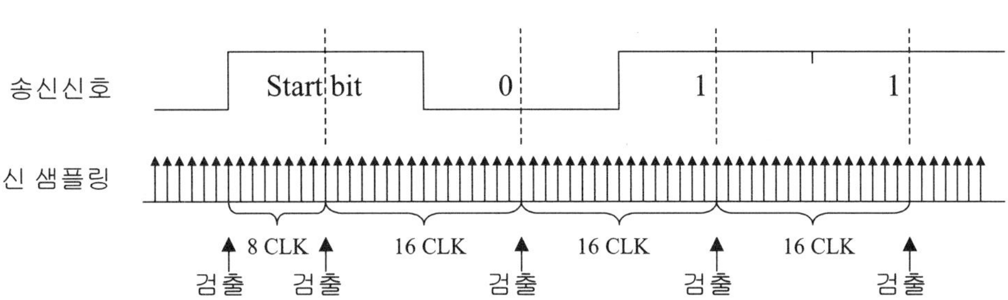

[그림 3-2-24] Start bit를 이용한 데이터 검출 원리

등에 의한 파형의 일그러짐 등이 안정된 부분을 검출하여 올바른 데이터를 검출할 수 있고, 샘플링 지점 앞, 뒤로 송신기와 수신기의 클록 오차에 대한 여유를 확보할 수 있다.

⑤ 동기통신과 비동기통신의 선택

앞서 살펴본 동기통신과 비동기통신은 어떤 기준으로 선택하는지에 관해 살펴보기 위해 다음과 같은 상태를 예를 든다.

환 경 : UTP cable(최대 주파수=10*MHz*일 때)
동기식 사용 시 :
맨체스터 코딩 시 데이터 전송속도가 절반으로 감소하더라도 10*Mbps*의 고속전송 가능
비동기식 사용 시 :
전송 라인 최대 주파수로 가동하기 위해서는 제어소자가 320*MHz*로 동작

환 경 : 전화선 모뎀 (최대 데이터 속도=600*bps*일 때)
동기식 사용 시 :
맨체스터 코딩 시 300*bps*로 전송속도 감소
비동기식 사용 시 :
전송 라인 최대 데이터 속도 때 제어소자는 9.6*KHz*로 동작
설령 약 90배 속도인 56,000*bps*로 전송하더라도 896*KHz*로 동작

이러한 예로는 이더넷 LAN을 들 수 있는데, 전송 라인의 속도가 10*MHz*인 경우 bps로는 20*Mbps*이며, 이를 비동기식으로 전송하려면 클록 주파수는 16배 클록을 사용할 경우 320*MHz*나 되어 취급하기 매우 어려워진다. 이에 비해 동기통신을 이용하면 제어소자는 10*MHz*로 동작하면 되며, 비록 전선 수를 줄이기 위해 맨체스터 코딩에 의해 데이터와 클록 신호를 합성해 전송속도가 절반으로 되더라도 10*Mbps*의 빠른 전송속도를 얻을 수 있다. 맨체스터 코딩에 대해서는 "이더넷(Ethernet)"에서 다룬다.

이에 비해 전화선을 이용한 모뎀의 경우, 양방향 교신용 주파수 채널은 한 개씩 존재하기 때문에 각 방향 라인이 1개만 존재하는 것과 같으므로, 동기식을 사용하려면 클록 신호와 데이터 신호를 합성해 전송해야 한다. 맨체스터 코딩을 사용해 합성할 경우 주파수가 2배로 높아지므로 전화선의 제한된 속도 내에서 데이터 전송속도는 절반으로 줄어들어 그나마 저속인 속도가 더욱 떨어진다. 한편 전송 라인에 비해 제어소자의 속도는 많은 여유가 있으므로 클록 주파수가 높아지더라도 비동기식을 사용하면 Start bit와 Stop bit를 합쳐 10비트 전송하므로 앞서 동기식에 비해 1.6배 빠른 속도로 전송할 수 있다.

결론적으로, 동기통신은 전송 라인이 전송소자 속도보다 빠른 경우, 즉 소자속도에 의해 전송속도가 제한받는 경우 유리하고, 비동기통신은 전송 라인이 전송소자 속도보다 느린 경우, 즉 전송 라인에 의해 전송속도가 제한받는 경우 유리하다.

참고로, IBM-PC의 키보드 데이터 전송이나 PS/2 마우스 데이터 전송은 동기식이며 클록 라인과 데이터 라인이 모두 설치되어 있다. 이는 전송속도 측면에서 사용한 것은 아니고, 동기식이 제어회로가 더 간단하기 때문이다.

2) 전송매체

OSI 7계층 중 최하위 레벨인 물리 계층에서 사용하는 전송매체는 여러 종류가 있다. 이들 중 우리 주변에서 중요하게 사용하는 몇 종류를 살펴본다. 단, 전파를 이용한 무선통신에 관한 사항은 무선통신 관련 서적을 참조하라.

(1) 유선전송

유선 전송에 사용되는 전선은 2-선식 개방선로(two-wire open line)와 트위스트-페어(twisted-pair line), 그리고 동축케이블(coaxial cable)이 주로 사용된다.

① 2-선식 개방선로

2-선식 개방선로는 가장 단순한 방식으로서 가정용 전기의 전선과 마찬가지로 2가닥의 전선을 이용해 데이터를 전송한다. 이는 잡음보호에 관한 특별한 장치가 없기 때문에 전압으로 신호를 전송할 경우 전송거리가 50미터 이내로 비교적 짧고 전송속도는 20*Kbps*(bit per sec) 정도의 저속에서 사용된다. 이러한 2-선식 개방선로가 사용되는 예로는 컴퓨터의 키보드나 마우스와 본체 사이의 접속 케이블, RS-232C 직렬통신 등이 있다. 또한 2-선식 개방선로를 병렬통신용으로 이용할 때는 그림 3-2-25(b)와 같이 여러 가닥의 선을 일렬로 붙인 플레이트 케이블(flat cable)을 사용하며, 플로피디스크나 하드디스크용 케이블 등에서 사용한다.

(a) 2-선식 개방선로 (b) 플레이트 케이블

[그림 3-2-25] 2-선식 개방선로

2-선식 개방선로는 그다지 특성이 좋지 않지만 간단하고 비용이 저렴하며, 전류를 이용해 신호를 전송하면 그 특성이 더욱 좋아지며, 이러한 예로는 전자악기를 접속하는 MIDI 등이 있다.

② 트위스트-페어

2-선식 개방선로의 잡음 등에 관한 특성을 개선하기 위해 그림 3-2-26(a)와 같이 한 쌍의 전선을 서로 꼬아 만든 것이 트위스트-페어(twisted-pair)로서, 이는 그림 3-2-26(b)와 같이 전선에 잡음을 받더라도 두 선이 함께 받음으로 인해 두 전선 사이의 잡음전압의 차가 지나치게 커지지 않도록 한다. 또한, 두 전선이 서로 꼬이며 진행하기 때문에 2-선식 개방선로에 비해 약간의 인덕턴스가 발생하는데, 이는 통신신호에 영향을 줄 정도는 아니지만 스파크성 잡음과 같이 고주파에 대해서는 저지요소로 작용하기 때문에 잡음의 흐름을 감소시킬 수 있다.

(a) 트위스트-페어 (b) 트위스트-페어의 원리 (c) 트위스트-페어 플레이트

[그림 3-2-26] 트위스트-페어

이와 같은 트위스트-페어는 컴퓨터 간 접속 시 사용하는 이더넷 LAN(10BASE-T)을 비롯해 USB, SATA 라인 등에 사용된다.

③ 동축케이블

동축케이블(coaxial cable)은 가격이 비싸지만 전송신호를 보호하는 장치가 되어 있어 안전하게 먼 거리를 전송할 수 있다. 동축케이블의 구조를 그림 3-2-27(a)에 나타내었다.

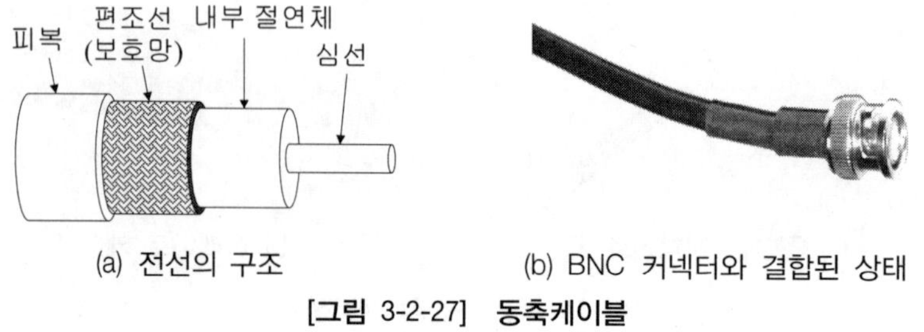

(a) 전선의 구조 (b) BNC 커넥터와 결합된 상태

[그림 3-2-27] 동축케이블

그림에 나타낸 바와 같이 전기신호는 심선을 통해 전달되고, 이곳에 잡음의 유입을 방지하기 위해 바깥에 망사 형태로 된 편조선을 씌운 것으로서, 그림 3-2-27(b)와 같이 BNC 커넥터와 함께 접속해 사용한다. 이와 같이 케이블 구조상 심선을 중심으로 절연체, 편조선 등이 모두 동일한 축을 중심으로 동심원을 형성하고 있어 동축(同軸)케이블이라 한다. 이 케이블은 미약한 신호를 보호하는 데 유용하기 때문에 케이블 TV나 텔레비전 안테나선, LAN 케이블(10BASE-2), 오실로스코프 프루브(probe) 라인 등 다양한 곳에 사용된다.

(2) 광 전송

앞 절에서 설명한 유선전송들은 모두 전기신호를 전송하는 것으로서, 이들은 정도의 차이는 있지만 전자기적 간섭에 의한 잡음을 피할 수는 없다. 이에 비해 광 전송은 빛을 이용해 신호를 전달하기 때문에 전자기 신호와 무관해 잡음에 매우 강한 특성을 나타낸다. 특히, 전기신호에 비해 광 신호는 주파수가 훨씬 높기 때문에(전파는 최대 100*GHz* 정도, 가시광선은 10~1,000*THz* 정도) 디지털 데이터 전송 시 훨씬 빠른 속도로 신호전송이 가능하다. 또한 광을 이용한 전송은 송수신장치 간 전기적 절연이 이루어져 기기의 안정성을 확보하는 데 유리하다. 그러나 광의 발생 및 소멸 시간이 일정치 않아 지터(jitter)현상이 존재하기 때문에 타이밍에 예민한 정밀한 펄스 전송에는 문제가 발생하는 단점이 있다. 광을 이용한 데이터 전송은 직접 공기 중에 방사하는 형태와 섬유를 통해 전달하는 방식이 많이 사용된다.

① 적외선

(a) 리모컨 송신기

(b) 수신기 모듈

(c) VTR의 리모컨 수신부

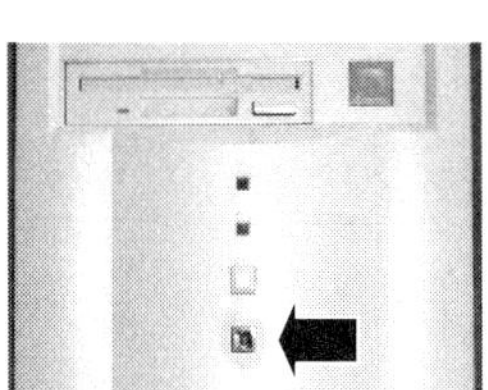

(d) 컴퓨터

(e) 프린터

(f) 디지털 카메라

[그림 3-2-28] 각종 적외선 통신기기

공기 중에서 광 신호를 사용하려면 가시광선이 존재하므로 이 광선과 무관한 적외선을 사용하는 것이 유리하다. 또한, 자연광에 존재하는 적외선과 신호용 적외선을 구분하고, 적외선 수신기기끼리의 구분을 위해 적외선을 디지털 코드로 변환해 방사한다. 이와 같은 적외선을 이용한 데이터 전송의 대표적인 기기로는 가정에서 많이 사용하는 리모컨과 컴퓨터나 디지털 카메라 등에 사용하는 적외선 포트(IR port) 등이 있다. 적외선 통신에 대한 상세한 것은 이후에 별도로 다룬다.

② 광섬유

광 신호를 공기 중에 방사하지 않고 전선과 같이 일정한 경로로 빛이 진행하도록 유도할 수 있는데, 이때 사용하는 소자가 광섬유이다.

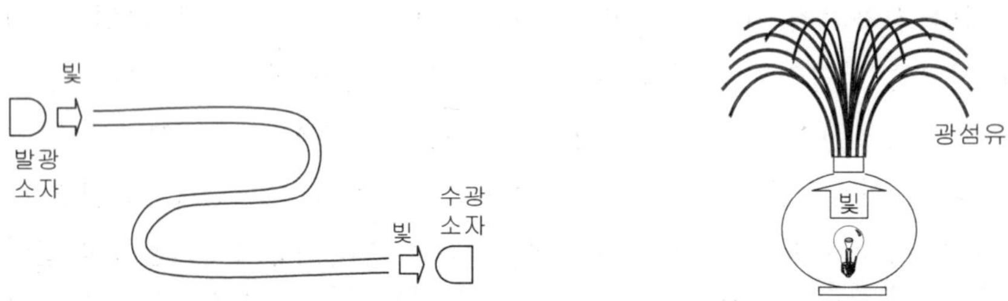

(a) 광섬유의 빛 유도 원리 (b) 광섬유를 이용한 장식품의 예

[그림 3-2-29] 광섬유의 원리

이러한 광섬유를 이용한 데이터 전송에는 빛의 직선성이 좋은 레이저를 주로 사용하며, 빛은 전기신호와는 별개의 것이므로 전기적 잡음 등의 영향을 받지 않고 파장이 매우 짧아(즉, 주파수가 매우 높아) 초고속 통신이 가능한 장점이 있다. 그러나 빛을 송신하는 곳과 수신하는 곳의 결합장치가 복잡하고 특히 끊어진 섬유와 섬유를 연결하는 과정이 몹시 복잡한 것이 단점이다.

3) 범용 직렬통신 규격

안정된 직렬통신을 위한 여러 전기적 규격이 고안돼 있으며, 이들은 각각 용도에 따라 선택해 사용할 수 있다. 이 책에서는 보편적으로 사용되고 있는 몇 종류의 규격에 관해 살펴본다.

(1) RS-232C

RS-232C는 전송거리가 비교적 짧고 저속인 경우에 사용하는 방법으로서 구현이 쉽

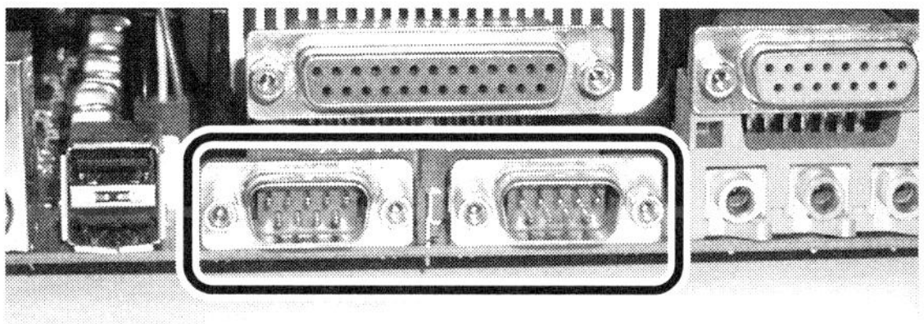

[그림 3-2-30] IBM-PC의 RS-232C 포트

고 비용이 저렴한 특징으로 주로 전화선 모뎀(MODEM), 터치스크린, 바코드 리더, 카드 결제기 등과의 교신에 사용된다.

① RS-232C의 규격

통신 라인에 논리회로 전압인 $+5V$와 $0V$ 전압을 이용하면 전압이 작기 때문에 잡음의 영향을 쉽게 받으므로 먼 거리를 전송하기 어렵다. 따라서 높은 전압으로 전송해 잡음에 강하도록 한 것이 RS-232C의 기본 원리이며, 이를 그림 3-2-31에 나타내었다.

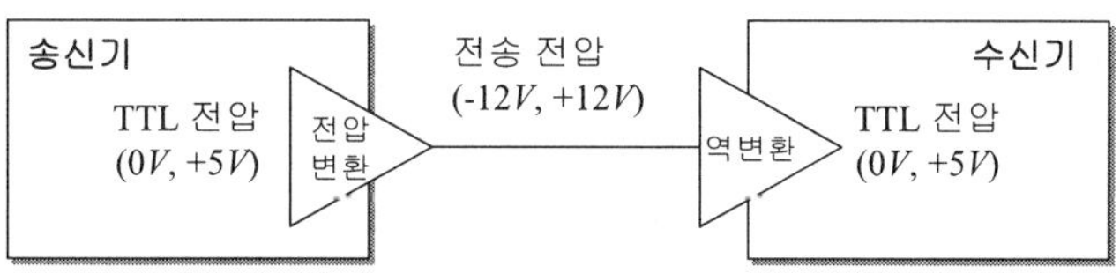

[그림 3-2-31] RS-232C 전송의 기본 원리

그림의 예에서는 TTL 전압을 $\pm 12V$로 변환해 전송하는데, 만약 잡음전압이 $3V$ 정도라면 이는 TTL 전압에 대해서는 충분히 오류를 발생시킬 수 있는 잡음이지만, $\pm 12V$에 대해서는 큰 잡음에 해당되지 않는다. 이와 같은 원리에 의해 송신기는 TTL 전압을 잡음의 영향을 덜 받도록 훨씬 큰 전압으로 변환해 전송하고, 수신기는 이 전압을 다시 TTL 전압으로 복귀시킨다. 표 3-2-5는 RS-232C에서 규정하고 있는 전기적 규격이다.

〈표 3-2-5〉 RS-232C의 전기적 규격

구 분	사 항	규 격
드라이버	무부하 시 최대 출력전압	$\pm 25V$
	3~7$K\Omega$ 부하 시 최소 출력전압	$\pm 5 \sim 15V$
	전원 off시 최소 출력저항	300Ω
	Short 시 최대 출력전류	$\pm 500mA$
	최대 슬루 레이트(slew-rate)	$30V/\mu S$
리시버	입력저항	$3 \sim 7K\Omega$
	입력 threshold 전압	$\pm 3V$
	최대 입력전압	$\pm 25V$

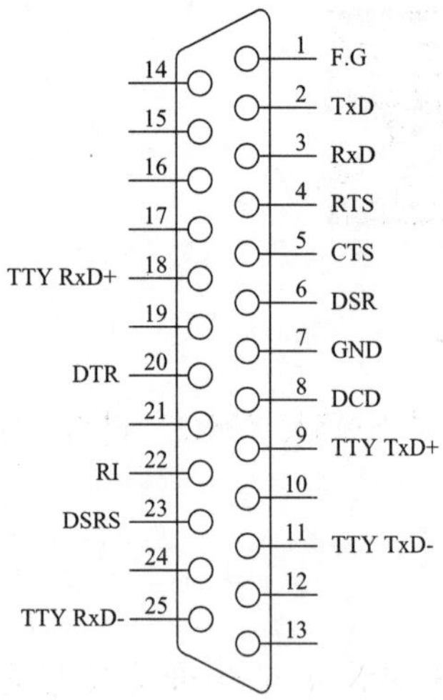

(a) 25핀 커넥터

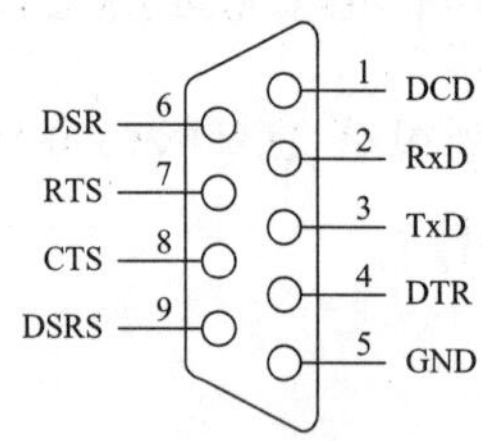

(b) 9핀 커넥터

약자	의 미
DCD	Data Carrier Detect
RxD	Received Data
TxD	Transmitted Data
DTR	Data Terminal Ready
DSR	Data Set Ready
RTS	Request to Send
CTS	Clear to Send
F.G	Frame Ground
GND	Signal Ground

(c) 주요 신호의 의미

[그림 3-2-32] RS-232C 접속 커넥터 규격

RS-232C를 접속하는 커넥터 규격은 그림 3-2-32와 같이 2종류가 있다. 그림 3-2-32(a)의 25핀 커넥터 규격 중에는 모뎀 제어와 텔레타이프(TTY) 제어용 규격들이 포함되어 있으며, IBM-PC에서는 그림 3-2-32(b)와 같이 모뎀 제어용 신호만을 모은 9핀 커넥터 규격이 사용된다.

그림 3-2-32(c)에 나타낸 RS-232C의 주요 핀은 다음과 같은 의미를 가지고 있다.

- DCD(Data Carrier Detect)
  모뎀에서 연결 캐리어(carrier)가 검출되고 있음을 알리는 신호
- RxD(Received Data)
  직렬 데이터의 수신
- TxD(Transmitted Data)
  직렬 데이터의 송신
- DTR(Data Terminal Ready)
  상대편에 이쪽이 통신 준비 됐음을 알리는 신호. 즉, 통신에 접속됐음을 알리는 신호
- DSR(Data Set Ready)
  상대편이 통신 준비 완료됐음을 알려오는 신호
- RTS(Request to Send)
  상대편에 데이터 송신을 요구하는 신호

- CTS(Clear to Send)
  데이터를 송신해도 좋다는 상대편의 허가신호
- F.G(Frame Ground)
  기기의 외장 케이스와 연결하는 접지
- GND(Signal Ground)
  신호선의 접지

② RS-232C 회로

ⅰ) 75188, 75189 RS-232C 드라이버/리시버

RS-232C 드라이버와 리시버는 그림 3-2-33과 같은 역할을 수행한다.

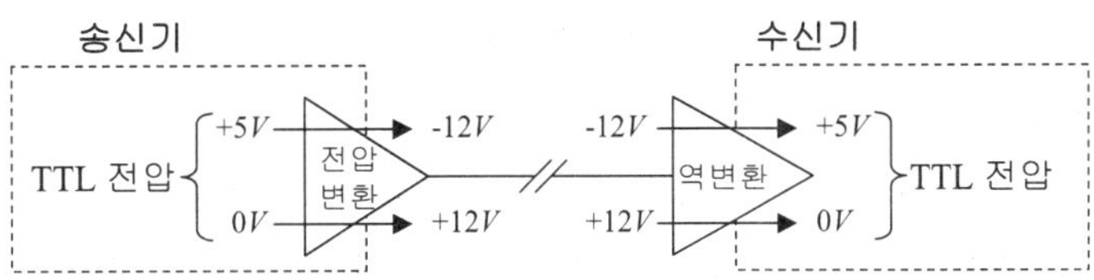

[그림 3-2-33] RS-232C 드라이버/리시버의 역할

즉, 드라이버는 +5V를 −12V로, 0V를 +12V로 변환해 전송하며, 리시버는 이와 반대로 본래의 신호로 복원한다. RS-232C의 규격을 만족시키는 드라이버와 리시버 중 가장 많이 사용되고 있는 것으로 75188, 75189(별칭 1488, 1489라고도 부른다)이 있는데, 이의 내부 구성을 그림 3-2-34에, 회로의 구성 예를 그림 3-2-35에 나타내었다.

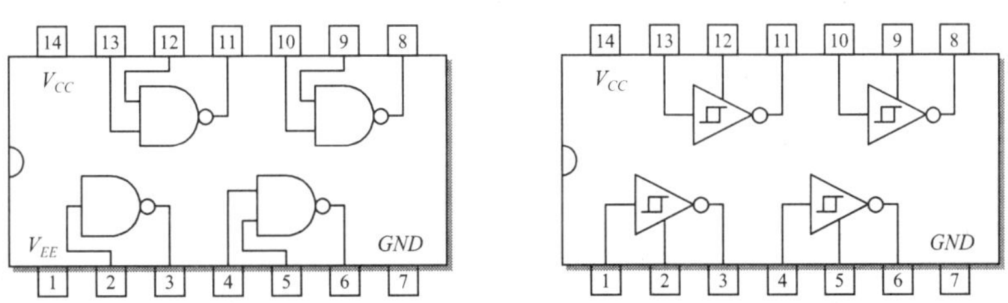

(a) 드라이버(75188) (b) 리시버(75189)

[그림 3-2-34] RS-232C 드라이버/리시버 소자

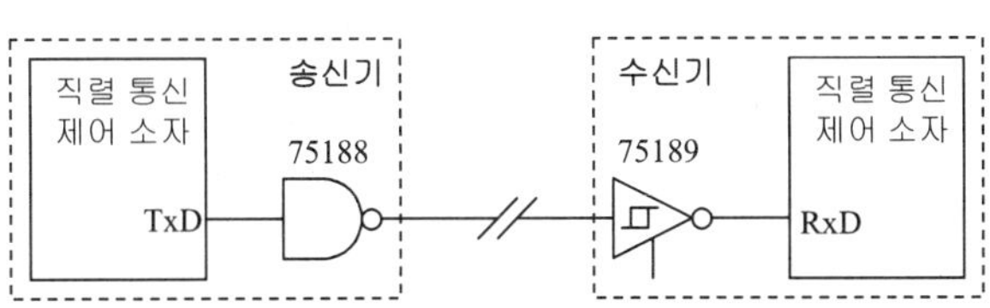

[그림 3-2-35] RS-232C 드라이버/리시버의 사용 예

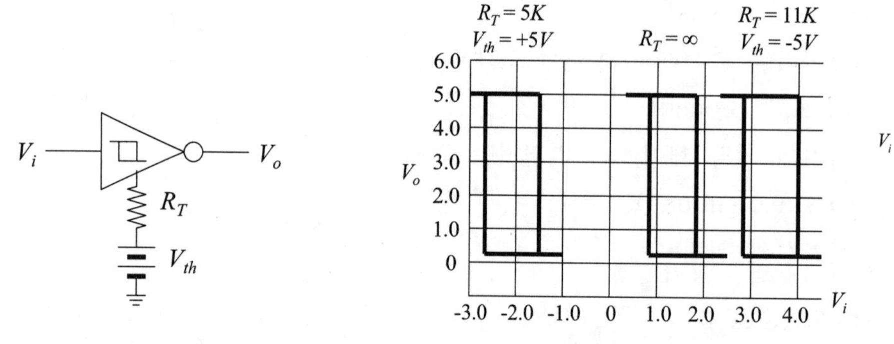

(a) 제어회로 (b) 히스테리시스 특성

[그림 3-2-36] 75189의 히스테리시스 특성 예

그림 3-2-34(b)의 75189 2번 핀은 그림 3-2-36과 같이 접속해 입력 히스테리시스 폭과 변화 위치(threshold)를 조절하는 단자로서, 보통은 오픈(open) 상태로 놓는다.

드라이버 소자 75188은 ±12V의 2개 전원이 필요하고, 컴퓨터 회로에는 +5V가 필요하므로, 송신기 측은 3종류의 전원이 필요하다. 이미 ±12V 전원을 사용하고 있는 시스템에서는 75188을 사용해 저가격으로 RS-232C가 구현되나, ±12V가 없는 시스템에서 이 소자를 사용하려면 별도의 전원회로를 추가해야 하므로 비용이 많이 들고 시스템의 부피도 커진다. 이러한 경우 'MAX232' 소자를 사용하면 +5V 단일전원으로 RS-232C를 구현할 수 있다.

ii) MAX232 RS-232 드라이버/리시버

그림 3-2-37에 MAX232의 구조와 이를 이용한 회로의 예를 나타내었다.

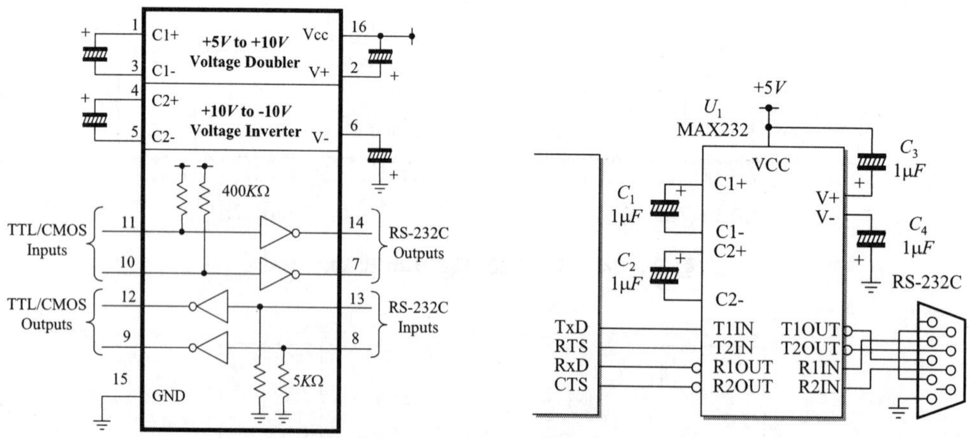

(a) 소자 블록도 (b) 구현회로 예

[그림 3-2-37] MAX232를 이용한 RS-232C 구현 예

이 소자는 75188, 75189 소자에 비해 다소 가격이 비싸지만, 시스템에 ±12V 전원이 없는 상태에서 +5V 단일전원으로 RS-232C가 구현되므로 전원회로의 추가비용보다는 훨씬 저렴하게 구성된다. MAX232는 자체에서 ±10V를 생성해 RS-232C용으로 사용하는데, 이의 원리는 2장의 "3. 컴퓨터회로 분석"에 소개하였다.

③ 'Straight cable'과 'Null-MODEM cable'

RS-232C를 이용해 접속하는 케이블은 그 용도에 따라 Straight cable과 Null-MODEM cable의 2가지가 있다.

ⅰ) 모뎀

모뎀(MODEM)이란 Modulator(변조기)와 Demodulator(복조기)의 합성어인데, 변조기란 원래의 신호를 다른 신호로 변환하는 기기를, 복조기는 변환된 신호를 원래의 신호로 복원시키는 기기를 의미하며, 이러한 예로는 라디오 방송을 들 수 있다.

라디오 방송국에서는 음악이나 목소리 등 음향신호를 멀리 전달하기 위해 이에 해당되는 전파신호로 변환하며, 이를 '변조'라 한다. 라디오에서는 안테나로 수집된 전파신호를 본래의 소리신호로 복원하며, 이때의 라디오가 '복조기'이다.

마찬가지 원리로, 컴퓨터 데이터를 먼 거리의 다른 컴퓨터로 전송할 때 전화를 이용할 수 있는데, 컴퓨터 신호를 전화기를 통해 전달할 수 있도록 소리신호로 변환하는 기

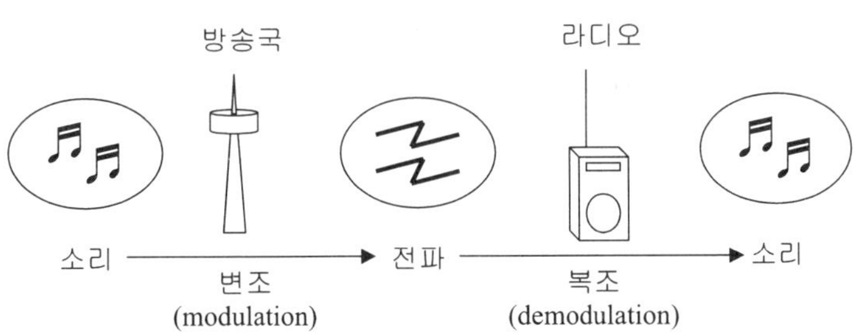

[그림 3-2-38] 라디오에서의 변/복조 개념

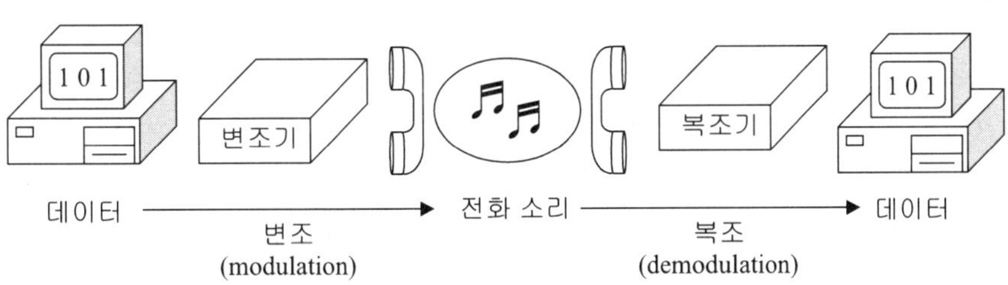

[그림 3-2-39] 컴퓨터에서의 변/복조 개념

기를 변조기(modulator)라 하고 전화기를 통해 전달된 소리신호를 다시 컴퓨터 데이터 신호로 복원시키는 기기를 복조기(demodulator)라 하며, 일반적으로 하나의 기기에 이러한 기능을 모두 가지고 있으므로 'MODEM'이라는 합성어를 사용한다. 모뎀의 원리에 관한 더 자세한 것은 전화선 통신 부분을 참조하라.

ii) Straight 케이블

Straight 케이블은 컴퓨터와 모뎀 사이, 또는 컴퓨터와 프린터 사이의 접속과 같이 주/종(主從 : master-slave)관계에 있는 기기들을 접속하는 케이블로서, 이것이 RS-232C의 본래 케이블이다.

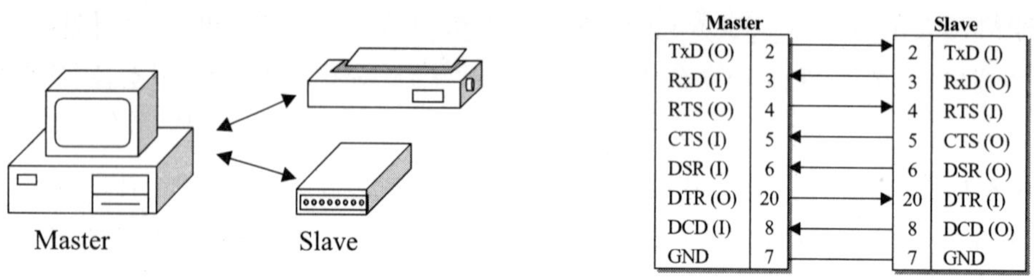

(a) 주/종 관계의 접속 (b) 케이블 배선도

[그림 3-2-40] Straight cable의 개념

그림 3-2-40(a)와 같은 주/종 관계의 접속은 그림 3-2-40(b)와 같이 핀과 핀이 직결된 케이블을 사용하는데, 이때 슬레이브 측의 신호 정의는 마스터 측 입장에서 정의되며, 예를 들어 TxD는 '송신 데이터'이므로 마스터 입장에서는 출력(output)이고 슬레이브 입장에서는 보내진 신호를 받는 입력(input)이다.

iii) Null-MODEM 케이블

Null-MODEM 케이블은 RS-232C를 특수하게 이용하는 것으로서, 이의 개념을 그림 3-2-41에 나타내었다.

원거리의 두 컴퓨터가 통신하려면 그림 3-2-41(a)와 같이 각 컴퓨터에 Straight 케이블로 모뎀과 접속하고 원거리 교신은 모뎀과 모뎀 간에 행한다. 그런데, 통신할 두 컴퓨터가 동일한 공간이나 근거리에 있다면 굳이 모뎀과 같은 장비를 거칠 필요 없이 그림 3-2-41(b)와 같이 컴퓨터와 컴퓨터를 직접 접속할 수 있으며 이때의 접속은 그림 3-2-41(c)와 같은 형태가 된다. 이와 같이 두 컴퓨터 사이를 RS-232C를 이용해 직접 접속할 수 있는 케이블을 '모뎀이 생략된 케이블'이라는 의미로 'Null-MODEM 케이블'이라 하는데, 이 케이블은 연결할 대상들이 모두 마스터이므로 그림 3-2-41(d)와 같이 각 신호들을 교차해 접속한다.

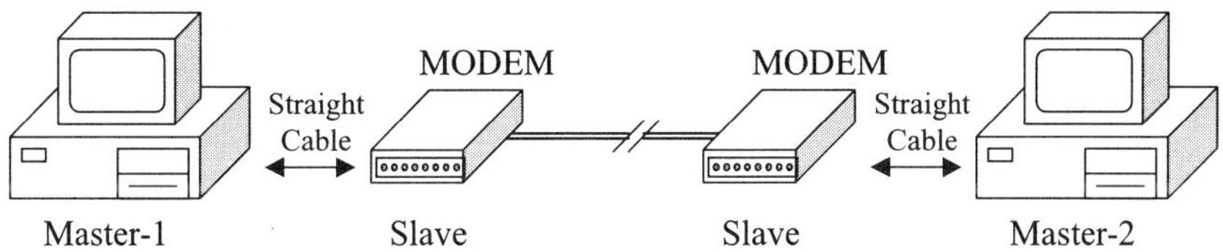

(a) 원거리 두 컴퓨터 간의 접속

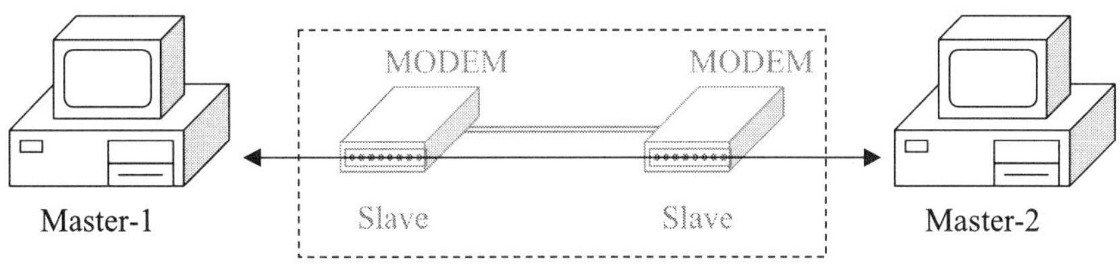

(b) 근거리 두 컴퓨터 간의 접속

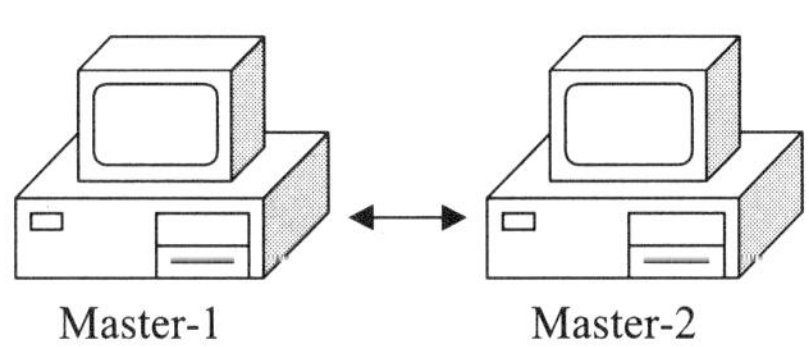

(c) 두 컴퓨터 간의 직접 접속

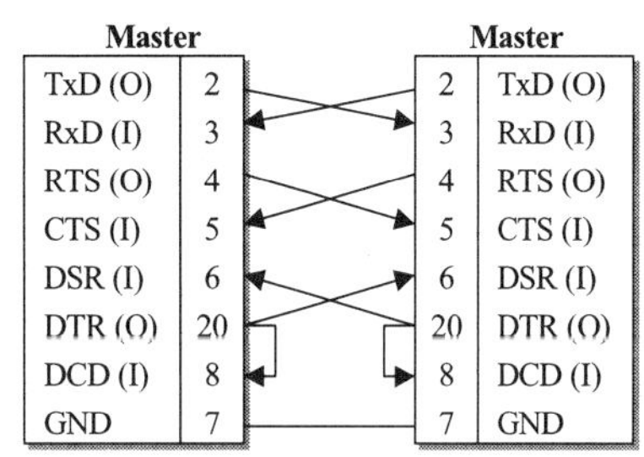

(d) 케이블 배선도

[그림 3-2-41] Null-MODEM 케이블의 개념

(2) RS-422

RS-422 방식은 RS-232C에 비해 전송거리가 길고 전송속도도 빠르므로 서버용 컴퓨터 등 고급 전송에서 주로 사용되는데, 특히 SCSI의 LVD 방식, UTP 케이블 이더넷, IEEE-1398, USB, DVI, HDMI 등의 기본적인 원리가 된다.

① RS-422의 원리

그림 3-2-42에 RS-422의 기본 원리를 나타내었다.

그림에 나타낸 바와 같이 RS-422 규격은 2가닥의 전선을 사용해 하나는 정상신호를, 나머지는 반전신호를 동시에 전송하며, 이를 '차동신호'라 한다. 수신기는 두 전선의 절대전압이 아닌 상대적인 전압 차를 검출한다. 만약 데이터 전송 중 라인에 잡음이 혼입되면 그림 3-2-43(b)와 같이 2개 전선에 동시에 잡음이 섞이지만, 라인의 전압 차는 그대로 유지되므로 데이터에 영향을 주지 않는다. 이때 2개 라인의 조건이 유사하도록

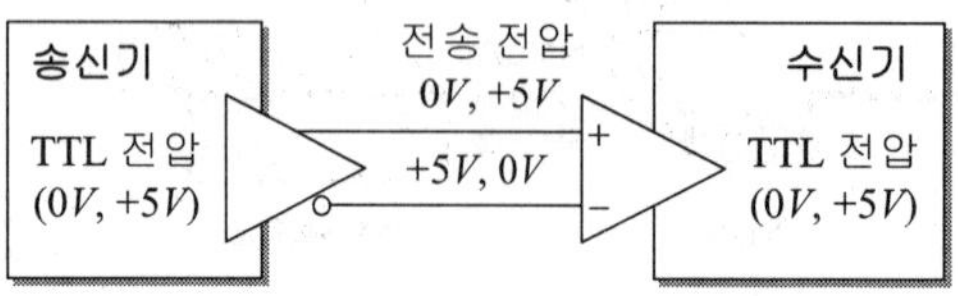

(a) 신호전송 원리

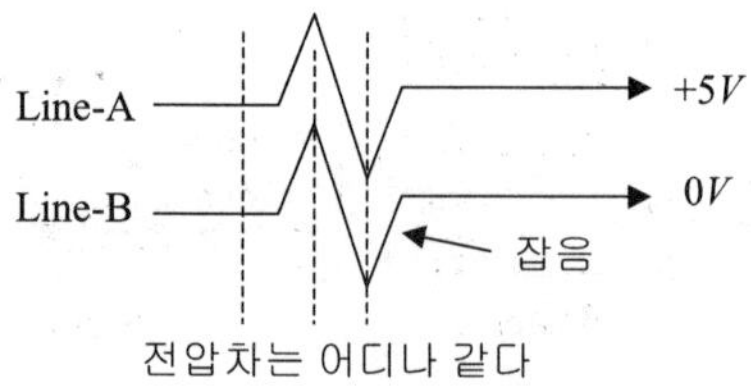

(b) 잡음유입 상태

[그림 3-2-42] RS-422 전송의 기본 원리

전선을 서로 꼬아놓은 형태로 사용하며, 이를 '트위스트-페어(twisted-pair)'라 한다. 그림 3-2-43(a)는 이더넷에 사용되는 UTP(Unshielded Twisted Pair)의 외형이며, 이 라인은 그림 3-2-43(b)과 같이 잡음이 발생하는 근처에 전선이 지날 때, 2개 라인이 잡음을 받더라도 골고루(?) 받도록 하는 원리이다.

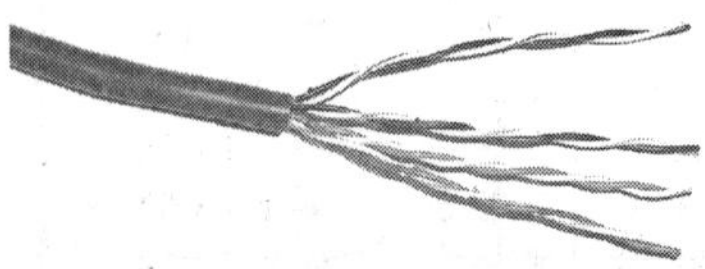

(a) 트위스트-페어 사진

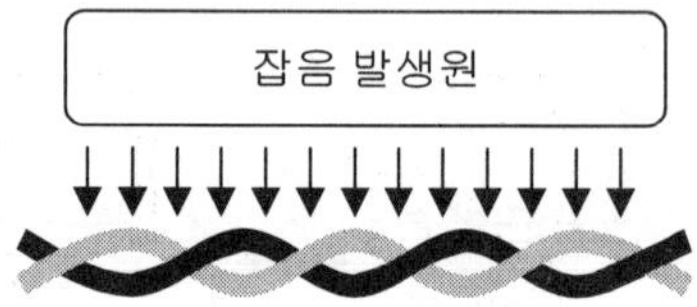

(b) 트위스트-페어의 원리

[그림 3-2-43] 트위스트-페어 라인

② RS-422의 규격

RS-422 전기규격의 일부를 표 3-2-6에 나타내었다. 여기서 드라이버의 출력저항이 100Ω으로 설정된 것은 일반적인 트위스트-페어 라인의 임피던스가 약 100Ω으로서 이와 임피던스 매칭을 시켜 라인의 반향을 최대한 억제하기 위한 것이다.

〈표 3-2-6〉 RS-422의 전기적 규격

구 분	사 항	규 격
드라이버	무부하 시 최대 출력전압	±10V
	100Ω 부하 시 최소 출력전압	±2V
	차동 라인 간 최대 출력저항	100Ω
	접지와 Short 시 최대 출력전류	±150mA
	최대 상승시간	비트 폭의 10%
리시버	최소 입력저항	4KΩ
	입력 threshold 전압	±200mV
	최대 차동 입력전압	±12V

RS-422의 규격에서 알 수 있듯이 송신기는 RS-232C와 같이 큰 전압을 사용하지 않고 단지 두 라인의 전압 차만 발생시키므로 동일한 슬루 레이트(slew-rate)에서 목표전압에 도달하는 시간이 RS-232C보다 5배 이상 (RS-422은 5V, RS-232C는 ±12~±25V이므로 24~50V) 빠르다. 또한, 수신기는 전압 차를 검출하는데 ±200mV면 되므로, RS-232C의 ±3V에 비해 15배 이상 빨리 검출할 수 있어 송수신부 전체 속도는 RS-232C에 비해 약 50배 이상 빠른 1$Mbps$까지 가능하다. 그리고 잡음에 대한 내성이 강해 RS-232C에 비해 전송거리도 약 50배 정도인 1.5Km까지 가능하다. 이 같은 RS-422의 차동 라인에 절연회로를 부가한 것이 이더넷 LAN 중 '10BASE-T'(RJ-45 커넥터 사용) 방식이다.

표 3-2-7에 RS-232C와 RS-422의 비교를 나타내었다.

〈표 3-2-7〉 RS-232C와 RS-422의 비교

특성 \ 규격	RS-232C	RS-422
최대 전송거리	30m	1.5Km
최대 전송속도	20$Kbps$	1$Mbps$
data 'H'	$-1.5 \sim -25V$	$V_a > V_b$
data 'L'	$+1.5 \sim +25V$	$V_a < V_b$
최소 수신전압	±1.5V	±100mV

RS-422은 RS-232C와는 달리 커넥터 규격은 명확히 정의되어 있지 않으며, 따라서 이를 사용하는 기기마다 독자적인 커넥터 규격을 이용한다.

③ RS-422 회로

RS-422용 라인 드라이버와 리시버 중 26LS31과 26LS32의 구조 및 사용 예를 그림 3-2-44에 나타내었다.

그림 3-2-44(a), (b)에 나타낸 26LS31과 26LS32 두 소자는 각각 RS-422 규격을 만족하는 드라이버와 리시버로서 차동출력과 차동입력을 처리할 수 있도록 구성되고, 필요에 따라 출력신호들을 Tri-state 상태로 제어할 수 있는 단자를 가지고 있으나 이후에 다룰 RS-485에서 사용되며 RS-422에서는 사용할 일이 거의 없다.

그림 3-2-44(c)는 이들 드라이버와 리시버를 이용해 회로를 구성한 예로서, RS-422의 규격 상 두 차동 라인의 전압 차만 유효하므로 이론적으로 송신기와 수신기 사이에 접지 라인이 필요 없을 것 같으나 실제로는 송신기와 수신기 사이의 접지 간 전압 차가 상당히 크기 때문에 이를 줄이기 위해 서로 접지를 이어야 한다.

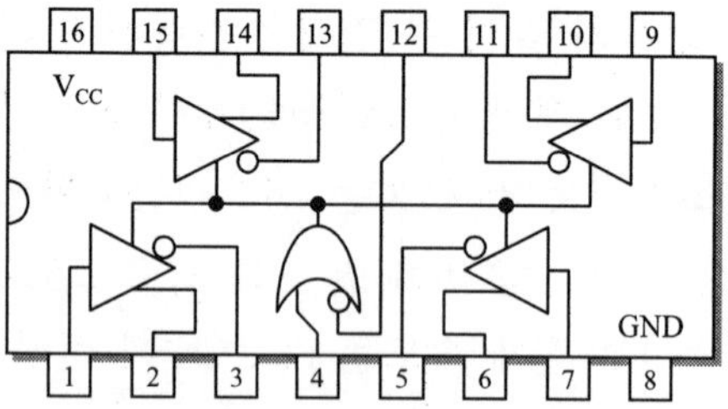

(a) 26LS31 RS-422 드라이버

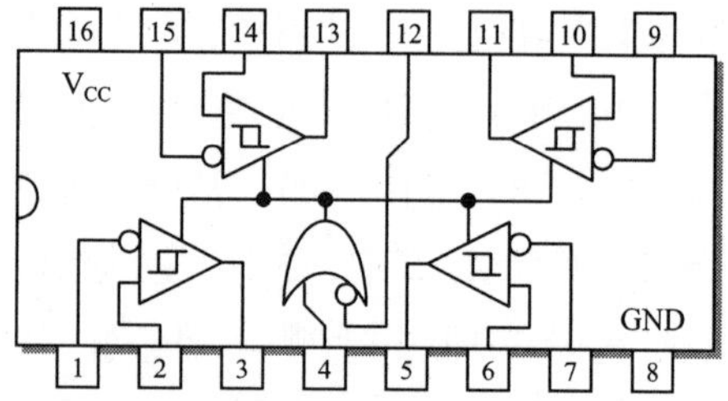

(b) 26LS32 RS-422 리시버

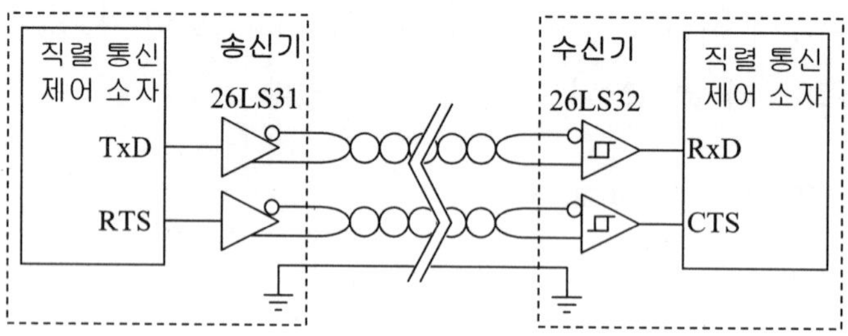

(c) 사용 예

[그림 3-2-44] RS-422용 드라이버/리시버

④ 접지의 처리

RS-422는 앞서 소개한 바와 같이 두 개의 차동 라인 사이 전압 차를 이용하기 때문에 두 라인 사이의 전압 차만 중요하지만, 실제로 각 기기들 사이의 접지 전압 차가 상당히 크게 나타나기 때문에 접지선을 이어야 한다. 이러한 예를 그림 3-2-45에 나타내었다.

그림에서, 수신기 측의 접지를 $0V$ 기준점이라 하고, 만약 송신기와 수신기 사이의 접지점 사이 전압이 어떤 순간에 그림과 같이 $100V$의 전압 차가 벌어진 상태라 가정하면, 송신기 입장에서는 자신의 접지점과 동일한 $0V$와 $+5V$의 두 전압으로 신호를 송신한 것이지만, 수신기 입장에서는 상대편 기기가 이미 $100V$로 바이어스된 상태에서의 전압이 전송되어온 것이므로 $100V$와 $105V$의 전압으로 되어 두 차동 라인 사이

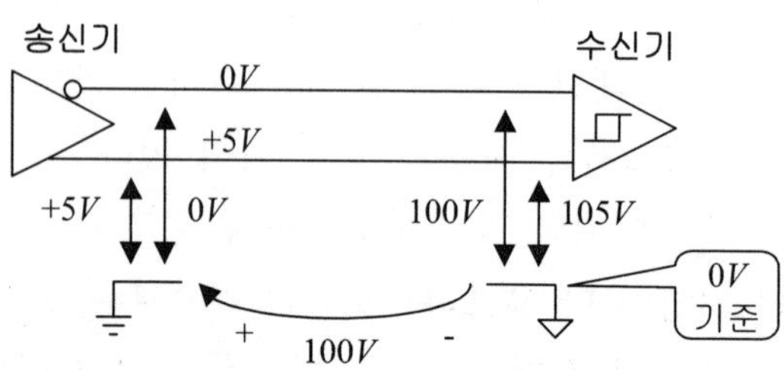

[그림 3-2-45] RS-422용 드라이버/리시버

의 전압 차는 +5V로 문제가 없으나 각 라인의 절대전압은 100V와 105V의 매우 큰 전압이므로 소자가 파손된다. 위 예에서는 두 기기 간 전압 차를 100V의 작은 전압으로 가정해 살펴봤으나, 사실상 두 기기 간 전압 차는 기기 사이의 전선이 길어질수록 전선의 인덕턴스에 기인해 전압 차가 더 커지며, 설령 전선이 짧다 하더라도 일반적으로 교류 220V를 사용하는 기기의 경우 보통 약 300V 이상의 전압 차가 벌어진다. 그런데 RS-422은 RS-232C 등에 비해 전송거리가 일반적으로 상당히 길기 때문에 전압 차가 더 크게 벌어지고, 이 때문에 그림 3-2-46(a)와 같이 접지선을 직접 접속하면 접지선 사이에 큰 전류가 흘러 통신선에 상당한 영향을 미친다.

이러한 현상은 RS-232C에서도 동일하게 발생하지만, RS-232C는 일반적으로 비교적 짧은 거리를 접속하기 때문에 대부분의 경우 큰 영향이 없지만, 먼 거리를 접속할 경우에는 문제가 될 수 있다. 따라서 접지선을 직접 접속하지 않고 그림 3-2-46(b)와 같이 저항으로 전류를 제한하도록 하면, 비록 저항 때문에 약간의 전압 차가 발생하지만 전송용 차동 라인의 임피던스와 유사한 값을 사용하면 차동 라인과의 전압 차는 크게 벌어지지 않으면서도 접지선을 통한 전류의 흐름을 제한할 수 있다.

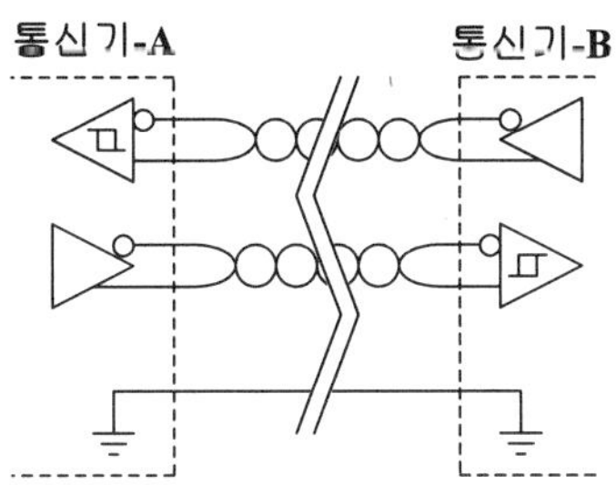

(a) 직접접속

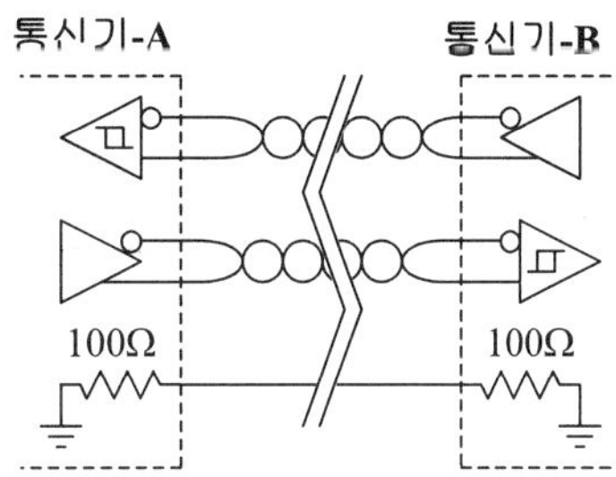

(b) 전류제한 접속

[그림 3-2-46] 접지접속의 예

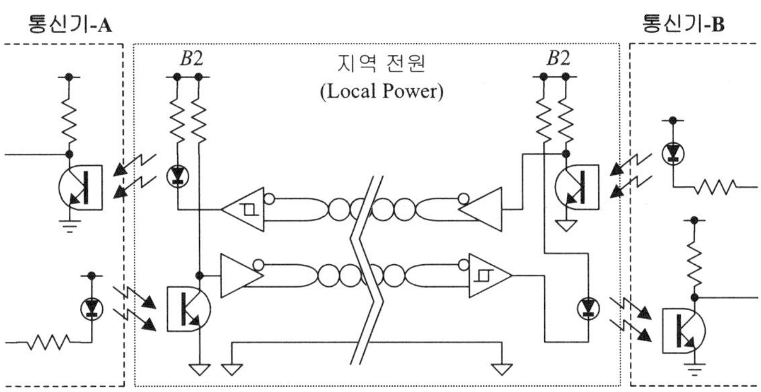

[그림 3-2-47] 절연접속의 예

접지접속을 가장 안전하게 할 수 있는 방법으로는 그림 3-2-47과 같이 전송 라인 부분과 각 통신기 사이의 전원을 분리해 완전한 절연을 시키는 것이다.

이 방법은 전기적으로 완전한 절연이 이루어지므로 각 통신기가 보호되는 장점이 있지만 전체적인 회로가 상당히 복잡해지기 때문에 그다지 실용성이 없고, 오히려 전기적 절연효과를 얻기 위해서는 이후에 소개하는 Current-loop가 더 실용적이다.

이와 유사하게 커패시터나 인덕터를 이용해 절연을 하는 방법이 있으며, 이는 이더넷에서 사용 중이지만 RS-422은 이더넷과 달리 신호를 변조하거나 코딩하지 않기 때문에 연속적인 '0'이나 '1' 신호가 전달되는 경우 직류에 해당되므로 전달되지 않아 사용할 수 없다.

(3) RS-485

① RS-485의 원리

앞서 소개한 RS-232C나 RS-422은 통신기기 간 일대일 교신용으로 사용한다. 따라서 만약 여러 대의 통신기기들이 공통으로 접속되어 서로 교신을 행할 경우에는 기기 대수만큼 포트를 설치해 서로 접속해야 하므로 너무나 복잡해 사용할 수 없다. 이러한 경우 사용할 수 있는 규격이 RS-485로서 이는 RS-422을 응용해 여러 대의 통신기기들이 접속되고 필요로 하는 기기 간에 교신을 행할 수 있는 규격이다. 그림 3-2-48에 RS-485의 기본 원리를 나타내었다.

RS-485는 통신 라인을 각 기기들이 공용으로 사용하므로 라인의 사용을 제어하기 위해 일반적으로 하나의 마스터가 존재한다. 그림의 경우 만약 통신기-A가 마스터라면 다른 통신기들은 출력동작을 하지 않고 입력동작만 하도록 설정해 마스터로부터 전송되는 명령들을 수신한다. 마스터가 특정 기기를 지목해 응답하도록 요구하면 그때 해당 통신기는 자신을 출력상태로 전환해 응답한 후 다시 입력상태로 전환한다.

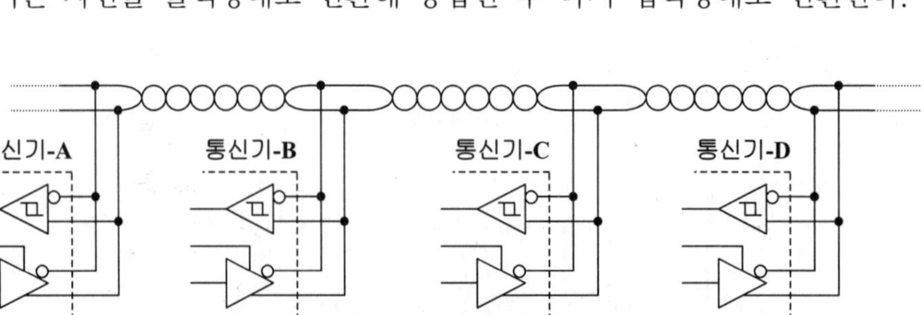

[그림 3-2-48] RS-485의 기본 원리

② RS-485 회로

RS-485를 위한 드라이버와 리시버는 앞서 다루었던 RS-422용 소자인 23LS31과 23LS32를 그대로 사용한다. 단지 출력을 제어하도록 접속하는 것만 다를 뿐이다.

(4) Current-loop

Current-loop는 잡음의 영향을 가장 덜 받는 안정된 방식으로서, 전송거리가 매우 멀거나 특히 송신기와 수신기의 전기절연이 필요할 때 주로 사용한다.

① Current-loop의 원리

그림 3-2-49에 Current-loop의 원리도를 나타내었다.

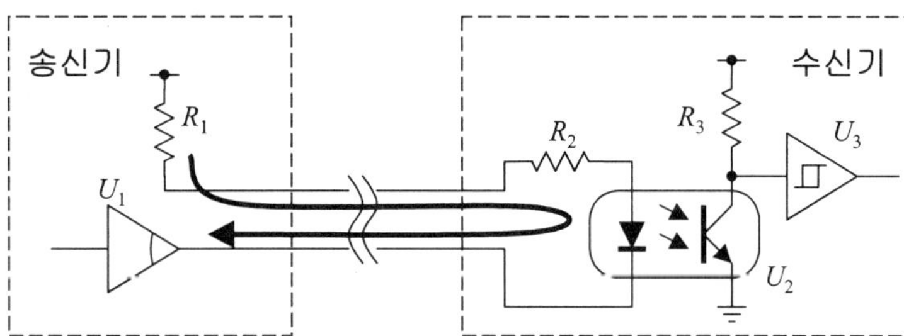

[그림 3-2-49] Current-loop 전송의 원리

Current-loop는 전압 대신 전류신호가 전체 루프를 형성하며 전달되는데, 잡음은 전압의 성질을 지니고 있으므로 전류신호에는 영향을 미치지 않는다. 즉, 전송회로 전체가 전류가 흐르기 위한 낮은 임피던스로 형성되어 있어 잡음이 유입되기 어렵다. 전류신호는 수신기의 LED를 구동하고, 이 빛을 검출해 신호를 전달받기 때문에 송신기와 수신기는 전기적으로 절연되는 특징을 가지고 있어 컴퓨터 같은 약전(弱電)기기로 강전(强電)기기를 제어할 때 적합해 공장 자동화 등에 자주 사용된다. 또한 이 방식은 오류의 확률이 다른 방식에 비해 현저히 낮기 때문에 실시간 통신을 중요시하는 전자 악기 프로토콜인 MIDI(Musical Instrument Digital Interface)에 사용되고 있으며, 과거에는 텔레타이프라이터(TTY) 인터페이스용으로 사용되었다.

그림 3-2-50에 MIDI 인터페이스에 사용된 Current-loop 회로의 예를 나타내었다.

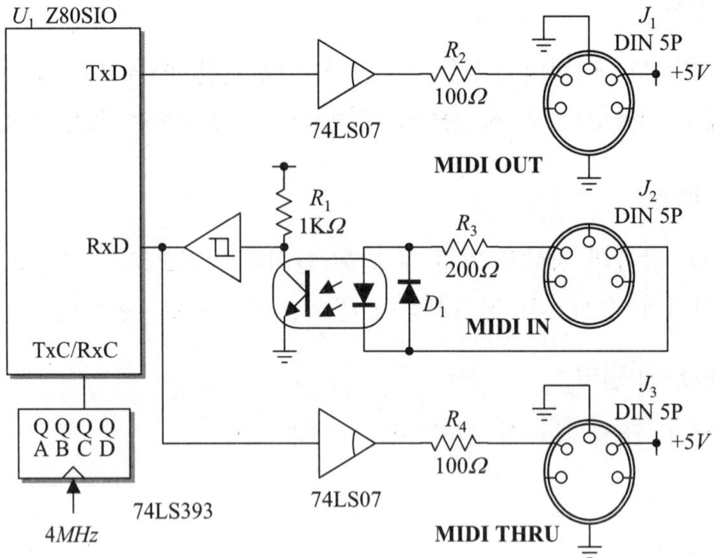

[그림 3-2-50] MIDI 인터페이스 회로의 예

② Current-loop 회로

Current-loop를 구성하기 위한 전용소자는 특별히 없으며 일반 소자들을 조합해 구성한다. 라인 드라이버는 전류용량이 크고 내압이 비교적 높은 74LS06, 74LS07 등을 사용하며, 더 강한 특성을 가지도록 개별 트랜지스터 1개를 사용하거나 달링턴 트랜지스터들의 집합인 ULN2003A 등을 사용하기도 한다. 옵토-아이솔레이터(opto-isolator)는 여러 가지 종류의 것이 있는데, 그중 가장 흔히 사용되는 DIP IC형의 예를 그림 3-2-51에 나타내었다.

옵토 아이솔레이터는 TLP-521, PC817 등 다양한 종류가 있는데, 이 중 TLP-521의 전기적 특성을 표 3-2-8에 나타내었다.

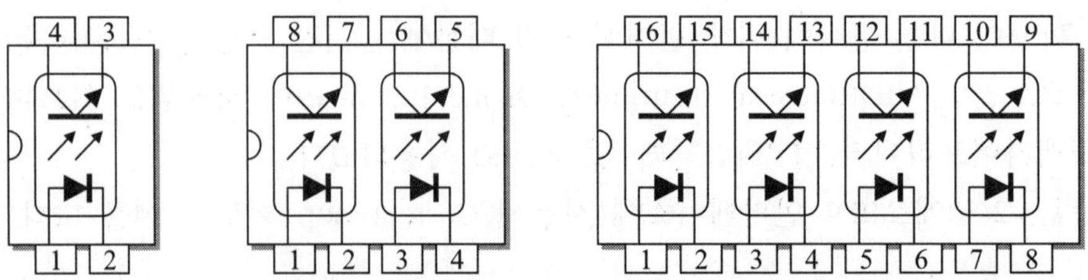

(a) 1소자형 (b) 2소자형 (c) 4소자형

[그림 3-2-51] 옵토-아이솔레이터 핀 배치 예

〈표 3-2-8〉 TLP-521의 전기적 특성

	최대 정격		동작 특성	
	항목	규격	항목	규격
1차 측	$I_{F,max}$	70 / 50 [mA]	I_F	10 [mA]
	$V_{F,max}$	5 [V]	$V_{F,max}$	1.3 [V]
	$P_{D1,max}$	-	$C_{j,typ}$	30 [pF]
2차 측	$V_{CE,max}$	30 [V]	$t_{r,typ}$	6 [μS]
	$I_{OL,max}$	50 [mA]	$t_{f,typ}$	6 [μS]
	$P_{D2,max}$	150 / 100 [mW]	$h_{FE,min}$	-
1~2차 측 사이	BV_{min}	2.5 [KV AC]	CTR_{min}	70 [%]
	T_a	-30~100 [°C]	I_F	5 [mA]
			$t_{pd,typ}$	-
			$f_{T,min}$	-

단, TLP-521이나 PC817과 같은 종류는 범용으로 사용되는 것이기 때문에 속도가 그다지 빠르지 않아 앞서 소개한 MIDI와 같은 고속전송 등에는 사용할 수 없고, 이러한 경우에는 PC900V나 4N26 등 고속용을 사용해야 한다.

3. 단거리 통신회로

1) IEEE 1284

IBM-PC에 사용되는 프린터 포트는 과거의 단순한 회로로부터 꾸준히 개선되어 SPP, EPP, ECP 등으로 기능이 발전되어왔다. IBM-PC라는 특정 모델에서 사용되는 프린터 포트를 다루는 이유는 PC와 접속하는 상당수 기기들이 EPP나 ECP에 접속할 수 있도록 개발되어 있어 그 중요성이 크기 때문이다. 사용 예로는 프린터를 비롯해 병렬 포트 접속형 Zip 디스크 드라이브, CD 드라이브, 하드디스크, 스캐너/프린터 복합기, PLD 제작 툴 등, 하다못해 마이크로컨트롤러의 ISP까지 용도가 상당히 넓게 분포되어 있다. 이에 따라 하드웨어 개발 기술자들은 이 중 특히 사용이 간단한 EPP 등을 이용해 개발장치와 접속해 이용하는 경우가 많다.

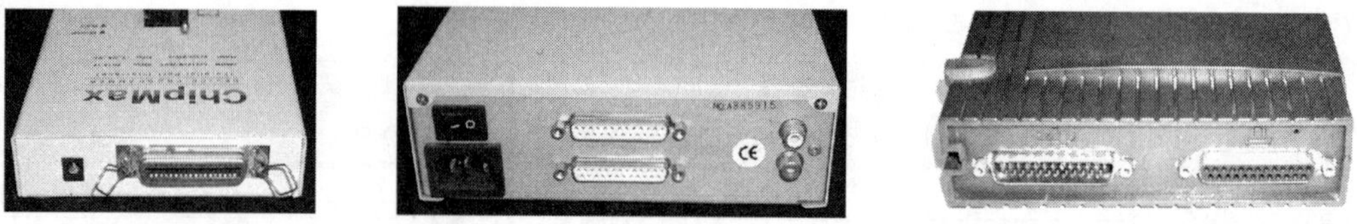

(a) PLD 프로그래머 뒷면　　(b) CD 플레이어의 뒷면　　(c) Zip 디스크 드라이버 뒷면

[그림 3-3-1] 프린터 포트를 이용한 각종 기기들

IBM-PC의 프린터 포트를 이와 같이 사용하는 규격들을 종합해 표준화한 것이 IEEE 1284이며, 이는 다음과 같은 모드를 포함한다.

- SPP 모드(Standard Printer Parallel mode)
- SPP 모드는 세부적으로 다음 모드를 포함
  - 표준 모드(standard mode) : 'Compatibility mode', 또는 '프린터 모드'라고도 한다.
  - 니블 모드(nibble mode)
  - 바이트 모드(byte mode) : '양방향 모드(bi-directional mode)'라고도 한다.
- EPP 모드(Enhanced Parallel Port mode)
- ECP 모드(Extended Capability Port mode)

그림 3-3-2는 2종류 PC의 설정화면에 각각 나타난 프린터 포트 설정 메뉴이다.

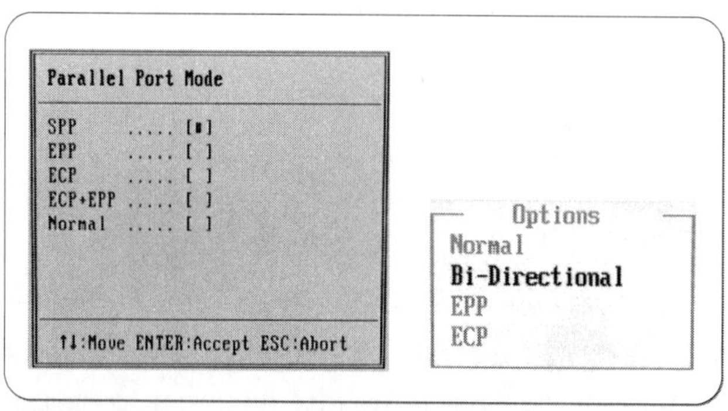

[그림 3-3-2] PC 초기 설정화면 중 프린터 선택 메뉴

이러한 표준 규격에 포함된 규격이 있는가 하면 표준에 포함되지는 않았지만 표준의 근원이 되었던 원래의 규격들이 있다. 여기서는 회로의 이해를 위해 이러한 변형규격들을 포함해 기능이 추가된 순서로 설명하며, 마지막에 IEEE 1284 규격을 종합해 설명한다.

(1) 센트로닉스 규격

센트로닉스(Centronics) 규격이란 센트로닉스라는 회사에서 제정한 컴퓨터와 프린터 사이의 병렬 접속규격으로서, 대부분의 병렬 인터페이스 프린터가 이 규격을 따르고 있다. 이 규격에서는 접속 배선규격과 전기적 규격이 정의되어 있다.

① 접속 배선규격

그림 3-3-3에 센트로닉스 규격 커넥터와 핀 명칭을 나타내었다. 단, 핀 명칭의 I/O 방향은 컴퓨터 입장에서 기록한 것이다.

i) STROBE

STROBE는 데이터 라인에 유효한 데이터를 전송했음을 컴퓨터에서 프린터로 알리는 신호, 즉 데이터를 프린터에 래치시키기 위한 신호로서 펄스폭은 0.5μS 이상이 필요하며, 정상상태 시 'H', 스트로브 신호 시 'L'로 되는 부논리(負論理) 신호이다.

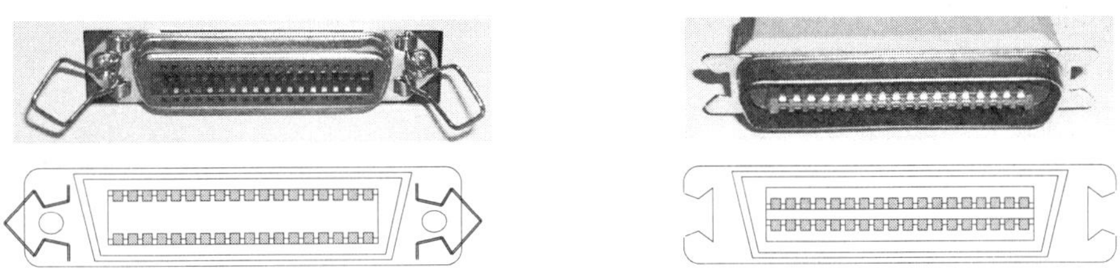

(a) 커넥터의 형상-Female　　(b) 커넥터의 형상-Male

Pin#	신호명	I/O	Pin#	신호명	I/O	Pin#	신호명	I/O
1	$\overline{\text{STROBE}}$	O	13	SLCT	I	25	GND	-
2	D0	O	14	$\overline{\text{AUTO FEED}}$	O	26	"	-
3	D1	O	15		-	27	"	-
4	D2	O	16	GND	-	28	"	-
5	D3	O	17	Chassis GND	-	29	"	-
6	D4	O	18		-	30	"	-
7	D5	O	19	GND	-	31	$\overline{\text{INIT}}$	O
8	D6	O	20	"	-	32	$\overline{\text{ERROR}}$	I
9	D7	O	21	"	-	33	GND	-
10	$\overline{\text{ACK}}$	I	22	"	-	34		-
11	BUSY	I	23	"	-	35		-
12	PE	I	24	"	-	36	$\overline{\text{SLCT IN}}$	O

(c) 핀 명칭

[그림 3-3-3] 센트로닉스 규격의 커넥터 및 핀 배치

ii) D0~D7

컴퓨터에서 프린터로 병렬 데이터를 전달하는 라인이다.

iii) ACK

ACK(Data Acknowledge)는 프린터에서 전송하는 신호로서, 프린터가 데이터를 접수하고, 다음의 데이터를 받아들일 준비가 되어 있음을 알린다. 펄스폭은 약 12μS이며 부논리 신호이다.

iv) BUSY

BUSY는 프린터에서 전송하는 신호로서, 프린터가 어떤 요인에 의해 데이터를 접수할 수 없는 상태임을 나타낸다. 이는 정논리(正論理) 신호로서, 이 신호가 'H'가 되는 경우는 다음과 같다.

- 데이터 접수 중
- 인쇄 중
- 프린터가 오프라인 상태
- 프린터에 에러가 발생한 상태
- 프린터 용지 급송(給送) 중

v) PE

PE(Paper Empty)는 프린터에서 전송하는 신호이며, 이 신호가 'H'이면 프린터에 용지가 없음을 나타낸다.

vi) SLCT

SLCT(Selected)는 프린터에서 전송하는 신호로서, SLCT IN에 의해 프린터 자신의 선택을 인지했음을 알린다.

vii) AUTO FEED

AUTO FEED는 컴퓨터에서 전송하는 부논리 신호이다. 아스키코드의 CR(Carriage Return) 코드(^M 문자)는 커서를 가장 첫 글자로 옮기는 것을 의미하고, LF(Line Feed) 코드(^J 문자)는 다음 줄로 내려감을 의미하기 때문에 다음 줄의 처음으로 이동하려면 CR 문자와 LF 문자를 모두 발생해야 한다. 그런데 유닉스 같은 시스템에서는 CR 문자만을 사용하므로 이때 이 기능을 사용한다. 즉, 이 신호가 'L'일 때에는 CR 문자를 전송받으면 자동으로 LF 동작까지 행하여 다음 줄 처음으로 이동하도록 한다. 이 기능은 프린터의 딥-스위치(DIP-switch)에 의해서도 설정할 수 있다.

ⅷ) INIT

INIT(Initialization)는 컴퓨터에서 전송하는 부논리 신호로서, 이 신호가 'L'로 되면 프린터를 초기화시킨다. 이때 프린터의 버퍼에 저장되었던 모든 데이터도 사라진다.

ⅸ) ERROR

ERROR는 프린터에서 전송하는 부논리 신호로서, 이 신호가 'L'이면 프린터가 어떠한 에러가 발생한 것을 나타낸다. Error의 종류에는 다음과 같은 것이 있다.

- 종이가 없다(PE).
- 프린터가 오프라인 상태이다.
- 기타 프린터에 이상이 발생하였다.

ⅹ) SLCT IN

SLCT IN(Select-In)는 컴퓨터에서 프린터로 전송하는 부논리 신호로서, 이 신호가 'L'이면 프린터를 선택했음을 나타낸다. 이 신호는 여러 대의 프린터를 병렬로 접속했을 때, 특정 프린터를 선택하기 위한 신호이다.

② 신호 타이밍

센트로닉스 규격의 핸드-셰이크(hand-shake) 신호 타이밍을 그림 3-3-4에 나타내었다.

그림 3-3-4에서 컴퓨터는 데이터 라인에 신호를 부여한 후 프린터에 데이터를 보냈다는 신호로서 스트로브 펄스($\overline{\text{STROBE}}$)를 전송한다. 프린터는 이 신호의 에지(edge)를 검출해 데이터버스 상태를 래치시키는데, 데이터버스의 안정화 시간을 벌기 위해 스트로브 펄스의 전후에 각각 $1\mu S$ 이상 데이터를 지속시키도록 규정되어 있다. 프린터는 스트로브 펄스를 접수하면 그림과 같이 BUSY 신호를 'H'로 해 더 이상 데이터를 송출하지 못하도록 한 후 접수된 데이터를 처리한다. 데이터의 처리가 종료되면 컴퓨터 측에 데이터를 정상적으로 받았음을 알리는 $\overline{\text{ACK}}$ 신호를 전송한 후, 데이터를 계속 보내도 좋다는 의미로서 BUSY 신호를 해제하며, 이때 전후에 약 $7\mu S$의 시간여유를 둔다. 즉, $\overline{\text{ACK}}$ 신호는 컴퓨터 측에 데이터 전송 요구 펄스라 할 수 있다.

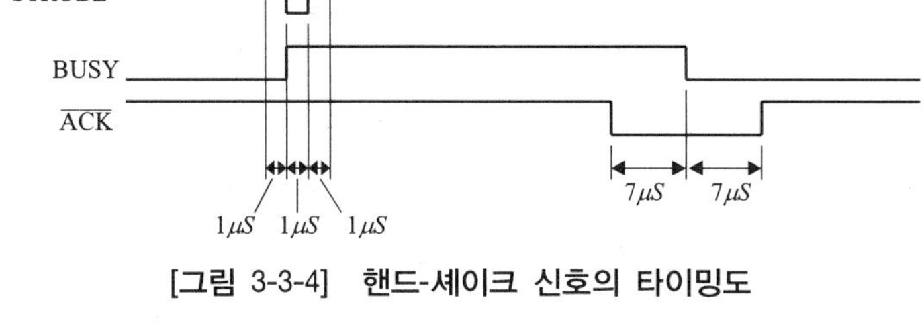

[그림 3-3-4] 핸드-셰이크 신호의 타이밍도

③ 전기적 규격

센트로닉스의 전기적 규격은 TTL 전압인 $0V$와 $+5V$를 사용하는데, 전압이 비교적 작고 TTL로 구동하기 때문에 잡음에 약해 이에 대한 회로적인 보완을 하고 있다. 그림 3-3-5에 센트로닉스 접속의 한 예를 나타내었다.

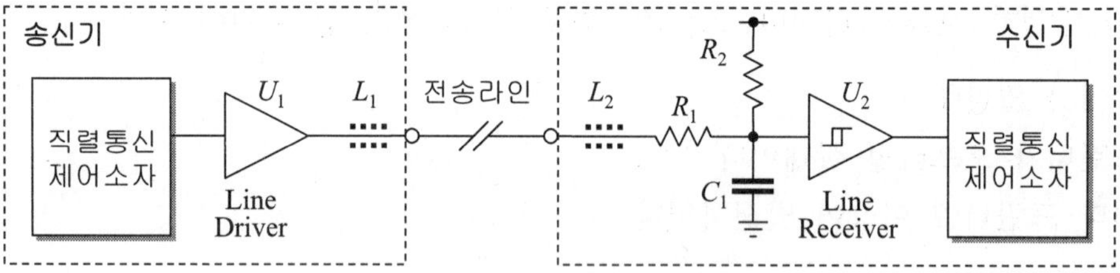

[그림 3-3-5] 센트로닉스 전기접속의 예

그림에서, 송신기 쪽은 일반 TTL보다 출력이 강한 (즉, 출력 임피던스가 더 작은) 라인-드라이버(74LS244, 74LS245 등)를 사용해 신호를 전송한다.

수신기의 저항 R_1은 그림 3-3-6(a)와 같이 TTL과 더불어 클리퍼(clipper)를 형성해 전송 라인에 유입되는 $+5V$ 이상, $0V$ 이하의 스파이크 잡음을 흡수해 소자를 보호한다. R_2는 전송 라인의 임피던스를 낮춰 잡음에 강하도록 하며, C_1은 고주파 잡음을 흡수한다. 74LS244는 히스테리시스 특성을 가진 슈미트 트리거(Schmitt trigger) 버퍼로서, 일반적으로 모든 통신회로의 수신기에는 이를 사용해 전송 라인의 신호왜곡을 보정하는데, 그 원리를 그림 3-3-6(b)에 나타내었다. 원래의 송신신호는 그림 중의 '송신신호'와 같이 깨끗한 구형파지만, 전송 라인을 통과하면서 라인의 인덕턴스와 커패시턴스 등으로 인해 '수신신호'와 같이 많은 왜곡이 발생한다. 따라서 수신기는 이를 다시 슈미트 트리거를 거쳐 '보정신호'와 같이 본래의 신호로 복원한다.

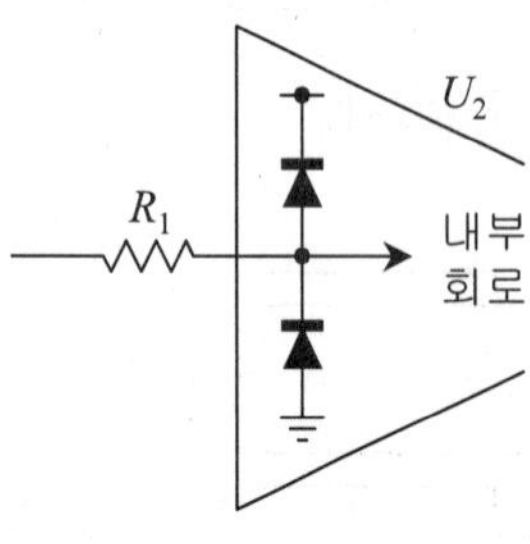

(a) 클리퍼의 형성

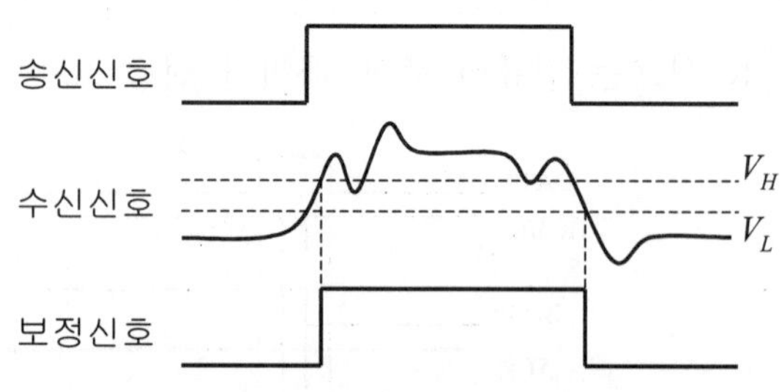

(b) 슈미트 트리거에 의한 왜곡보정

[그림 3-3-6] 보조회로들의 동작

전송 라인의 양쪽 끝에 각각 접속된 L_1, L_2는 페라이트 비스(ferrite beads)로서, 전송 라인의 고주파 잡음과 충격전압 등을 저지해 부품보호 및 잡음방지 역할을 한다. 페라이트 비스는 페라이트 링에 도선을 통과시킨 것으로서 그 외형을 그림 3-3-7에 나타내었다.

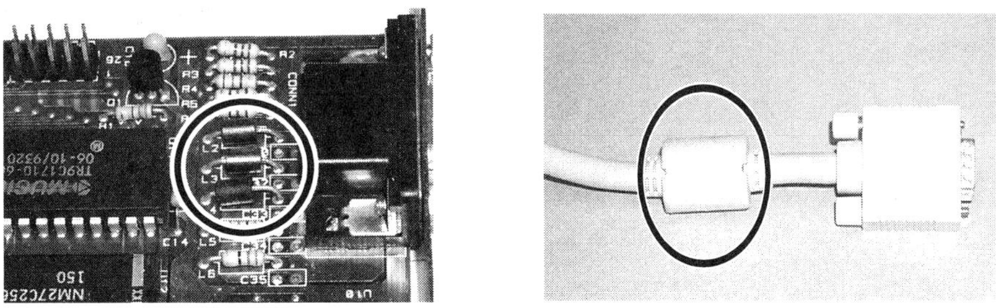

(a) 페라이트 비스 소자　　(b) 모니터 케이블 페라이트 비스

[그림 3-3-7] 페라이트 비스

④ 터미네이터

센트로닉스 인터페이스의 데이터 전송 라인을 모두 나타내면 그림 3-3-8(a)와 같다. 그림에서, 풀업 저항은 RA_1과 같은 저항 어레이(resistor array)를 사용하며, 이는 전송 라인의 가장 마지막에 위치해 라인을 마감하므로 '터미네이터(terminator)'라 한다.

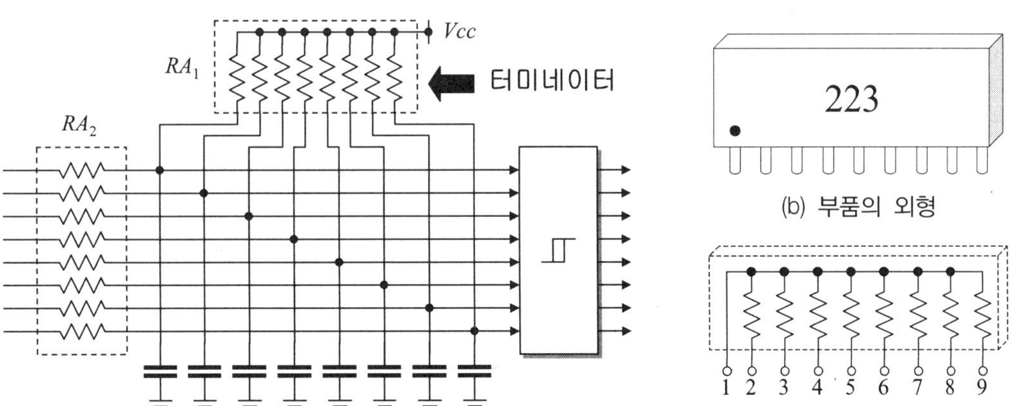

(a) 모든 데이터 전송 라인　　(b) 부품의 외형　　(c) 내부 결선

[그림 3-3-8] 터미네이터 저항

(2) IBM-PC 프린터 포트 회로

① 프린터 포트의 개요

IBM-PC의 프린터 포트는 IEEE 1284에 '표준 모드' 또는 '프린터 모드'로 포함되어 있으며, 센트로닉스 신호규격은 따르고 있지만, PC 측은 커넥터의 크기를 줄이기 위해 그림 3-3-9와 같이 25핀 D-shell 커넥터를 이용해 신호를 입출력한다.

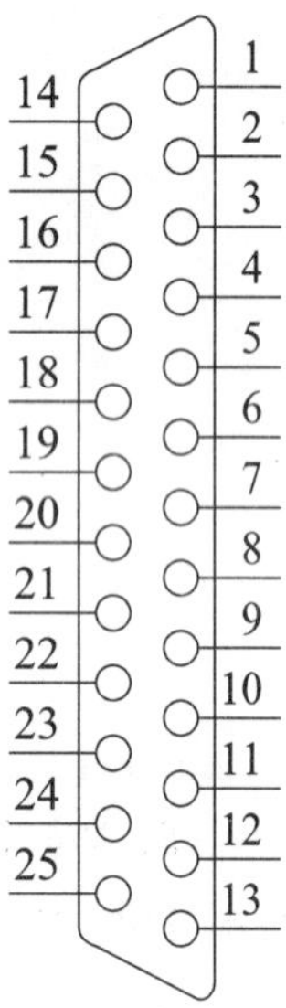

(a) 커넥터의 형상

Pin#	신호명	I/O
1	$\overline{STROBE}$	O
2	D0	O
3	D1	O
4	D2	O
5	D3	O
6	D4	O
7	D5	O
8	D6	O
9	D7	O
10	$\overline{ACK}$	I
11	BUSY	I
12	PE	I
13	SLCT	I

Pin#	신호명	I/O
14	$\overline{AUTO\ FEED}$	O
15	$\overline{ERROR}$	I
16	$\overline{INIT}$	O
17	$\overline{SLCT\ IN}$	O
18	GND	
19	GND	
20	GND	
21	GND	
22	GND	
23	GND	
24	GND	
25	GND	

(b) 핀 명칭

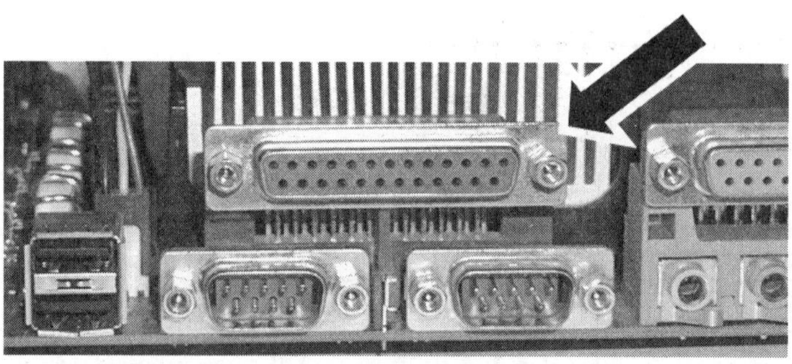

(c) 메인보드의 커넥터

[그림 3-3-9] IBM-PC 프린터 포트 커넥터 및 핀 배치

② 프린터 포트 회로

최근의 IBM-PC 프린터 포트 회로는 칩셋 내에 포함되었지만 본래는 TTL로 구성되며 이 회로의 원본을 그림 3-3-10에, 그리고 부분별로 그림 3-3-11, 12, 13에 나타내었다.

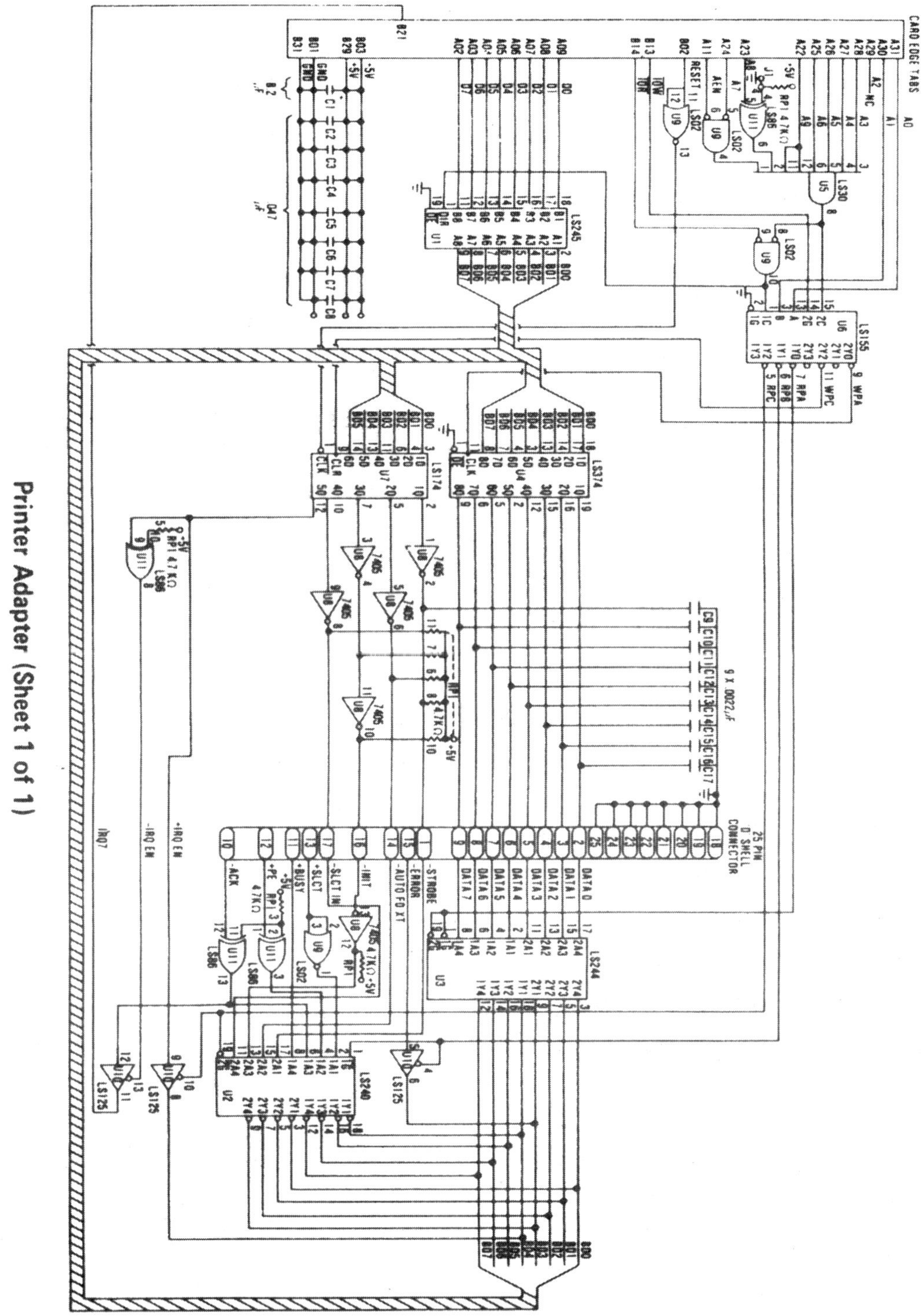

[그림 3-3-10] IBM-PC 프린터 인터페이스 회로(출처 : IBM-PC XT Technical Reference)

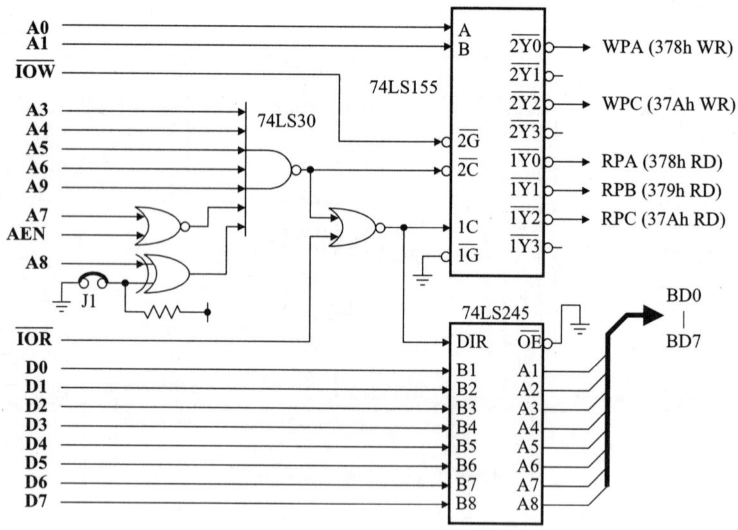

(a) 어드레스 디코더와 데이터 버퍼 회로

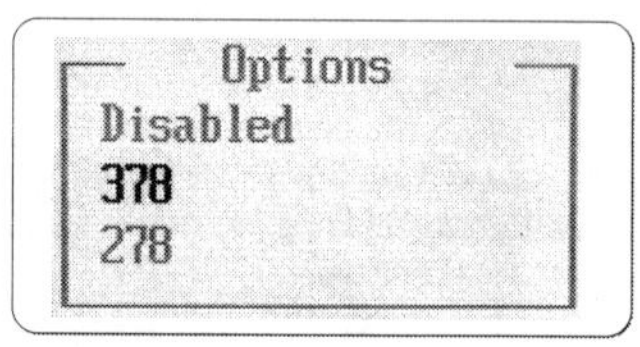

(b) 옵션 설정화면

[그림 3-3-11] 어드레스 결정회로 및 옵션

그림 3-3-11(a)는 프린터 포트를 구동하기 위한 어드레스 디코더와 데이터 버퍼회로로서, 어드레스 디코더는 74LS30에 의해 주소 범위가 결정된 후 74LS155 디코더에 의해 내부 포트를 지정하도록 구성되어 있는데, 74LS30은 표 3-3-1과 같은 조건에 의해 주소 범위가 정해진다. 단, 이는 회로의 점퍼 J1이 연결된 상태를 가정한 것이다.

만약 점퍼가 오픈되면 A8 라인이 반전되므로 주소는 278h, 279h, 27Ah로 구성되며 PC는 이를 LPT2로서 할당해 사용한다. 현재는 점퍼 대신 그림 3-3-11(b)와 같은 옵션을 이용해 선택한다.

〈표 3-3-1〉 어드레스 디코더에 의한 주소 범위

A9	A8	A7	A6	A5	A4	A3	A2	A1	A0	주소	포트
								0	0	378h	PA
1	J1	0	1	1	1	1	x	0	1	379h	PB
								1	0	37Ah	PC

이와 같이 정해진 주소 범위는 다시 74LS155에 의해 내부 포트 주소로 세분화되는데, A1, A0, 포트 읽기, 포트 쓰기를 구분해 RPA, RPB, RPC, WPA, WPB, WPC의 신호를 생성한 후 회로의 각 부분으로 공급한다.

그림 3-3-12는 데이터 송신회로를 나타낸 것으로서, 회로 중의 사각형으로 표시한 부분은 25핀 D-shell 커넥터의 일부분이다.

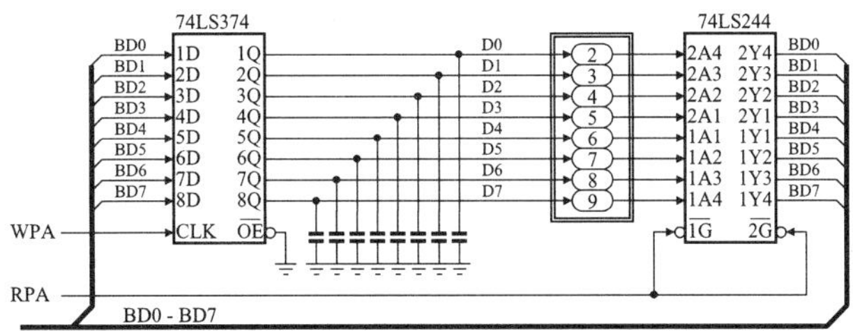

[그림 3-3-12] 데이터 송신회로

앞서 디코더 회로에서 생성된 WPA 신호에 의해 74LS374 D-플립플롭에 데이터가 저장되고 이 신호가 D-shell 커넥터로 출력되는데, 이때 외부에서 유입될 수 있는 잡음을 제거하기 위해 커패시터가 병렬로 부착된다. 데이터 라인과 병렬로 74LS244에 의해 입력 포트가 접속되어 있는데, 이는 출력되는 데이터가 이상이 없는지를 확인하기 위한 것으로서 RPA 신호에 의해 내용을 읽어 신호의 상태를 확인할 수 있다. 만약 전송 라인이 합선되었거나 74LS374 플립플롭이 이상이 발생한 경우 전송한 데이터와 읽어들인 데이터가 서로 일치하지 않으므로 이상 여부를 확인할 수 있다.

그림 3-3-13은 핸드-셰이크를 제어하는 회로로서 센트로닉스의 각종 신호들이 모여 있으며, 컴퓨터에서 출력하는 신호들은 앞서 데이터 전송회로와 마찬가지로 다시 읽어 확인할 수 있도록 구성되어 있다.

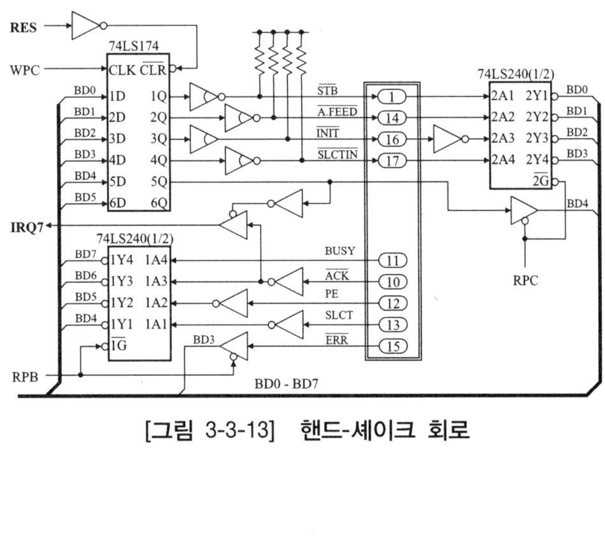

[그림 3-3-13] 핸드-셰이크 회로

회로에서 IRQ7은 프린터에 의해 발생되는 신호를 이용해 인터럽트를 요구하는 것인데, DOS나 윈도우에서는 사용되지 않고 OS-2의 초기 버전에서 잠시 사용되었다.

③ 프린터 포트 제어주소

앞서 소개한 회로에 의해 각 하드웨어에는 표 3-3-2와 같은 기능들이 할당되며, 소프트웨어에서는 이 주소를 이용해 프린터 포트를 제어한다.

〈표 3-3-2〉 프린터 포트의 역할

주 소	베이스 어드레스+0 (즉 LPT1일 때 378h)
명 칭	데이터 포트(data port)
읽기/쓰기	읽기 : 데이터 라인 상태가 읽어진다. 쓰기 : 프린터 라인에 데이터가 출력된다.

주 소	베이스 어드레스+1 (즉 LPT1일 때 379h)	
명 칭	상태 포트(status port)	
읽기/쓰기	읽기전용	
비트 의미	b7	Busy
	b6	Ack
	b5	Paper Out
	b4	Select In
	b3	Error
	b2	IRQ
	b1	
	b0	

주 소	베이스 어드레스+2 (즉 LPT1일 때 37Ah)	
명 칭	제어 포트(control port)	
읽기/쓰기	읽기 : 제어 포트의 현재상태가 읽어진다. 쓰기 : 제어 포트에 데이터가 설정된다.	
비트 의미	b7	
	b6	
	b5	
	b4	Enable ACK IRQ
	b3	SLCT
	b2	INIT
	b1	Auto Feed
	b0	Strobe

표에서 '베이스 어드레스'란 LPT1의 경우 378h, LPT2의 경우 278h를 의미한다.

(3) SPP(Standard Parallel Port)

SPP 모드는 IBM-PC 고유의 프린터 모드를 포함해 프린터로부터 역방향으로 데이터를 전송하는 니블 모드와 양방향 모드가 포함되어 있다.

① 양방향 모드(니블 모드)

앞서 소개한 IBM-PC의 프린터 포트는 데이터가 컴퓨터로부터 프린터로 일방통행을 위해 설계된 것이다. 그런데 종종 이와 반대방향 즉 프린터로부터 컴퓨터로 데이터를 전달할 필요성이 있는데, 예를 들어 현재 접속된 프린터의 기종 등을 자동으로 알아내는 경우이다. 이에 따라 현재의 프린터 포트 상태를 이용해 역방향으로 데이터를 전송하는 아이디어가 고안되었다. 프린터 포트의 구성을 살펴보면, 데이터를 출력하는 8개 라인 이외에 프린터의 상태를 점검하기 위한 5개의 입력 라인(BUSY, ACK, PE, SLCT, ERROR)과 프린터 제어를 위한 4개 라인(STB, A.FEED, INIT, SLCTIN)이 있는데, 이들은 프린터로 데이터를 전송할 때 이외에는 필요가 없는 것들이므로 이들을 활용해 양방향 교신을 할 수 있다. 5개의 입력 라인은 본래부터 입력전용이므로 관계없지만, 제어를 위한 4개 라인은 오픈 컬렉터 출력이므로 이 출력을 'H'로 유지하면 float 상태가 되므로 입력용으로 사용할 수 있다. 그러나 회로가 오픈 컬렉터로 구성되지 않고 토템-폴로 구성되어 있는 경우에는 사용할 수 없으므로 입력용이 확실한 5개 라인을 이용해 1니블(4비트)씩 2번에 걸쳐 1바이트 데이터 전송을 행할 수 있는 니블 모드가 고안되었다. 니블 모드는 순수하게 소프트웨어만으로 프린터 포트를 제어해 교신하기 때문에 속도는 비교적 느린 편이나(초당 50K바이트 정도) 병렬 포트가 부착된 PC이면 어떤 기종에나 사용이 가능하기 때문에 호환성 측면에서 우수해 대부분의 프린터는 이 모드를 이용해 자신의 기종에 대한 정보를 컴퓨터로 전달한다. 이러한 니블 모드는 IEEE 1284 규격 중 '니블 모드'로 표준화되어 있다.

니블 모드는 프린터 포트 핀을 표 3-3-3과 같이 재할당해 사용하는데, HostBusy(원래는 A.FEED) 신호와 PtrClk(원래는 ACK) 신호를 마치 센트로닉스 신호의 Busy, Strobe 같이 핸드-셰이크 라인으로 활용한다.

표 중에서 '1284Active'란 본래 SLCTIN 신호로서 이 신호가 'H'이면 프린터 포트가 IEEE 1284 모드로 동작함을 의미한다. 즉 IEEE 1284 모드를 지원하지 않는 프린터의 경우 이 신호가 'H'이면 자신이 선택되지 않은 것으로 처리되므로 아무런 반응을 하지 않는다. IEEE 1284를 지원하는 프린터라면 이 신호가 'H'이면 IEEE 1284 모드임을 검

〈표 3-3-3〉 니블 모드에서의 핀 할당

표준 모드	니블 모드	입출력	용 도
$\overline{\text{STROBE}}$	-	출력	사용하지 않음
$\overline{\text{AUTO FEED}}$	HostBusy	출력	컴퓨터 측 핸드-셰이크 신호 L : 데이터 받을 준비되었음 H : 데이터 받았음
$\overline{\text{SLCT IN}}$	1284Active	출력	1284 전송 모드에서 'H'가 된다
$\overline{\text{INIT}}$	-	출력	사용하지 않음
$\overline{\text{ACK}}$	PtrClk	입력	데이터를 라인에 올리면 'L'로 됨 HostBusy가 'H'로 되면 'H'로 됨
BUSY	D37	입력	데이터 비트 3과 7
PE	D26	입력	데이터 비트 2와 6
SLCT	D15	입력	데이터 비트 1과 5
$\overline{\text{ERROR}}$	D04	입력	데이터 비트 0과 4
Data[0..7]	Not Used	-	

출해 이에 맞는 동작을 행한다. 일반적으로 컴퓨터의 프린터 포트는 여러 대의 프린터를 접속하지 않고 일대일로 접속하므로 SLCTIN 신호를 'H'로 했을 때 IEEE 1284 모드로 동작하도록 해도 무방하다.

니블 모드는 프린터 포트의 하드웨어를 그대로 사용하기 때문에 이를 위한 제어주소는 동일하다. 니블 모드로 자동 전환하는 기능에 대해서는 이후의 "모드 전환절차"에서 설명한다.

니블 모드에서의 데이터 전송 순서는 그림 3-3-14와 같다.

ⓐ 컴퓨터 측에서 데이터를 받기 위해 HostBusy 신호를 'L'로 한다(즉, "데이터를 보내라!").

ⓑ 프린터는 ⓐ에 대한 반응으로서 데이터의 하위 니블을 데이터 라인에 올린다.

ⓒ 데이터가 라인 상에 올라갔음을 알리기 위해 프린터는 PtrClk 신호를 'L'로 한다(즉, "데이터를 보냈음").

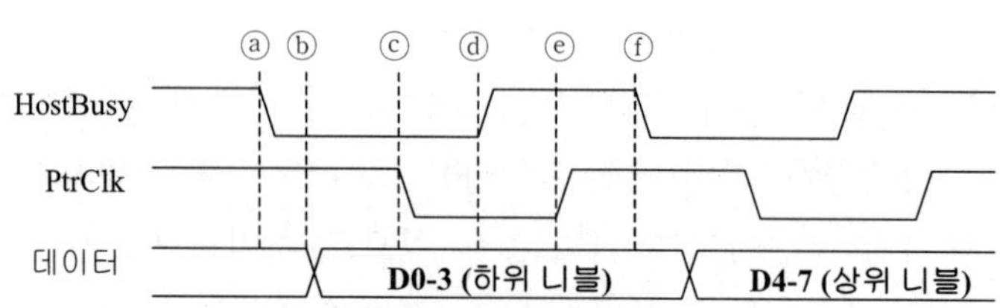

[그림 3-3-14] 니블 모드의 데이터 전송 순서

ⓓ 컴퓨터는 PtrClk 신호가 'L'임을 검출하면 데이터를 접수한 후 다음 데이터를 전송하지 못하도록 HostBusy 신호를 'H'로 한다(즉, "데이터 받았음. 대기하라").

ⓔ 프린터는 HostBusy 신호가 'H'로 됨을 검출하면 자신도 PtrClk 신호를 'H'로 해 컴퓨터와 동기하고 있음을 알린다(즉, "알겠음!").

ⓕ 앞의 ⓐ부터 ⓔ과정을 반복해 나머지 상위 니블을 전송한다.

② 양방향 모드(바이트 모드)

각종 컴퓨터 주변장치의 개발로 인해 외부 장치와의 접속을 위한 포트의 필요성이 증가되었는데, RS-232C 직렬 포트는 속도가 느리기 때문에 프린터 포트를 약간 개량해 고속으로 양방향 데이터 전송을 할 수 있도록 개량하였다. 기본 원리는 그림 3-3-15에 나타낸 IBM-PC 프린터 포트 회로에서, 데이터 라인을 구동하는 74LS374와 이의 출력 상태를 확인하기 위한 74LS244 버퍼가 이미 마련되어 있으므로, 만약 74LS374의 출력을 제어할 수 있다면 74LS244에 의해 입력 포트로 동작이 가능해진다. 따라서 그림의 회로 중 굵은 선으로 나타낸 바와 같이 서로 접속하면 제어 포트 주소(베이스 어드레스+2, 즉 LPT1의 경우 37Ah번지, LPT2의 경우 27Ah번지)의 5번 비트 설정에 의해 74LS374의 출력을 제어할 수 있다. IBM-PC의 프린터 포트는 이러한 필요성에 의해 286 PC 이후부터는 이와 같은 양방향 모드를 사용할 수 있도록 구성되었고, 이후에 IEEE 1284에 SPP의 표준 모드 중 하나로 '바이트 모드'라 규격화되었다.

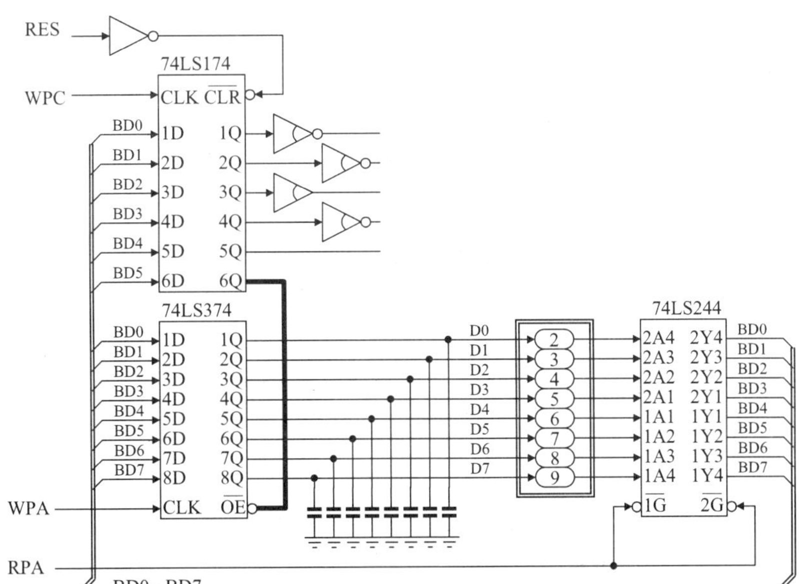

[그림 3-3-15] 양방향 포트로의 개선

프린터 포트를 이와 같이 양방향 포트로 활용할 수 있음에 따라 컴퓨터에서 프린터로 데이터를 전송할 때는 본래의 프린터 모드로, 반대로 프린터에서 컴퓨터로 데이터를 전송할 때는 바이트 모드로 전환하면 양방향 모두 바이트 단위 전송이 가능하다. 바이트 모드로 동작할 때의 커넥터 핀 상태를 표 3-3-4에 나타내었다.

표의 내용 중 '1284Active'란 니블 모드에서와 마찬가지로 본래 SLCTIN 신호로서 이 신호가 'H'이면 프린터 포트가 IEEE 1284 모드로 동작함을 의미한다.

〈표 3-3-4〉 **바이트 모드에서의 핀 할당**

표준 모드	바이트 모드	입출력	용 도
$\overline{\text{STROBE}}$	HostClk	출력	데이터 수신 처리가 완료되면 프린터 측으로 Low 펄스를 출력해 알림
$\overline{\text{AUTO FEED}}$	HostBusy	출력	컴퓨터 측 핸드-셰이크 신호 L : 데이터 받을 준비되었음 H : 데이터 받았음
$\overline{\text{SLCT IN}}$	1284Active	출력	1284 전송 모드에서 'H'가 된다
$\overline{\text{INIT}}$	-	출력	사용하지 않음
$\overline{\text{ACK}}$	PtrClk	입력	데이터를 라인에 올리면 'L'로 됨 HostBusy가 'H'로 되면 'H'로 됨
BUSY	PtrBusy	입력	정방향 BUSY 상태
PE	AckDataReq	입력	
SLCT	Xflag	입력	'1284 모드 설정'에서 설명
$\overline{\text{ERROR}}$	$\overline{\text{DataAvail}}$	입력	'L'이면 프린터로부터 데이터가 전송됨을 알린다
Data[0..7]	Data[0..7]	양방향	양방향 데이터 전송 라인

바이트 모드에서의 데이터 전송 순서는 그림 3-3-16과 같다.

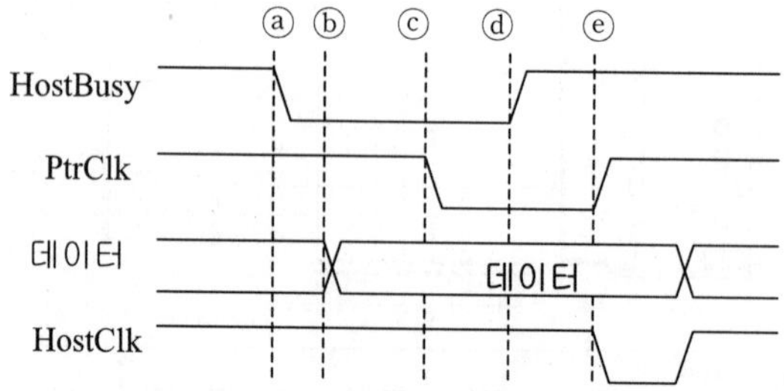

[그림 3-3-16] 바이트 모드 데이터 전송

ⓐ 컴퓨터 측에서 데이터를 받기 위해 HostBusy 신호를 'L'로 한다(즉, "데이터를 보내라!").

ⓑ 프린터는 ⓐ에 대한 반응으로서 데이터를 라인에 올린다.

ⓒ 데이터가 라인 상에 올라갔음을 알리기 위해 프린터는 PtrClk 신호를 'L'로 한다. (즉, "데이터를 보냈음")

ⓓ 컴퓨터는 PtrClk 신호가 'L'임을 검출하면 데이터를 접수한 후 다음 데이터를 전송하지 못하도록 HostBusy 신호를 'H'로 한다(즉, "데이터 받았음. 대기하라").

ⓔ 프린터는 HostBusy 신호가 'H'로 됨을 검출하면 자신도 PtrClk 신호를 'H'로 해 컴퓨터와 동기하고 있음을 알린다(즉, "알겠음!"). 이때 컴퓨터도 이에 대한 응답으로 HostClk 펄스를 내보낸다.

ⓕ 앞의 ⓐ부터 ⓔ과정을 반복해 데이터를 전송한다.

③ FX 케이블

FX(Fast Lynx) 케이블이란 IEEE 1284 표준으로 규격화되지는 않았지만 병렬 포트를 통해 2대의 컴퓨터가 양방향 데이터 전송이 가능하도록 구성한 케이블로서, 원래는 Fast Lynx라는 컴퓨터 대 컴퓨터끼리의 데이터 전송 프로그램에서 사용하던 것으로서, 이후에 DOS의 Norton commander, 윈도우 내의 '병렬 케이블 접속'에서도 이와 동일한 목적으로 사용되었다. 이 케이블의 원리는 그림에 나타낸 바와 같이 프린터 포트의 각 핀을 출력과 입력 그룹으로 나누고, 양쪽 컴퓨터의 핀들을 크로스로 접속해 구성한 것이다.

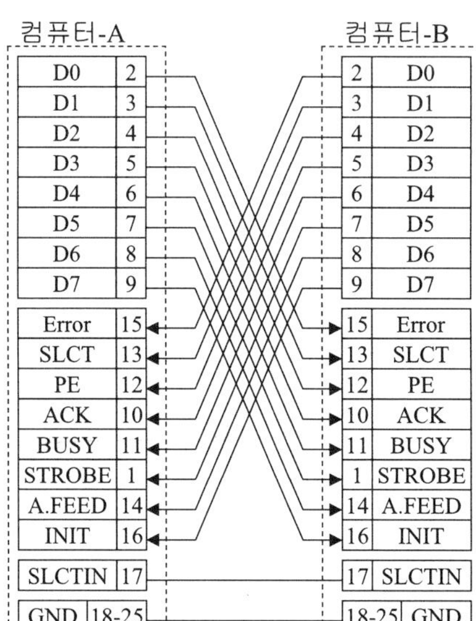

[그림 3-3-17] FX 케이블의 구성

FX 케이블을 이용한 양방향 교신방법은 표준화된 것이 없기 때문에 이를 이용하는 프로그램마다 독자적으로 구성해 사용할 수 있는데, 예를 들어 4개의 출력 핀을 니블 출력, 4개의 입력 핀을 니블 입력으로 할당하고, 출력 하나와 입력 하나를 각각 Strobe와 RDY 기능으로 사용하며, 하나의 출력을 상위/하위 니블의 구분용으로 사용하면 양방향 교신이 동시에 즉, 전이중으로 전송할 수 있다.

(4) EPP

① EPP 모드의 목적

EPP(Enhanced Parallel Port) 모드는 프린터 포트를 이용해 양방향으로 데이터를 고속전송하기 위해 고안되었다. 이 모드는 프린터를 위한 것이라기보다는 프린터 포트를 이용해 다른 기기들, 예를 들어 외장형 CD 플레이어, Zip 디스크, 외장형 하드디스크, PLD 프로그래머 등을 제어하기 위한 것이 목적이다. 따라서 프린터 포트를 이용해 여러 대의 외부 기기를 접속할 수 있도록 그림 3-3-18(a), (b)와 같이 EPP 접속용 기기들은 2개의 커넥터를 설치해 케이블을 연속으로 이어 사용할 수 있도록 구성되고, EPP 프로토콜에서는 각 기기들을 구분할 수 있도록 어드레스 필드가 정의되어 있다.

그림 3-3-18(c)에 EPP의 어드레스 기능을 이용해 여러 기기들을 함께 접속한 예를 나타내었다. 그림에서 마지막에 접속된 프린터는 EPP가 지원되면 EPP로, 그렇지 않으면 SPP로 동작한다. 이들을 어떻게 구분하는지는 이후의 IEEE 1284 규격에서 설명한다.

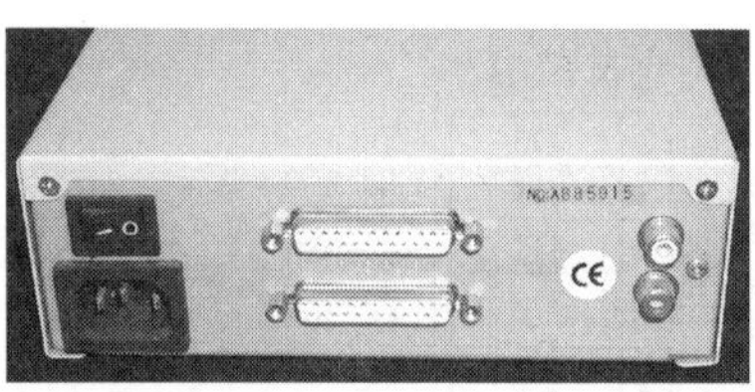

(a) 외장형 CD 플레이어 뒷면

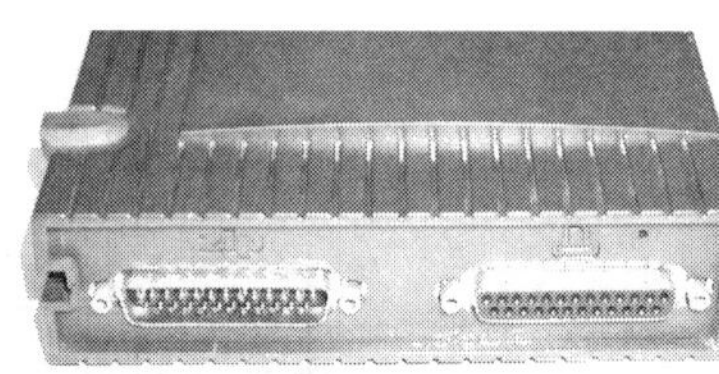

(b) Zip 디스크 드라이버 뒷면

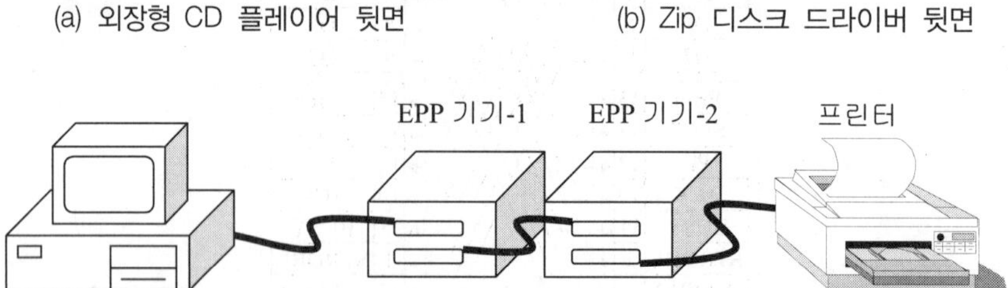

(c) 기기들의 접속 예

[그림 3-3-18] EPP 모드를 지원하는 기기와 접속

② EPP 모드의 특징

EPP 모드는 SPP와 달리 하드웨어로 데이터를 전송하기 때문에 초당 500K바이트부터 2M바이트까지 SPP에 비해 훨씬 고속으로 가능하다. EPP 모드는 인텔의 386SL 칩셋부터 기능이 내장되었으며 현재의 컴퓨터들은 기본적으로 내장되어 있다.

EPP 모드는 하드웨어로 구성되기 때문에, 이에 대응하는 하드웨어가 준비된 경우 사용자는 SPP 모드보다 훨씬 간단한 방법으로 고속 데이터 전송을 할 수 있다. 그러나 만약 이에 해당되는 하드웨어가 준비되어 있지 않은 경우 EPP를 소프트웨어적으로 구현할 수도 있지만, 이때는 오히려 SPP 모드로 사용하는 것이 더 빠르다.

EPP 모드는 다음과 같은 4종류의 데이터 전송 사이클을 이용한다.

ⓐ 데이터 쓰기(전송) 사이클
ⓑ 데이터 읽기(수신) 사이클
ⓒ 어드레스 쓰기(전송) 사이클
ⓓ 어드레스 읽기(수신) 사이클

SPP 모드는 데이터를 전송할 때와 수신할 때 각각 표준 모드(프린터 모드)와 바이트 모드를 전환하며 사용하지만, EPP 모드는 필요할 때 수시로 양방향 데이터 전송이 가능하다.

③ EPP 모드의 동작

EPP 모드는 프린터 포트 핀을 표 3-3-5와 같이 재할당해 사용한다. 또한 표 3-3-6과 같은 주소에 레지스터가 배열되며, SPP 모드와의 호환을 위해 베이스 어드레스+2 이후의 주소를 사용한다. EPP 모드를 이용해 어드레스/데이터를 송수신하려면 표의 해당 포트에 데이터만 저장하면 그 이후는 하드웨어가 알아서 처리하므로 사용법이 매우 간단하다.

예를 들어 어떤 주소를 전송하려면 베이스 어드레스+3에 위치한 어드레스 포트에 값을 넣기만 하면 이에 따른 어드레스 전송절차를 하드웨어에서 자동으로 처리한다. 마찬가지로, 어떤 데이터를 읽으려면 데이터 포트에서 값을 읽기만 하면 자동으로 데이터 수신절차를 밟아 주변장치로부터 데이터를 읽어온다.

〈표 3-3-5〉 EPP 모드에서의 핀 할당

표준 모드	EPP 모드	입출력	용 도
$\overline{\text{STROBE}}$	$\overline{\text{WRITE}}$	출력	L : 쓰기동작을 나타낸다. H : 읽기동작을 나타낸다.
$\overline{\text{AUTO FEED}}$	$\overline{\text{DATASTB}}$	출력	L이면 데이터를 전송함을 표시한다.
$\overline{\text{SLCT IN}}$	$\overline{\text{ADDRSTB}}$	출력	L이면 어드레스를 전송함을 표시한다.
$\overline{\text{INIT}}$	$\overline{\text{RESET}}$	출력	L이면 주변장치를 초기화한다.
$\overline{\text{ACK}}$	$\overline{\text{INTR}}$	입력	주변장치가 컴퓨터에 인터럽트를 요구할 때 사용한다..
BUSY	$\overline{\text{WAIT}}$	입력	핸드-셰이크 신호 L : 사이클이 시작됨을 알리는 신호 H : 사이클이 끝났음을 알리는 신호
PE		입력	사용하지 않는다.
SLCT	Xflag	입력	"1284 모드 설정"에서 설명
$\overline{\text{ERROR}}$		입력	사용하지 않는다.
Data[0..7]	AD[0..7]	양방향	양방향 어드레스/데이터 전송 라인

〈표 3-3-6〉 EPP 제어용 레지스터의 주소

주 소	포트명	읽기/쓰기
베이스+0	SPP 데이터 포트	읽기/쓰기
베이스+1	SPP 상태 포트	읽기
베이스+2	SPP 제어 포트	읽기/쓰기
베이스+3	**EPP 어드레스 포트**	**읽기/쓰기**
베이스+4	**EPP 데이터 포트**	**읽기/쓰기**

④ 데이터 전송 순서

EPP 모드 포트 동작은 ISA 버스 사이클에 동기하며 동작하기 때문에 전송속도는 ISA 버스의 속도에 크게 좌우된다. 어드레스를 전송하는 과정과 데이터를 전송하는 과정은 어떤 스트로브 신호가 사용되는지만 다를 뿐 나머지는 동일하므로 이들을 함께 설명한다.

ⅰ) 어드레스/데이터 전송 순서

EPP 모드에서의 어드레스/데이터 전송(쓰기) 순서는 그림 3-3-19와 같다.

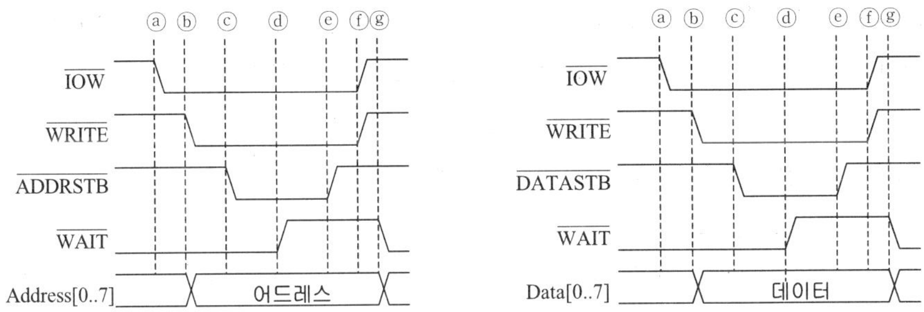

(a) 어드레스 (b) 데이터

[그림 3-3-19] EPP 모드의 어드레스/데이터 전송 순서

ⓐ 프로그램에서 어드레스나 데이터를 해당 레지스터에 기입하면 ISA 버스의 $\overline{\text{IOW}}$ 신호가 'L'로 되어 I/O 기입 사이클이 시작된다.

ⓑ 어드레스/데이터를 주변장치에 전송하는 의미로 $\overline{\text{WRITE}}$ 신호가 'L'로 되고 데이터 라인에 어드레스/데이터가 전송된다.

ⓒ $\overline{\text{WAIT}}$ 신호가 'L'라면 어드레스/데이터의 전송을 알리기 위해 $\overline{\text{ADDRSTB}}$/$\overline{\text{DATASTB}}$ 신호를 'L'로 한다.

ⓓ 주변상치에서 어느레스/네이너를 수신하면 $\overline{\text{WAIT}}$ 신호를 'H'로 한다.

ⓔ $\overline{\text{WAIT}}$가 'H'로 되면 $\overline{\text{ADDRSTB}}$/$\overline{\text{DATASTB}}$ 신호를 'H'로 해 EPP 사이클을 종료한다.

ⓕ ISA 버스의 I/O 사이클이 종료된다.

ⓖ 주변장치는 $\overline{\text{ADDRSTB}}$/$\overline{\text{DATASTB}}$ 신호가 'H'로 되면 다음 사이클을 시작해도 좋다는 의미로 $\overline{\text{WAIT}}$를 'L'로 한다.

ii) 어드레스/데이터 수신 순서

EPP 모드에서의 어드레스/데이터 수신(읽기) 순서는 그림 3-3-20과 같다.

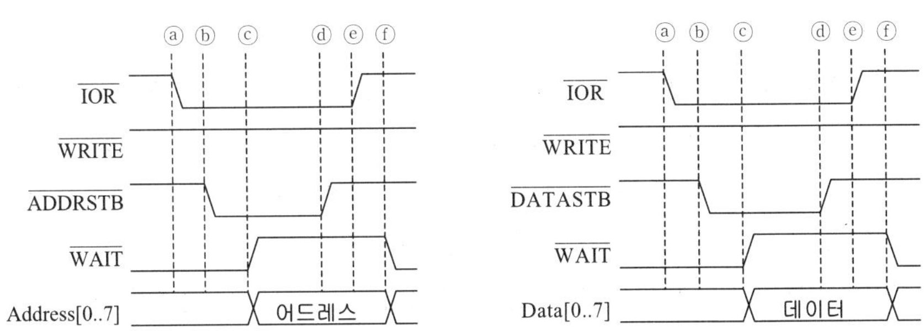

(a) 어드레스 (b) 데이터

[그림 3-3-20] EPP 모드의 어드레스/데이터 수신 순서

ⓐ 프로그램에서 해당 레지스터에 어드레스나 데이터 읽기 명령을 내리면 ISA 버스의 $\overline{\text{IOR}}$ 신호가 'L'로 되어 I/O 읽기 사이클이 시작된다.

ⓑ $\overline{\text{WAIT}}$ 신호가 'L'이라면 어드레스/데이터를 주변장치로부터 읽는 의미로 $\overline{\text{WRITE}}$ 신호가 'H'인 상태에서 어드레스/데이터를 전송하라는 의미로 $\overline{\text{ADDRSTB}}/\overline{\text{DATASTB}}$ 신호를 'L'로 한다.

ⓒ 컴퓨터는 $\overline{\text{WAIT}}$ 신호가 'H'로 될 때까지 기다리며(ISA 버스의 IOCHRDY 신호를 이용해 CPU wait 사이클로 진입한다), 주변장치는 어드레스/데이터가 준비되면 $\overline{\text{WAIT}}$ 신호를 'H'로 한다.

ⓓ $\overline{\text{WAIT}}$가 'H'로 되면 $\overline{\text{ADDRSTB}}/\overline{\text{DATASTB}}$ 신호를 'H'로 해 EPP 사이클을 종료한다.

ⓔ ISA 버스의 I/O 사이클이 종료된다.

ⓕ 주변장치는 $\overline{\text{ADDRSTB}}/\overline{\text{DATASTB}}$ 신호가 'H'로 되면 다음 사이클을 시작해도 좋다는 의미로 $\overline{\text{WAIT}}$를 'L'로 한다.

⑤ EPP 1.7과 EPP 1.9

IEEE 1284 규격에 포함된 EPP 규격에는 EPP 1.7과 EPP 1.9의 두 가지가 있는데, 대부분은 동일하나 사용에 있어서 약간의 차이가 있다. 데이터를 교신할 주변장치가 정상적인 경우에는 EPP 1.7과 EPP 1.9는 거의 차이가 없는데, 주변장치의 전원이 꺼져 있거나 컴퓨터와 분리된 상태, 또는 주변장치가 어떤 원인에 의해 멈춰 있을 경우 EPP 1.7은 컴퓨터가 다운되는 현상이 발생하기 때문에 이를 보완한 것이 EPP 1.9이다. 그러나 EPP 1.7 역시 나름대로의 역할이 있기 때문에 사용자는 EPP 1.7과 EPP 1.9를 선택해 사용해야 한다. 두 버전의 가장 큰 차이점은 다음에 설명할 $\overline{\text{WAIT}}$ 신호대기와 타이머 기능이다.

i) $\overline{\text{WAIT}}$ 신호대기

주변장치가 정상적으로 접속되고 동작 중일 때는 EPP 사이클의 시작시점에서 $\overline{\text{WAIT}}$ 신호가 'H'가 될 리가 없는데, 이는 이전 EPP 사이클에서 $\overline{\text{WAIT}}$ 신호가 'L'로 되지 않았다면 EPP 사이클이 종료되지 않기 때문에 EPP 시작점까지 도달하지 못하기 때문이다. 따라서 EPP 1.7에서는 $\overline{\text{WAIT}}$ 신호상태에 관계없이 EPP 사이클을 시작하도록 했다. 그러나 만약 주변장치가 컴퓨터에 부착되지 않았을 때 $\overline{\text{WAIT}}$ 신호는 풀업 저항에 의해 항상 'H'이며, 이 상태에서 EPP 사이클이 시작된다면 스트로브 신호를 발생한 후 $\overline{\text{WAIT}}$ 신호가 'H'로 되기를 기다리는 컴퓨터 입장에서는 정상적인 상황이라 판단해 사이클을 종료한다.

따라서 프로그램에서는 주변장치가 없음에도 불구하고 데이터 전송이 정상적으로 이루어진 것처럼, 또는 데이터 수신이 정상적으로 동작되는 것처럼 인식한다. 특히 데이터 수신이 정상적으로 동작한다고 인식하는 것이 더 큰 문제인데, 데이터 수집 프로그램이 엉뚱한 데이터를 수집하는 결과가 나타나기 때문이다(이 데이터와 정상적인 데이터를 구분할 방법이 없다). 따라서 EPP 1.9에서는 어드레스/데이터 전송이나 수신 직전에 $\overline{\text{WAIT}}$ 신호가 'L'임을 확인한 후 동작이 개시되도록 변경되었다.

ii) 타이머 기능

EPP 1.9에서는 $\overline{\text{WAIT}}$ 신호를 감시하는 타이머 기능이 추가되었는데, 이는 EPP 1.9에서 EPP 사이클이 시작되면 $\overline{\text{WAIT}}$ 신호를 감시해 'L'일 때만 진행되도록 하였기 때문에 주변장치가 접속되지 않은 경우 $\overline{\text{WAIT}}$ 신호가 'H'이므로 사이클이 더 이상 진행하지는 않지만 이 상황은 바꿔 말하면 CPU의 명령어 실행이 도중에 멈춘 것이므로 컴퓨터가 멈춰버린, 즉 다운된 상태가 된다. 따라서 이 상태에서 강제로 빠져나오도록 타이머 기능을 설치했으며, EPP 사이클이 시작된 후 약 10μS 정도가 지나도 주변장치에서 반응이 없다면 강제로 EPP 사이클을 종료해 프로그램이 계속 진행되도록 한다. 그러나 프로그램에서는 명령어가 종료된 경우 오류에 의해 강제종료된 것인지, 아니면 정상적인 처리에 의해 종료된 것인지를 구분하기 위해 표 3-3-7과 같이 상태 포트의 비트 0번에 Time-out 상태를 표시하도록 하였다.

따라서 프로그램에서는 EPP 사이클 수행(주변장치와 어드레스/데이터를 주고받는 동작) 명령 직후 이 비트를 확인하면 오류에 의한 강제종료인지 아니면 정상적인 종료인지 확인할 수 있다.

〈표 3-3-7〉 EPP 상태 포트

주 소	베이스 어드레스+1 (즉 LPT1일 때 379h)	
명 칭	상태 포트(status port)	
읽기/쓰기	읽기전용	
비트 의미	b7	Busy
	b6	Ack
	b5	Paper Out
	b4	Select In
	b3	Error
	b2	IRQ
	b1	
	b0	Time-out

이 기능의 부수적인 효과로서, 주변장치가 접속되어 비록 $\overline{\text{WAIT}}$ 신호는 정상이었으나 어떤 이유로 동작 중 멈췄을 경우에도 시간제한에 걸리므로 이상 유무를 검출할 수 있다. 참고로, 시간제한은 ISA 버스에 따라 차이가 있겠으나 일반적으로 약 10μS 정도로 설정하는데, 이는 너무 짧아 보이는 듯하지만, 실제로 EPP의 전송속도가 보통 초당 500K바이트부터 2M바이트이기 때문에 가장 느린 500K바이트의 경우라도 시간상으로는 2μS이므로 충분히 긴 시간이다.

iii) 선택의 기준

IEEE 1284 규격에는 EPP 1.7과 EPP 1.9가 모두 포함되어 있고, PC에서도 프린터 포트를 설정할 때 그림 3-3-21과 같이 EPP 1.7, EPP 1.9를 선택하도록 되어 있다.

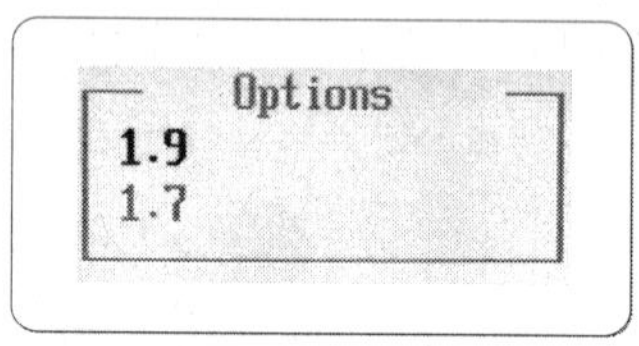

[그림 3-3-21] EPP 옵션

지금까지 설명한 바와 같이 EPP 1.9가 더 우수한 기능을 가지고 있음에도 EPP 1.7이 여전히 사용되는 이유는, 예를 들어 여러분이 어떤 기기에서 EPP를 사용하도록 제작했는데 기기의 속도가 매우 느리거나 또는 EPP 기능을 소프트웨어로 구현한 경우 EPP 1.9의 타이머 기능에 의한 시간제한에 걸려 사용할 수 없다. 따라서 이와 같이 전송속도가 현저히 떨어지는 기기, 계산상으로 10μS 이상 즉 초당 100K바이트 이하의 기기에서는 기기의 접속을 확실히 하는 조건으로 EPP 1.7을 사용한다. 만약 기기의 속도는 느리지만 EPP 전용회로를 사용하는 경우라면 버퍼 메모리를 사용하고 EPP 1.9를 사용할 수 있다.

(5) ECP(Extended Capabilities Port)

① ECP 모드의 특징

EPP 모드는 컴퓨터 프린터 포트를 이용해 다른 기기를 제어할 목적으로 개발된 것인 데 비해 ECP 모드는 프린터 포트 본연의 기능인 프린터와의 교신을 개선하기 위해 개발된 것이다. ECP 모드는 휴렛팩커드와 마이크로소프트가 제안해 IEEE 1284에 포함된 규격으로서 EPP 모드와 같이 하드웨어에 의해 데이터를 전송하지만 전혀 다른 내부 구조를 비롯해 간단한 압축기능, FIFO 버퍼기능 내장, DMA 회로 등을 추가해 고속으로 대량의 데이터를 전송할 수 있다. 단, 이 규격은 상당히 복잡한 하드웨어, 예를 들어 DMA 처리 능력까지 갖춘 주변장치여야 하고 이후에 설명하지만 한 대의 기계 내에 여러 복합기능을 가진 기기 등에 유리하기 때문에 프린터나 복합기(프린터, 스캐너, 팩시밀리) 이외의 다른 기기를 접속하기 위한 용도로는 EPP가 더 많이 사용된다.

i) 접속구조

EPP는 기본적으로 그림 3-3-22(a)와 같이 비록 여러 대의 주변장치들이 접속되어 있더라도 컴퓨터와 주변장치는 한순간에 일대일로 접속되도록 설계되어 있기 때문에 만약 프린터가 라인을 점유하고 있다면 데이터의 흐름이 발생하지 않더라도 다른 기기들과는 교신할 수 없다. 이에 비해 ECP는 그림 3-3-22(b)와 같이 팩시밀리, 프린터, 스캐너가 일체형으로 구성된 복합기 내의 한 회로에 의해 3가지 기기가 각각 교신할 수 있고, 만약 프린터가 프린트 중이고 데이터 교환이 발생하지 않더라도 스캐너나 팩시밀리의 교신은 계속적으로 이루어진다.

ii) 채널 개념 제어

EPP는 한 기기가 라인을 점유하고 데이터 교환이 일어나지 않을 경우 다른 기기는 교신을 할 수 없었는데, 이를 어드레스 개념 제어라 한다. 이에 비해 ECP는 비록 한 기기가 라인을 점유하고 있더라도 데이터 교신이 발생하지 않을 때는 다른 채널을 이용해 데이터를 계속 전송할 수 있다. 이는 마치 이더넷 LAN에서 어떤 컴퓨터가 데이터를 전송 중이더라도 다른 컴퓨터들 또한 데이터를 전송할 수 있는 원리와 유사하다.

ECP는 이와 같은 채널 전송을 위해 데이터 전송 사이클과 채널 전송 사이클을 가지고 있으며, 채널은 최대 0부터 127번까지 가능하다.

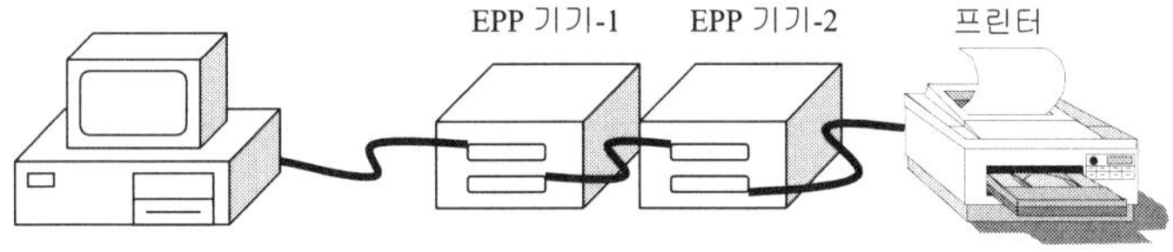

(a) EPP의 접속 예

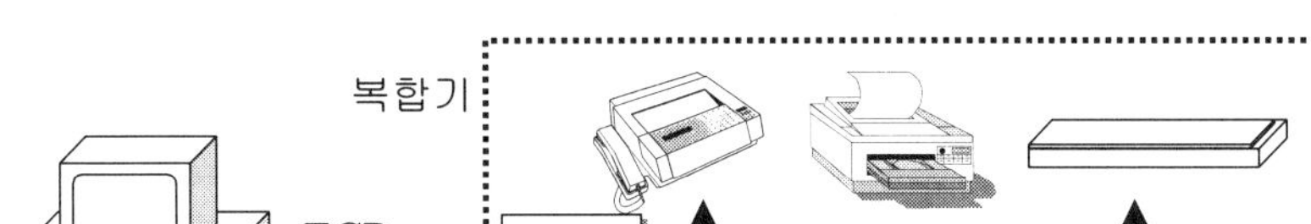

(b) 복합기와 ECP의 접속

[그림 3-3-22] EPP와 ECP 모드의 접속 형태

iii) 압축기능

ECP 모드는 주로 프린터나 스캐너를 제어하기 위해 개발되었기 때문에 이들 기기의 데이터 특성상 동일한 패턴의 데이터가 연속으로 교신되는 경우가 많다. 예를 들어 프린터 인쇄 시 백지 부분은 모두 00h으로 전송된다든지 스캐너가 백지 부분을 스캔 할 때 등인데, 이때 단순한 압축기능인 RLE(Run Length Encoding)에 의해 하드웨어에서 데이터를 크게 압축할 수 있다. 압축의 원리는 간단한데, 예를 들어 데이터를 전송할 때 "00h 데이터가 25개"라는 식으로 전송하면 사실상 00h 데이터를 25바이트 전송한 효과가 나타난다. 이때 데이터 개수를 전송하는 방법은 채널 전송을 이용하는데, 채널은 8비트로 구성되어 있으며 최상위 비트가 '0'일 때, 즉 0부터 127까지는 채널을 나타내는 것이고, 최상위 비트가 '1'일 때의 나머지 7비트는 데이터 개수를 표현한다.

iv) FIFO (데이터 버퍼)

ECP는 어떤 채널이 데이터 전송 도중 잠시 지연될 경우 다른 채널의 데이터를 계속 전송할 수 있도록 FIFO(First-In First-Out) 버퍼를 내장하고 있다. 즉 그림 3-3-23(a)와 같이 채널 1의 데이터를 전송하고 있는데 기기의 속도가 느려 잠시 데이터의 흐름이 지연될 경우 전송하던 데이터는 그대로 두고 그림 3-3-23(b)와 같이 다음 채널의 데이터를 전송한다. 수신기에서도 마찬가지로 해당 채널의 FIFO 버퍼에 데이터를 저장해 놓는다.

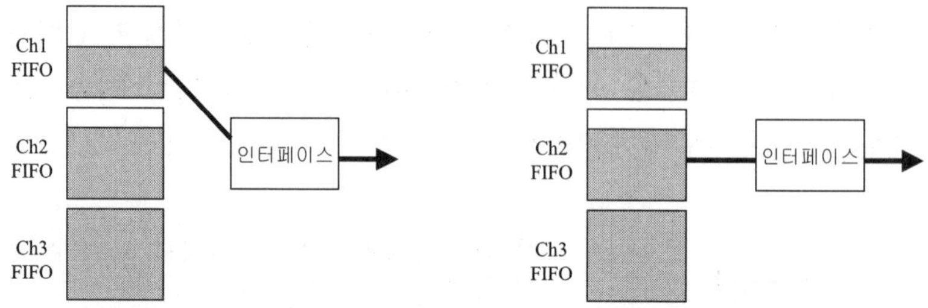

(a) Ch1의 전송 (b) Ch2 전송

[그림 3-3-23] ECP 모드의 채널 동작 예

v) DMA

ECP는 FIFO 버퍼를 사용하기 때문에 주 메모리와의 데이터 교환은 블록 단위로 이루어지므로 이를 고속화하기 위해 DMA(Direct Memory Access)를 사용한다.

② ECP 모드의 동작

ECP 모드는 프린터 포트 핀을 표 3-3-8과 같이 재할당해 사용한다. 표에서 '커맨드'란 채널 주소 겸 압축 바이트 수로 사용되는 데이터를 의미한다.

〈표 3-3-8〉 ECP 모드에서의 핀 할당

표준 모드	ECP 모드	입출력	용 도
$\overline{\mathrm{STROBE}}$	HostClk	출력	PeriphAck 신호와 함께 사용해 정방향으로 채널 주소나 데이터를 전송할 때 사용한다.
$\overline{\mathrm{AUTO\ FEED}}$	HostAck	출력	정방향 전송에서는 커맨드/데이터를 구분하는 데 사용한다. 역방향 전송에서는 PeriphClk 신호와 함께 역방향 전송 제어에 사용한다.
$\overline{\mathrm{SLCT\ IN}}$	1284Active	출력	1284 전송 모드에서 'H'가 된다.
$\overline{\mathrm{INIT}}$	$\overline{\mathrm{RevReq}}$	출력	'L'이면 역방향 데이터 전송임을 의미한다.
$\overline{\mathrm{ACK}}$	PeriphClk	입력	HostAck와 함께 역방향 데이터 전송 제어에 사용한다.
BUSY	PeriphAck	입력	HostClk 신호와 함께 사용해 정방향으로 채널 주소나 데이터를 전송할 때 사용한다. 역방향 전송에서는 커맨드/데이터를 구분하는 데 사용한다.
PE	$\overline{\mathrm{AckRev}}$	입력	$\overline{\mathrm{RevReq}}$ 신호에 대한 반응으로서 'L'으로 한다.
SLCT	Xflag	입력	"1284 모드 설정"에서 설명한다.
$\overline{\mathrm{ERROR}}$	$\overline{\mathrm{PeriphReq}}$	입력	'L'이면 역방향 데이터가 유효함을 나타낸다.
Data[0..7]	AD[0..7]	양방향	양방향 어드레스/데이터 전송 라인이다.

기존의 프린터는 LPT1의 경우 베이스 주소 378h를 기점으로 379h(베이스+1), 37Ah(베이스+2)의 3개 주소를 사용했기 때문에 다른 주변장치에서 이 이후의 주소를 사용하는 경우가 있었다. 그런데 EPP 모드는 기존 포트와의 호환을 위해 (베이스+3)과 (베이스+4) 주소를 사용하는데, 이 주소를 사용하는 기기와 함께 동작할 경우[특히 (베이스+4)가 많다] 정상적으로 동작하지 않기 때문에 다른 베이스 주소(LPT2나 LPT3)를 이용해야 한다.

ECP 모드는 복잡한 동작 때문에 기존 프린터 포트를 포함해 총 10개의 레지스터를 필요로 하므로 주소도 10개가 필요한데, EPP 모드에서 2개 주소만 추가해도 문제가 발생하는 상황에서 7개 주소를 추가한다는 것은 더 큰 문제를 일으킬 수 있어 다른 방안을 사용해야 했다.

과거의 구형 PC에서는 비용절감을 위해 I/O용 주소를 A0부터 A9까지 1*K*byte 영역만 디코드해 사용했는데, 이 예를 그림 3-3-24에 다시 나타내었다.

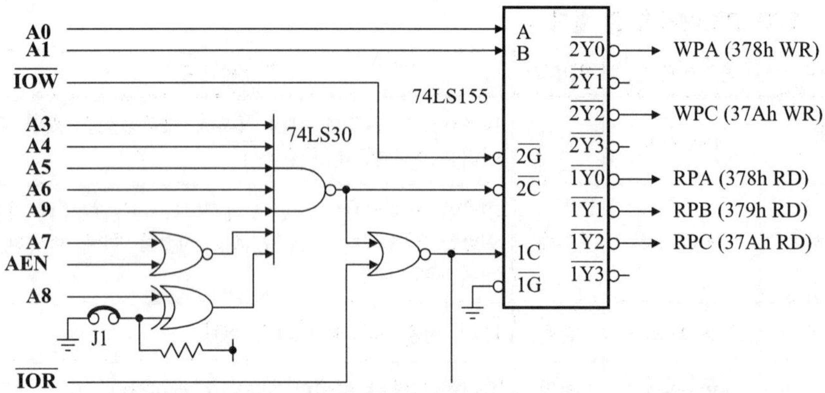

[그림 3-3-24] 기존 프린터 포트의 어드레스 디코드 회로

이는 프린터 포트 회로 중 어드레스 디코드 부분을 나타낸 것으로서, A0부터 A9까지만 사용한다. 그런데 최근에는 대규모 집적회로를 사용함에 따라 회로의 증가가 가격에 큰 영향을 미치지 않으므로 나머지 어드레스를 모두 디코드하면 기존의 기기들과 주소 충돌 없이 사용할 수 있는데, 그중 그림 3-3-24 회로에서 사용하고 있지 않은 A10을 사용하면 프린터 포트는 표 3-3-9와 같은 주소들을 얻을 수 있다.

구형 기기들에서는 A10을 디코드하지 않기 때문에 CPU가 778h, 779h, 77Ah, 77Bh를 사용하면 이는 378h, 379h, 37Ah, 37Bh로 해석한다. 따라서 이 주소들을 사용하면 다른 기기에는 영향을 주지 않으면서 새로운 주소인 778h~77Bh를 사용할 수 있으므로 총 8개의 주소를 확보할 수 있다. 그러나 ECP 모드와 다른 모드가 호환을 이루며 존재하려면 실제로 10개의 주소가 필요하기 때문에 여전히 부족한데, 이는 하나의 주소를 모드별로 동작을 달리하도록 설계해 해결하였다. 이와 같은 원리에 의해 ECP 모드는 표 3-3-10과 같이 6개 주소를 사용한다.

〈표 3-3-9〉 새로운 디코드에 의한 주소 범위

A10	A9	A8	A7	A6	A5	A4	A3	A2	A1	A0	주소	오프셋
0	1	J1	0	1	1	1	1	x	0	0	378h	000h
									0	1	379h	001h
									1	0	37Ah	002h
									1	1	37Bh	003h
1	1	J1	0	1	1	1	1	x	0	0	778h	400h
									0	1	779h	401h
									1	0	77Ah	402h
									1	1	77Bh	403h

〈표 3-3-10〉 ECP 제어용 레지스터의 주소

오프셋	모드	명칭	포트명	읽기/쓰기
000h	000,001	Data	데이터 포트	읽기/쓰기
	011	ecpAfifo	ECP 어드레스 FIFO	읽기/쓰기
001h		dsr	상태 포트	읽기/쓰기
002h		dcr	제어 포트	읽기/쓰기
400h	010	cfifo	병렬 포트 데이터 FIFO	읽기/쓰기
	011	ecpDfifo	ECP 데이터 FIFO	읽기/쓰기
	110	tfifo	테스트 FIFO	읽기/쓰기
	111	cnfgA	설정 레지스터 A	읽기
401h	111	cnfgB	설정 레지스터 B	읽기/쓰기
402h		ecr	확장 제어 레지스터	읽기/쓰기

ECP 모드 레지스터 중 중심적인 제어는 오프셋 402h의 ecr로서, 이 레지스터 내의 비트 설정에 의해 표의 '모드'가 결정된다. 이들 레지스터의 사용법은 매우 복잡하기 때문에 이에 관한 내용은 ECP 기술 문서를 참조하라.

③ 데이터 전송 순서

ECP 모드의 포트 동작은 EPP 모드와 달리 DMA를 이용하기 때문에 ISA 버스 속도와 큰 관계가 없다. 그리고 ECP 모드는 한 채널의 데이터 전송이 지연되면 다른 채널을 통해 데이터를 전송하기 때문에 송신기와 수신기가 언제라도 끊어졌다 연결될 수 있는 일명 '느슨한 연결(loosely coupled)'로 접속될 수 있도록 EPP보다 전송단계가 더 복잡하다. 여기서는 복잡성을 피하기 위해 ISA 버스 및 DMA 신호에 관련된 사항은 생략하고 설명한다.

ⅰ) 정방향 어드레스/데이터 전송 순서

ECP 모드의 정방향 커맨드/데이터 전송 순서는 그림 3-3-25와 같다.

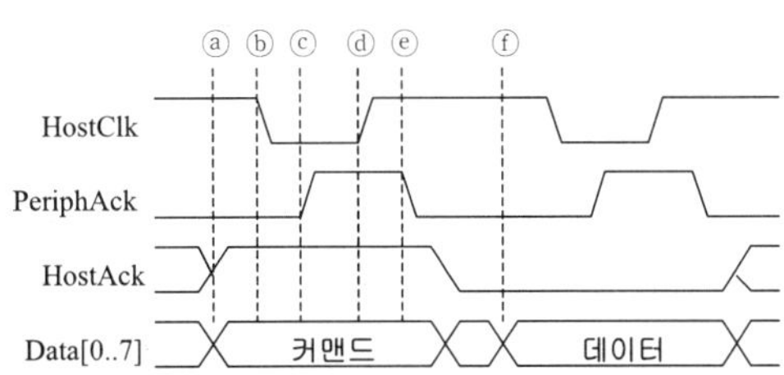

[그림 3-3-25] ECP 모드의 정방향 커맨드/데이터 전송

ⓐ 호스트는 데이터 라인에 커맨드/데이터 전송 후 커맨드인지 데이터인지 알리기 위해 HostAck를 설정('H'이면 커맨드, 'L'이면 데이터)한다.

ⓑ 데이터 라인에 커맨드/데이터가 전송되었음을 알리기 위해 HostClk를 'L'로 한다.

ⓒ 주변장치는 이에 대한 반응으로서 PeriphAck를 'H'로 한다. 만약 시간이 지나도 이 신호가 나타나지 않으면 주변장치의 반응이 없는 것으로 간주해 모든 신호들은 다시 처음으로 되돌아가고, 다른 채널로 데이터 전송을 계속한다.

ⓓ 호스트는 ⓒ에 대한 반응으로서 HostClk를 'H'로 한다. 주변장치는 이 신호를 데이터 래치 클록으로 사용한다.

ⓔ 주변장치는 다음 데이터의 수신 준비가 되면 PeriphAck를 'L'로 한다.

ⓕ 다음 데이터를 전송하는 과정으로 진입한다.

ii) 역방향 어드레스/데이터 전송 순서

ECP 모드의 역방향 커맨드/데이터 전송 순서는 그림 3-3-26과 같다.

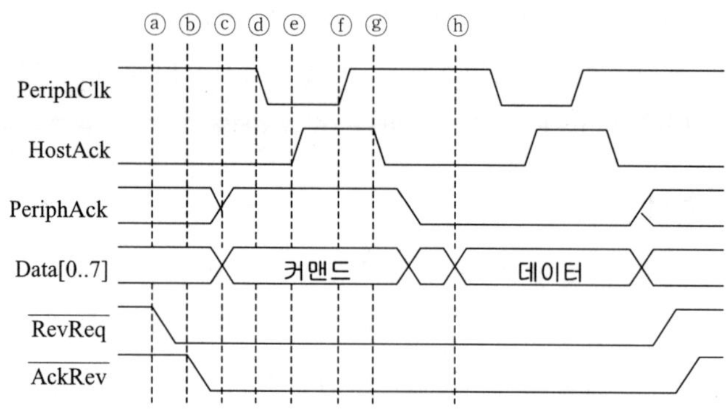

[그림 3-3-26] ECP 모드의 역방향 어드레스/데이터 전송

ⓐ 호스트는 역방향 데이터 전송을 위해 $\overline{\text{RevReq}}$를 'L'로 한다.

ⓑ 주변장치는 이에 대한 반응으로서 $\overline{\text{AckRev}}$를 'L'로 한다.

ⓒ 주변장치는 데이터 라인에 커맨드/데이터 전송 후 커맨드인지 데이터인지 알리기 위해 PeriphAck를 설정('H'이면 커맨드, 'L'이면 데이터)한다.

ⓓ 데이터 라인에 데이터가 전송되었음을 알리기 위해 PeriphClk를 'L'로 한다.

ⓔ 호스트는 이에 대한 반응으로서 HostAck를 'H'로 한다. 만약 시간이 지나도 이 신호가 나타나지 않으면 호스트가 반응이 없는 것으로 간주해 모든 신호들은 다시 처음으로 되돌아가고, 다른 채널로 데이터 전송을 계속한다.

ⓕ 주변장치는 ⓔ이에 대한 반응으로 PeriphClk를 'H'로 한다. 호스트는 이 신호를 데이터 래치 클록으로 사용한다.

ⓖ 호스트는 다음 데이터의 수신 준비가 되면 HostAck를 'L'로 한다.
ⓗ 다음 데이터를 전송하는 과정으로 진입한다.

(6) IEEE 1284

앞서 소개한 바와 같이 IEEE 1284 규격은 다음과 같은 모드를 포함한다.

- SPP 모드(Standard Printer Parallel mode)
- SPP 모드는 세부적으로 다음 모드를 포함
  - 표준 모드(standard mode) : 'Compatibility mode', 또는 '프린터 모드'라고도 한다.
  - 니블 모드(nibble mode)
  - 바이트 모드(byte mode) : '양방향 모드(bi-directional mode)'라고도 한다.
- EPP 모드(Enhanced Parallel Port mode)
- ECP 모드(Extended Capability Port mode)

그런데, 호스트와 주변장치는 각각 자신이 지원할 수 있는 모드가 다르기 때문에 이를 서로 결정하는 절차가 필요하며 이를 '1284 Negotiation' (직역하면 '1284 협상', 또는 '1284 교섭') 과정이라 한다. 이 책에서는 '1284 모드 설정과정'이라 표기하겠다.

① 1284 모드 설정

1284 모드 설정과정에 고려해야 할 점은 1284 모드를 전혀 지원하지 않는 구형 프린터의 경우 이 설정과정용 데이터를 자신의 데이터로 인식하지 않도록 하는 것이다. 1284 모드 설정절차는 그림 3-3-27과 같이 이루어진다.

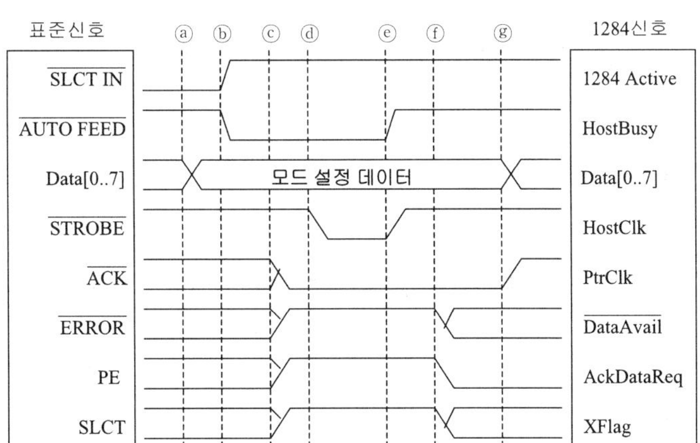

[그림 3-3-27] 1284 모드 설정과정

그림에서 왼쪽에는 프린터 본래의 핀 명칭을, 오른쪽에는 1284용 핀 명칭을 나타내었다.

ⓐ 호스트는 모드 설정 데이터를 데이터 라인에 전송한다.

ⓑ 그 후 $\overline{\text{SLCT IN}}$를 'H'로, $\overline{\text{AUTO FEED}}$를 'L'로 해 모드 설정상태로 진입했음을 알린다.

ⓒ 주변장치가 1284를 지원하는 것이라면 $\overline{\text{ACK}}$를 'L'로, $\overline{\text{ERROR}}$를 'H'로, PE와 SLCT를 'H'로 설정해 1284 장치임을 응답한다. 이 상태는 정상적인 프린터라면 있을 수 없는 상태로서, PE가 'H'이면 종이가 없으므로 오류상태지만 $\overline{\text{ERROR}}$가 'H'로서 오류가 아니라 표현하고 있는 것이다. 또한 데이터를 보내지 않은($\overline{\text{STROBE}}$가 'H') 상태에서 응답신호인 $\overline{\text{ACK}}$가 'L'로 되는 등 이상한 의미의 신호이므로 이는 1284용 고유신호를 표현한 것이다.

만약 주변장치가 1284를 지원하지 않는 것이라면 $\overline{\text{SLCT IN}}$가 'H'이므로 프린터가 선택되지 않은 것이고, 이 상태에서 $\overline{\text{AUTO FEED}}$를 'L'로 해 종이를 자동으로 감아올리도록 설정한 것이므로 아무런 반응이 없다.

ⓓ 호스트는 $\overline{\text{STROBE}}$를 'L'로 함으로써 모드 설정 데이터가 주변장치로 입력되도록 한다. 일반적인 프린터라면 ⓑ 이후로 $\overline{\text{SLCT IN}}$가 'H'이므로 반응하지 않는다.

ⓔ 그 후 호스트는 $\overline{\text{STROBE}}$와 $\overline{\text{AUTO FEED}}$ 신호를 'H'로 해 주변장치가 1284 지원함을 확인했다는 신호를 보낸다.

ⓕ 주변장치는 이에 대한 반응으로서 PE를 'L'로 한다. 이때 주변장치가 역방향으로 데이터 전송 가능하다면 $\overline{\text{ERROR}}$를 'L'로 변화시켜 표시한다. 또한 SLCT가 'H'이면 요구하는 모드가 가능하다는 것을 의미하고, 'L'이면 요구하는 모드는 지원하지 않음을 의미한다.

ⓖ 주변장치는 $\overline{\text{ACK}}$를 'H'로 해 모드 설정과정이 종료되었음을 알리고, 이후로는 모든 신호 라인들은 요구한 모드로 동작한다.

② 모드 설정 데이터

모드를 설정하는 데이터는 표 3-3-11과 같은 종류가 정의되어 있다.

표에서 '호스트'는 호스트 측에서 주변장치로 필요로 하는 모드 데이터를 전송할 때 사용하는 코드이고, 이에 대해 주변장치는 XFlag 신호로 사용 가능 여부를 응답한다. '주변장치'는 $\overline{\text{ERROR}}$에 의해 포트가 역방향 전송이 가능할 때 주변장치가 전송하는 데이터이다.

〈표 3-3-11〉 1284 모드 설정 데이터

	모 드	데이터(2진)
호스트	니블 모드	0000 0000
	바이트 모드	0000 0001
	EPP 모드	0100 0000
	ECP 모드(RLE 없음)	0001 0000
	ECP 모드(RLE 사용)	0011 0000
	모드 설정 링크	1000 0000
주변장치	니블 모드	0000 0100
	바이트 모드	0000 0101
	ECP 모드(RLE 없음)	0001 0100
	ECP 모드(RLE 사용)	0011 0100

③ 전기적 규격

IEEE 1284는 레벨 I과 레벨 II의 2가지 인터페이스 규격을 정의하고 있다. 레벨 I은 고속 모드가 아닌 경우에 사용하는 것으로서 한 방향 전송만을 행할 수 있는데, 이는 센트로닉스 인터페이스 규격에서 사용하는 전기규격을 의미한다. 레벨 II는 더 멀리, 더 고속으로 데이터를 전송할 때 사용하는 규격으로서 양방향 데이터 전송을 지원한다.

i) 레벨 I의 전기적 규격

레벨 I의 구체적인 회로는 센트로닉스 규격과 동일하므로 기본적인 임피던스 관계만 소개한다. 레벨 I의 임피던스 구성은 그림 3-3-28에 나타낸 바와 같이 전송 케이블의 임피던스와 송신 측, 수신 측 임피던스의 등가회로로 나타낼 수 있다.

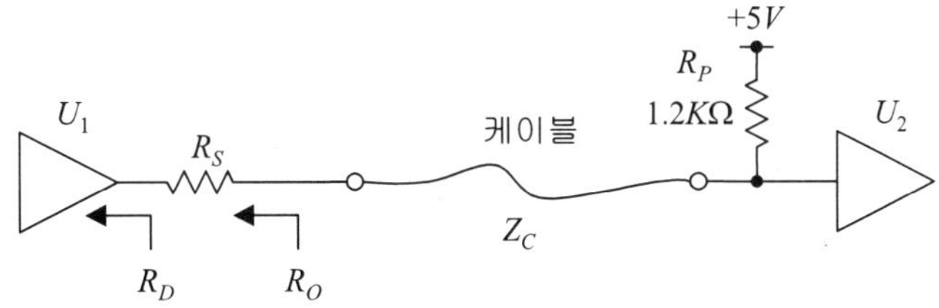

[그림 3-3-28] 레벨 I의 등가회로

프린터 인터페이스 케이블은 일반적으로 약 50Ω의 임피던스(그림의 Z_C)를 가지므로 송신 측 임피던스 R_O는 케이블 임피던스 Z_C의 90% 이상 근접해야 임피던스 매칭이 되므로 최소값은

$$R_O = Z_C \times 90\% = 45\Omega$$

이다. 여기서, R_O는 드라이버 임피던스 R_D와 저항 R_S로 구성된다.

드라이버 소자에서 'L'을 출력할 때 리시버 소자 U_2의 입력전압은 거의 $0V$에 근접해야 하므로 풀업 저항은 모든 임피던스 R_D, R_S, Z_C보다 훨씬 커야 하고(10배 이상) 따라서 최소 $1K\Omega$ 이상이어야 하며, 전류흐름에 영향을 주지 않도록 리시버 소자의 입력 임피던스는 케이블 임피던스 Z_C보다 훨씬 커야 한다.

ii) 레벨 II의 전기적 규격

레벨 II는 레벨 I과 달리 양방향 전송 라인으로 정의되며 간략화한 회로를 그림 3-3-29(a)에 나타내었다.

그림에 나타낸 바와 같이 양방향 교신이 가능하도록 양쪽에 모두 드라이버와 리시버가 설치되며 이들은 각 방향에 따라 해당 소자가 동작하도록 제어된다. 그리고 양방향에서 모두 동일한 임피던스 특성을 나타내도록 터미네이터도 양쪽에 부착된다. 이 회로의 동작 중 한순간에는 한 방향으로 데이터가 전송되며, 이때의 등가회로는 그림 3-3-29(b)와 같다. 이 경우 송수신 양쪽 임피던스는 레벨 I과 거의 유사한데, 송신 측 임피던스 R_O는 드라이버 임피던스 R_D와 저항 R_S로 구성된 50Ω이고 이 값과 풀업 저

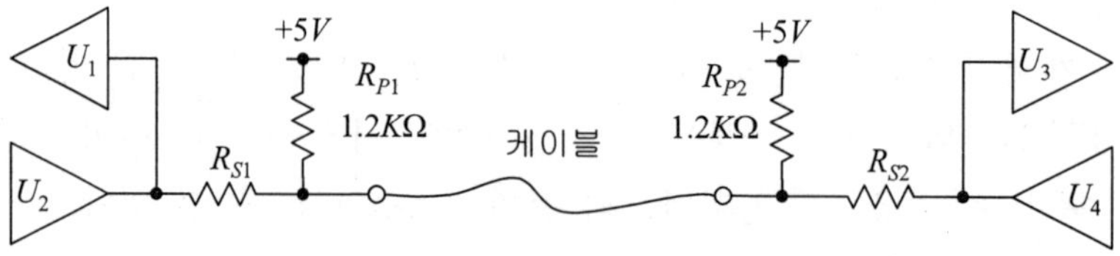

(a) 레벨 II의 회로

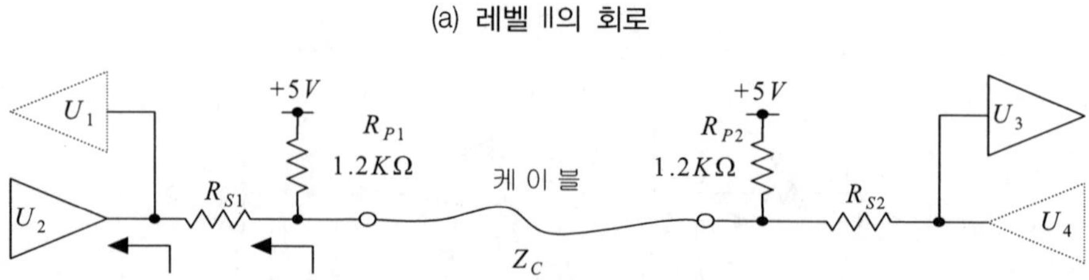

(b) 한 방향 전송시점의 회로

[그림 3-3-29] 레벨 II의 등가회로

항 R_{P1}이 병렬로 접속되나 R_{P1}은 $1.2K\Omega$으로 매우 크기 때문에 다음과 같이 계산되어 입력 임피던스에 거의 영향을 미치지 않는다.

$$R_O = 50\Omega \parallel 1.2K\Omega = 48\Omega$$

마찬가지로, 수신 측의 R_{S2}도 매우 작기 때문에 U_3에 전달되는 전압에 거의 영향을 미치지 않는데, 이는 U_3의 입력 임피던스가 표 3-3-12의 특성에 따라

$$R_{in} = V_{in} \ / \ I_{in} = 2.0V / \ 20\mu A = 100K\Omega$$

이상이기 때문이다. 참고로, 레벨 II에서 정의하는 드라이버와 리시버 규격은 표 3-3-12와 같다.

〈표 3-3-12〉 1284 레벨 II의 전기적 규격

	항 목	값
드라이버	개방 시 출력전압 범위	−0.5∼+5.5 [V]
	부하 시 14mA 전류에서의 전압 범위	+0.4∼+2.4 [V]
	출력 임피던스	50 ± 5 [Ω]
	슬루 레이트	0.05∼0.40 [V/nS]
리시버	최대 입력전압	−2.0∼+7.0 [V]
	'H' 입력전압 최소값	2.0 [V]
	'L' 입력전압 최대값	0.8 [V]
	입력 히스테리시스 전압	0.2∼1.2 [V]
	+2.0V 입력 시 흡수전류	20μA 이하
	+0.8V 입력 시 유출전류	20μA 이하
	포유용량	50pF 이하

④ 커넥터 규격

IEEE 1284에 사용되는 커넥터는 크게 3가지가 있으며 이의 외형을 그림 3-3-30에 나타내었다. 그림에서 Type-A는 IBM-PC에 사용되는 25핀 D-형(DB25) 커넥터, Type-B는 프린터에 사용되는 36핀 센트로닉스(CN36) 커넥터이다. Type-C는 고밀도 형태(HPCN36)로서 크기는 작지만 Type-B와 동일한 36핀이다.

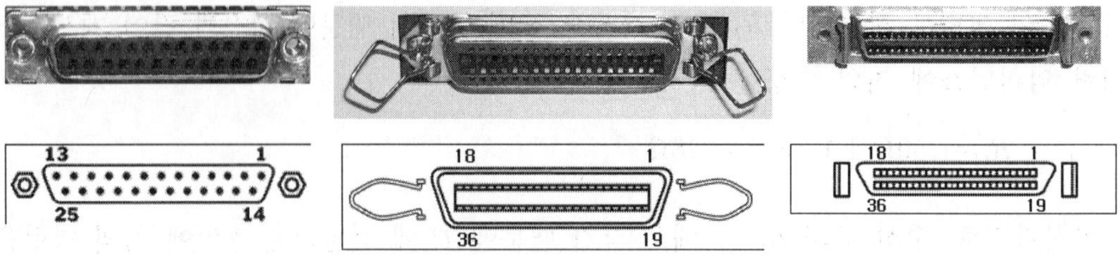

(a) 1284 Type-A (b) 1284 Type-B (c) 1284 Type-C

[그림 3-3-30] 1284 커넥터

⑤ 커넥터 접속

IEEE 1284의 커넥터 규격은 3종류가 있으므로 기기의 종류에 따라 각각 다른 커넥터끼리 접속해야 할 경우가 있다. 즉, 호스트가 3종류 중 하나이고, 주변장치가 3종류 중 하나이므로 이들 중 조합이 발생한다.

동일한 종류끼리 접속할 때는 일대일로 케이블을 접속하면 되므로 관계없지만, 다른 종류와의 접속일 경우, 특히 type-A는 25핀이기 때문에 type-B, C와 접속 시 핀에 차이가 있어 이를 고려할 필요가 있다.

따라서 type-A와 type-B의 조합인 경우 그림 3-3-31에 나타낸 바와 같이 GND 핀을 겸용해 접속하며, 이 접속은 IBM-PC의 프린터 케이블에서 사용되고 있다.

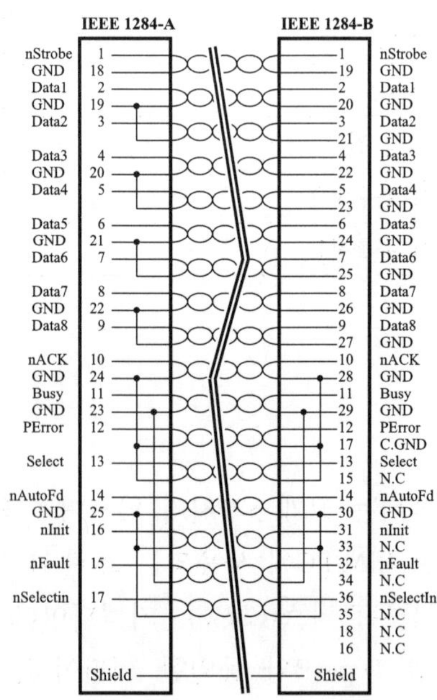

[그림 3-3-31] Type-A와 B의 접속

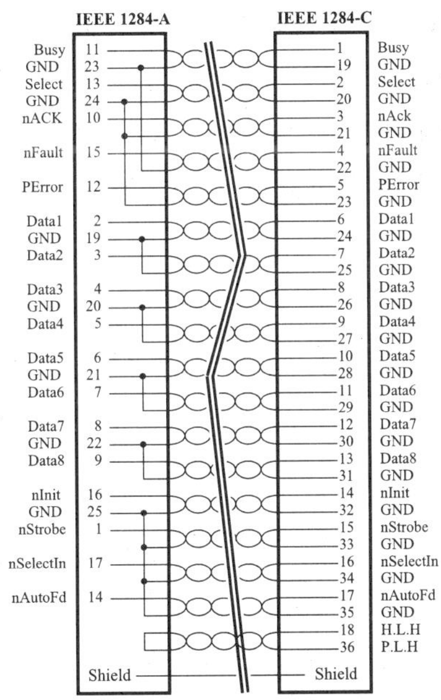

(a) Type-A와 C의 접속

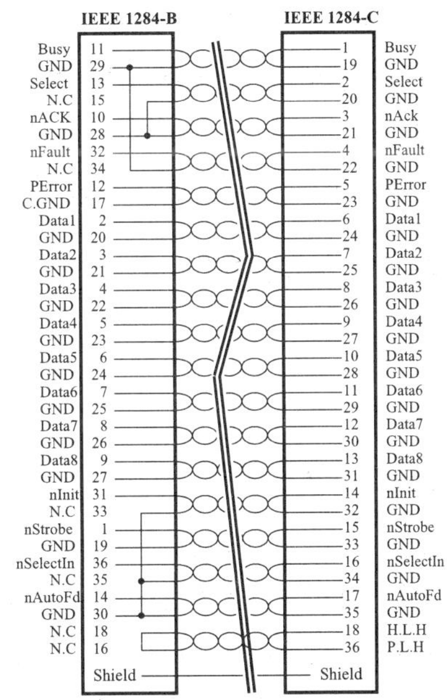

(b) Type-B와 C의 접속

[그림 3-3-32] 다른 type들 사이의 배선

2) IEEE 1394

IEEE 1394(FireWire)는 1980년대 미국 Apple 컴퓨터와 Texas Instruments사에서 고속 주변장치를 접속하기 위한 직렬 버스로서 'FireWire'(Texas Instruments사에서는 'Lynx'라 부르기도 한다) 규격을 만들었고, 이와 거의 유사하게 일본 SONY에서도 'i.Link'라는 규격을 만들었으며, 이들을 미국 전기전자기술자협회 IEEE에서 표준화해 IEEE 1394 규격으로 만들었다. IEEE 1394의 기본 모델은 UW-SCSI(Ultra Wide SCSI)의 LVD(Low-Voltage Differential) 인터페이스라 할 수 있는데, 이는 매우 고속이지만 병렬 16비트이기 때문에 장비의 가격이 비싸 범용 인터페이스로 사용하기엔 무리가 있다. 따라서 UW-SCSI의 LVD 인터페이스 중 1비트분, 즉 2가닥만 사용해 직렬로 데이터를 전송한다는 것이 IEEE 1394의 기본 원리이다.

IEEE 1394(앞으로는 약해서 '1394'라 한다)는 데이터 전송규격이 상당히 고급이기 때문에 주로 고속 데이터 전송이 필요한 곳, 예를 들어 디지털 캠코더나 그래픽 인터페이스, 하드디스크 등에 사용하며 키보드나 마우스 등과 같은 저속기기에는 장치의 복잡성이나 가격 면에서 불리해 사용하지 않고, 이런 용도로는 다음에 소개하는 더 낮은 사양인 USB를 사용한다. 1394는 100*Mbps*(bit per second), 200*Mbps*, 그리고 400*Mbps*

의 3가지 속도를 지원하며, 이후의 규격에서는 800*Mbps*, 1.6*Gbps*, 3.2*Gbps*를 지원하므로 가격과 용도에 맞춰 속도를 결정해 사용한다. 특히, 1394 기기들은 하드웨어 규격과 함께 고도로 정의된 통신 프로토콜도 규격에 함께 포함되어 전혀 다른 기기 사이에서도 하드웨어는 물론 데이터 교신 프로토콜 수준까지 호환을 이루는 장점이 있다.

(1) IEEE 1394의 기능 및 동작

IEEE 1394는 다른 하드웨어 주변장치에 비해 특이한 기능이 있는데, 이들에 관해 살펴본다.

① HOT-PLUGGABLE

일반적인 하드웨어 장치는 부착이나 제거 시 반드시 전원이 꺼진 상태에서 시행해야 하며, 특히 컴퓨터의 확장 슬롯에 인터페이스 카드를 장착하거나 제거할 때 전원이 켜진 상태라면 인터페이스 카드가 그림 3-3-33(a)와 같이 기울어져 전원단자 등이 합선되어 인터페이스 카드는 물론 컴퓨터 메인보드까지 파손된다.

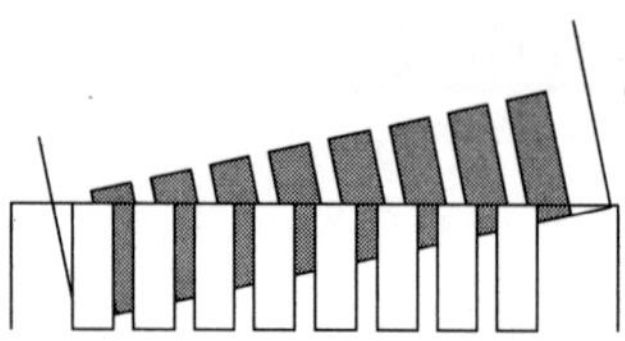

(a) 확장 슬롯

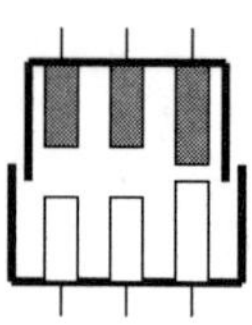

(b) IEEE 1394 커넥터

[그림 3-3-33] 인터페이스 착탈 시 문제점

이러한 점을 보완해 1394 커넥터는 그림 3-3-33(b)와 같이 커넥터 전체 깊이까지 외부 프레임에 맞도록 구성되어 기울어지지 않으며, 전원단자가 먼저 접촉하고 이후에 신호단자들이 접촉하도록 길이가 조정되어 전기적으로 안정을 유지할 수 있기 때문에 기기의 전원이 인가된 상태에서도 얼마든지 착탈이 가능하며, 이러한 기능을 'HOT-PLUGGABLE'이라 한다.

② PNP

일반적인 하드웨어 인터페이스 장치들은 기기를 접속한 후 OS나 호스트 기기에서 이 장치를 인식시키기 위해 드라이버 프로그램을 설치하는 등 조작을 하는데, 1394 기기들은 접속되면 자신의 기기 사양이 자동으로 인식되는 'PNP(Plug and Play)', 즉, 접속하면 자동 인식되도록 설계되어 있다. 사실상 이 특징은 Apple 컴퓨터의 기본적인 사양이지만 IBM-PC 등의 컴퓨터에서는 최근에 이 기능이 도입되었기 때문에 1394가 개발된 1980년대에는 매우 독특한 특징이었다.

③ 전원공급

RS-232C, RS-422, 이더넷 등 일반적인 통신 라인은 접지선과 신호선만 연결되는 데 비해 1394는 전원도 함께 공급하기 때문에 큰 전력이 필요치 않는 간단한 하드웨어 장치의 경우 별도의 전원 없이 통신선에서 공급되는 전원을 이용해 동작하므로 장치의 접속이 매우 간편해진다. 특히 기기 내의 1394 회로 부분은 기기의 전원과는 별도로 1394에서 공급되는 전원에 의해 동작하도록 구성되므로 기기의 전원이 꺼져 있다 하더라도 다른 기기들은 이 기기를 통해 통신이 가능하다.

④ 토폴로지

1394의 토폴로지(topology : 망구조)는 트위스트-페어 이더넷과 같은 트리 구조뿐만 아니라 이와 혼용해 애플토크(apple talk) 같은 데이지-체인 형태로도 구성이 가능하다. 이와 같은 1394의 토폴로지를 구성하기 위한 보조기기는 다음과 같은 종류의 것이 있다.

ⅰ) 리피터

리피터(repeater)는 한쪽에서 입력된 신호를 그대로 재생해 다른 쪽으로 출력시키는 일종의 버퍼(buffer) 장치로서 거리가 떨어진 두 기기 사이를 연장할 때 주로 사용한다. 즉, 1394 케이블의 최대 길이는 4.5m 인데 두 기기가 8m 정도 떨어져 있을 경우 중간에 리피터를 설치해 길이를 연장할 수 있다.

ⅱ) 스플리터

스플리터(splitter)는 '분배기'라고도 하는데, 이더넷의 허브(hub)와 동일한 기능을 한다. 즉, 한 단자에 입력된 신호는 나머지 복수개의 단자로 동일한 신호가 출력되며, 따라서 여러 대의 기기를 트리 형태로 접속할 수 있다.

ⅲ) 브리지

브리지(bridge)는 이더넷의 스위치 허브와 유사한 것으로서, 한 단자에 입력된 신호가 나머지 단자에 접속된 기기의 주소에 해당될 경우에만 신호를 전달한다. 따라서 브리지의 양 단자에 접속된 기기들은 주소가 다를 경우 서로 간섭을 받지 않고 최대 속도로 동작할 수 있기 때문에 한 작업 영역과 다른 작업 영역을 서로 분리하고 브리지는 이들 사이를 연결할 때 사용한다.

이상과 같은 기기들을 이용해 1394 네트워크를 형성한 예를 그림 3-3-34에 나타내었다.

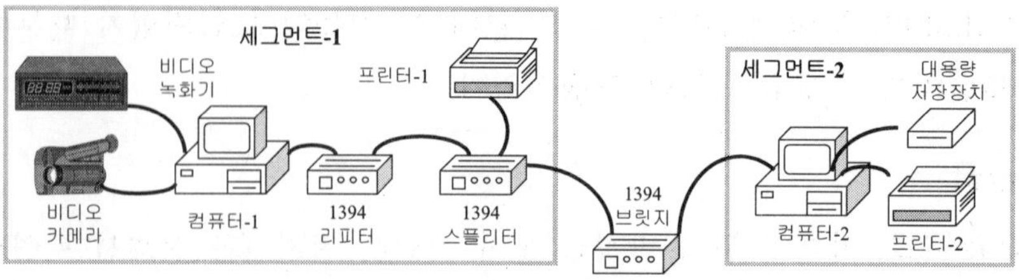

[그림 3-3-34] 1394 네트워크의 형성 예

그림에서 왼쪽의 네트워크와 오른쪽의 네트워크는 브리지로 접속되어 있어 독립적인 2개의 세그먼트를 형성한다. 세그먼트-1 내의 기기들은 서로 네트워크가 형성되어 있고 컴퓨터-1과 스플리터 사이는 거리가 멀어 리피터를 사용하고, 스플리터에 의해 신호를 배분해 프린터-1과 브리지로 접속했다. 각 세그먼트 내의 기기들이 자신의 세그먼트 내에서만 통신을 할 경우 양 세그먼트들은 각자 자신에게 주어진 최대 속도로 동작하며, 이들 세그먼트들은 브리지에 의해 분리되기 때문에 서로 속도가 달라도 상관없다. 물론 다른 세그먼트에 속한 기기들과도 데이터 전송이 가능한데, 예를 들어 세그먼트-2에 속한 컴퓨터-2는 브리지를 통해 세그먼트-1에 속한 비디오카메라로부터 데이터를 전송받을 수 있다. 특히, 이때 만약 세그먼트-1의 컴퓨터-1이 꺼져 있다 하더라도 컴퓨터 내의 1394 제어회로는 다른 기기에서 공급하는 1394 전원으로 동작하므로 통신에는 지장이 없다.

또한, 1394 기기들은 버스가 정상동작 중이라도 핫-플러그(동작 중에 기기가 추가되거나 제거되는 것)가 가능해 이러한 변화가 일어나면 토폴로지의 변화를 자동으로 인식해 그에 맞도록 모든 조건들이 자동으로 조절된다. 즉, 네트워크에서 어떤 주변장치가 추가되거나 제거될 경우 네트워크의 형태가 달라지기 때문에 기존의 모든 정보는 초기화되고 연결된 주변장치들은 네트워크를 재구성하기 위해 다시 주소를 부여받는다. 그 후 주변장치들은 자신들의 위치를 네트워크에 접속되어 있는 모든 장치들에 알리고 재동작을 위해 준비상태로 돌아간다.

⑤ 데이터 전송방법

1394의 데이터 전송방법은 비동기(asynchronous) 전송과 등시(等時, isochronous) 전송의 2가지가 있으며, 용도에 따라 선택해 사용할 수 있다.

비동기 전송은 컴퓨터와 주변장치 사이의 데이터 전송 시 사용하는 전형적인 방법으로서, 데이터를 요구하는 기기의 요구신호와 상대 기기의 응답에 의해 데이터가 한 방향으로 전송된다. 즉, 송신기에서 수신기로 데이터 패킷을 보내고, 수신기가 이 패킷을 받으면 패킷을 받았다는 신호를 송신기로 보내며, 이때 패킷 중 오류가 있다는 신호가 수신되면 송신기는 해당 패킷을 다시 전송한다. 따라서 이 방법은 데이터의 필요에 의해 그때그때 데이터 전송이 진행되며, 만약 큰 용량의 데이터를 전송할 경우 그동안은 두 송수신 기기가 회선을 모두 점유하므로 다른 기기들은 데이터를 전송할 수 없다.

이에 비해 등시(等時) 전송이란 특정 시간간격을 두고 그 시간 동안 기기들이 각각 교신하는 형태를 의미하는데, 이는 네트워크에 접속된 각 기기들의 데이터 전송시간이 일정하게 보증되기 때문에 어떤 기기들이 회선을 모두 점유해 다른 기기들이 데이터 교환을 할 수 없는 경우는 발생하지 않는다. 디지털 비디오나 오디오같이 시간에 민감한 데이터를 전송할 때는 이 방법으로 전송해야 유리하다. 또한 이는 전송시간이 정확히 확보되므로 송수신 기기들 내부의 버퍼 메모리를 정확히 설계해 가격을 저렴하게 할 수 있는 장점이 있다.

기타 1394의 데이터 전송 프로토콜에 관련된 사항은 분량이 방대하고 복잡하므로 IEEE 1394 데이터 시트를 참조하라.

(2) IEEE 1394의 하드웨어 구조

IEEE 1394를 접속하는 하드웨어 규격은 사용 케이블, 커넥터의 형태 등이 명확히 규정되어 있다.

① 케이블

1394에 사용되는 케이블은 그림 3-3-35(a)와 같이 기본적으로 6가닥의 전선이 사용되며, 이 중 2가닥은 트위스트된 한 쌍을 TPA(Twisted-Pair A), 또 다른 한 쌍을 TPB(Twisted-Pair B)라 하는데, 이들 트위스트-페어들은 그림 3-3-35(b)와 같이 각각 실드(shield)해 잡음으로부터 보호한다.

나머지 2가닥은 전원을 공급하기 위한 것으로서 트위스트되어 있지 않으며, 모든 6가닥의 전선은 외부적으로 전체 실드되어 상당히 복잡하고 고급 사양으로 구성되어 있다. 또한, 각 접속선들은 그림 3-3-35(a)와 같이 색상이 지정되어 케이블 접속 시 혼동을 방지하고 있다.

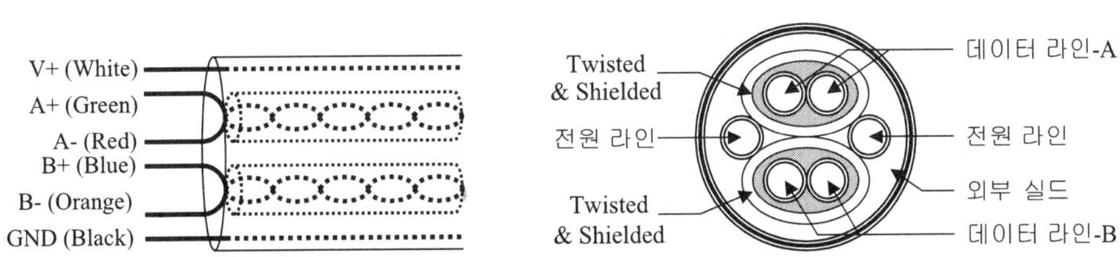

(a) 케이블의 구성 (b) 케이블의 구조

[그림 3-3-35] 1394 케이블의 구성 및 구조

② 신호전송방법

1394의 고속 데이터 전송원리를 이해하기 위해서는 다른 데이터 전송규격들에 관해 간단히 살펴볼 필요가 있다.

데이터는 전송 시 필요에 따라 신호를 변환하는데, 예를 들어 이더넷은 맨체스터 코딩을, USB는 NRZI 코딩 등을 행한다. 맨체스터 코딩은 데이터를 동기식으로 전송할 수 있는 반면 그림 3-3-36(a)와 같이 전송 대역폭이 절반으로 줄어들고, NRZI 코딩은 다음의 USB에서 논하지만 차동 라인의 극성이 바뀌어도 무관하다는 장점이 있지만 HDLC, SDLC와 마찬가지로 그림 3-3-36(b)와 같이 비트 스터핑(bit stuffing) 작업에 의해 전송속도가 저하(최악의 경우 12.5%)되고 이에 따라 전송길이가 불규칙해지는 현상도 발생한다.

이상과 같은 데이터 변환을 하지 않고 그대로 전송하기 위해서는 연속된 '1'이나 '0'의 경우에 대비해 비동기 통신과 같이 시작 비트(start bit)와 종료 비트(stop bit)를 사용해야 하기 때문에 이 또한 전송속도가 저하한다. 가장 단순한 직렬전송방법으로는 그림 3-3-36(c)와 같이 데이터 라인과 클록 라인을 각각 사용하는 것인데, 이 경우 데이터 신호는 전혀 변환을 할 필요가 없어 회로가 단순화되고 최대 속도로 전송이 가능하지만, 그림과 같이 클록 전송 라인의 대역폭 제한에 의해 비트 전송률은 절반으로 줄어든다.

1394도 데이터 전송을 고속으로 하기 위해 데이터 신호를 다른 신호로 변환하지 않는다. 그러나 송수신 간의 동기에 방해가 되는 요소인 연속된 '1'이나 '0'에서도 여전히 동기를 유지하기 위해 2쌍의 트위스트-페어를 사용하며, 이 원리를 그림 3-3-36(d)에 나타내었다.

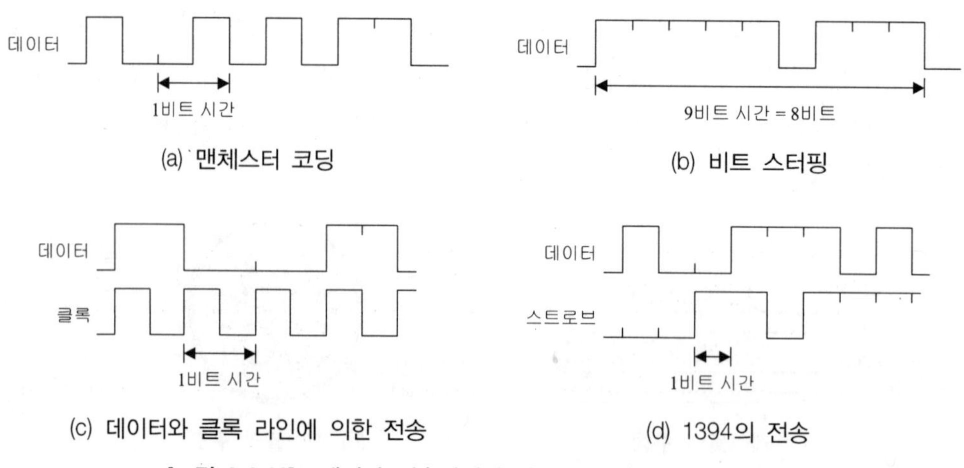

[그림 3-3-36] 데이터 전송방법에 따른 데이터 전송속도 차이

한 트위스트-페어를 통해서는 데이터가 전송되고, 나머지 트위스트-페어는 데이터의 변화를 나타내는 스트로브 신호가 전송되며, 이 경우 그림 3-3-36(c) 같은 클록 전송보다 대역폭을 작게 차지하기 때문에 두 배의 전송속도를 유지할 수 있으면서도 데이터 전송시간이 일정하며, 특히 다른 전송방법에 비해 회로를 매우 단순하게 구성할 수 있다.

참고로, 맨체스터 코딩을 2라인을 이용해 전송하면 1394와 동일한 속도를 얻을 수 있지만, 이 경우 복잡한 맨체스터 디코드 회로가 2세트 필요하고 데이터를 합성하는 회로가 추가되며, 특히 두 라인의 비트 변화가 동시에 일어나기 때문에 간섭이 일어나 지터(jitter) 현상이 발생한다. 이에 비해 1394는 단순한 회로로 구현이 가능하면서도 두 라인 사이의 신호변화는 마치 그레이 코드와 같이 서로 다른 시점에 발생하기 때문에 간섭이 없다.

1394에서는 표 3-3-13과 같이 데이터와 스트로브 신호를 정의해 사용하는데, 송신과 수신 시 위치가 바뀌는 이유는 이후의 케이블 배선에서 설명한다.

〈표 3-3-13〉 1394의 라인 신호

상태 / 라인	송신 시	수신 시
TPA	스트로브 송신	데이터 수신
TPB	데이터 송신	스트로브 수신

③ 커넥터

1394를 구성하는 커넥터는 3가지 종류가 있는데, 이를 그림 3-3-37에 나타내었다.

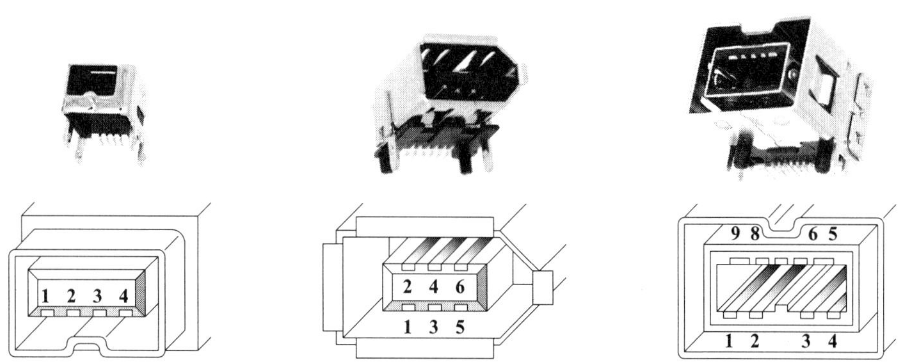

(a) 4-핀(카메라형) (b) 6-핀(표준형) (c) 9-핀(800형)

[그림 3-3-37] 1394의 커넥터들

그림 3-3-37(a)는 4-핀 1394 커넥터로서 이는 본래 SONY에서 제안한 'iLink' 규격이었으나 IEEE 1394에 포함된 것이다. 이 커넥터는 4-핀으로 구성되어 있으며, 1394 표준 케이블 중 전원 라인이 생략되고 디지털 캠코더와 같은 전력소모가 큰 기기에서 사용된다. 즉, 전력소모가 큰 기기는 1394에서 공급되는 전력으로는 기기를 동작시킬 수 없어 자체 전력을 이용하기 때문에 전력 라인을 생략한 것인데, 이 때문에 기기의 전원이 꺼졌을 경우 1394의 네트워크가 접속되지 않을 수 있다.

그림 3-3-37(b)는 6-핀 1394 커넥터로서 IEEE 1394의 표준형으로 사용된다.

그림 3-3-37(c)는 새로 제정된 IEEE 1394 규격(IEEE 1394a, IEEE 1394b)에서 사용되는 것으로서, 전송속도를 800*Mbps*로 높이기 위해 9핀으로 구성되었다.

각 커넥터의 핀에 할당된 기능은 표 3-3-14와 같다.

〈표 3-3-14〉 각 커넥터 핀의 기능

4-핀 커넥터	
핀 번호	핀 명칭
1	TPB−
2	TPB+
3	TPA−
4	TPA+
케이스	케이블 실드

6-핀 커넥터	
핀 번호	핀 명칭
1	Power
2	GND, 내부 실드
3	TPB−
4	TPB+
5	TPA−
6	TPA+
케이스	케이블 실드

9-핀 커넥터	
핀 번호	핀 명칭
1	TPB−
2	TPB+
3	TPA−
4	TPA+
5	실드-A
6	GND
7	
8	Power
9	실드-B
케이스	케이블 실드

※ TPA : Twisted-Pair A
TPB : Twisted-Pair B

이 중 특히 9-핀 커넥터의 실드-A와 실드-B는 고속전송을 위해 각 트위스트-페어마다 각각 사용하고 있다. 이들의 배선에 관해서는 다음 절에서 다룬다.

④ 케이블 배선

1394 기기들은 모두 호스트로서 동작을 하므로 동일한 커넥터로 구성되며, 1394 케이블은 크로스 구성된다. 각 커넥터별 케이블 구성을 그림 3-3-38에 나타내었다.

그림 3-3-38(a)의 4-핀 커넥터는 전원이 전달되지 않으며, 그림 3-3-38(c)의 9-핀 커넥터는 고속전송을 위해 내부 트위스트-페어들의 실드가 각각 배선된다. 이러한 케이블 구조에 의해 양쪽에 접속된 기기들의 데이터 전송신호는 서로 반대가 되는데, 예를

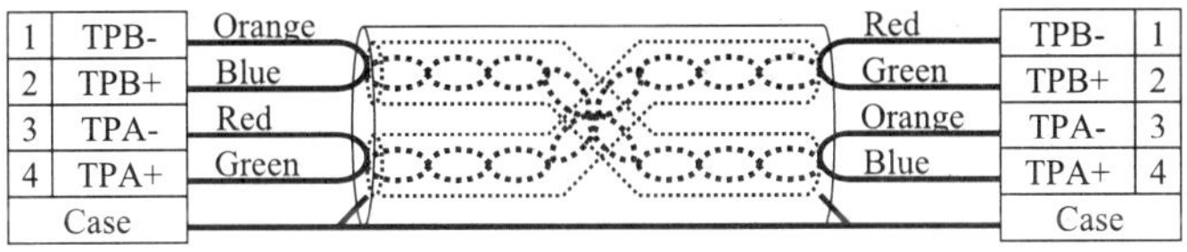

(a) 4-핀 커넥터 케이블

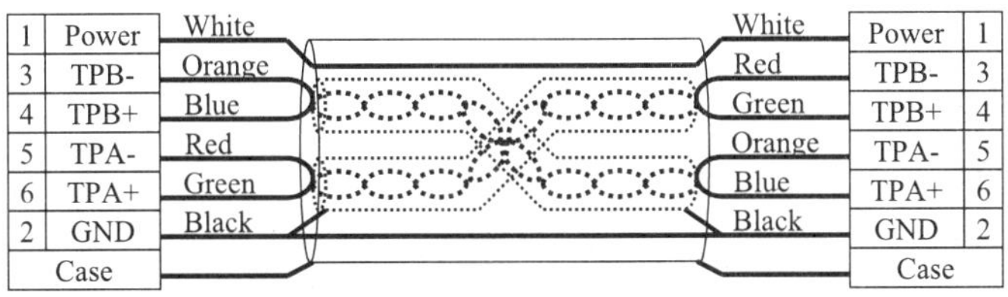

(b) 6-핀 커넥터 케이블

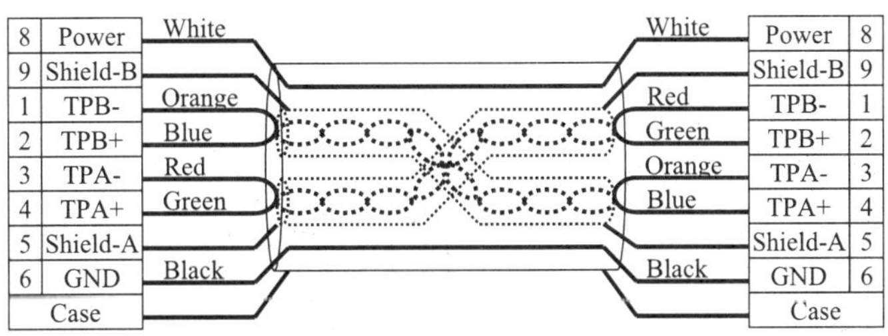

(c) 9-핀 커넥터 케이블

[그림 3-3-38] 각 커넥터별 케이블 배선

들어 그림 3-3-38(a)의 왼쪽에 접속된 기기가 송신 시 TPB에 데이터, TPA에 스트로브를 전송하면, 수신 시는 TPB에 스트로브, TPA에 데이터가 수신된다.

1394를 사용하는 기기는 커넥터 핀이 서로 다를 수 있는데, 이때 접속하는 케이블 배선 예를 그림 3-3-39에 나타내었다. 그림에서, 배선은 가급적 단순한 구성 쪽에 맞춰 구성한 것이며, 그림 3-3-39(b), (c)의 경우 4-핀과 6-핀의 규격은 9-핀 규격의 속도를 추종할 수 없기 때문에 9-핀 규격 배선을 사용해도 소용이 없다.

⑤ 전원의 구성

1394의 특징 중 하나는 연속으로 이어진 1394 네트워크 기기 중 하나의 전원이 꺼져 있어도 전체 네트워크에는 영향을 미치지 않고 여전히 통신이 가능한 것인데, 이를 위해 1394는 그림 3-3-40과 같이 3개 계층으로 구성되어 있다.

이들 중 물리 계층(PHY)은 1394 네트워크가 가동되기 위한 최소의 부분들이 모여 있고 별도의 소형 스위칭 전원회로를 갖추고 있으며, 전원은 케이블 또는 기기 자체에서 공급받는데, 만약 기기가 켜져 있는 경우에는 기기 전원에서 다이오드를 거쳐 공급

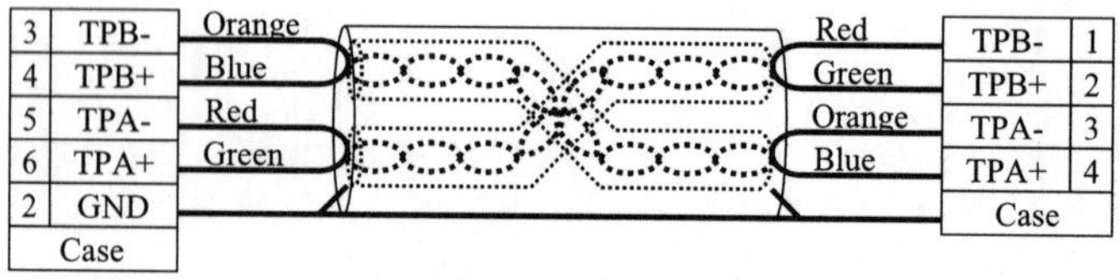

(a) 6-핀과 4-핀 커넥터

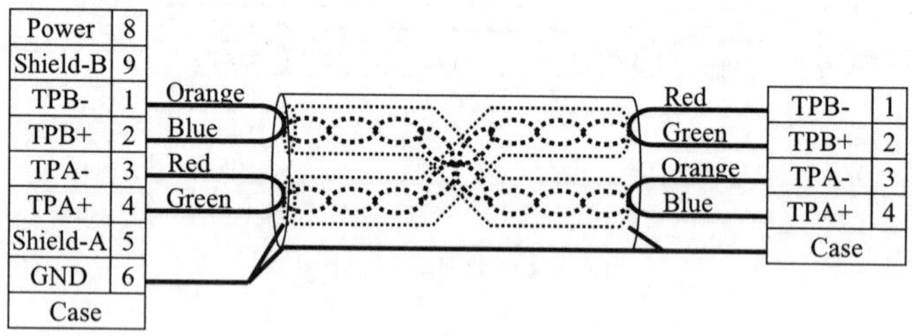

(b) 9-핀과 4-핀 커넥터

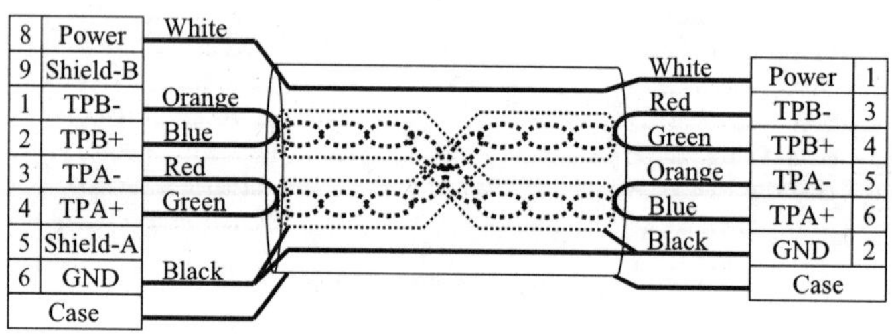

(c) 9-핀과 6-핀 커넥터

[그림 3-3-39] 핀 수가 다른 커넥터의 배선 예

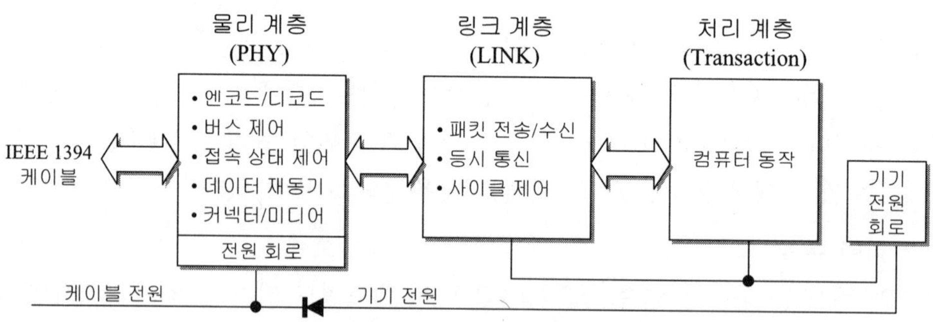

[그림 3-3-40] 1394의 네트워크 계층

되어 동작하면서 이 전기가 케이블 전원으로 동작한다. 기기가 꺼져 있는 경우는 다른 기기로부터 전달된 케이블 전원으로 물리 계층이 가동되며, 이때 다이오드는 케이블 전원이 기기 내부로 역류하지 않도록 차단한다.

(3) IEEE 1394 회로 예

1394의 회로는 크게 데이터 변환/복원 회로, 라인 드라이브 회로, PHY 제어회로, 전원회로, LINK 제어회로로 구성되며, 이들의 원리 및 예제 회로를 간단히 소개한다.

① 데이터 변환회로

1394는 데이터 라인 하나와 비트 사이를 구분하는 스트로브 신호 하나를 이용해 데이터를 전송하는데, 이 신호를 생성하는 원리회로를 그림 3-3-41(a)에 나타내었다.

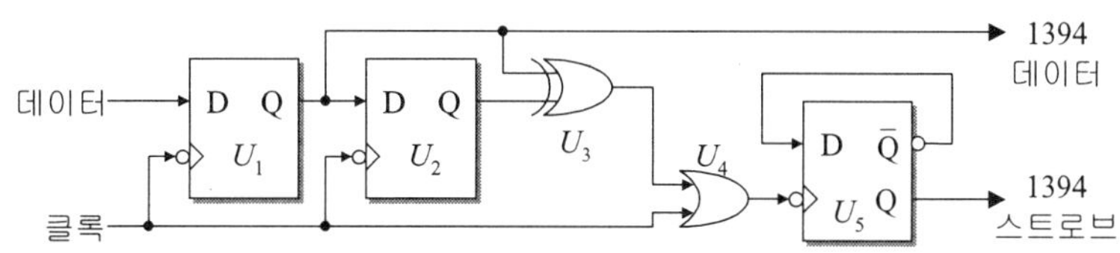

(a) 원리회로

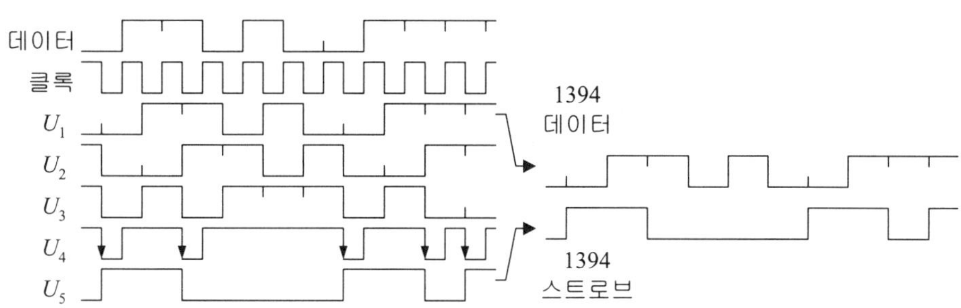

(b) 동작파형

[그림 3-3-41] 1394 데이터 변환회로의 예

회로에서, U_1과 U_2는 데이터를 연속으로 2회 샘플링하고 이를 U_3에서 비교해 동일한 비트가 연속되면 스트로브를 반전시킨다. U_4는 연속으로 3개 비트 이상 동일한 경우(동작파형의 마지막 부분) 매 비트마다 스트로브가 변화하도록 하며, 최종적으로 U_5 T-플립플롭에서 스트로브를 발생한다.

② 데이터 복원회로

1394 데이터 신호와 스트로브 신호로부터 클록 신호를 추출하는 것은 매우 간단하며 그 원리를 그림 3-3-42에 나타내었다.

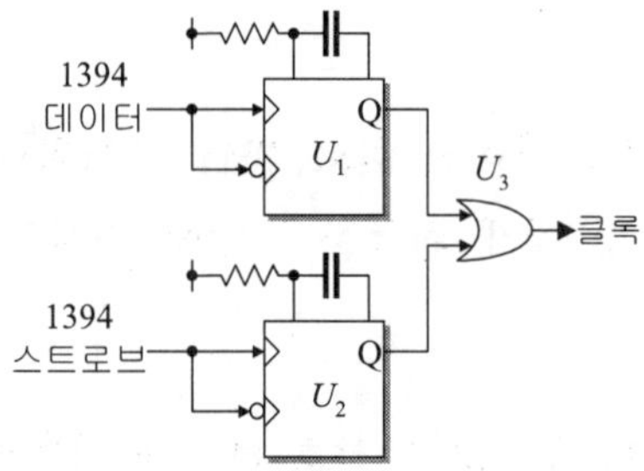

(a) 원리회로

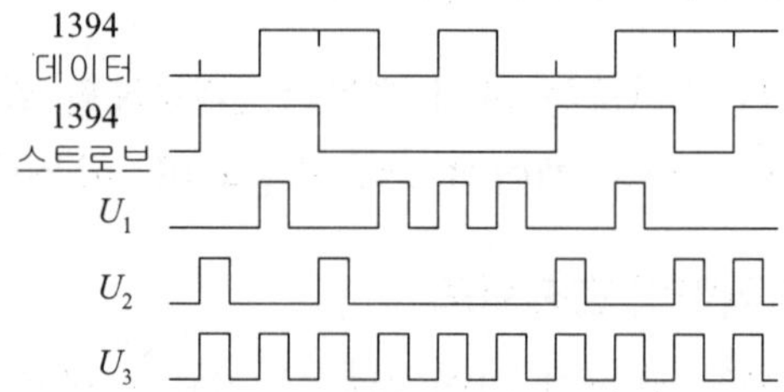

(b) 동작파형

[그림 3-3-42] 1394 클록 추출 회로의 예

U_1은 데이터 신호의 에지마다, U_2는 스트로브 신호의 에지마다 펄스를 발생하고 이들을 U_3에서 합치면 클록 신호와 동일한 주기의 펄스가 생성된다. 그림에서는 단순히 이 부분까지만 나타냈지만, PLL이나 크리스털 발진기에 이 신호를 인가하면 더 안정된 클록 신호를 얻을 수 있다.

③ 라인 드라이버/리시버

앞서 소개한 회로에 의해 발생되는 데이터와 스트로브 신호는 차동신호로 변환 후 케이블을 구동해야 하는데, 이때 스트로브 신호를 전달하는 TPA와 데이터 신호를 전달하는 TPB는 약간 다른 구조를 하고 있으며 원리회로를 그림 3-3-43에 나타내었다.

그림 3-3-43(a)는 스트로브 신호를 전달하는 TPA의 드라이버/리시버 회로로서, U_1과 U_2에 의해 차동신호를 생성한다. 만약 데이터를 수신하는 상태라면 이들 소자는 Tri-state 상태가 되어 라인과 분리된다. 두 차동 라인 TPA+와 TPA− 사이에는 55Ω 저항들로 풀업되어 라인의 터미네이터로 작용하면서도 두 라인 간 임피던스는 110Ω

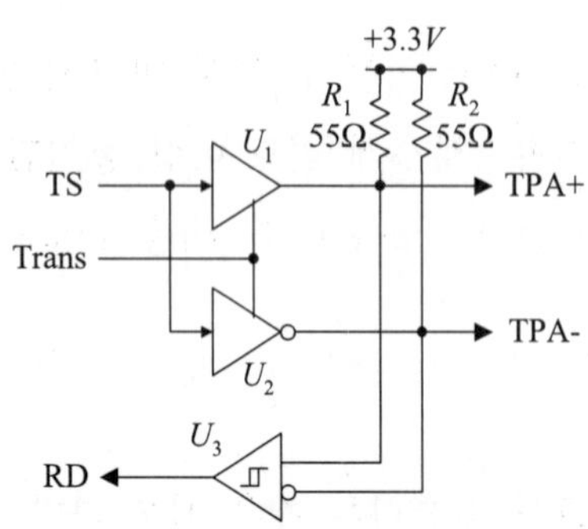

(a) TPA 드라이브/리시브 회로

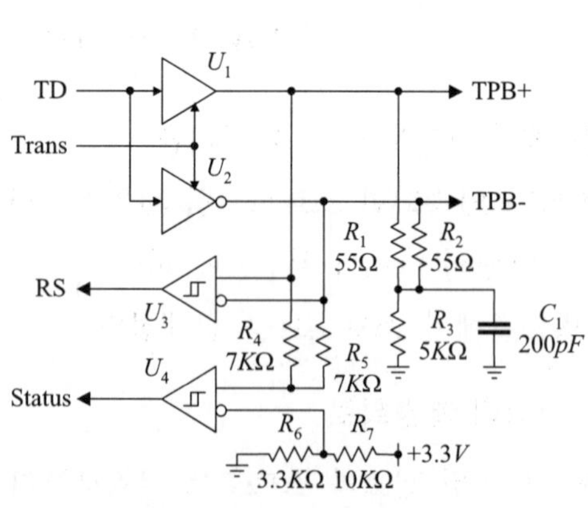

(b) TPB 드라이브/리시브 회로

[그림 3-3-43] 1394 드라이버/리시버의 원리회로

으로 매칭시킨다. U_3는 데이터 수신 시 동작하는 소자로서 차동 라인의 상태를 입력받아 그 결과를 출력한다.

그림 3-3-43(b)는 데이터 신호를 전달하는 TPB의 드라이버/리시버 회로로서, 이 역시 U_1과 U_2에 의해 차동신호를 생성하고 신호수신을 위해 Tr-State 기능이 있다. 그러나 터미네이터 부분에서 TPA 회로와 약간 차이가 있는데, 라인 간 임피던스는 R_1, R_2에 의해 110Ω으로 동일하나 이들을 풀업하지 않고 R_3로 풀다운(pull-down)하고 있다. 이는 라인이 상대 기기의 TPA 라인과 접속되었을 때와 분리되었을 때를 구분하기 위한 것으로 이러한 경우의 등가회로를 그림 3-3-44에 나타내었다.

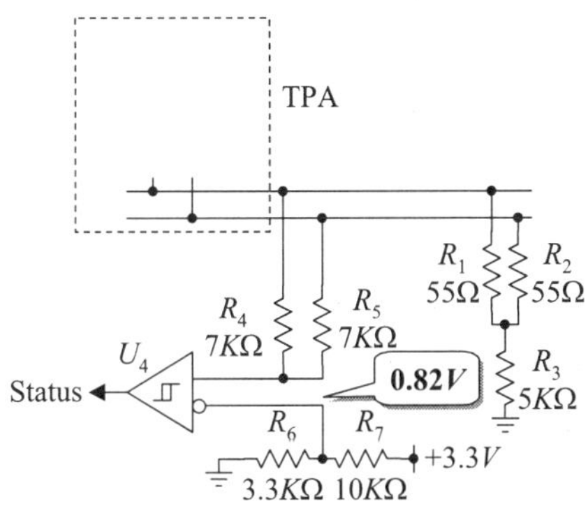

(a) 분리 시 직류 등가회로

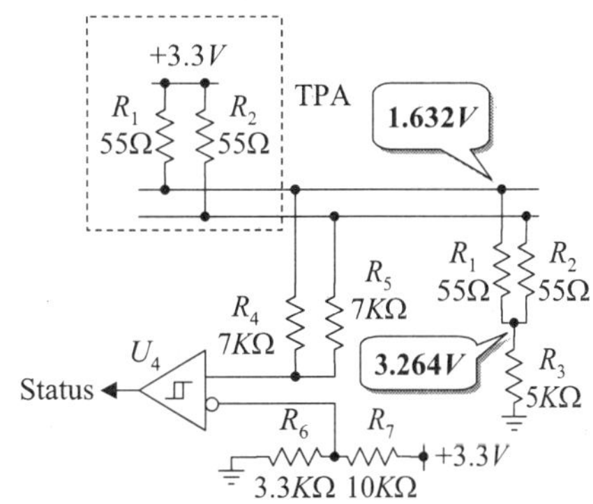

(b) 접속 시 직류 등가회로

[그림 3-3-44] 기기의 분리 및 접속의 검출방법

그림 3-3-44(a)는 상대 기기와 분리된 상태의 등가회로로서, TPA의 pull-up이 존재하지 않으므로 R_4와 R_5의 합류지점 전압은 0V이며, U_4의 (−)입력 0.82V(R_6, R_7에 의한)보다 낮아 'Status'는 'L'이 나타나 기기가 접속되지 않음을 나타낸다.

그림 3-3-44(b)는 상대 기기와 접속된 상태의 등가회로로서, TPA의 pull-up 저항에 의해 두 라인은 각각 1.632V가 되며, U_4의 (−)입력 0.82V보다 낮아 'Status'는 'H'가 되어 기기가 접속되었음을 나타낸다.

이러한 검출은 두 차동 라인 중 한쪽만을 검출해도 충분히 가능하나 두 라인의 평형을 최대한 유지하기 위해 양쪽을 모두 검출하도록 하였다.

④ 라인 드라이버/리시버 소자

앞서 살펴본 1394 드라이버/리시버 회로는 기존의 LVD SCSI용 소자를 그대로 사용할 수 있는데, 그중 Texas Instrument SN65LVDS31, SN65LVD32의 구조를 그림 3-3-45에 나타내었다.

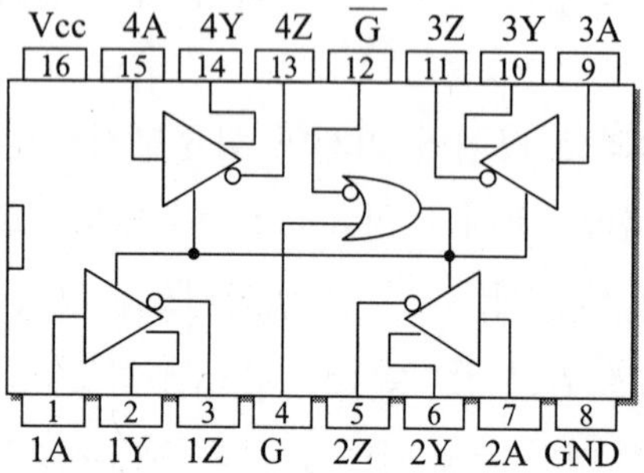

(a) 드라이버 SN65LVD31

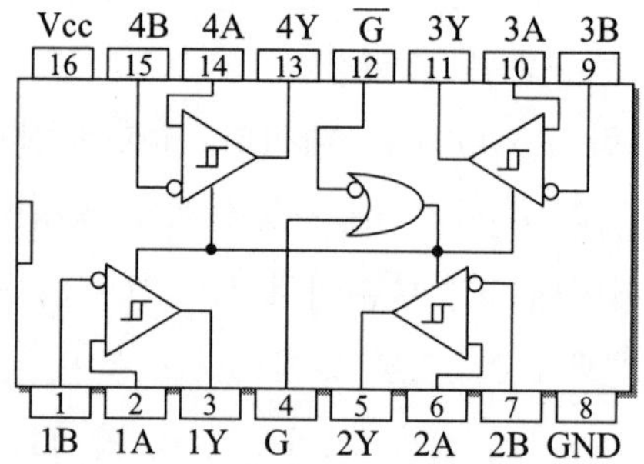

(b) 리시버 SN65LVD32

[그림 3-3-45] 1394 라인 드라이버/리시버 소자의 예

이 소자는 +5*V* RS-422용 드라이버/리시버인 26LS31, 26LS32를 +3.3*V* 저전압, 고속 동작용으로 개량해 UW-SCSI의 LVD 모드에서 사용하는 것이다. 동작속도는 최대 200*MHz*, 즉 1394 방법으로 전송하면 400*Mbps*까지 전송 가능하다. 리시버는 두 입력 전압 차가 RS-422와 마찬가지로 ±100*mV* 간격으로 검출되도록 히스테리시스 특성이 부여되어 있다. 참고로, 이와 유사한 SN65LVDS3487, SN65LVDS3486, SN65LVDS9638, SN65LVDS9637의 구조를 그림 3-3-46에 나타내었다.

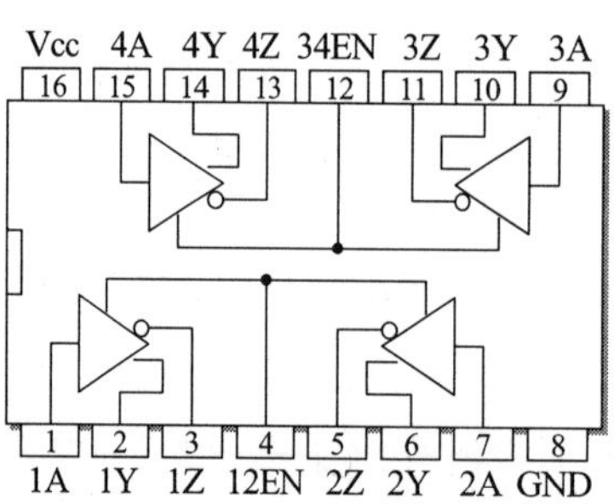

(a) 드라이버 SN65LVDS3487

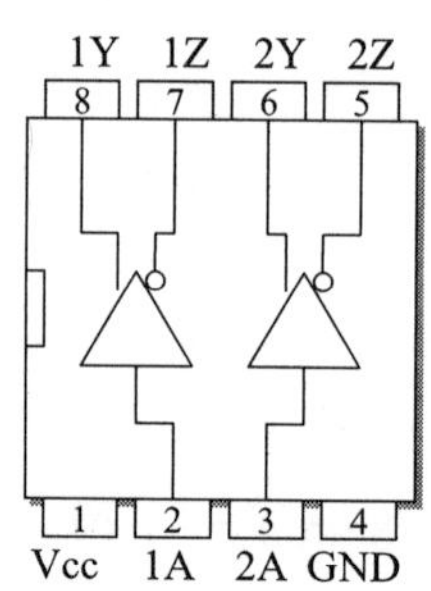

(b) 드라이버 SN65LVDS9638

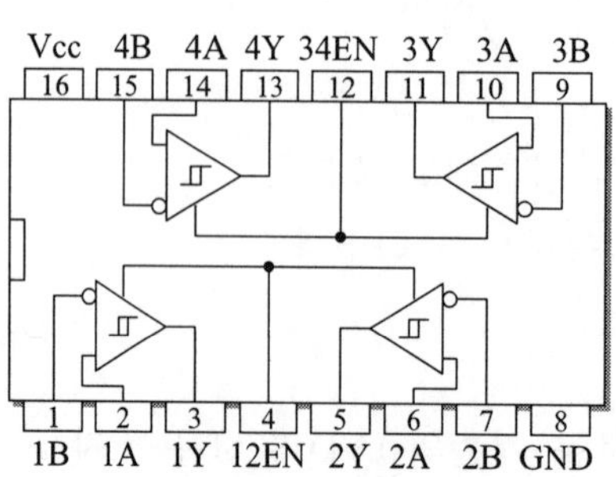

(c) 리시버 SN65LVDS3486

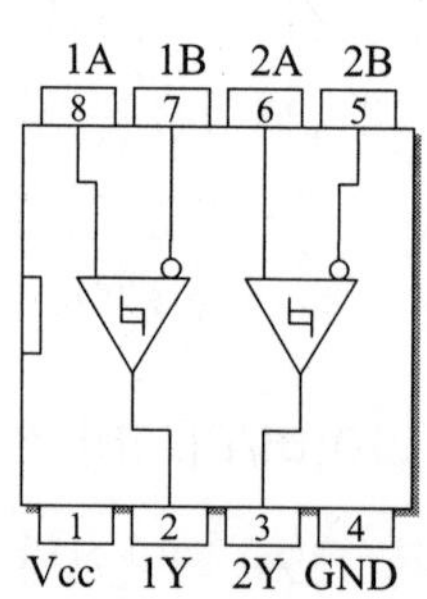

(d) 리시버 SN65LVDS9637

[그림 3-3-46] 기타 1394용 라인 드라이버/리시버 IC

⑤ 광 드라이버/리시버

전기적으로 절연이 되면서도 잡음에 강한 광섬유를 이용해 데이터를 전송하는 경우가 있는데, 이 때문에 비록 1394의 표준은 아니지만 신호를 광으로 전달할 수 있는 소자가 다수 개발되어 사용 중이다. 그중 일본 Hamamatsu사의 광 드라이버/리시버 소자의 예를 그림 3-3-47에 나타내었다.

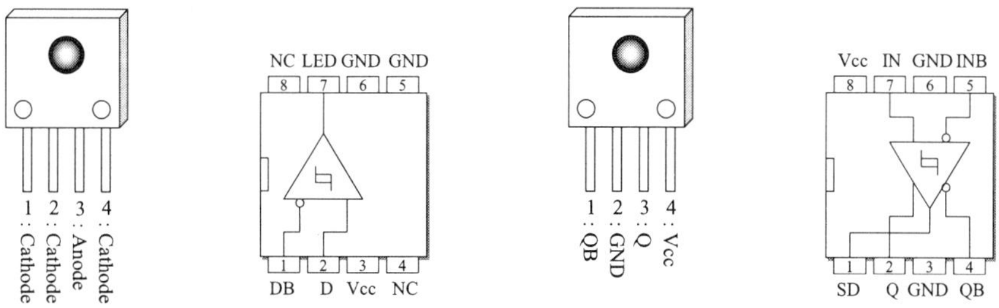

(a) LED L9534　(b) 드라이버 H9020　(c) 센서 S9022　(d) 리시버 H9021

[그림 3-3-47] 1394용 광 소자들

그림 3-3-47(d)의 'SD'는 'Signal Detected'로서 광 신호가 검출되어 소자의 출력신호가 유효함을 나타낸다. 이 소자들은 광을 이용해 최대 $125Mbps$로 신호를 전송할 수 있으며 이를 이용한 회로의 예를 그림 3-3-48에 나타내었다.

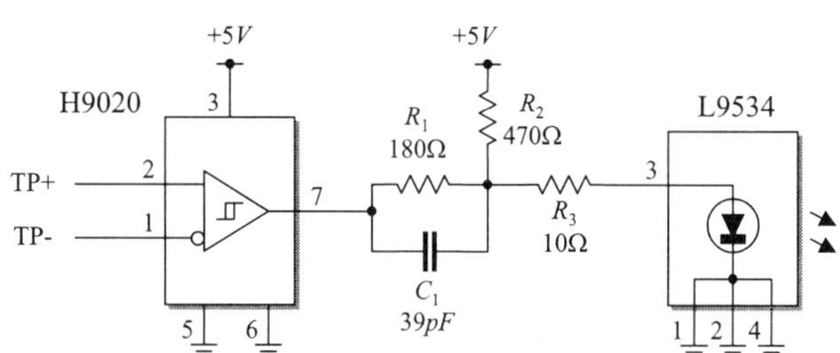

(a) 드라이버

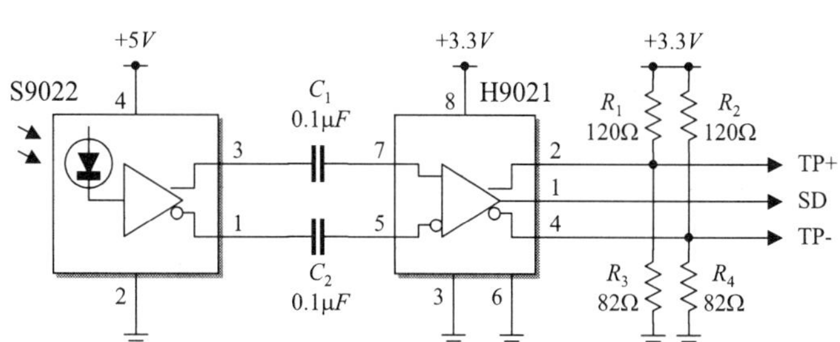

(b) 리시버

[그림 3-3-48] 1394용 광 소자의 사용 예

그림 3-3-48(a)에서 R_2는 LED가 빠른 반응을 일으키도록 바이어스 전류를 인가하며, R_1과 C_1은 LED 자체 용량에 의한 전류지연을 보상하기 위한 파형 셰이퍼(shaper)이다.

그림 3-3-48(b)의 출력에서, 'SD'는 광이 검출됨에 따른 TP출력이 유효함을 의미한다. 즉, 광 입력이 존재하지 않는 경우 TP 출력들은 무의미한 데이터가 되기 때문에 이를 구분하기 위함이다.

광섬유를 이용해 1394 통신을 할 때 양방향 교신이 필요하므로 그림 3-3-49(a)와 같이 반사경을 이용하며, 또한 1394는 2선이 동시에 사용되므로 그림 3-3-49(b)와 같이 2선 광섬유 커넥터를 이용한다.

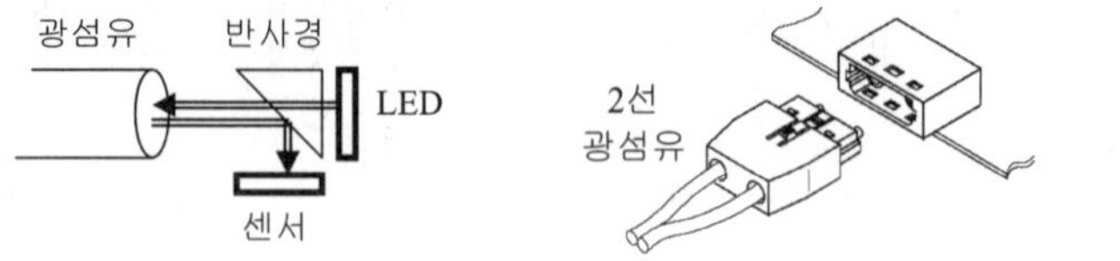

(a) 양방향 교신의 원리 (b) 1394용 광섬유 커넥터

[그림 3-3-49] 1394용 광섬유 접속 예

⑥ 전원회로

1394는 기기의 전원이 꺼져 있어도 1394 라인 전원에 의해 여전히 통신기능이 수행돼야 하므로 PHY 부분은 1394 전원으로 가동된다. PHY 부분을 가동하기 위한 전력은

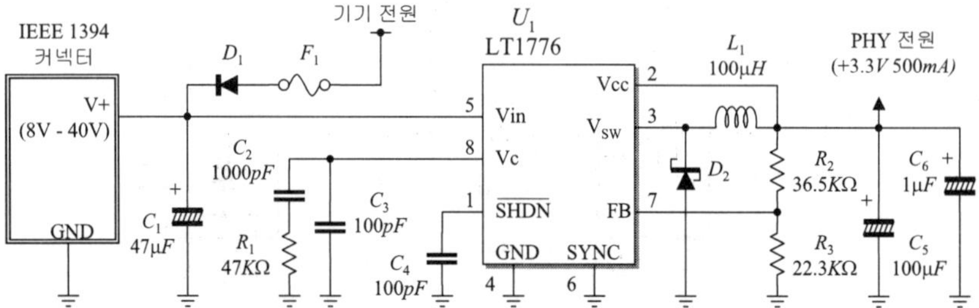

(a) Linear Technology사 LT1776의 예

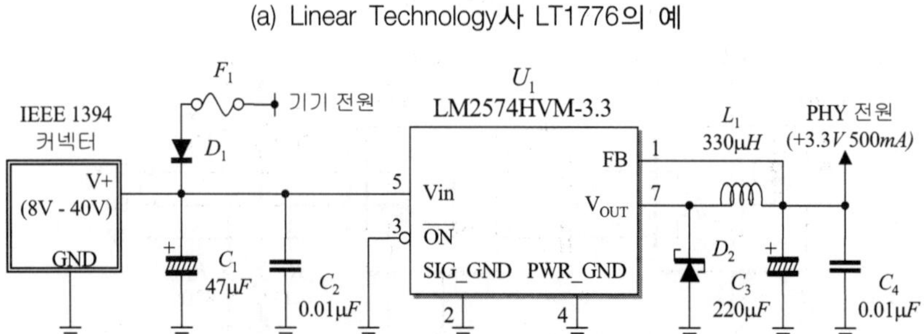

(b) National Semiconductor사 LM2574HVM-3.3의 예

[그림 3-3-50] PHY용 전원회로의 예

그다지 클 필요가 없으므로 1394 케이블로부터 공급되는 전원을 간단한 스위칭 전원을 이용해 필요로 하는 전압을 얻어내며, 그 예를 그림 3-3-50에 나타내었다.

스위칭 전원에 대한 상세한 것은 2권의 "전원회로" 장을 참조하라.

⑦ PHY/LINK 제어회로

1394 물리 계층과 링크 계층의 하드웨어는 그림 3-3-51과 같이 구성된다.

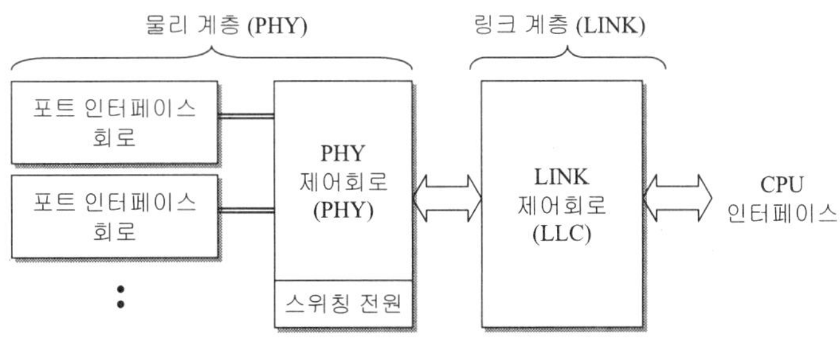

[그림 3-3-51] 1394 하드웨어의 구성

이 구성 중 전형적인 포트 인터페이스 회로 예를 그림 3-3-52에 나타내었다. 그림에서 포트 인터페이스 회로는 커넥터를 비롯해 임피던스 정합회로 등을 포함하고 있다.

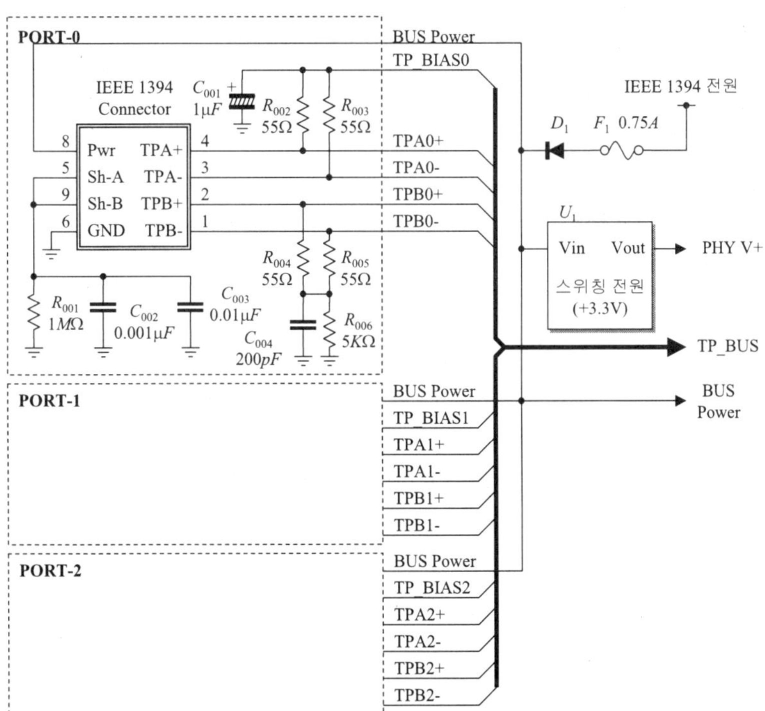

[그림 3-3-52] 포트 인터페이스 회로 예

PHY 제어회로는 NEC의 uPD72852(2-포트용), Philips의 PDI1394P11(2-포트용), PDI1394P21(3-포트용) 등 여러 소자가 사용되는데, 그림 3-3-53에 Texas Instruments의 3-포트 PHY 제어소자인 TSB41AB3을 이용한 PHY 제어회로의 예를 나타내었다.

이 회로는 1394 신호 드라이브 회로, 엔코드/디코드 회로, 버스 제어, 접속상태 제어 등을 담당하는데, 기기의 주 전원과 별도로 1394 버스의 전원에 의해서도 독자적으로 동작할 수 있도록 구성된다. 참고로, 회로 중의 CPS(Cable Power Status) 단자는 1394 케이블 전원이 입력되고 있는지를 감시하는 기능이다.

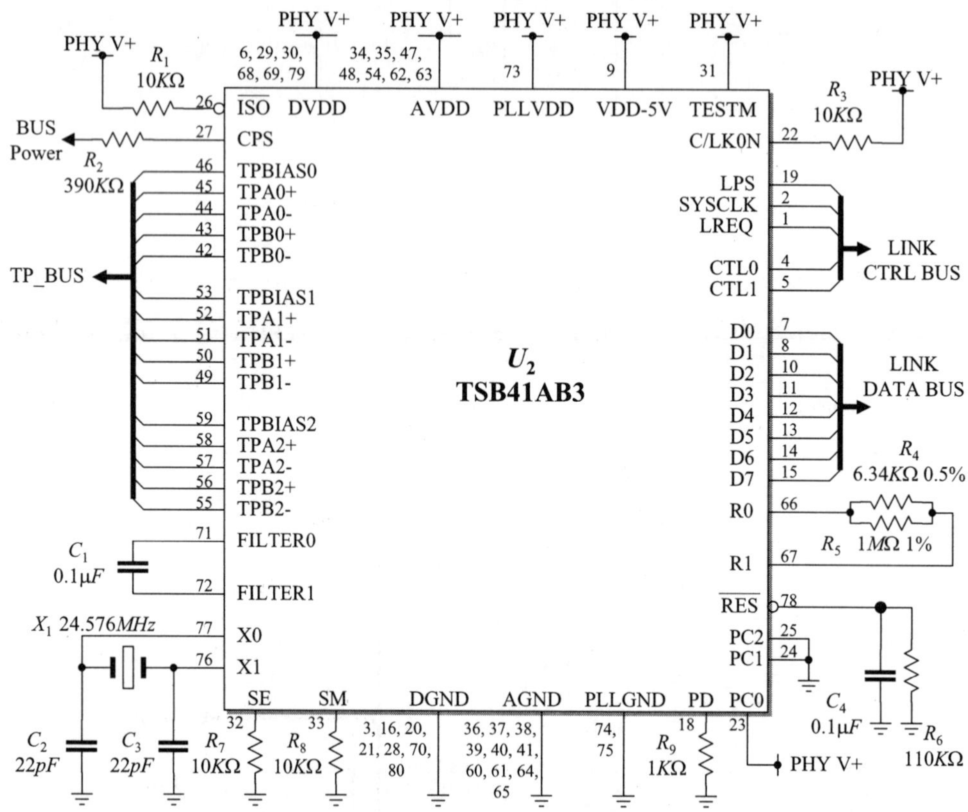

[그림 3-3-53] PHY 제어회로 예

회로의 우측에 접속되는 LINK 계층과의 인터페이스는 PHY 제어소자들의 규격이 거의 통일되어 있으므로 소자에 관계없이 LINK 제어소자 LLC(Link Layer Controller)와 접속이 가능하도록 그림 3-3-54(a)와 같이 구성된다.

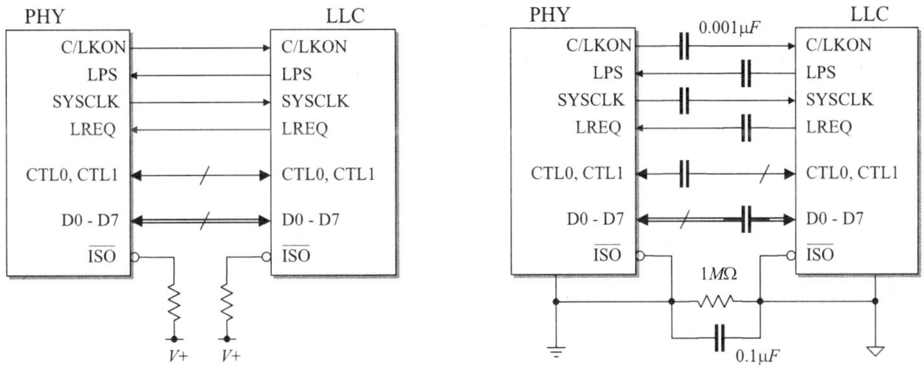

(a) 직결(비 절연) (b) 커패시터에 의한 절연

[그림 3-3-54] PHY와 LLC의 접속 예

- $\overline{\text{ISO}}$(Isolation) : PHY와 LLC는 필요에 따라 이더넷의 MAC와 MAU처럼 절연을 하는 경우가 있는데, 이때 PHY와 LLC 사이의 모든 접속 라인은 그림 3-3-54(b)와 같이 커패시터 또는 트랜스포머로 절연하므로 미분신호로 전달하며, 이때 이 단자를 low로 한다.
- LPS(Link Power Status Input) : LLC의 전원상태를 검출하는 단자로서, LINK 계층이 꺼져 있을 경우 PHY 계층은 단독으로 통신기능을 수행한다.
- C/LKON(Contender/Link On) : LLC의 전원이 켜져 LPS 신호가 전달되면 PHY는 이 신호를 LLC에 출력해 PHY와 LLC 사이의 인터페이스를 초기화한다.
- LREQ(Link Request Input) : LINK 계층 소자가 PHY에 대해 각종 동작을 요구할 때 사용하는 비동기식 직렬 데이터 버스

〈표 3-3-15〉 CTL 단자들의 의미

	CTL1	CTL0	명 칭	기 능
PHY	0	0	Idle	아무 동작 없음(이 상태가 기본).
	0	1	Receive	수신되는 패킷을 PHY에서 LLC로 전달한다.
	1	0	Status	PHY에서 LLC로 상태정보를 전달한다.
	1	1	Grant	이 상태일 때 LLC는 송신할 패킷에 대한 제어를 한다.
LLC	0	0	Idle	LLC는 버스의 접속을 해제한다(즉, 전송이 종료되었다).
	0	1	Transmit	송신할 패킷을 LLC에서 PHY로 전달한다.
	1	0	Hold	LLC가 데이터를 PHY로 전송할 때 다음 전송을 위해 버스를 점유(예약)해놓는다.
	1	1	Reserved	

- SYSCLK(System Clock) : 이 단자는 PHY와 LLC 사이의 동기 클록으로서, 제어신호, 데이터 신호는 이 클록의 상승 에지에 동기한다.
- CTL0, CTL1 : 이 단자들은 양방향 제어 버스로서, PHY와 LLC 사이의 데이터 흐름을 제어한다. PHY와 LLC에 대한 이 단자들의 의미는 표 3-3-15와 같다.

LINK 제어회로 또한 PHY와 같이 여러 소자가 있는데, 그중 Texas Instruments의 TSB12LV01B의 예를 그림 3-3-55에 나타내었다.

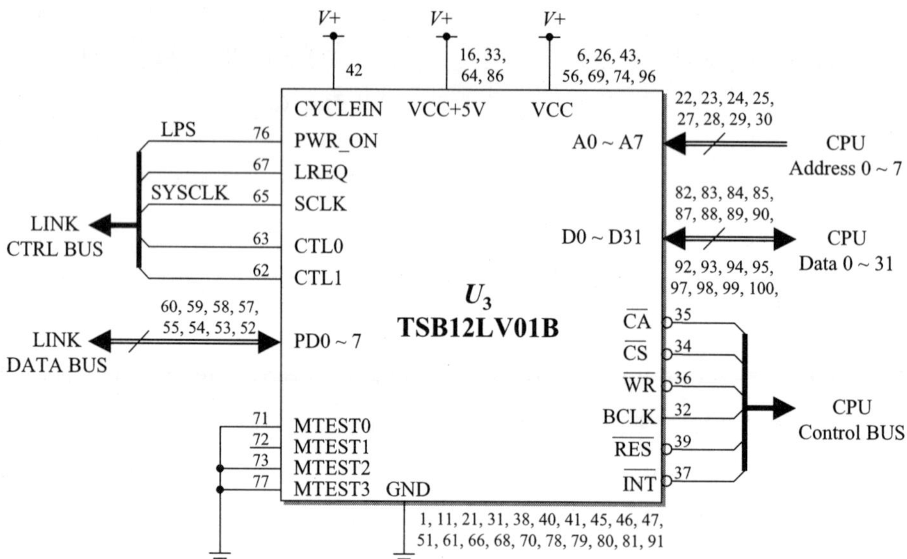

[그림 3-3-55] LINK 제어회로 예

LINK 제어회로는 패킷 송수신, 등시통신, 사이클 제어 등을 담당하는데, 그림의 우측에 표시한 CPU 인터페이스 부분은 각 소자마다 용도에 맞게 설계되어 있다. 예를 들어 그림에 나타낸 소자는 32비트 CPU와 직접 접속할 수 있도록 구성된 것이며, NEC의 uPD72873 소자는 PHY, LINK 기능을 모두 포함하고 있으면서 PC의 인터페이스 카드용으로 사용할 수 있도록 PCI 인터페이스로 구성되어 있다. Philips의 PDI1394L11, PDI1394L12는 8비트 데이터 버스를 이용해 4차례에 걸쳐 32비트 데이터를 전송하는 'A/V용'으로 설계되어 있다.

3) USB

IEEE 1394는 상당히 고급 사양이므로 키보드나 마우스, CD-ROM 등과 같은 고속전송이 필요 없는 기기에서는 지나친 비용 때문에 사용되지 않는다. USB(Universal Serial Bus)는 IEEE 1394의 규격을 낮춰 저렴한 가격으로 인터페이스 되도록 개발한 것으로서 기본 규격이나 기능 등은 IEEE 1394와 많이 닮았다. 즉, 2개의 차동 라인에 차동신호를 보내고 이들 라인의 전압 차를 검출하는 점, 그리고 통신선로를 경유해 전원을 공급한다는 점 등이 닮았지만, 1394와 크게 다른 점은 USB는 한 쌍의 트위스트-페어로 송수신을 한다는 것과, 전송제어를 담당하는 호스트가 필요하다는 것이다.

이 중에서 전원을 공급(비록 약하기는 하지만)해주는 점 때문에 큰 전원을 필요로 하지 않는 단순한 기기, 예를 들어 컴퓨터 키보드나 마우스, 소형 디지털 카메라, 메모리 카드나 Zip 디스크 드라이브 등은 별도의 전원공급 없이 통신선로에서 전원을 공급받아 동작할 수 있고, 이 이외에도 휴대폰, 스마트-폰, 스캐너, 프린터, PC용 스피커, 조이스틱 등도 모두 USB에 의해 동작하고, 비록 저속이지만 외장 하드디스크에도 사용한다.

특히, USB는 1394와 마찬가지로 하드웨어 규격과 아울러 고도로 정의된 통신 프로토콜도 함께 규격에 포함되어 있어 전혀 다른 기기끼리도 하드웨어는 물론 데이터 교신 프로토콜 수준까지 호환을 이룰 수 있는 장점이 있다. 즉 RS-232C나 RS-422과 같이 비록 하드웨어적으로는 호환되더라도 어떤 프로토콜을 사용하는가에 따라 사용법이 전혀 달라지는 문제점 없이, 동일한 USB라면 기기의 종류나 컴퓨터 기종, 즉 호스트의 종류 등에 상관없이 인터페이스가 가능하다.

표 3-3-16에 IEEE 1394와 USB의 주요 차이점을 간략히 나타내었다.

USB라는 용어는 직역하면 범용 직렬 버스로서, 비교적 저속통신을 위한 기기 인터페이스 규격이다. 여기서의 저속통신이란 RS-232C 같은 일반 직렬통신보다는 빠르지만 버스(BUS) 규격 중 저속이라는 의미이다. 일반적으로 컴퓨터의 버스는 병렬통신을 사용하므로 속도가 매우 빠르고, 특히 여러 기기들이 함께 이어질 수 있는 특징을 가지고 있지만, RS-232C나 RS-422 등은 버스 개념보다는 일대일 통신 개념이다.

[그림 3-3-56] IBM-PC의 USB 포트

〈표 3-3-16〉 IEEE 1394와 USB의 차이점

항 목	IEEE 1394	USB
전송속도	100*Mbps*, 200*Mbps*, 400*Mbps*, 800*Mbps*, 3,200*Mbps*(IEEE 1394b)	1.5*Mbps*, 12*Mbps*, 480*Mbps*(V2.0)
용 도	하드디스크, 그래픽카드, 캠코더, DVD 등과 같은 고속, 대용량 주변장치용	마우스, 키보드, CD-ROM, 스캐너와 같은 저속 주변장치용
접속기기 수	최대 1,024 네트워크, 하나의 네트워크당 63개 즉, 최대 64,512개	최대 127개
기기 간 최대 거리	4.5*m*	5*m*
전체 연장 거리	72*m*	30*m*
공급 전력	1.5*A*	0.5*A*
전선 수	6라인	4라인
전송 방식	DMA 직렬 비동기	직렬 비동기
버스 제어	자체에 제어기능이 있으므로 호스트 제어 필요 없음. 즉, 통신에 대한 CPU 점유가 거의 없다.	호스트 제어 필요. 즉, 통신 제어를 CPU가 직접 담당한다.
공통 특징	기기가 동작 중에 접속 또는 제거 가능(Hot-Pluggable) PNP(Plug-and-Play) 기능	

(a) USB용 키보드 (b) USB용 마우스 (c) USB 메모리 스틱 (d) 디지털 카메라

[그림 3-3-57] 각종 USB 응용기기들

(1) USB의 기능 및 동작

USB는 사용자가 알지 못하는 사이 자동으로 많은 동작을 하는데, 이들에 관해 간단히 살펴본다.

① 저속 모드/정상 모드

USB의 동작상태는 저속(低速) 모드와 정상(正常) 모드의 2가지가 있는데(USB V2.0은 480*Mbps*의 고속 모드를 지원한다), 이들은 용도와 가격 면에서 차이가 있다.

저속 모드는 1.5*Mbps*의 전송속도를 가지며, 주로 컴퓨터용 키보드나 마우스 또는 조이패드 등 사람과의 대화형 기기에 사용한다. 이는 저속전송이므로 잡음에 대비하는 회로도 엄격하지 않은데, USB 케이블을 실드할 필요 없고 데이터 라인도 트위스트할 필요가 없어 케이블이 유연해지고 가격 면에서 유리하다.

정상 모드는 12*Mbps*의 전송속도를 가지며, 오디오, 압축 비디오 등의 데이터 전송에 사용한다. 즉, 디지털 카메라나 사운드 기능에서 사용할 수 있지만, 저속 모드에 비해 고속이므로 잡음의 유입에 대비해 케이블은 실드된 것을 사용하고 데이터 라인은 트위스트해 케이블에 유연성이 없으며 가격이 비싸지는 단점이 있다. 저속 모드와 정상 모드는 USB 포트 내에서 자동 검출해 작동된다.

② 허브에 의한 확장

USB 기기들은 1394나 트위스트-페어 케이블 이더넷과 유사하게 USB 허브(HUB)를 통해 접속되며, 허브끼리는 직렬로 접속(데이지-체인 방식)도 가능하다. 허브로부터 USB 기기가 제거되면 자동으로 인식해 소프트웨어에서 이를 조절하도록 되어 있는데, 만약 제거된 기기가 또 다른 허브라면 그 허브에 접속되었던 모든 기기들도 제거된 것으로 처리된다.

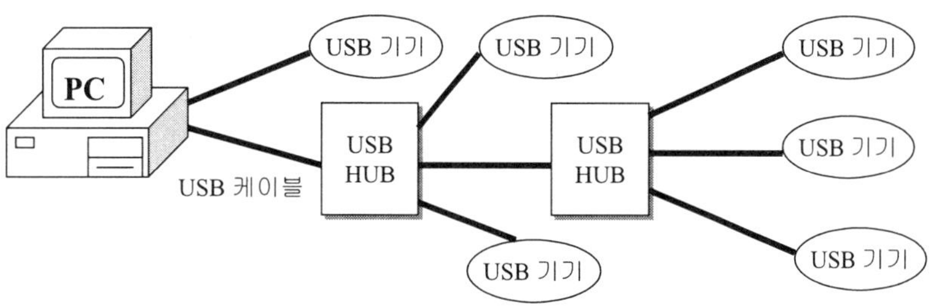

[그림 3-3-58] USB 허브에 의한 확장 예

이러한 방법으로 USB 기기는 최대 127개까지 접속 가능하며, 한 케이블당 최대 5*m*까지 접속되고, HUB는 최대 6단계까지 연결할 수 있으므로 전체 길이는 최대 30*m*까지 연장 가능하다.

③ 전원공급

USB 케이블에는 1쌍의 차동 데이터 라인과 함께 전원 라인이 2개 있으며, 한 포트당 약 500*mA* 정도의 전류를 공급할 수 있는데, USB는 기기가 사용할 전원용량을 미리 알리는 기능이 있어 전원이 부족한 경우 이에 관한 경고 메시지 등의 발생이 가능하다. 또한, 2개 포트에서 전원을 끌어내 더 큰 전류를 사용할 수 있도록 설계된 케이블도 있다.

④ DownStream/UpStream

USB에서 사용되는 용어 중 DownStream/UpStream이 있는데, DownStream은 호스트로부터 데이터가 발생되는 기기, 즉 호스트를 의미하고, UpStream은 호스트를 향해 데이터가 이동되는 기기, 즉 USB 기기를 의미한다. 예를 들어 컴퓨터와 마우스가 USB로 접속된 경우, 컴퓨터가 DownStream이고 마우스는 UpStream이다. 이때 터미네이션의 혼동을 없애기 위해 UpStream과 DownStream의 커넥터는 다른 것을 사용하는데, 호스트 방향으로 접속되는(DownStream) 쪽은 A형 커넥터를, USB 기기로 접속되는 (UpStream) 쪽은 B형 커넥터를 사용한다.

A형 커넥터와 B형 커넥터는 그림 3-3-59와 같이 서로 모양이 달라 혼동을 방지하고 있다.

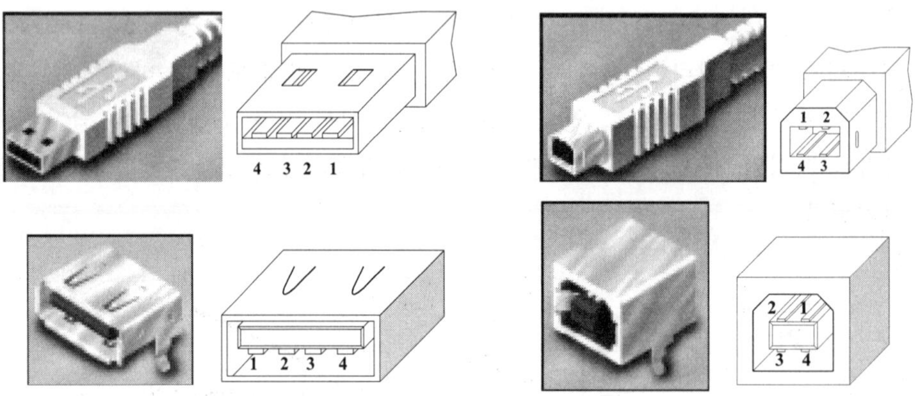

(a) DownStream용 A형 커넥터 (b) UpStream용 B형 커넥터

[그림 3-3-59] USB 커넥터

⑤ 케이블의 종류

USB 케이블은 착탈형, 정상 모드용, 저속 모드용의 3종류가 있다.

착탈형은 백색 케이블이며 정상 모드를 기준으로 제작되어 케이블은 실드되고 데이터 라인은 트위스트되어 있고, 한쪽은 A형 플러그, 한쪽은 B형 플러그로 구성된다.

정상 모드용은 흑색 케이블이며 한쪽 끝은 A형 플러그, 한쪽 끝은 기기에 따라 다르며, 이는 저속기기에서도 사용 가능하다. 케이블은 실드되고 데이터 라인은 트위스트되어 있다.

저속 모드용은 회색 케이블이며 한쪽 끝은 A형 플러그, 한쪽 끝은 기기에 따라 다르며 이는 오직 저속기기에서만 사용 가능하다. 케이블은 실드되지 않고 데이터 라인도 트위스트되어 있지 않다.

(2) USB 하드웨어 구조

① 케이블 및 커넥터의 구성

정상 모드에서 사용하는 USB 케이블의 구조를 그림 3-3-60에 나타내었다.

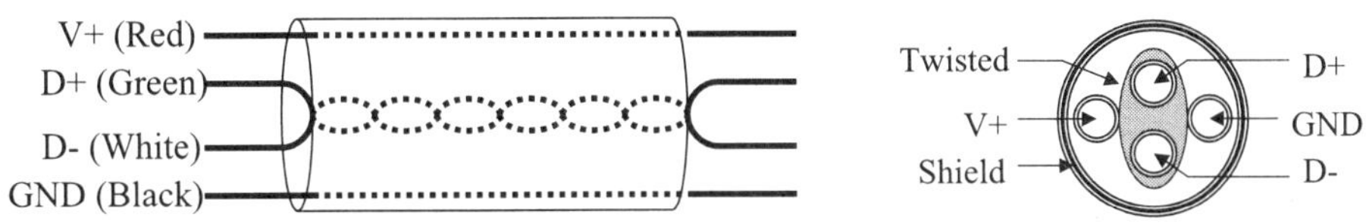

(a) 내부 구조　　　　(b) 전선의 배치

[그림 3-3-60] 정상 모드용 USB 케이블

이 케이블에 접속하는 커넥터는 그림 3-3-61(a)와 같이 A형, B형 커넥터가 사용되는데, 각 핀에는 번호가 할당되고 그 역할은 그림 3-3-61(b)와 같다.

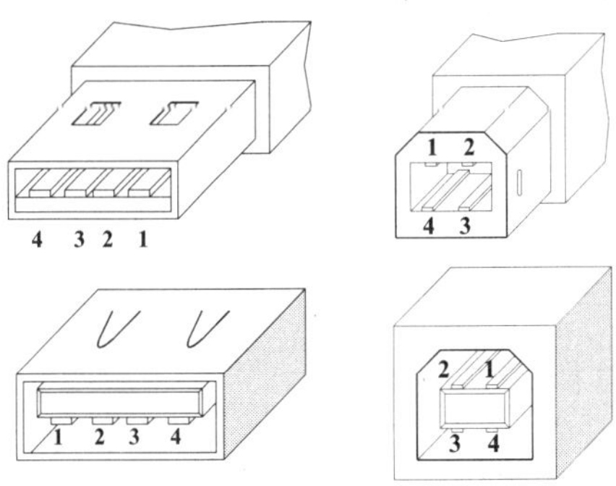

핀 번호	전선 색상	기 능
1	Red	+5*V* 전원
2	White	데이터(−)
3	Green	데이터(+)
4	Black	GND 전원

(a) 커넥터의 핀 번호　　　　(b) 핀의 기능

[그림 3-3-61] USB 케이블용 커넥터

② 저속 모드/정상 모드의 검출

저속 모드와 정상 모드는 그림 3-3-62와 같이 UpStream의 풀업(pull-up) 위치에 따라 결정된다.

그림 3-3-62(a)와 같이 정상속도 기기가 접속되면 데이터 (+)라인이 풀업되며, 저속 기기가 접속되면 그림 3-3-62(b)와 같이 데이터 (−)라인이 풀업되므로 이를 검출해 모드를 결정할 수 있고, 만약 USB 포트로부터 기기가 제거되면 2개 데이터 라인 모두가 0*V*로 떨어지므로 이를 검출할 수 있다.

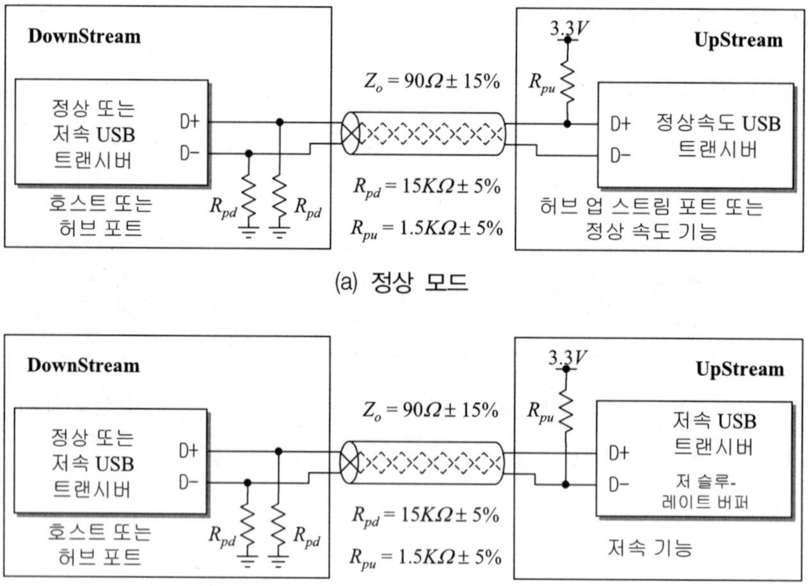

(a) 정상 모드

(b) 저속 모드

[그림 3-3-62] 저속/정상 모드의 설정 및 검출

USB 기기에 강제로 2개 데이터 라인을 10 mS 이상 0 V로 유지시키면 이는 RESET 신호로 간주되어 기기를 초기화시킨다.

③ 라인 구동회로

USB 라인 구동회로의 예를 그림 3-3-63에 나타내었다.

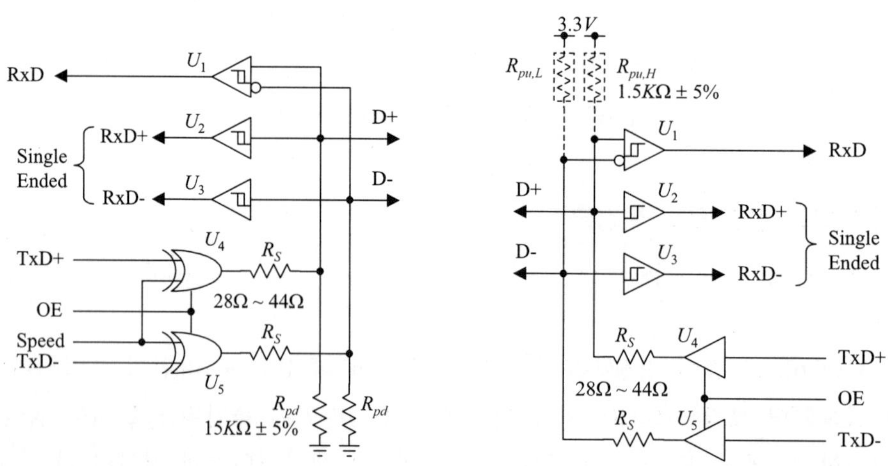

(a) DownStream (b) UpStream

[그림 3-3-63] USB 라인 구동회로

그림 3-3-63(a)에서 U_1은 차동 라인의 200mV 이상 전압 차를 이용해 수신신호를 검출한다. U_2와 U_3은 차동 라인들의 절대전압, 즉 'H'와 'L'을 검출하는 것으로서, 이들 두 출력을 이용해 UpStream의 풀업 상태를 표 3-3-17(a)와 같이 감지한다.

〈표 3-3-17〉 UpStream의 감지

(a) 감지된 상태

RxD+	RxD−	상 태
0	0	UpStream 기기 접속 끊어짐
0	1	저속 모드
1	0	정상 모드
1	1	잘못된 상태

(b) 전송 모드에 따른 데이터 표현

데이터 상태	저속 모드	정상 모드
J	0	1
K	1	0

U_4, U_5는 Tri-state 기능을 가진 XOR 라인 드라이버로서, 송신 때만 출력이 발생하며 저속 모드와 정상 모드에서는 표 3-3-17(b)와 같이 데이터가 반대로 전송되는데, 이는 UpStream 측에서 데이터의 극성을 파악해 DownStream 측이 어떤 모드로 동작하고 있는지 확인이 가능하도록 하기 위함이다.

④ 변조방법

USB는 데이터와 클록을 NRZI(Non Return to Zero Invert) 코딩을 행하는데, 이는 데이터가 '0'일 때 반전되고 '1'일 때는 변화가 없는 변조방법으로서 변환 예를 그림 3-3-64에 나타내었다.

NRZI 코딩된 신호는 설령 극성이 반전되더라도 원 데이터를 그대로 복원할 수 있기 때문에 앞서 정상 모드와 저속 모드의 구분을 위해 데이터를 반전해도 무관할 수 있다. 데이터 복원 예를 그림 3-3-65에 비교해 나타내었다.

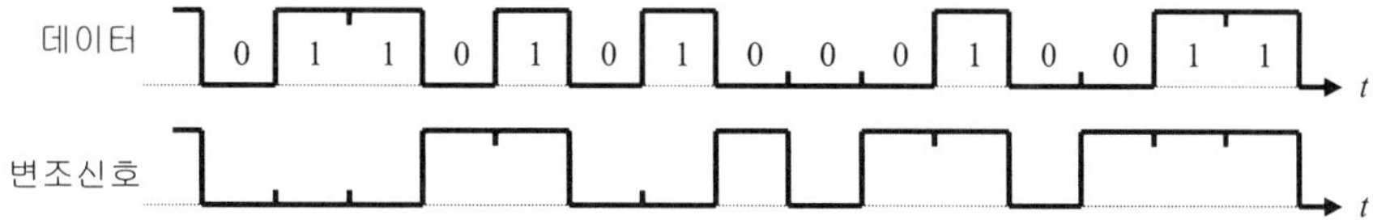

[그림 3-3-64] NRZI 변조의 예

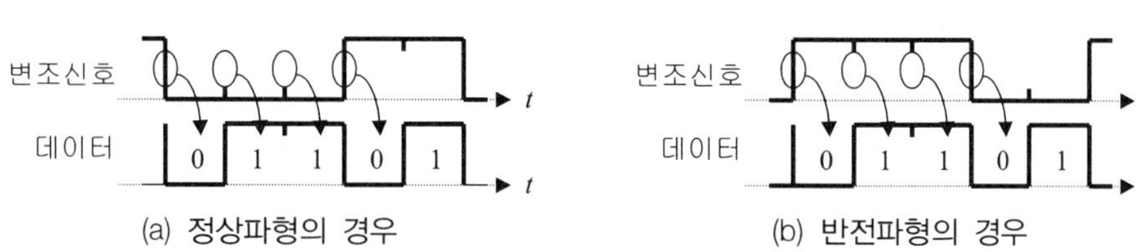

(a) 정상파형의 경우 (b) 반전파형의 경우

[그림 3-3-65] NRZI 신호로부터 데이터 복원 예

그림 3-3-65(a)가 정상파형이라 가정하면, 처음 변조신호가 변화하면 이 때문에 데이터는 '0'임을 알 수 있고, 그 다음은 변화하지 않으므로 '1'임을 알 수 있다.

그림 3-3-65(b)는 그림 3-3-65(a)의 변조신호가 반전된 경우인데, 이때에도 신호가 변화하면 데이터는 '0', 변화하지 않으면 데이터는 '1'로 검출하기 때문에 복원되는 데이터는 그림 3-3-65(a)와 동일하다.

NRZI 코딩의 원리회로를 그림 3-3-66에 나타내었다.

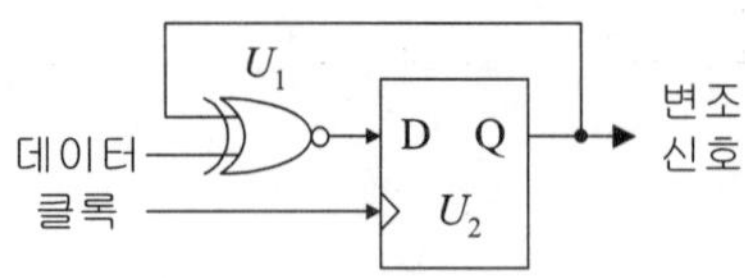

(a) 엔코드 회로

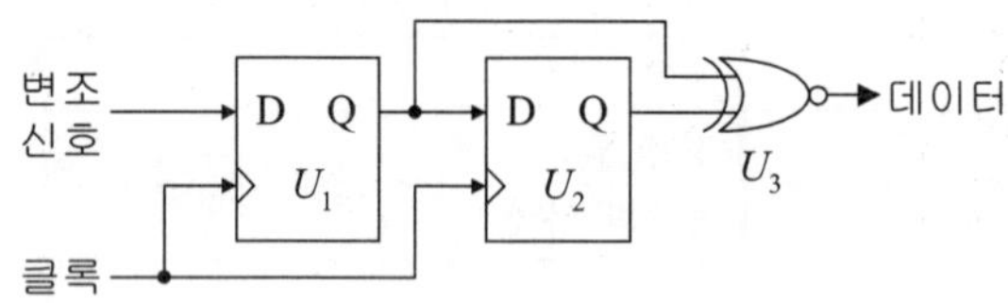

(b) 디코드 회로

[그림 3-3-66] NRZI 코딩 회로

그림 3-3-66(a)는 NRZI 엔코드 회로로서 U_2 D-플립플롭의 출력이 D단으로 귀환되는데, 이때 데이터 신호에 의해 귀환신호가 반전되면 T-플립플롭이 형성되어 출력이 반전되고, 그렇지 않은 경우 출력신호는 그대로 유지된다. 즉, 현재 공급된 데이터가 '0'이면 출력은 반전, 데이터가 '1'이면 출력은 변화가 없다.

그림 3-3-66(b)는 NRZI 디코드 회로로서 U_1, U_2 2단의 D-플립플롭에서 데이터를 샘플링하고, 이들 두 비트 사이에 변화(차이)가 있으면 '0'의 출력이, 변화가 없으면 '1'의 출력이 나타난다.

NRZI 코딩은 이와 같이 신호의 극성에 관계없이 동일한 데이터를 복원할 수 있는 특징이 있지만, 만약 '1'인 데이터가 연속으로 계속되면 변조신호는 그동안 변화가 발생하지 않아 송신기와 수신기 사이의 동기를 잃을 수 있기 때문에 SDLC/HDLC와 유사하게 일정 개수의(USB에서는 6비트) '1'이 전송되면 송신기에서는 Zero insertion을, 수신기에서는 Zero deletion을 수행하며, 이를 비트 스터핑(bit stuffing)이라 한다.

⑤ 데이터 전송방법

이더넷은 각 송수신장치들이 동등한 위치에 있기 때문에 일단 데이터를 송신하고 데이터 충돌 유무를 살펴 그에 대한 조치를 취한다. 이에 비해 USB는 Host와 Slave가 명확히 구분되어 있기 때문에 Host인 DownStream에서 $1mS$(오차 0.05% 이내)마다 프레임이 시작됨을 알리는 신호를 발생하며, 이 사이에 UpStream에서 데이터를 전송하는 방법으로 버스의 충돌을 방지한다. 만약 UpStream이 데이터를 전송하는 도중 이 시간이 종료되면 일단 프레임을 종료한 후 다음 프레임 시작신호 때 계속해서 전송하며, 또한 이 시간 사이에 데이터 전송이 종료되면 다음 프레임 시작신호 때까지는 아무 일도 하지 않는다(idle 상태). 이때 프레임의 끝은 두 데이터 라인을 모두 'L'로 2 비트 타임(저속 모드는 1.25~1.5μS), 정상 모드는 160~175nS) 유지해 표시한다. 데이터 전송 방법 및 프로토콜에 관한 것은 USB 전문자료를 참조하라.

참고로, RS-422과 유사한 직렬통신 규격을 비교해 표 3-3-18에 나타내었다.

〈표 3-3-18〉 각종 직렬통신 규격의 비교

방식 / 항목	RS-422	이더넷		USB
		UTP 케이블 이더넷	동축케이블 이더넷	
사용 전선	실드 안 된 트위스트-페어	실드 안 된 트위스트-페어	실드된 동축케이블	실드된 트위스트-페어
양방향 교신방법	양방향별로 페어 라인 설치	양방향별로 페어 라인 설치	한 전선으로 시간분할 교신	하나의 페어로 시간분할 교신
전기적 절연	절연하지 않음	절연	절연	절연하지 않음
접속 형태	일대일	버스형	버스형	버스형
데이터 흐름 조절	-	충돌발생 감지형	충돌발생 감지형	충돌을 미리 방지
프로토콜 정의	없음	HDLC 사용	HDLC 사용	자체 프로토콜
데이터 변조	그대로 전송	맨체스터 코딩	맨체스터 코딩	NRZI

(3) USB 회로 예

USB 회로를 구성하는 부품은 그 종류가 매우 다양하며, USB 하드웨어를 이해하는 차원에서 몇 종류를 소개한다.

① FairChild USB1T11A USB Transceiver

USB 라인 드라이브 회로 중 FairChild사의 USB1T11A와 USB1T20A가 있는데, USB1T11A는 USB V1.1용, USB1T20A는 USB V2.0용으로 개발된 것으로서 기능은 거의 유사하다. 그림 3-3-67(a)에 USB1T11A의 핀 구성을, 그림 3-3-67(b)에 수신부 구성을 나타내었다.

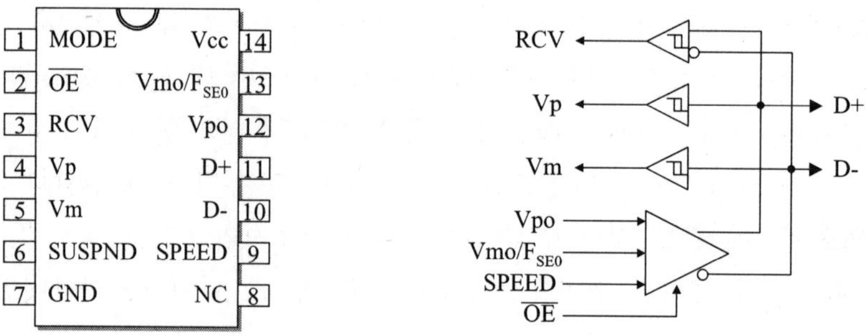

(a) 핀 배치 (b) 수신부 회로

[그림 3-3-67] USB1T11A의 구성

이 소자는 USB 드라이브 회로에 필요한 여러 부가기능을 가지고 있는데, 소자의 핀을 기준으로 간단히 설명하며, 이 소자에 대한 더 자세한 정보는 데이터 시트를 참조하라.

- $\overline{OE}$(Output Enable) : 이 단자가 '1'이면 라인 드라이버의 출력을 Tri-state 상태로 만들기 때문에 출력이 발생하지 못하고 입력만 가능하다. 즉, 이 소자는 입력상태로 동작한다.
- RCV(Receive Data) : USB 라인으로부터 입력된 차동신호의 비교결과
- Vp, Vm : USB 라인 각각의 논리상태를 출력한다. 정상적인 USB 데이터라면 이들은 항상 차동으로 출력이 나타나야 하지만 특수한 경우, 예를 들어 프레임 끝 신호, 리셋 신호 등은 차동 라인 모두가 '0'인 상태를 이용하고, UpStream의 속도설정용 풀업 저항 접속위치도 알아낸다.
- SUSPND(Suspend) : 전력절약 모드를 조절하는 것으로서, 이 단자를 '1'로 하면 이 소자는 내부 저항들에만 약한 전류가 흐른다.
- SPEED : 이 단자가 '1'일 때는 정상 모드, '0'일 때는 저속 모드의 전송속도에 맞도록 소자특성이 전환되며, 특히 저속 모드에서는 UpStream으로 발생되는 데이터도 반전된다.
- MODE, Vpo, Vmo/FSE0 : Vpo와 Vmo는 각각 송신 데이터 입력단자들인데, MODE 단자의 상태에 따라 소자의 제어방법을 달리할 수 있다. MODE 단자상태에 따른 출력단 등가회로를 그림 3-3-68에 나타내었다.

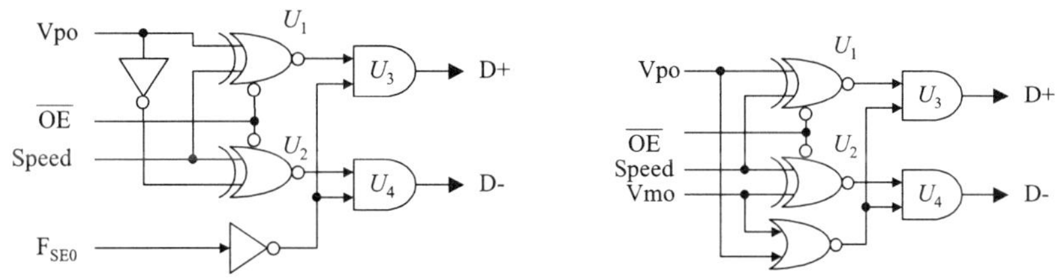

(a) MODE=0일 때　　(b) MODE=1일 때

[그림 3-3-68] 각 모드에 따른 출력단 등가회로

그림 3-3-68(a)는 MODE 단자가 '0'인 상태를 나타낸 것으로서, 데이터는 오직 Vpo 단자로만 입력되며 이 신호가 차동신호로 변환된다. 즉, 이 소자에 접속되는 통신소자의 출력이 1개 데이터 라인으로 출력될 때 사용하는 방식이다. 그런데 이와 같이 사용할 경우 차동 라인을 모두 '0'으로 하는 특수상태를 표현할 수 없으므로 이를 위해 Vmo 단자는 FSE0(Force Single Ended lines to Zero)의 기능으로 사용되며, FSE0단자가 '1'이면 차동 라인의 두 출력은 강제로 '0'이 된다.

그림 3-3-68(b)는 MODE 단자가 '1'인 상태를 나타낸 것으로서, 데이터는 Vpo와 Vmo 두 단자로 차동 입력된다. 따라서 차동 라인을 모두 '0'으로 전송하면 그대로 전송이 가능한데, 회로에서는 저속 모드일 경우 반전되어 모두 '1'의 잘못된 코드가 전송되므로 이를 방지하기 위해 NOR 게이트에 의해 출력이 모두 '0'으로 되도록 제어한다.

정상 모드 상태에서 MODE에 따른 기능들을 표 3-3-19에 정리해 나타내었다.

〈표 3-3-19〉 정상 모드 상태의 기능

(a) MODE=0

입 력		출 력		상태
Vmo/FSE0 (FSE0)	Vpo (Data)	D+	D−	
0	0	0	1	data '0'
0	1	1	0	data '1'
1	0	0	0	SE0
1	1	0	0	SE0

(b) MODE=1

입 력		출 력		상태
Vmo/FSE0 (Vmo)	Vpo	D+	D−	
0	0	0	0	SE0
0	1	1	0	data '1'
1	0	0	1	data '0'
1	1	0	0	오류

② National USBN9602

앞서 살펴본 USB 라인 드라이버는 전송 라인만을 제어하나 National의 USBN9602는 USB 전반에 걸친 모든 제어를 행하는 소자이다. 즉 데이터 흐름 제어를 비롯해 수신된 데이터를 프로세서로 전달하고 프로세서의 데이터를 USB 라인으로 전송하는 등 USB

에 관련된 모든 기능을 수행하기 때문에 프로세서를 사용하는 시스템에서 간단히 USB 통신을 구현할 수 있다. 그림 3-3-69는 마이크로컨트롤러 i8051과의 접속을 나타낸 것으로서, 최소의 부품으로 USB 기능을 수행한다.

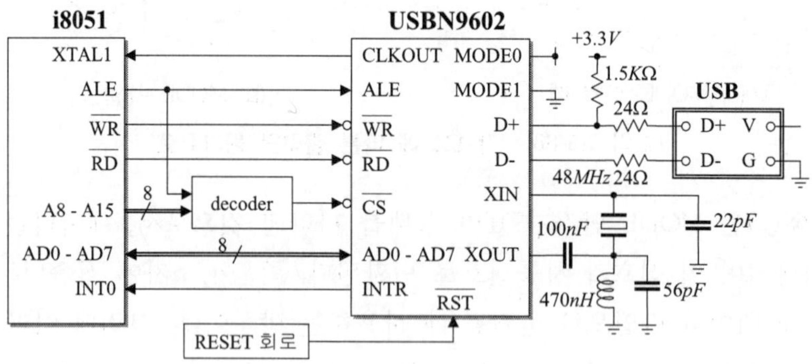

[그림 3-3-69] USBN9602와 i8051의 접속 예

③ NEC uPD72012 USB HUB

USB HUB용 소자는 3-포트용인 TI의 TUSB2036를 비롯해 다양한 종류가 있다. 5-포트용 NEC의 uPD72012의 회로 예를 그림 3-3-70에 나타내었다.

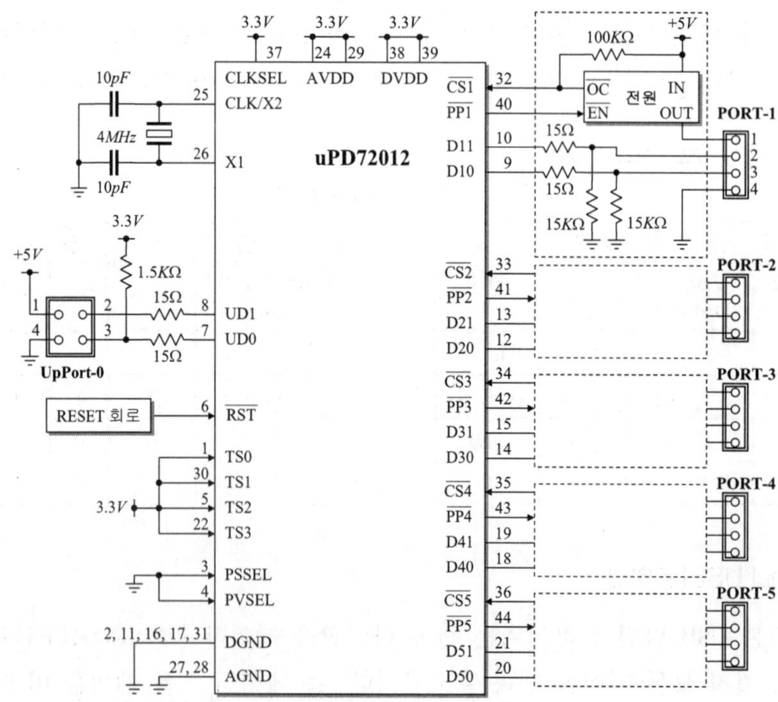

[그림 3-3-70] NEC uPD72012를 이용한 5-포트 USB HUB

그림에서 '전원' 부분은 간단한 전원 제어회로로서, NEC의 uPD16875, TI의 TPS2042에는 그림 3-3-71의 회로가 2세트, TPS2044에는 4세트 내장되어 있어 이를 이용해 구성한다.

이 회로는 USB UpStream 측에서 사용할 전원을 외부 'EN' 단자로 제어하며 공급하는데, 지정된 전류보다 많은 전류가 흐르거나 소자의 온도가 높아지면 전류를 제한하면서 'OC'(Over Current) 단자를 통해 알린다.

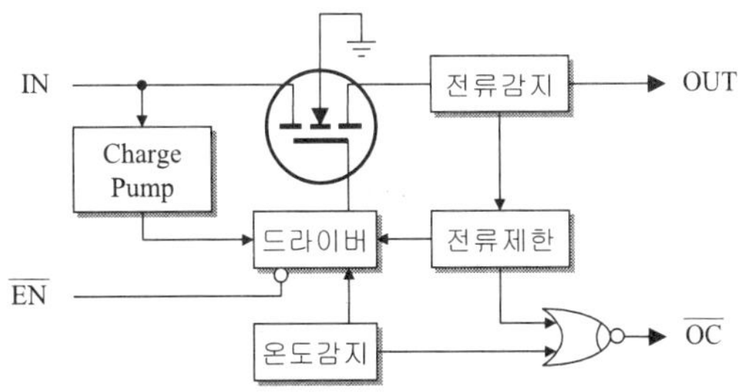

[그림 3-3-71] 전원 제어소자 블록도

4) 적외선 통신

통신할 기기들이 동일 공간에 위치한 경우 적외선을 이용하면 비록 고속은 아니지만 간단하면서도 편리하게 통신할 수 있다. 이 절에서는 적외선을 이용하는 통신 중 사용자와 기기 사이에 적용하는 적외선 리모컨과 기기들 사이에 적용하는 IrDA에 관해 살펴본다.

(1) 적외선 리모컨

적외선을 이용한 통신의 대표적인 예로는 단연 적외선 리모컨을 들 수 있다. 리모컨 통신은 그림 3-3-72(a), (b)와 같은 적외선 LED로부터 변조된 적외선을 방사하고, 이를 그림 3-3-72(c), (d)와 같은 적외선 수신부에서 수신해 처리한다.

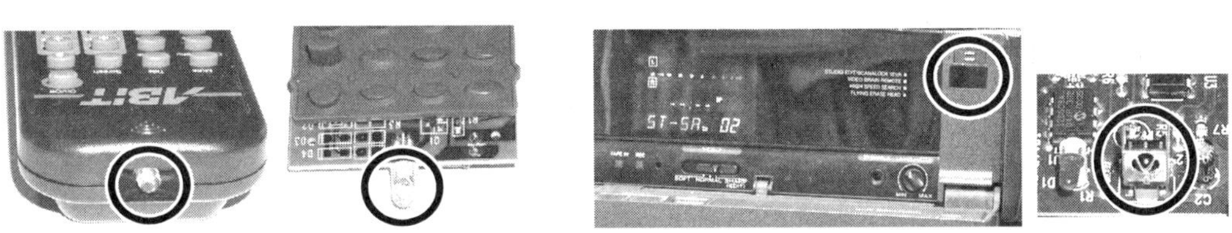

(a) 적외선 발신부

(b) VTR의 적외선 수신부

[그림 3-3-72] 리모컨 송수신장치의 예

리모컨을 이용한 통신규격은 제작사마다 차이가 있는데, 여기서는 NEC의 리모컨 송수신 규격, 특히 기초 원리에 중점을 두기 위해 구조가 간단한 구형규격을 대상으로 설명한다.

① 통신규격

적외선을 이용한 데이터 교신의 경우 자연광에 의한 적외선과의 구분을 위해 특정 주파수로 변조한 후 송신하는데, NEC의 리모컨은 그림 3-3-73과 같이 455*KHz* 주파수를 4분주한 후 이를 다시 3분주해 듀티가 33%인 38*KHz* 펄스로 적외선을 변조한다.

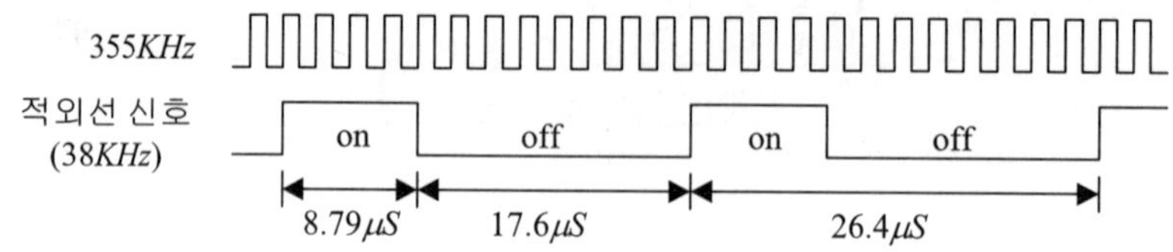

[그림 3-3-73] NEC의 적외선 변조파형

이와 같이 변조된 펄스가 연속으로 발생하면 수신기는 이를 적외선이 수신된 것으로 간주한다. 따라서 연속된 변조 펄스열을 이용해 각종 신호를 표현하는데, 리모컨을 누르면 초기에 데이터가 시작될 것임을 알리는 신호(비동기 직렬통신의 시작 비트 개념과 동일)인 리더 코드(leader code)가 발생되며 이는 그림 3-3-74(a)와 같이 구성된다. 즉, 변조된 적외선이 초기에 9*mS* 동안 발생한 후 이의 절반인 4.5*mS* 동안 신호가 없는 것을 리더 코드로 사용한다. 리더 코드 이후에는 '0'과 '1'의 디지털 코드 표현신호가 발생하는데, NEC에서는 '0'과 '1'을 펄스 위치 변조(PPM : Pulse Position Modulation)라는 방법으로 표현하며 그 구조는 그림 3-3-74(b), (c)와 같다.

적외선 펄스가 0.56*mS* 동안 발생한 후 이를 포함해 1.125*mS* 후에 다음 펄스가 수신되면 이는 '0'을 나타내고, 펄스 기간을 포함해 2.25*mS* 후에 다음 펄스가 수신되면 이는 '1'을 나타낸다.

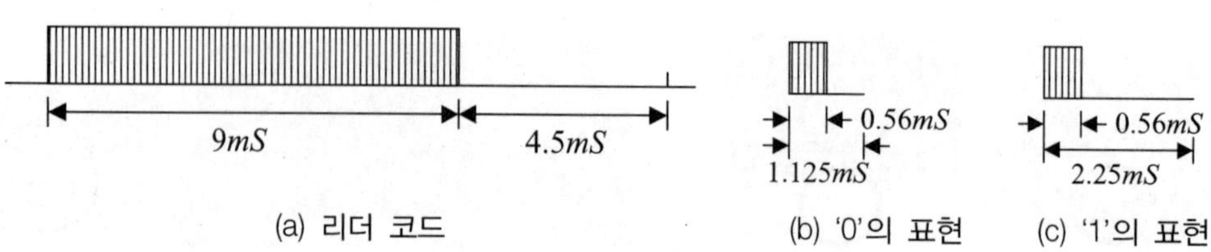

[그림 3-3-74] 각종 신호의 구성

Leader code	Custom Code [8 bit]	$\overline{\text{Custom Code}}$ [8 bit]	Data Code [8 bit]	$\overline{\text{Data Code}}$ [8 bit]

[그림 3-3-75] NEC 리모컨의 송신 형식

이상의 신호들을 조합한 전체적인 NEC 리모컨의 송신 형식은 그림 3-3-75와 같다. 그림 3-3-75에서, 8비트로 이루어진 커스텀 코드(custom code)는 각종 리모컨 사용기기들 사이에서 혼선이 발생하지 않도록 하는 일종의 기기 고유번호이고, 데이터 코드(data code)는 눌려진 리모컨의 키를 나타내는 코드이다. 이들 코드는 오류 여부를 확인하기 위해 각 코드가 발생된 후 그의 보수 코드가 전송되므로, 비록 데이터 비트 '0'과 '1'의 시간이 다를지라도 보수 코드에 의해 전체적인 시간은 동일하게 유지된다. 단, 최근의 개량형 규격에서는 커스텀 코드의 비트 수를 늘이기 위해 보수 코드 부분에 확장코드를 사용하기 때문에, 전체 시간이 동일하지 않다. 리모컨 송신파형의 예를 그림 3-3-76에 나타내었다.

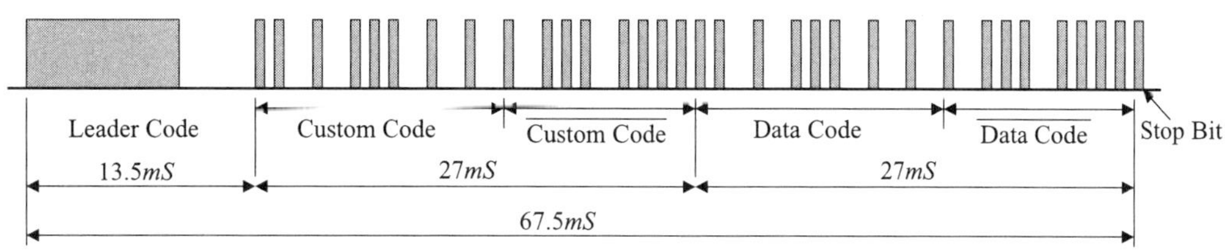

[그림 3-3-76] NEC 리모컨의 송신파형 예

리모컨 키를 누르고 그 상태를 일정 시간 지속하면 자동반복이 진행되어야 하는데, 이는 그림 3-3-77(a), (b)에 나타낸 바와 같이 키 코드를 108mS마다 다시 반복해 전송하는 것과 반복을 의미하는 특정 신호를 전송하는 방법이 있다. 키 코드를 반복해 보내는 경우는 수신기가 정상적으로 코드를 수신하지 못했더라도(송신기가 잠시 가려지는 등의 요인으로) 다음번 동일 코드를 수신해 계속 처리할 수 있으므로 코드의 안정성이 좋지만, 전체 코드를 계속적으로 반복하므로 전지의 소모가 커지는 단점이 있다. 이에 비해 반복을 의미하는 특정 코드는 그림 3-3-77(b)와 같이 적외선 LED를 최소로 점등하도록 구성되므로 리모컨의 전력소모를 크게 줄일 수 있지만, 첫 코드가 정상적으로 수신되지 않은 경우 그 이후의 반복 코드에는 키 코드 정보가 들어 있지 않아 수신기에서 처리할 수 없다는 단점이 있다.

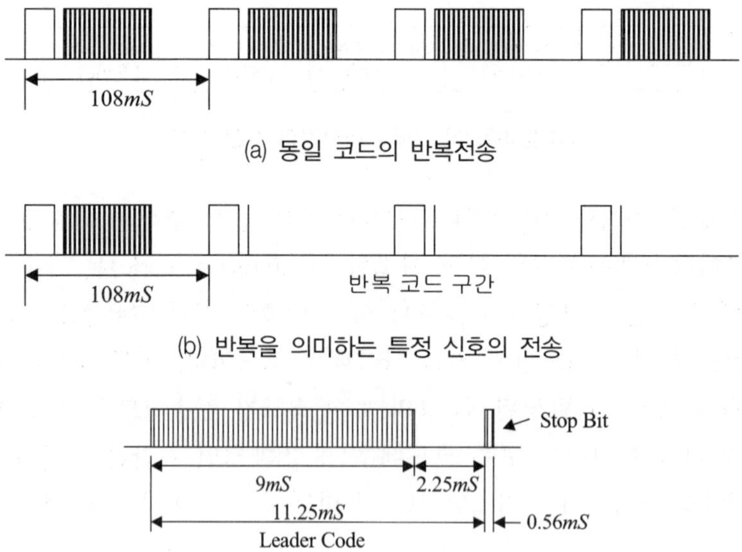

(a) 동일 코드의 반복전송

(b) 반복을 의미하는 특정 신호의 전송

(c) 반복 코드의 구성

[그림 3-3-77] 반복전송

② 적외선 송신회로 예

리모컨 송신규격은 마이크로프로세서에 의해 발생할 수 있지만, 일반적인 리모컨은 작은 전지로 동작하기 때문에 전용 IC를 사용한다. NEC의 uPD6121 소자를 대상으로 회로를 살펴보며, 다른 종류들도 기본 기능은 거의 유사하다. 그림 3-3-78에 이의 내부 블록도를 나타내었다.

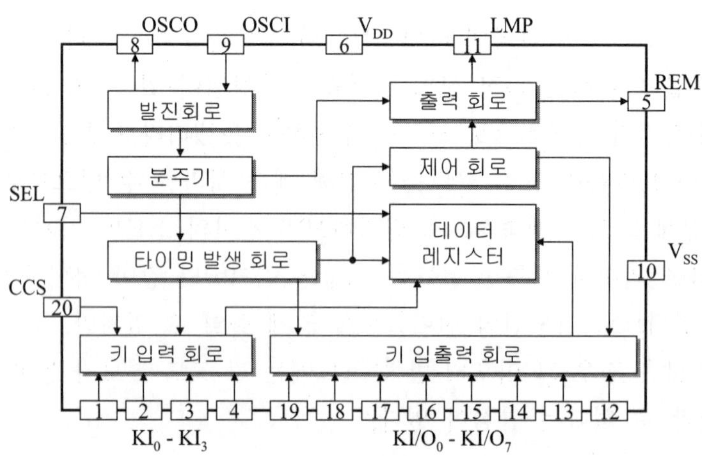

[그림 3-3-78] NEC uPD6121의 내부 블록도

이 소자는 전지전원에 의해 동작할 수 있도록 사용전원의 범위가 넓고(2.0~3.3V), 리모컨 구성에 필요한 모든 회로를 내장해 최소의 외부 부품으로 간단히 리모컨을 구성할 수 있다. 그림 3-3-78의 블록도에서, KI_0~KI_3, KI/O_0~KI/O_7 단자들은 키보드 검출을 위한 다이내믹 스캐닝(dynamic scanning) 단자이며, KI/O_0~KI/O_7 단자들은 또한 커스텀 코드를 입력받을 때도 사용된다. CCS(Custom Code Selection Input) 단자는 외부에 설정한 커스텀 코드를 읽을 때 사용되는 단자로서, 커스텀 코드의 설정은 그림 3-3-79에 나타낸 바와 같이 다이오드 D_3~D_5와 R_4, R_5를 이용해 설정하는데, 상세한 설정방법은 소자의 데이터 시트를 참조하라.

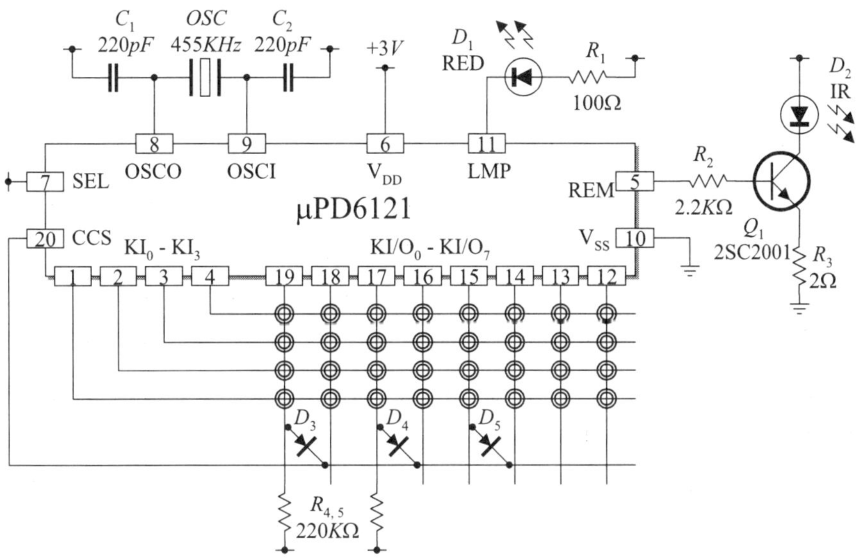

[그림 3-3-79] NEC uPD6121을 이용한 리모컨 송신회로의 예

회로에서, KI_0~KI_3, KI/O_0~KI/O_7 단자들의 교점에 리모컨 스위치가 매트릭스 형태로 부착되어 다이내믹 스캐닝을 하며, 따라서 8열, 4행으로 최대 32개 키를 부착할 수 있다(uPD6122는 64개까지 가능).

③ 적외선 수신회로 예

리모컨 수신회로는 변조된 적외선을 검출해 전송신호만 추출해주는 단순한 기능부터, 마이크로프로세서를 내장해 코드 해석을 완료하고 이에 따른 제어동작이 출력되는 복잡한 것까지 그 종류와 기능이 다양하다. 여기서는 가장 단순한 형태인 적외선 신호를 검출해 전송신호만을 추출해주는 것을 대상으로 살펴본다. 그림 3-3-80에 NEC의 uPD2800A 리모컨 수신소자의 예를 나타내었다.

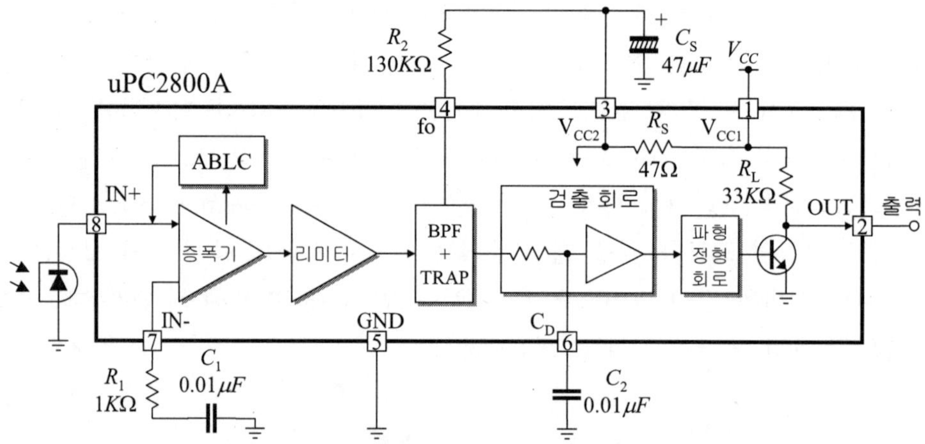

[그림 3-3-80] NEC uPD2800A를 이용한 리모컨 수신회로의 예

이 소자는 적외선 다이오드에 의해 검출되는 미약한 신호를 큰 신호로 증폭하고 수신되는 신호의 크기에 따라 자동으로 적외선 다이오드의 이득을 조절하는 ABLC (Automatic Bias Level Control) 회로를 내장하고 있다.

검출된 신호는 밴드패스 필터를 거쳐 적외선의 변조 주파수인 38*KHz* 신호만 통과시키고, 나머지 신호들 예를 들어 자연상태에 존재하는 적외선이나 기타 외란에 의해 발생하는 적외선은 차단된다. 그 후 파형 정형회로를 거쳐 최종 출력이 발생되며, 이를 프로세서에서 해석해 처리한다.

그림 3-3-81에 이 회로에 수신된 적외선 신호와, 이에 따른 출력신호의 예를 나타내었다.

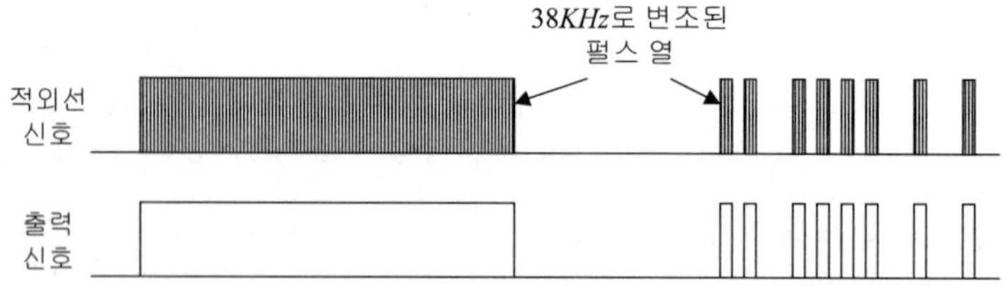

[그림 3-3-81] 수신된 리모컨 신호의 처리 예

최근의 적외선 수신소자는 적외선 다이오드 및 주변회로까지 모두 포함해 그림 3-3-82(a)와 같이 트랜지스터 외형으로 제작된다.

그림 3-3-82(b)는 TSOP 시리즈 소자의 블록도로서, 앞서 살펴본 소자와 동일한 구성임을 알 수 있다.

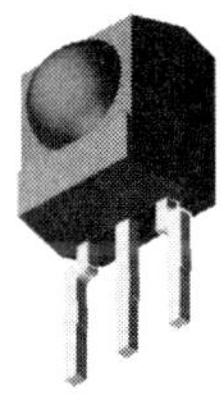

(a) 외형

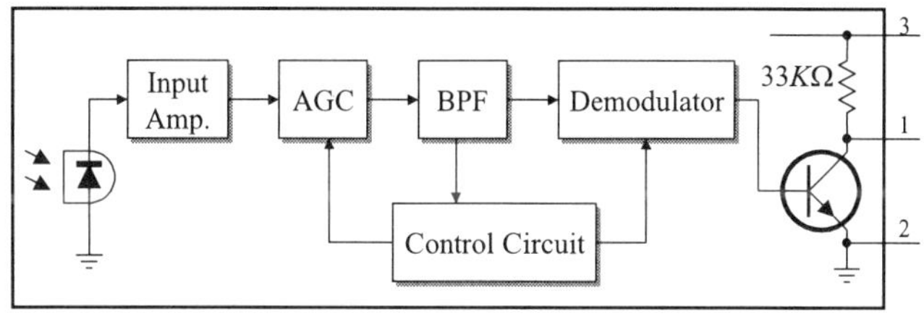

(b) 블록도

[그림 3-3-82] VISHAY TSOP 시리즈 적외선 수신기

(2) IrDA

IrDA(Infra-red Data Association)는 적외선을 이용해 각종 기기 사이에 데이터를 교신하는 규격으로서, 컴퓨터에는 'IrDA-port'라는 이름으로 설치되고, 디지털 카메라, 휴대폰, 프린터, 키보드, 마우스 등에서 다양하게 사용된다.

(a) PC

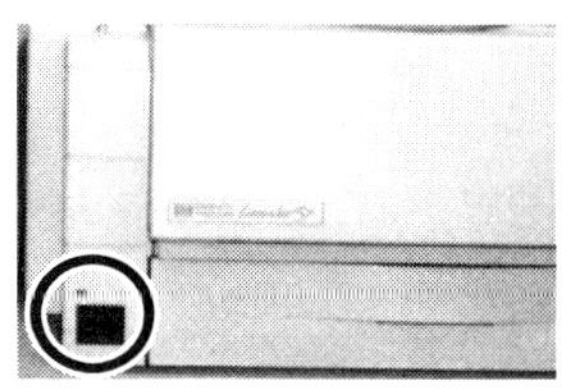

(b) 프린터

(c) 디지털 카메라

[그림 3-3-83] IrDA의 사용 예

IrDA는 기본적으로 RS-232C 대용으로 사용하기 때문에 속도는 1,200*bps*~115*Kbps*로 비교적 느리지만 사용법이 간단하고 기존의 RS-232C에 쉽게 접속할 수 있다.

① IrDA의 규격

IrDA의 통신규격은 RS-232C를 이용한 비동기 통신과 완전히 동일하고, 단지 전선을 이용한 전압 레벨 전송이 아니라 적외선에 의해 전송하는 것만이 다르다.

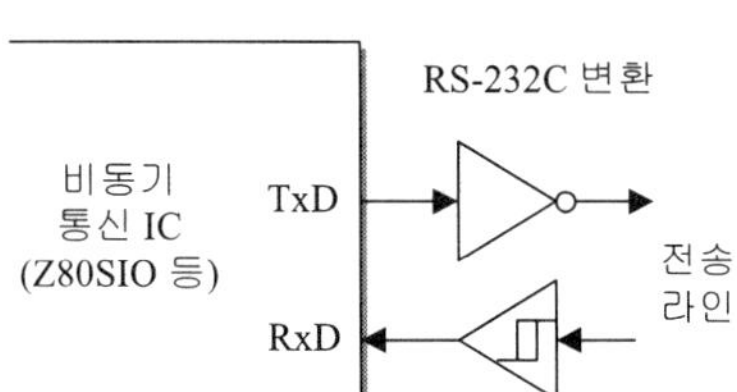

(a) RS-232C 전송

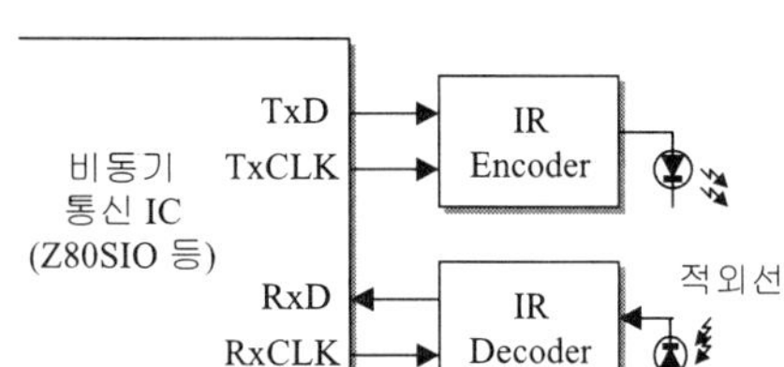

(b) IrDA 전송

[그림 3-3-84] RS-232C와 IrDA의 전송원리

적외선을 이용한 '0'과 '1'의 표현은 그림 3-3-85(a)와 같이 적외선이 없을 경우는 '1', 적외선 펄스가 존재할 때는 '0'으로 표현된다.

비동기 신호의 Stop bit는 그림과 같이 '0'으로 시작되는데, RS-232C 규격에서는 이를 반전시켜 전송하므로 시작신호가 '1'로 정의된다. '0'에서의 펄스는 비동기 통신용 16배 클록을 이용해 그림 3-3-85(b)와 같이 발생시킨다. Stop bit 직전에는 Stop bit이거나 '1'의 Idle상태이고, Stop bit가 시작되기 위해 '0'으로 변화하는 순간부터 16배 클록 TxCLK을 카운트 해 8번 펄스부터 10번 펄스 기간 동안 적외선을 방사한다. 이 때문에 적외선 펄스폭은 사용하는 bps에 따라 변화하며, 따라서 고속전송을 위해서는 적외선 LED의 반응시간이 중요한 변수로 작용한다.

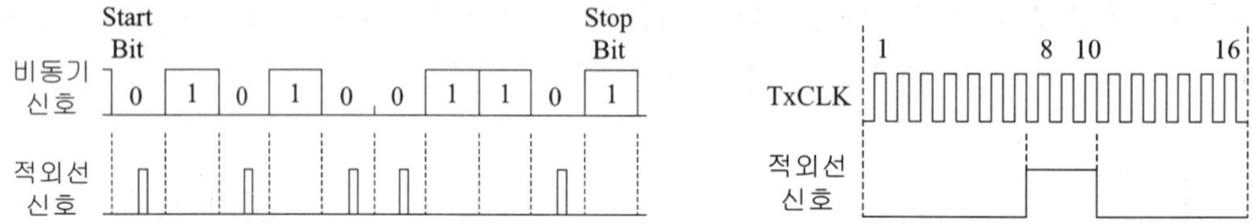

(a) '0'과 '1'의 표현방법 (b) '0' 펄스의 생성방법

[그림 3-3-85] IrDA의 적외선 신호

송신된 신호를 수신하는 원리는 그림 3-3-86과 같다. 그림에서, 적외선이 검출되면 하강 펄스가 출력되며, 첫 번째 펄스가 입력되면 그 순간 복원신호는 '0'으로 되어 Stop bit가 되며, 이후 수신용 16배 클록이 16개 지난 후에도 적외선 검출이 발생하지 않으면 '1'로 복원하고, 적외선 펄스가 수신되면 '0'으로 복원한다. 이 같은 과정을 거쳐 본래의 비동기 통신신호가 복원되며 이를 비동기 통신 처리회로에 입력한다.

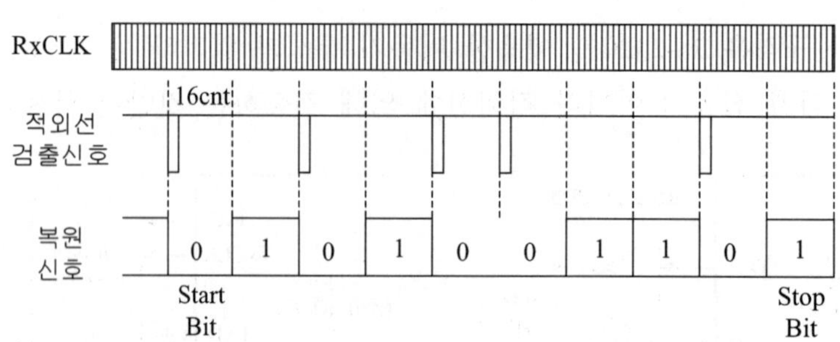

[그림 3-3-86] IrDA의 수신원리

② 송수신 회로

IrDA 사용을 위한 회로는 그림 3-3-87과 같이 비동기 통신용 UART(Universal Asynchronous Receiver Transmitter)와 적외선 펄스로의 변환 및 복원을 위한 ENDEC (Encoder and Decoder), 그리고 적외선 방사용 증폭기와 수신 증폭기를 갖춘 IR Transceiver의 3개 블록으로 구성된다.

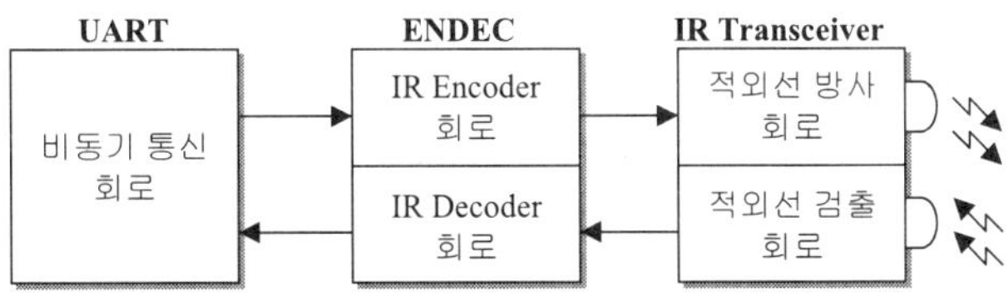

[그림 3-3-87] IrDA 구현 블록도

각 블록은 별도의 전용소자로 구성된 것도 있고, 하나의 소자에 기능을 모두 포함한 것도 있다. 여기서는 이들의 동작원리를 살펴보기 위해 개별소자로 구성된 원리회로를 예를 들어 설명한다.

ⅰ) 엔코더 회로

그림 3-3-88은 IrDA 엔고디의 원리회로로서, UART의 TxD가 '1'일 때는 U_3가 동작하지 않으므로 LED는 off된다. TxD가 '0'이면 U_1 Mono-stable에서 펄스가 발생해 U_2 카운터가 초기화되고 카운터가 8, 9, 10인 동안 U_3, U_4에 의해 LED가 on된다.

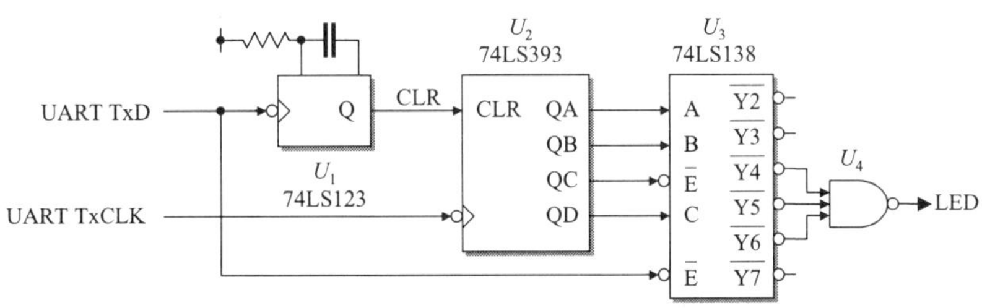

(a) 원리회로

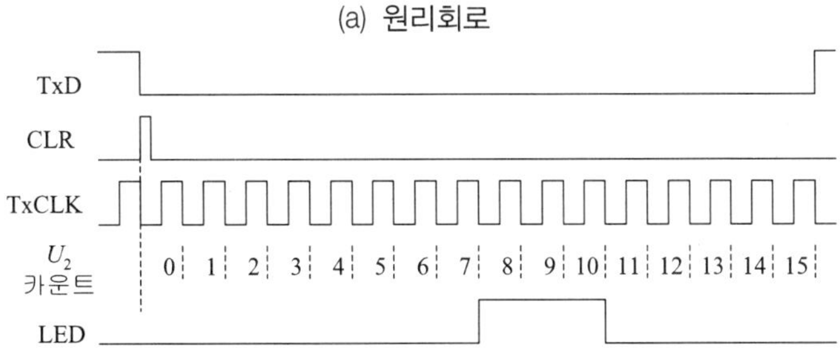

(b) 동작파형

[그림 3-3-88] IrDA 엔코더의 원리회로

ii) 디코더 회로

그림 3-3-89는 IrDA 디코더의 원리회로로서, 적외선 검출신호가 도착하면 U_1 D-플립플롭에 의해 동기화한 후 U_2 카운터와 U_3 플립플롭을 초기화한다. 적외선 신호가 사라지면 카운터는 RxCLK에 의해 카운트가 시작되며, 만약 그림 3-3-89(b) 적외선 검출신호의 점선 부분과 같이 다음 적외선 신호가 도착하면 이들 카운터와 플립플롭은 초기화되어 0을 유지하지만, 다음 적외선 신호가 도착하지 않으면 카운터는 15를 넘어서므로 출력은 '1'로 설정된다. 즉, 적외선 펄스가 도착한 후 일정 시간 내에 다음 펄스가 도착하면 '0'이고 다음 펄스가 도착하지 않으면 '1'로 검출된다.

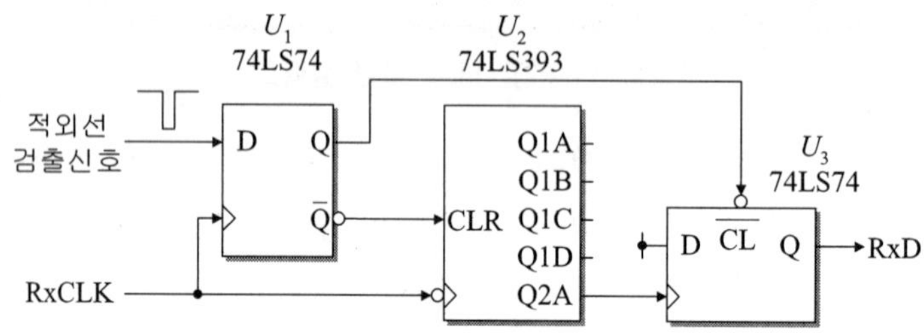

(a) 원리회로

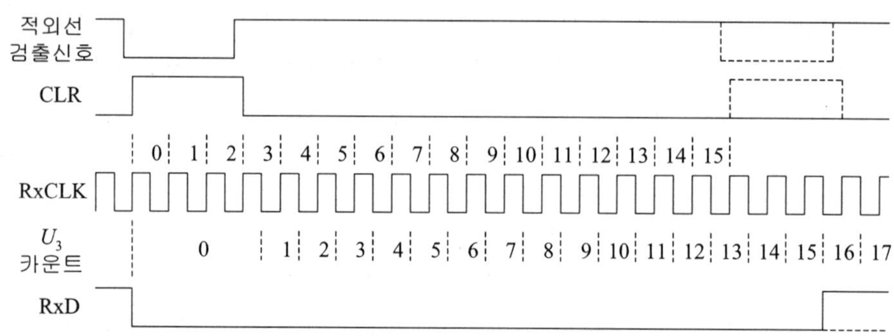

(b) 동작파형

[그림 3-3-89] IrDA 디코더의 원리회로

③ 전용소자 회로

앞서 살펴본 바와 같이 IrDA 엔코더/디코더 회로는 개별소자를 이용해 구성할 수 있으나, IrDA 전용소자를 이용하면 간단히 IrDA 시스템을 구성할 수 있다.

i) 송수신 드라이브 회로

적외선 LED를 구동하고, 적외선 다이오드 신호를 증폭하는 데 필요한 기능들을 모아 구성한 소자인 MAX3120의 내부 블록도와 접속회로 예를 그림 3-3-90에 나타내었다.

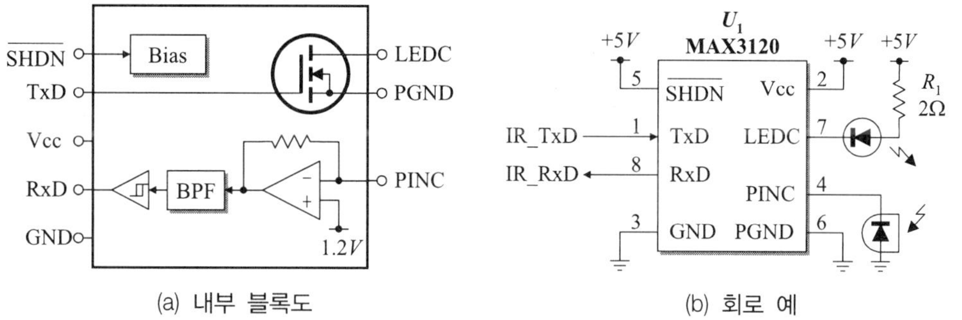

[그림 3-3-90] MAX3120 송수신 드라이브 소자

이 소자는 그림 3-3-90(a)와 같이 송신용 적외선 LED를 구동하기 위한 트랜지스터와 수신용 적외선 다이오드 신호를 증폭하고 필요한 신호만을 추출하는 필터 등을 내장하고 있어 그림 3-3-90(b)와 같이 최소의 부품으로 송수신 회로의 구성이 가능하다.

ii) 송수신 모듈

송수신 드라이브 소자에 적외선 LED와 다이오드까지 함께 내장한 송수신 모듈 중 Vishay의 TFDU6102에 대한 구성을 그림 3-3-91에 나타내었다.

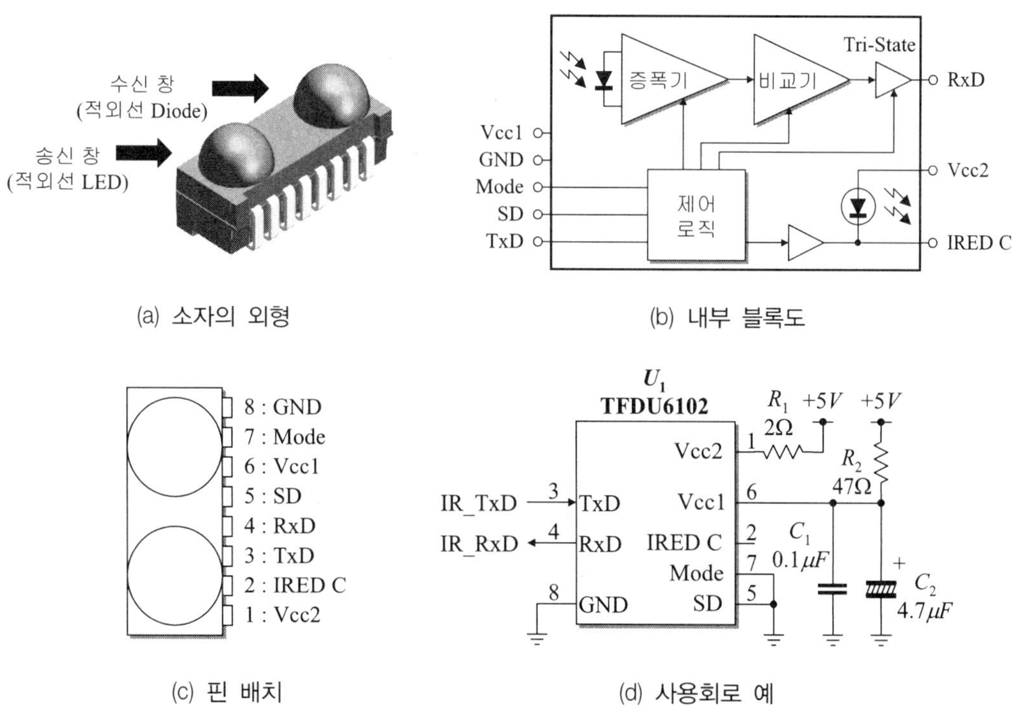

[그림 3-3-91] IrDA 송수신 모듈 TFDU6102

*Vcc*2는 내부 적외선 LED의 Anode에 접속되어 이 단자를 통해 LED 동작전류를 공급한다. 만약 전압이 3.6*V* 이상일 경우 전류제한 저항을 부착해야 한다.

IRED C(Infra-Red Cathode)는 내부 LED 제어회로의 출력과 접속된 단자로서, 만약 적외선을 더 강하게 할 필요가 있는 경우 이 단자에 트랜지스터에 접속해 더 많은 LED를 구동할 수 있다. 이 소자는 최대 125*mA*까지 구동 가능하다.

SD(Shut Down)은 이 회로가 동작하지 못하도록 할 때 사용한다.

Mode 단자가 '1'일 때는 고속 모드로 동작하며 내부의 기능들은 고속 모드에 적합하게 설정된다.

이 소자와 거의 기능이 유사한 휴렛팩커드 HSDL-1000의 구성을 그림 3-3-92에 나타내었다.

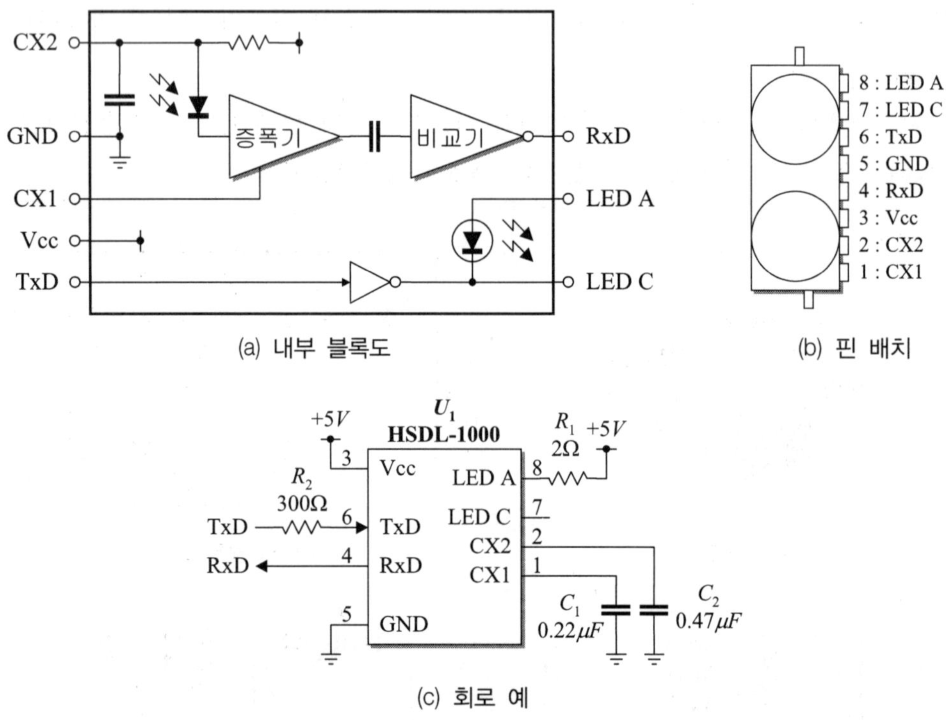

[그림 3-3-92] IrDA 송수신 모듈 HSDL-1000

iii) IrDA 엔코더/디코더

IrDA 엔코더와 디코더를 포함하는 소자인 Texas Instruments의 TIR1000 핀 배치와 내부 블록도를 그림 3-3-93에 나타내었다. 이 소자는 IrDA 엔코더/디코더를 포함하고 있어 그림 3-3-94와 같이 UART에 접속해 간단히 IrDA 회로를 구성할 수 있다.

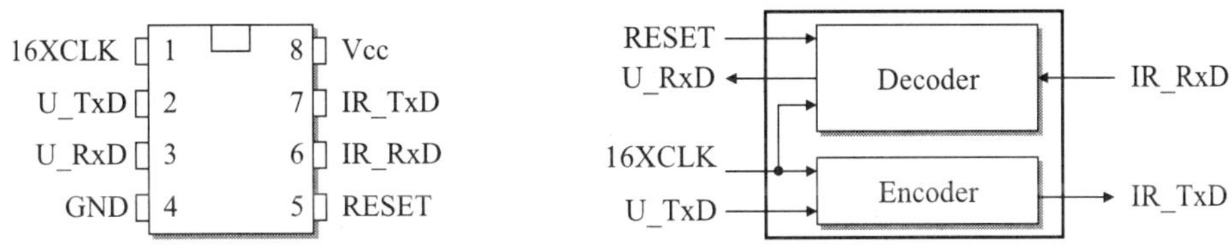

[그림 3-3-93] IrDA 엔코더/디코더 IC TIR1000

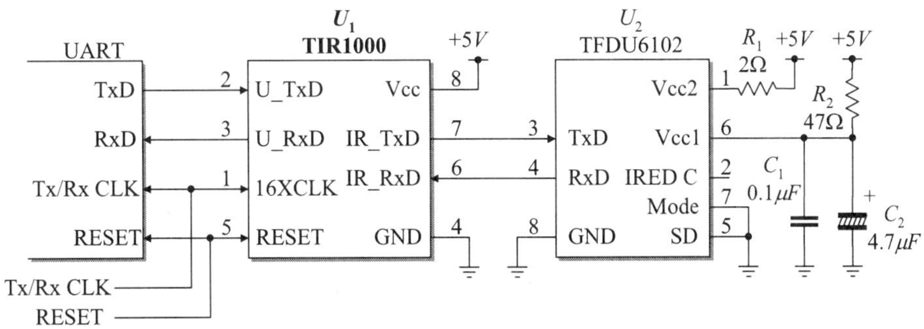

[그림 3-3-94] TIR1000을 이용한 IrDA 회로 예

이와 유사한 기능의 휴렛팩커드 HSDL-7000을 그림 3-3-95에 나타내었다.

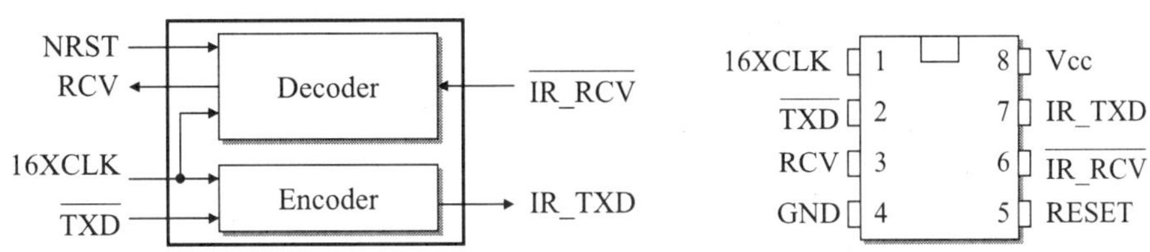

[그림 3-3-95] 휴렛팩커드 HSDL-7000

iv) RS-232C 겸용 IrDA 회로

IrDA는 비동기 통신사양을 따르기 때문에 RS-232C와 겸용해 사용할 수 있는데, 그림 3-3-96에 RS-232C와 IrDA를 선택해 사용하는 회로의 예를 나타내었다.

그림에서 RS-232C와 IrDA에서 수신된 신호는 UART 앞의 MUX(Multiplex)에서 선택하며, 각 회로의 송신부는 공통으로 사용하고 있다. 이와 같은 구성에 필요한 소자를 하나에 모두 결합한 MAX3130의 블록도와 회로 예를 그림 3-3-97에 나타내었다.

이 소자는 2개 포트를 처리하는 회로가 내장되고, 그중 포트-1(T1, R1)은 RS-232C 전용, 포트-2(T2, R2)는 RS-232C나 IrDA 중 선택해 사용할 수 있다.

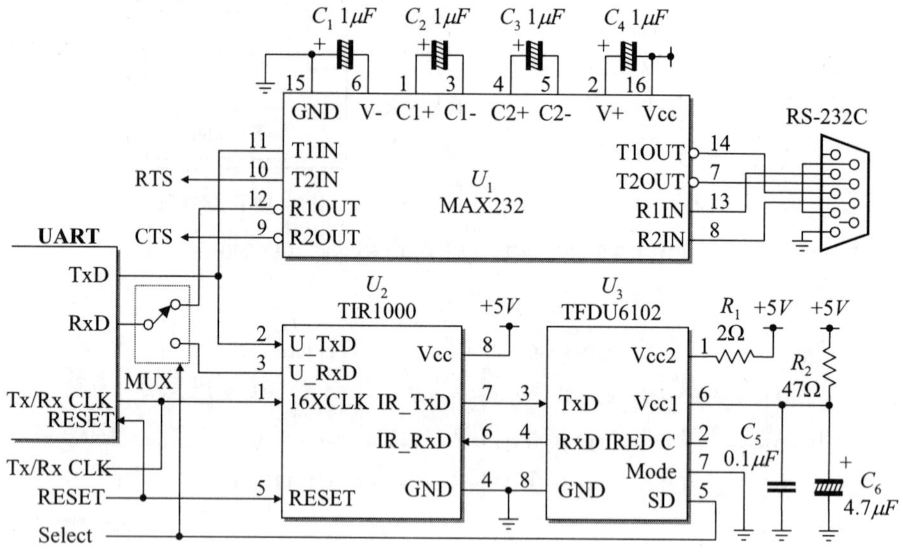

[그림 3-3-96] RS-232C 겸용 IrDA 회로 예

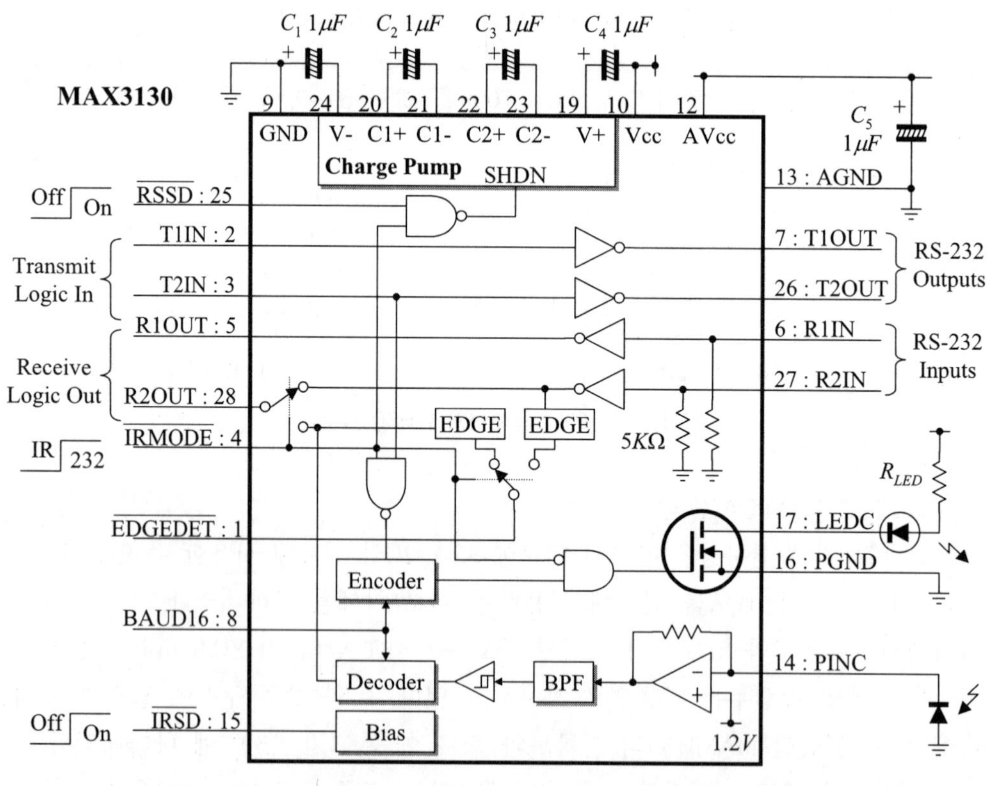

[그림 3-3-97] RS-232C/IrDA 겸용 소자 MAX3130의 블록도 및 접속회로

5) 음악/음향 통신

(1) MIDI

MIDI(Musical Instrument Digital Interface)는 컴퓨터 및 전자악기들 사이에 접속되어 음악연주에 관련된 각종 정보들을 교신하는 하드웨어와 이를 제어하는 프로토콜의 국제적인 규격이다. MIDI를 이용해 컴퓨터와 전자악기를 접속하면 악기의 연주상황이 컴퓨터로 전달되어 악보로 저장 가능하고, 거꾸로 컴퓨터에 저장된 악보파일을 전자악기로 전송하면 악보대로 연주를 해준다.

또한 MIDI 규격은 직렬로 여러 대의 악기들을 연결하고, 각 악기마다 ID를 설정해 한 대의 컴퓨터에서 각 악기들에게 각자 연주할 악보정보를 전달해 전체적인 합주까지 가능하다. 더구나, MIDI 기능을 내장한 전자악기들은 대부분 자신의 음색 이외에 다른 악기의 음색을 발생할 수 있도록 구성되어, 예를 들어 전자 피아노이지만 트럼펫 소리를 발생할 수 있고, 전자 드럼이지만 기타 소리나 피아노 소리를 발생할 수 있다.

① MIDI의 규격

MIDI 규격은 1983년 MIDI-1.0(Standard MIDI)이 제정되고, 그 이후로 꾸준히 개정되어 1991년 GM(General MIDI), 1992년 GS(General Sound), 1994년 XG(eXtra GM) 등으로 발전하였다. 이 책에서는 가장 기본이 되는 MIDI-1.0을 기준으로 설명을 진행한다.

i) MIDI의 토폴로지

MIDI는 그림 3-3-98(a)와 같은 3개의 커넥터로 구성되며 그림 3-3-98(c)와 같이 접속은 모든 MIDI 기기들이 직렬로 접속되는 형태지만 신호 측면에서는 병렬로 전달된다.

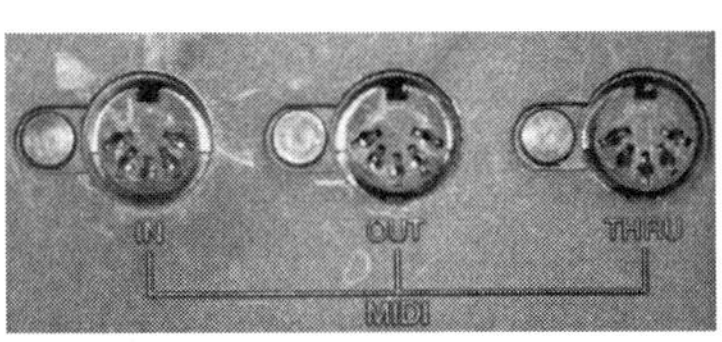

(a) 표준 미디 포트들

(b) 출력전용 미디 포트

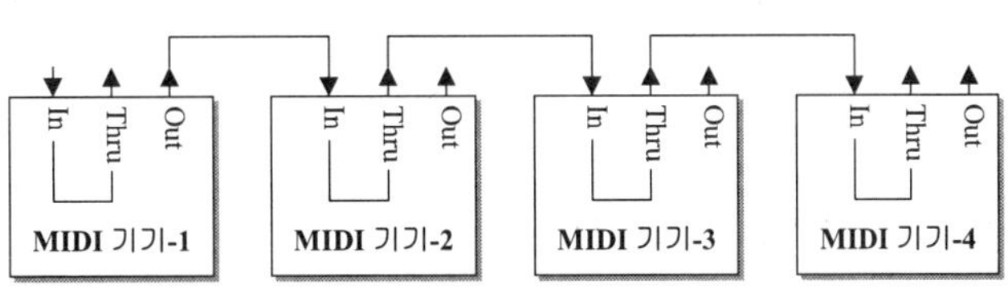

(c) 직렬접속

[그림 3-3-98] MIDI의 토폴로지

그림에서, 각 MIDI 기기들은 MIDI-In, MIDI-Thru, MIDI-Out의 3개 커넥터가 있으며, 어떤 커넥터를 이용해 접속하는가에 따라 마스터, 슬레이브 또는 중계기가 되기도 한다. MIDI-In은 다른 기기로부터 데이터가 입력되는 커넥터이고, MIDI-Thru는 MIDI-In으로부터 입력된 데이터가 절연과 버퍼 처리만 거쳐 그대로 다시 출력되는 커넥터이며, MIDI-Out은 기기 자체에서 데이터를 출력하는 커넥터이다. 그림의 MIDI 기기-1은 MIDI-Out에 접속되어 각 기기들에 신호를 전송하는 마스터 역할을 하며, 2, 3, 4번 기기들은 슬레이브 또는 중계기 역할을 한다. 예를 들어 MIDI 기기-1이 MIDI 기기-4와 교신을 한다면 1번은 마스터, 4번은 슬레이브이고, 중간의 2, 3번 기기들은 신호를 동일하게 넘기기만 하는 중계기 역할을 한다.

이와 같은 구조에 의해 이더넷, USB에서의 HUB 같은 기기 없이 모든 기기들을 간단히 접속할 수 있다. 또한 필요에 따라 두 기기가 서로 MIDI-In과 Out을 접속해 양방향 교신을 하도록 구성할 수 있다. 이러한 구조를 채택한 이유는 악기의 특성상 수시로 이동하거나 배치가 바뀌기 때문에 최대한 간단한 장비로 접속할 수 있어야 하고, MIDI 규격의 사용자가 엔지니어가 아니라 음악인들이 대부분이므로 사용법이 간단해야 하기 때문에 기기 내부에서 마스터, 슬레이브 등을 조절하는 것과 같이 복잡한 방법으로 설정하지 않고, 필요에 따라 커넥터에서 배선에 의해 결정하도록 하였다.

ii) 채널 개념

MIDI는 모든 기기들이 함께 접속되어 통신하기 때문에 데이터를 받을 기기들을 지정할 수 있는 방법으로 채널 개념을 사용한다. 즉 각 기기마다 채널을 설정할 수 있어 입력되는 데이터 중 자신의 채널에 해당되는 데이터만 접수해 연주한다. 따라서 동일한 채널 번호로 설정된 기기들이 있다면 이 기기들은 해당 채널 데이터가 입력되면 항상 함께 연주를 하도록 구성된다. 또한 한 기기 내에서도 여러 개의 채널을 사용할 수 있는데, 채널-1에는 드럼 소리를, 채널-3에는 피아노 소리를 발생시키도록 설정하는 것이 가능하다. 따라서 한 기기에서 여러 악기의 소리로 합주도 가능하지만, 일반적으로 악기의 성능에 의해 채널 수에 제약을 받기 때문에 예를 들어 그림 3-3-98과 같은 경우 기기-1은 컴퓨터로서 악보 정보를 제공하는 마스터이고, 기기-2는 드럼과 피아노 소리 채널을, 기기-3은 베이스와 기타 소리 채널을, 기기-4는 트럼펫과 트럼본 소리 채널을 담당하는 등으로 할당한다.

iii) 실시간 전송

MIDI 규격과 다른 통신규격과 가장 큰 차이점은 실시간 전송(real-time transmission)인데, 다른 통신규격들은 어느 정도 오류의 가능성을 허용하는 최대한 저렴한 하드웨어를 사용하고, 오류가 발생하는 것을 검출해 재전송을 요구하고 받을 수 있지만,

MIDI의 경우 악기를 연주하는 것이 목적이기 때문에 결코 기기 사이의 시간차가 허용되지 않는다. 따라서 오류를 점검하고 재전송하는 등의 절차는 생각할 수 없고, 가장 오류에 강한 전기규격인 Current-loop를 사용한다.

iv) 절연 전류-루프

MIDI 규격은 절연처리된 전류-루프(isolated current-loop) 하드웨어를 사용하는데, 이는 악기와 무대의 특성상 각 악기들의 출력은 각각 대형 앰프로 접속되기 때문에 악기는 앰프에 전기적으로 귀속되며, 따라서 악기와 악기 사이는 대형 앰프와 앰프의 전기관계로 되어 절연이 반드시 필요하다. 또한 무대나 스튜디오의 바닥에는 마이크선, 앰프 전기선, 조명선 등 수많은 전선들이 엉켜 지나고, 이 사이를 MIDI 통신선이 통과해야 하므로 절연이 가능하면서도 오류에 강한 전기규격을 필요로 한다.

v) 통신규격

MIDI의 전체적인 통신규격을 정리하면 표 3-3-20과 같다.

〈표 3-3-20〉 MIDI 규격 요약

항 목	내 용
Data format	31.25*Kbps*, 비동기식, 8-bit data, 1-Stop bit
전기적 특성	5*mA* Current-loop, 논리 레벨 변화 2*μS* 이내(즉 슬루 레이트 10*mA*/*μS* 이상)
Connector	5-Pin DIN
Cable	Shielded Twisted-Pair, 최대 15*m*(단거리인 경우 오디오 DIN 케이블 사용 가)

vi) 접속 커넥터 및 케이블

MIDI를 접속하는 커넥터는 그림 3-3-99와 같은 5-pin DIN 커넥터를 사용한다.

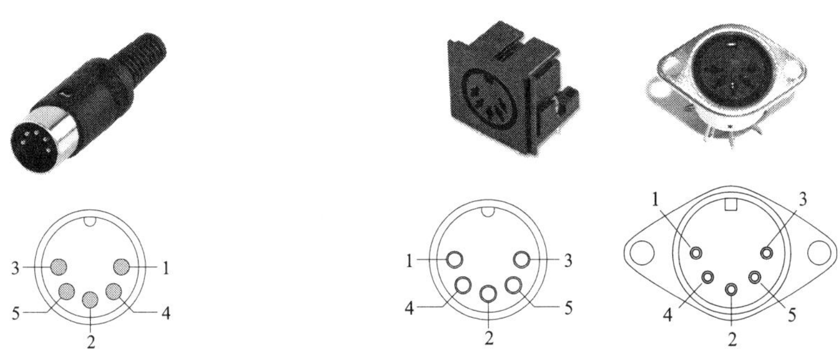

(a) 5-pin DIN Male (b) 5-pin DIN Female

[그림 3-3-99] MIDI 접속 커넥터

그림 3-3-99(a)는 MIDI 케이블에 사용하는 Male 커넥터, 그림 3-3-99(b)는 MIDI 기기에 사용하는 Female 커넥터이며, Female 커넥터는 기기에서 주어지는 역할에 따라 전류방향이 다르다. 그림 3-3-100에 Female 커넥터의 전류방향을 나타내었다.

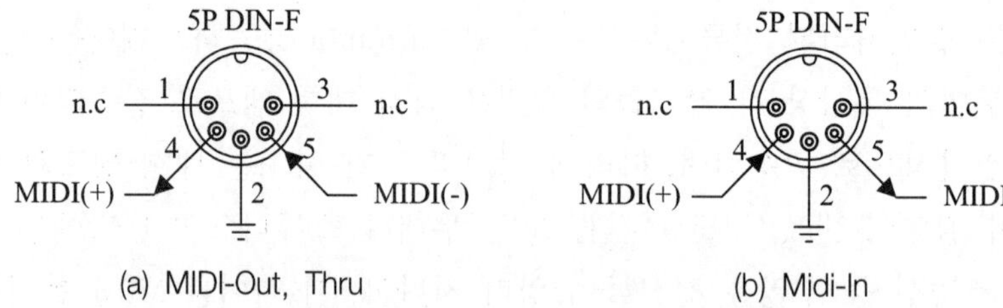

[그림 3-3-100] Female 커넥터의 전류방향

그림 3-3-100(a)는 MIDI-Out과 Thru의 커넥터로서 4번 핀에서 전원이 출력되고 5번 핀으로 전류가 흡수되며, 그림 3-3-100(b)는 MIDI-In 커넥터로서 전류방향이 Out, Thru와 반대로 구성된다. 따라서 이들을 접속하는 케이블은 일대일로 대응해 접속하며, 2번 핀의 접지는 신호선 실드용으로 사용된다. 표준 MIDI 케이블은 그림 3-3-101(a)와 같이 실드된 트위스트 선을 사용해 잡음을 최대한 방어한다. 만약 근거리를 간이로 접속하는 경우에는 그림 3-3-101(b)와 같이 구성된 오디오 DIN 케이블을 이용할 수도 있다.

오디오 DIN 케이블에 관한 사항은 이 책의 자매지 《멀티미디어 회로》의 "제 2 장 음향기기 기술" – "5. 오디오 액세서리" – "3) 음향신호의 전송" 부분을 참조하라.

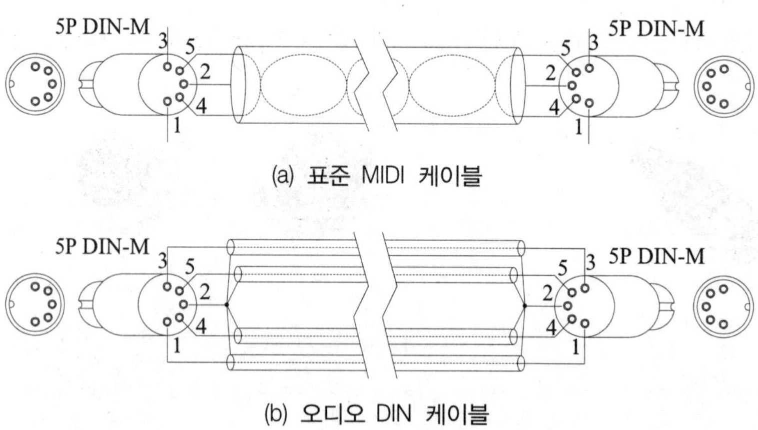

[그림 3-3-101] MIDI 접속 케이블

② MIDI 하드웨어

전형적인 MIDI 인터페이스 회로 예를 그림 3-3-102에 나타내었다.

회로에서, 전송 bps는 $4MHz$ 주파수를 U_3 카운터에서 8분주해 Z80SIO로 입력하는데, 따라서 통신 클록 주파수는 $500KHz$가 입력된다. 이는 Z80SIO 내부에서 16카운트마다 1비트 출력되므로 $500KHz/16=31.25Kbps$로서 MIDI 규격용 속도가 발생한다.

J_1은 MIDI In 커넥터로서, 2번 핀의 접지 라인이 연결되지 않는다. 즉, 다른 MIDI 기기의 Out이나 Thru로부터 전송된 신호는 접지되어 실드 상태로 이 커넥터까지 도달해 신호를 보호하지만, 이 커넥터에서 접지를 연결하지 않으므로 양쪽 기기는 서로 절연상태를 유지한다. 입력된 신호는 220Ω 저항을 거쳐 Photo-coupler로 입력되며, 이때 Schottky Diode는 신호선에 존재할지 모르는 큰 잡음을 흡수해 Photo-coupler의 LED를 보호한다. 사용된 Photo-coupler는 고속형으로서, PC817이나 TLP021 등과 같은 일반형은 속도가 느려 사용할 수 없다.

이와 같이 수신된 신호는 SIO로 입력됨과 동시에 다시 MIDI Thru 구동회로로 입력되어 MIDI In 신호와 동일한 신호를 다시 출력한다.

전체적인 전류용량을 살펴보면, MIDI Out의 $+5V$, 220Ω을 거쳐 출력된 전류는 상대 기기의 MIDI In에서 220Ω을 거쳐 LED로 입력되며, 이는 다시 MIDI Out으로 돌아와 220Ω으로 입력되어 오픈 컬렉터로 흡수된다. 따라서 전체 저항은 660Ω이며, LED의 전압강하를 $1.2V$로 가정하면 전류는 $(5V-1.2V)/660\Omega=5.76mA$이다.

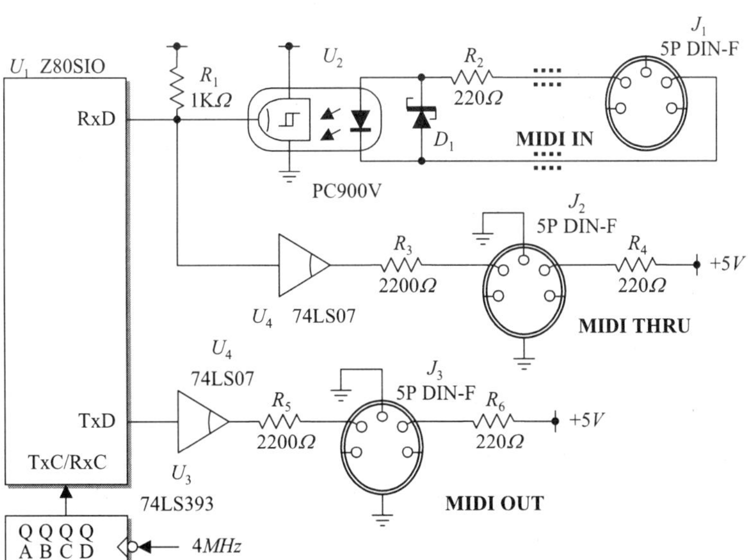

[그림 3-3-102] MIDI 인터페이스 회로 예

③ MIDI 메시지

MIDI의 모든 통신은 마스터로부터 메시지 단위로 전송된다. 각 메시지는 다음과 같은 규격을 가진다.

- 메시지 바이트 최상위 비트가 '1'이면 Status byte로서 메시지의 시작을 의미한다.
- Status byte의 종류에 따라 1~2바이트의 데이터가 따라올 수 있으며, 이때 데이터 바이트의 최상위 비트는 '0'으로 설정된다.

따라서 혹시 마스터와 슬레이브 사이에 메시지 동기를 잃더라도 최상위 비트의 상태를 확인하면 메시지 단위로 다시 동기가 가능하다.
MIDI 메시지는 다음과 같은 5종류로 분류된다.

- Channel Voice Message
- Channel Mode Message
- System Message
- System Common Message
- System Real-Time Message
- System Exclusive Message

이 메시지들은 음악 전문용어들을 사용하므로 이 책에서는 메시지의 기본적인 사항들만 설명하며, 더 상세한 것은 "MIDI Specification Document" 등을 참조하라.

i) Channel Voice Message

채널 음색 메시지라 번역할 수 있는 이 메시지는 각 채널의 소리발생에 관련된 제어를 하며, 예를 들어 어느 음계를 어떤 세기로 발생시킬 것인지, 이 채널의 음색을 어떤 악기소리로 할 것인지, 소리 크기는 어느 정도로 할 것인지 등의 데이터를 전달한다. 이 메시지의 형식을 표 3-3-21에 요약해 나타내었다. 단, 표의 'nnnn'은 MIDI 채널 번호로서 '0000'일 때 채널-1, '1111'일 때 채널-16번이다.

ii) Channel Mode Message

채널 모드 메시지는 MIDI에 접속된 각 악기들의 채널과 음색할당방법, 각 악기들의 관계 등을 지정한다. 코드의 할당은 표 3-3-21의 Control Change Message의 확장으로 구성되며, 두 번째 바이트값이 121보다 크면 모드 메시지 그룹이 된다. 이 메시지의 형식을 표 3-3-22에 요약해 나타내었다.

〈표 3-3-21〉 Channel Voice Message 요약

<table>
<tr><th rowspan="2">기 능</th><th>Status Byte [2진]</th><th>2nd Data Byte [2진]</th><th>3rd Data Byte [2진]</th></tr>
<tr><th colspan="3">데이터 의미</th></tr>
<tr><td rowspan="2">Note Off</td><td>1000 nnnn</td><td>0kkk kkkk</td><td>0vvv vvvv</td></tr>
<tr><td colspan="3">kkk kkkk : Note 번호, vvv vvvv : Off Velocity</td></tr>
<tr><td rowspan="2">Note On</td><td>1001 nnnn</td><td>0kkk kkkk</td><td>0vvv vvvv</td></tr>
<tr><td colspan="3">kkk kkkk : Note 번호
vvv vvvv : On Velocity 단, V가 0이면 Note Off</td></tr>
<tr><td rowspan="2">Polyphonic Key Pressure
(After Touch)</td><td>1010 nnnn</td><td>0kkk kkkk</td><td>0vvv vvvv</td></tr>
<tr><td colspan="3">kkk kkkk : Note 번호,
vvv vvvv : 압력값</td></tr>
<tr><td rowspan="2">Control Change</td><td>1011 nnnn</td><td>0ccc cccc</td><td>0vvv vvvv</td></tr>
<tr><td colspan="3">ccc cccc : Control 번호 단, C 〉 121이면 채널 모드 메시지
vvv vvvv : Controller 값</td></tr>
<tr><td rowspan="2">Program Change</td><td>1100 nnnn</td><td>0ppp pppp</td><td>-</td></tr>
<tr><td colspan="3">ppp pppp : 프로그램 번호(음색 번호)</td></tr>
<tr><td rowspan="2">Channel Pressure
(After Touch)</td><td>1101 nnnn</td><td>0vvv vvvv</td><td>-</td></tr>
<tr><td colspan="3">0vvv vvvv : 압력값</td></tr>
<tr><td rowspan="2">Pitch Bend</td><td>1110 nnnn</td><td>0vvv vvvv</td><td>0uuu uuuu</td></tr>
<tr><td colspan="3">vvv vvvv : Bend 위치 하위 바이트, uuu uuuu : 상위 바이트
0000h - 최저음, 4000h - 표준음, 7F7Fh - 최고음</td></tr>
</table>

〈표 3-3-22〉 Channel Mode Message 요약

<table>
<tr><th rowspan="2">기 능</th><th>Status Byte [2진]</th><th>2nd Data Byte [2진]</th><th>3rd Data Byte [2진]</th></tr>
<tr><th colspan="3">데이터 의미</th></tr>
<tr><td rowspan="2">Local Control</td><td>1011 nnnn</td><td>0111 1010 (122)</td><td>0vvv vvvv</td></tr>
<tr><td colspan="3">vvv vvvv=0 : Local Control On
vvv vvvv=127 : Local Control Off</td></tr>
<tr><td rowspan="2">All Note Off</td><td>1011 nnnn</td><td>0111 1011 (123)</td><td>0vvv vvvv</td></tr>
<tr><td colspan="3">vvv vvvv=0 : 의미 없음</td></tr>
<tr><td rowspan="2">Omni Mode Off</td><td>1011 nnnn</td><td>0111 1100 (124)</td><td>0vvv vvvv</td></tr>
<tr><td colspan="3">vvv vvvv=0 : 의미 없음</td></tr>
<tr><td rowspan="2">Omni Mode On</td><td>1011 nnnn</td><td>0111 1101 (125)</td><td>0vvv vvvv</td></tr>
<tr><td colspan="3">vvv vvvv=0 : 의미 없음</td></tr>
<tr><td rowspan="2">Mono Mode On</td><td>1011 nnnn</td><td>0111 1110 (126)</td><td>0vvv vvvv</td></tr>
<tr><td colspan="3">vvv vvvv : 채널 번호</td></tr>
<tr><td rowspan="2">Poly Mode On</td><td>1011 nnnn</td><td>0111 1111 (127)</td><td>0vvv vvvv</td></tr>
<tr><td colspan="3">vvv vvvv=0 : 모든 Note는 off 된다.</td></tr>
</table>

iii) System Common Message

시스템 공통 메시지는 현재의 MIDI 시스템에 접속된 모든 기기들에 전달되는 것으로서 악보 선택이나 현재 악보의 진행위치 등을 알린다. 이 메시지의 형식을 표 3-3-23에 요약해 나타내었다.

〈표 3-3-23〉 System Common Message 요약

기 능	Status Byte [2진]	2nd Data Byte [2진]	3rd Data Byte [2진]
	데이터 의미		
MIDI Time Code Quater Frame	1111 0001	0nnn dddd	-
	nnn : 8가지 type의 dddd를 정의 이 내용은 매우 복잡하므로 MIDI Specification 참조		
Song Position Pointer	1111 0010	0vvv vvvv	0uuu uuuu
	vvv vvvv : 곡 위치 하위 바이트, uuu uuuu : 상위 바이트		
Song Select	1111 0011	0sss ssss	-
	sss ssss : 곡 번호		
Reserved	1111 0100	–	–
	1111 0101	–	–
Tune Request	1111 0110	–	–
End of System Exclusive(EOX)	1111 0111	–	–

iv) System Real-Time Message

시스템 실시간 메시지는 현재의 MIDI 시스템에 접속된 모든 기기들에 전달되는 것으로서 곡 연주의 타이밍 등에 관한 정보를 알린다. 이 메시지를 표 3-3-24에 요약해 나타내었다.

〈표 3-3-24〉 System Real-Time Message

기 능	Status Byte [2진]
Timing Clock	1111 1000
Reserved	1111 1001
Sequence Start	1111 1010
Sequence Continue	1111 1011
Sequence Stop	1111 1100
Reserved	1111 1101
Active Sensing	1111 1110
System Reset	1111 1111

v) System Exclusive Message

시스템 고유 메시지는 '1111 0000'의 코드를 가지며, 이 메시지 이후의 첫 바이트는 MIDI 기기를 제작한 회사 고유번호, 그 이후의 데이터들은 EOX 메시지(F7h)가 나타날 때까지 자유로운 데이터 전송이 가능하다. 단, 회사 고유번호와 일반 데이터의 최상위 비트는 항상 '0'이어야 한다.

④ IBM-PC의 MIDI

IBM-PC에도 MIDI 포트가 설치되어 있으며, 그림 3-3-103(a)에 MIDI 포트 설정화면을, 그림 3-3-103(b)에 포트 커넥터를 나타내었다.

(a) 설정 메뉴

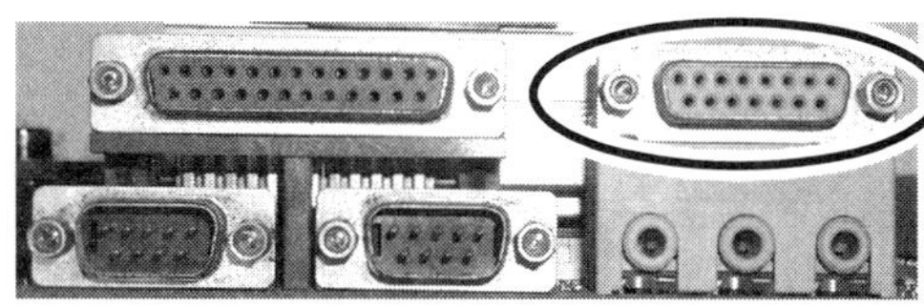

(b) MIDI 포트 내장 조이스틱 포트

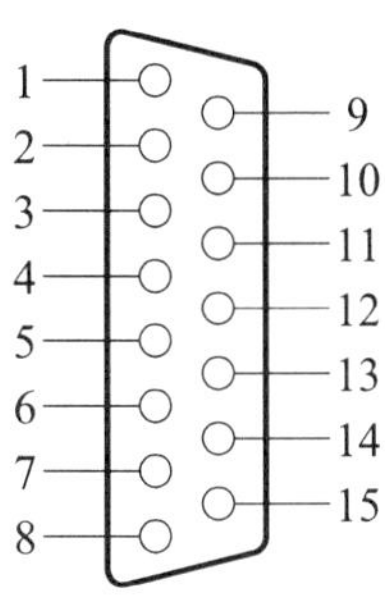

Pin#	I/O	의 미	Pin#	I/O	의 미
1	-	+5*V*	9	-	+5*V*
2	In	Stick-A SW1	10	In	Stick-B SW1
3	In	Stick-A X	11	In	Stick-B X
4	-	GND	**12**	**Out**	**MIDI TxD**
5	-	GND	13	In	Stick-B Y
6	In	Stick-A Y	14	In	Stick-B SW2
7	In	Stick-A SW2	**15**	**In**	**MIDI RxD**
8	-	+5*V*			

(c) 조이스틱 포트 커넥터 핀 배치

[그림 3-3-103] MIDI 포트와 핀 배치

MIDI 포트는 조이스틱 포트에 함께 내장되어 있는데, 그림 3-3-103(c)의 12번과 15번 핀이 MIDI 출력과 입력 단자이다. 이 핀에 그림 3-3-104와 같이 회로를 구성하면 MIDI 기기와 접속할 수 있다. 단, 필요가 없다면 MIDI THRU 단자는 생략해도 된다.

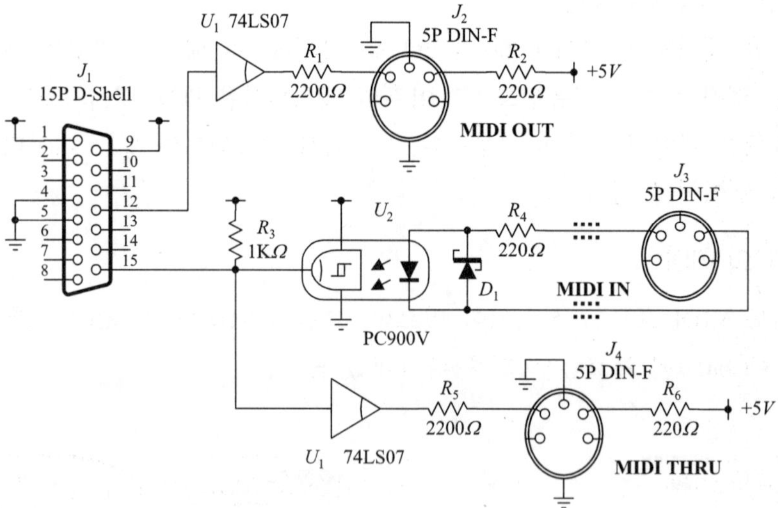

[그림 3-3-104] IBM-PC에서의 MIDI 구동회로

컴퓨터 설정에서의 MIDI 포트를 정상으로 설정하고 회로를 구성하면 그림 3-3-105와 같은 MIDI 구동 프로그램을 사용할 수 있다. PC에서 사용되는 악보용 프로그램, 예를 들어 Note Worthy Composer, 앙코르, MStudioZ, Cakewalk SONAR 등은 모두 MIDI 입출력을 지원하며, 외부 MIDI 기기로부터의 입력을 악보로 자동 정리해준다.

[그림 3-3-105] MIDI 구동 프로그램의 예(Note Worthy Composer)

(2) AES/EBU, S/PDIF, 토스링크

음향신호를 잡음에 거의 영향을 받지 않으면서 전송하는 가장 적극적인 방법은 디지털 전송이다. 이러한 이유로 음향매체도 과거에 주류를 이루던 아날로그 방식인 LP 레코드판이나 카세트테이프로부터 CD, MP3 등과 같은 디지털 매체를 이용하고, 음향을 녹음하는 스튜디오 등에서도 대부분 디지털 방식의 음향기기들을 사용한다. 즉 디지털 음향 믹서, 디지털 녹음장치, 디지털 음향처리장치 등을 이용하는데, 이들 기기 사이에 전송할 음향 데이터 또한 디지털로 전송되며, 대부분은 AES/EBU 규격과 S/PDIF, 토스링크(TOSLINK) 규격을 사용한다.

① 디지털 전송규격의 종류

i) AES/EBU

AES/EBU(Audio Engineering Society/European Broadcasting Union) 규격은 오디오 기기 간 신호전송을 잡음에 강한 디지털로 행하기 위해 제정되었으며, 전문 오디오 분야의 표준으로 되어 있다. 따라서 오디오 전문가들이나 전문 스튜디오 등에서 사용하는 기기들은 AES/EBU 규격으로 모든 신호가 전송되며, 오디오 믹서, 효과장치(effector), 녹음장치 등도 모두 이 신호를 이용할 수 있도록 되어 있다.

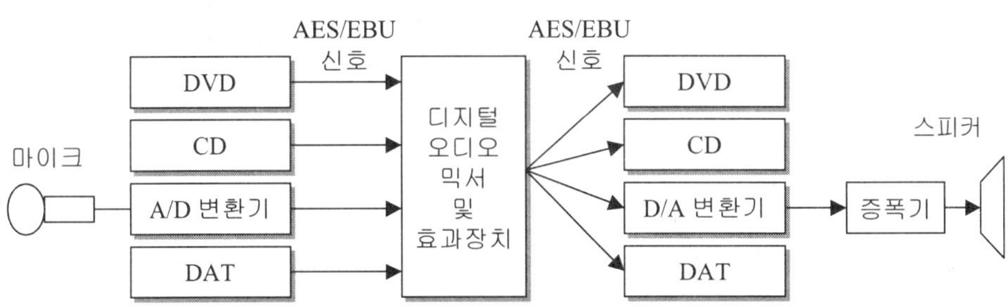

[그림 3-3-106] AES/EBU 규격의 사용 예

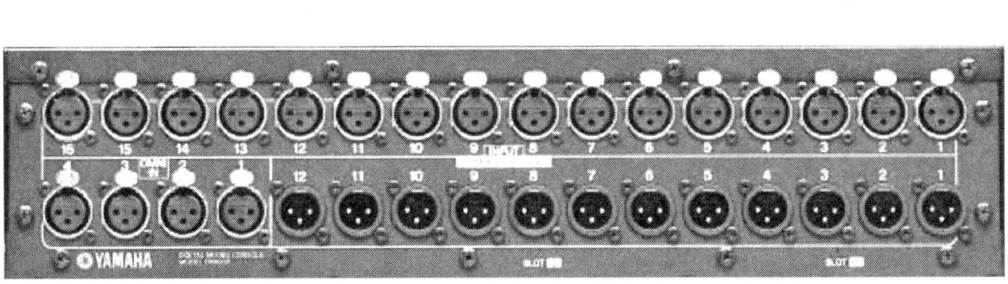

[그림 3-3-107] 오디오 전문가용 기기의 AES/EBU 단자들

ii) S/PDIF, 토스링크

최근에는 전문가가 아닌 일반인들도 오디오에 관한 요구가 고급화되어 이와 같은 디지털 전송에 대한 필요성이 증가했으나 AES/EBU 규격은 전문가용 고급 사양이기 때문에 가격이 비싸고 복잡해 이를 간소화시킨 S/PDIF(Sony/Philips Digital Interface), 토스링크(TOSLINK : Toshiba Link) 규격 등이 제정되었고, CD 플레이어나 DVD 플레이어, HDTV, 컴퓨터 사운드 카드 등에는 대부분 S/PDIF나 토스링크를 지원한다. 이와 같이 디지털 신호를 이용한 음향 인터페이스들을 통틀어 DIF(Digital Interface)라 하며, 그림 3-3-108에 각종 기기에 부착된 디지털 출력단자의 예를 나타내었다.

S/PDIF, 토스링크 규격은 기본적으로 AES/BEU 규격을 간소화한 것이기 때문에 데이터 프레임이나 변조방법 등은 거의 동일하고 접속하는 커넥터 종류, 전선 종류나 전기적 규격 등에서 차이가 있다. S/PDIF 규격은 RCA 커넥터와 동축케이블을 이용하는 것이 표준이며, 토스링크는 광케이블을 이용해 데이터를 전송한다. 참고로, 토스링크는 일본 도시바사의 상표이며 표준 명칭은 EIAJ(Electronics Industries Association of Japan)라 한다.

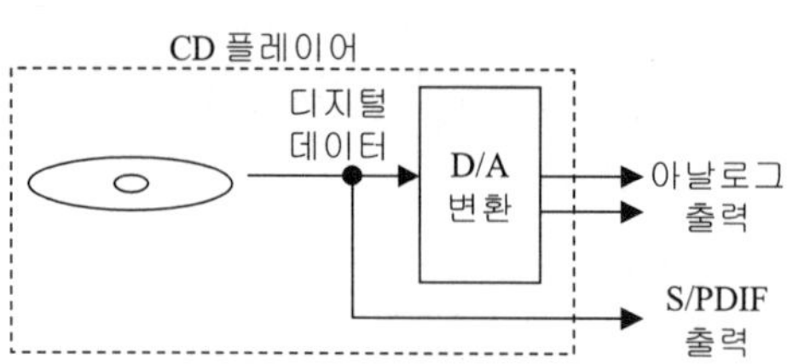

(a) CD 플레이어의 출력들

(b) CD 플레이어의 S/PDIF 단자

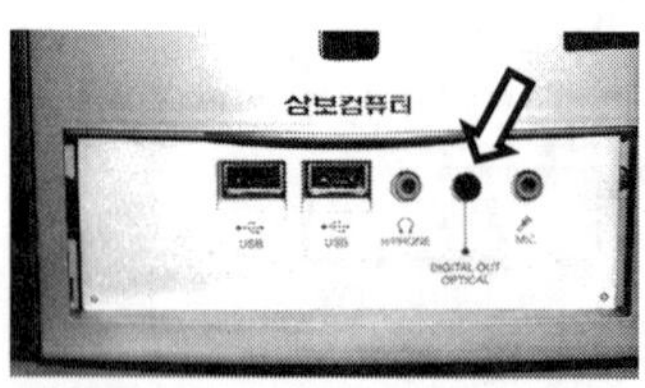

(c) 컴퓨터의 토스링크 단자

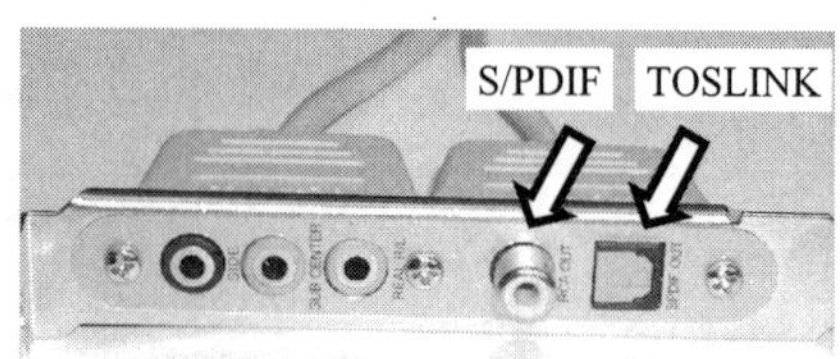

(d) 사운드카드 인터페이스 단자

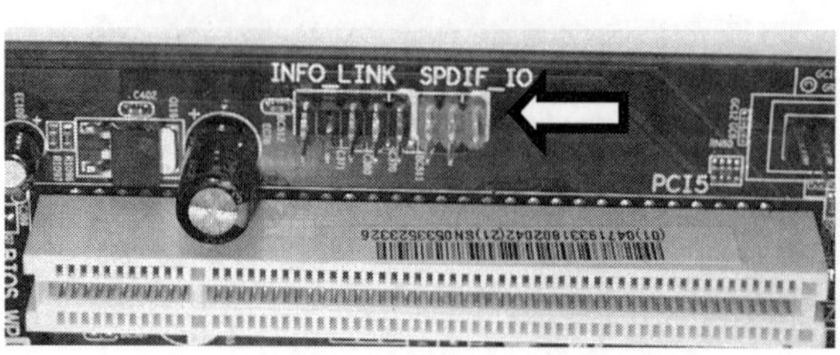

(e) 컴퓨터 보드의 단자

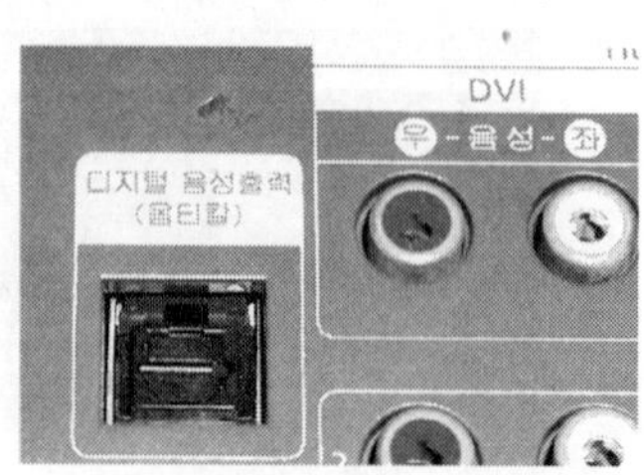

(f) HDTV

[그림 3-3-108] 각종 DIF 단자들

iii) 디지털 전송규격 간의 차이

표 3-3-25에 AES/EBU, S/PDIF, 토스링크의 차이점을 간단히 나타내었다. 이들은 기본적인 변조 방식은 동일하고 사용하는 전선이나 절연 여부, 커넥터 등에서만 차이가 있다.

〈표 3-3-25〉 AES/EBU, S/PDIF, **토스링크의 차이**

	AES/EBU	S/PDIF (IEC-958)	토스링크 (EIAJ)
케이블	110Ω 실드 트위스트-페어	75Ω 동축케이블	광케이블
신호전송	차동신호(평형신호)	단일신호(불평형신호)	광 신호
기기절연	절연	절연/비절연	절연
커넥터	3-핀 XLR 커넥터	RCA 커넥터	TOS 광 커넥터
신호 크기	3~10V	0.5~1V	
변조 방식	biphase-mark-code	biphase-mark-code	biphase-mark-code
부속정보	ASCII ID 텍스트 방식	SCMS 복사방지	SCMS 복사방지
최대 분해능	24비트	20/24비트 선택	20/24비트 선택

② 사용 부품들

AES/EBU, S/PDIF, 토스링크 규격에서 사용하는 부품들에 관해 간단히 살펴본다.

i) 캐논 커넥터 (XLR 커넥터)

이 커넥터는 캐논(cannon)사에서 개발하였기 때문에 이러한 명칭이 붙었는데, 본래의 명칭은 XLR 커넥터이다. 이 커넥터는 그림 3-3-109(a)에 나타낸 바와 같이 중앙에 3개 핀과 주위의 실드 케이스로 구성되어 있는데, 주로 마이크 커넥터로 많이 사용되었다.

이는 AES/EBU 규격에서 사용하고 있고, 특히 커넥터끼리 잠금장치가 있기 때문에 쉽게 빠지지 않는 특징이 있으며, 그림 3-3-109(a)에 나타낸 바와 같이 3개의 핀에 각각 번호가 매겨져 있어 이에 맞춰 전선을 접속해 사용하는데, 예를 들어 $8mm\phi$의 폰 커넥터와 접속하는 경우 일반적으로 그림 3-3-109(c)와 같이 사용한다.

(a) XLR 커넥터 (b) 마이크의 XRL 커넥터 (c) TRS 커넥터와의 접속

[그림 3-3-109] 캐논 커넥터의 외형 및 사용 예

ii) RCA 커넥터(Pin 커넥터)

이 커넥터는 그림 3-3-110(a)에 나타낸 바와 같이 중앙에 핀 형태의 극과 주위의 극으로 구성되어 있어 본래의 명칭은 핀 커넥터(pin connector)이나 미국 RCA사에서 개발하였기 때문에 RCA 커넥터라 많이 불린다.

이 커넥터는 본래 오디오 기기 간 불평형 신호전송이나 비디오 신호전송에 주로 사용되어왔기 때문에 많이 보급되어 있어 저렴하고 사용방법이 쉬워 이를 S/PDIF에서 사용한다.

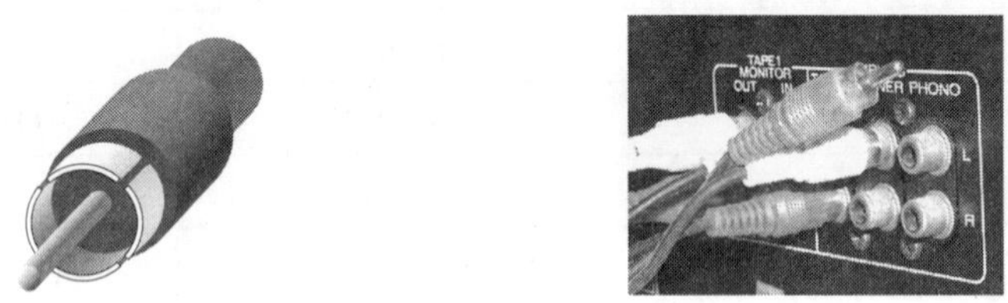

(a) 커넥터 형상 (b) 오디오에서의 사용 예

[그림 3-3-110] RCA 커넥터와 사용 예

iii) 트위스트-페어 케이블

트위스트-페어 케이블(twisted-pair cable)은 그림 3-3-111(a)와 같이 트위스트-페어 외부가 실드된 것이며, 아날로그 평형전송과 AES/BEU 방식에서 사용된다.

iv) 동축케이블

동축케이블(coaxial cable)은 그림 3-3-111(b)와 같이 중앙의 심선과 그 겉의 절연체, 그 겉에 망사구조로 된 도체인 편조, 그리고 외피로 구성되어 있는데, 이들 모두가 동심축을 이루고 있어 동축케이블이라는 명칭이 붙었다.

이 케이블은 특성이 뛰어나기 때문에 잡음의 영향을 거의 받지 않으면서 장거리 신호전송이 가능하므로 케이블 방송이나 BNC LAN 케이블 등에서 사용되고 있으나, 유연성이 없어 다루기가 어렵고 가격이 비싸다는 단점이 있다. S/PDIF에서는 이 케이블을 이용해 10m까지, 임피던스를 완전 매칭시켰을 경우 10m 이상까지 신호를 전달하는 데 사용한다.

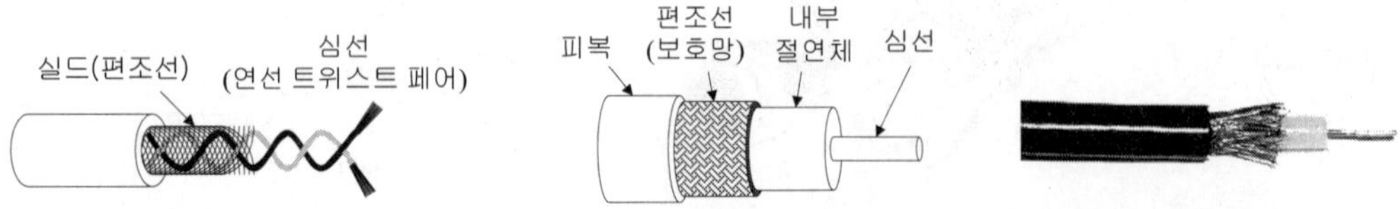

(a) 트위스트-페어 (b) 동축케이블 구조 (c) 동축케이블

[그림 3-3-111] 트위스트-페어 및 동축케이블

v) 실드선

실드선(shielded cable)은 동축케이블의 단점인 고가격과 유연성이 떨어지는 것을 보완한 것으로서, 그림 3-3-112에 나타낸 바와 같이 심선은 부드러운 연선을 사용하고, 외부의 차폐선은 편조를 구성하거나 또는 알루미늄 호일 등으로 실드 처리를 한다. 이는 동축케이블에 비해 비록 전송거리는 짧지만 전선의 유연성이 우수하고 저가격이므로 다양한 용도에 사용되고 있는데, 아날로그 불평형전송, 컴퍼지트 영상신호 전송에서 사용되고, 짧은 거리의 S/PDIF 신호전송 때는 동축케이블 대신 이 케이블을 사용한다.

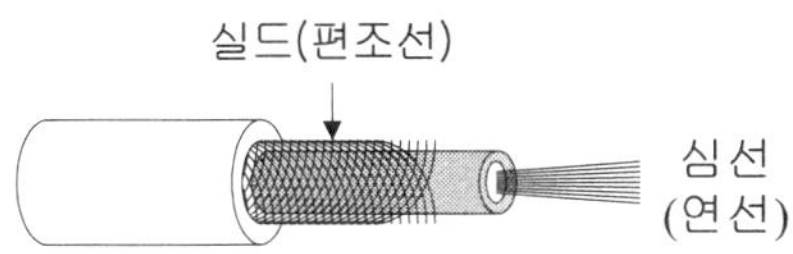

[그림 3-3-112] 실드선

vi) 광케이블

광케이블(optical fiber)은 그림 3-3-113(a)에 나타낸 바와 같이 광섬유에 피복을 입힌 것으로서 이는 전기신호가 아닌 광 신호를 진달하기 때문에 전기적 잡음에는 전혀 영향을 받지 않는다.

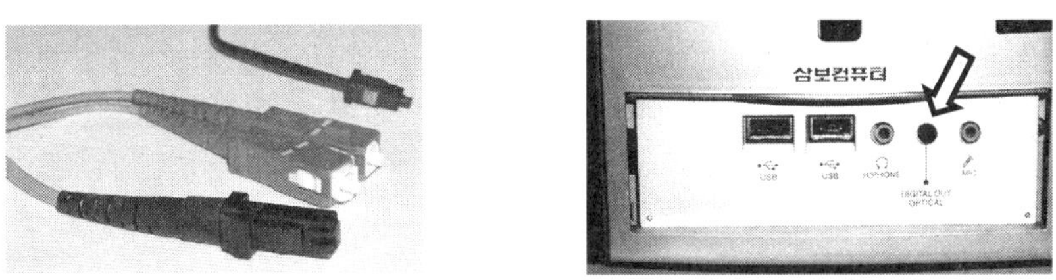

(a) 광케이블 (b) 광케이블 접속단자

[그림 3-3-113] 광케이블의 외형

광케이블은 토스링크에서 사용되고 있으며 앞서 동축케이블에 비해 가격이 저렴하지만, 끊어졌을 경우 연결이 매우 어렵고, 커넥터 작업도 쉽지 않아 일반적으로 완제품 형태로 사용한다.

③ 데이터 형식

AES/BEU, S/PDIF, 토스링크는 데이터 형식 면에서는 거의 차이가 없기 때문에 설명 명칭을 AES/BEU로 하고, 차이점이 있을 경우에만 별도로 설명한다.

i) 비트 변조

AES/BEU는 동기식으로 비트 데이터를 전달하기 때문에 클록과 데이터를 동시에 전달하기 위해 BMC(Biphase-Mark-Code)라는 변조를 사용하고 있으며, 이의 변조규칙은 다음과 같다.

- 매 클록마다 신호를 반전시킨다.
- 데이터가 '1'인 경우 클록의 중앙에서 신호를 반전시킨다.

이러한 규칙을 적용한 비트 변조의 예를 그림 3-3-114에 나타내었다.

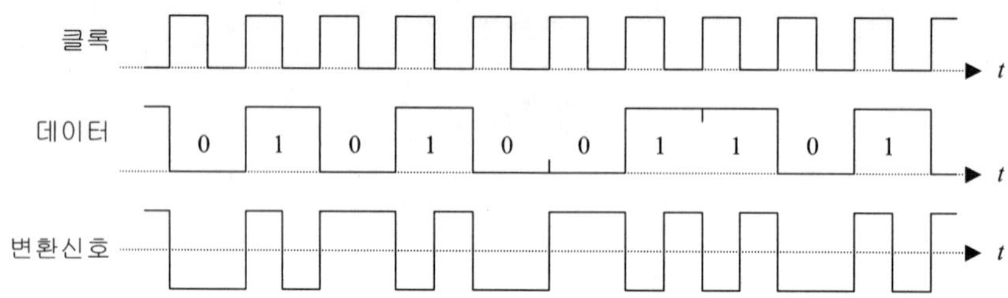

[그림 3-3-114] AES/BEU의 비트 변조 예

변환된 신호는 AES/BEU에서는 3~10 V_{pp}의 차동신호로, S/PDIF는 0.5 V_{pp}의 불평형 신호로 구성되고, 토스링크는 적색 광으로 변환된다.

ii) 부-프레임

변조된 비트들은 그림 3-3-115와 같이 전체 32비트 길이의 부-프레임(sub-frame)을 형성하고, 내부에는 4비트 길이의 헤더와 24비트의 데이터 영역, 그리고 4비트의 상태 워드를 포함한다.

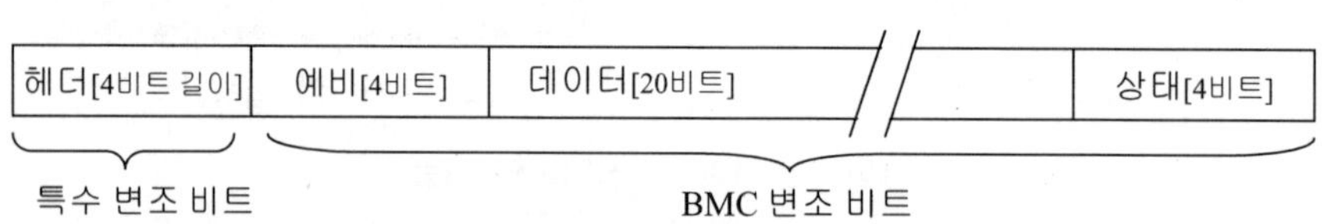

[그림 3-3-115] AES/BEU의 부-프레임 구조

헤더는 일반 데이터 비트와 비교했을 때 '4비트 길이'에 해당되지만 그 구조는 매 클록 시점에서 반전되는 BMC 변조규칙에 따르지 않는 특수한 구조를 하고 있어 일반 데이터와 헤더를 구분할 수 있다. 따라서 헤더는 부-프레임의 시작을 검출할 수 있는 동기신호로 활용되는데, 헤더의 구조에 따라 그림 3-3-116(a)와 같이 A, B, CS (또는 M, W, B라고도 한다) 3종류가 있으며 이들의 용도는 이후의 블록 구조에서 설명한다.

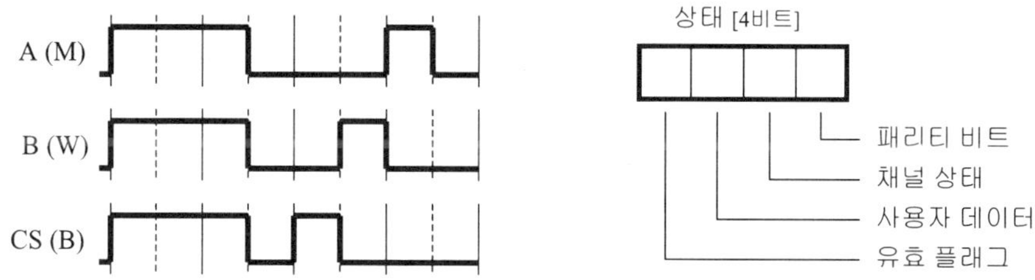

(a) 3종류의 헤더 (b) 상태 워드

[그림 3-3-116] 부-프레임의 구성요소들

상태 워드는 그림 3-3-116(b)와 같이 4개 비트로 이루어지며, '유효 플래그'는 24비트 데이터 영역의 내용이 음악 데이터인지 기타 데이터인지를 구분한다. 사용자 데이터는 다른 부-프레임들에 있는 모든 비트들이 모여 192비트의 데이터를 이루며, 채널 상태 또한 다른 부-프레임의 비트들이 모여 192비트의 데이터를 이룬다. 패리티 비트는 부-프레임의 오류를 검출하는 목적도 있지만, BMC 변조에 의해 부-프레임의 끝이 '0'이나 '1'로 불규칙하게 종료되기 때문에 패리티 비트를 활용해 부-프레임의 끝이 항상 동일하게 종료되도록 유지한다.

iii) 블록 구조

앞서 설명한 부-프레임들은 2개가 모여 1개의 프레임을 형성하고, 이러한 프레임이 총 192개 모여 하나의 블록을 형성하는데, 각 부-프레임들은 그림 3-3-117(a)와 같이 스테레오 2개 채널 데이터가 시분할로 번갈아 전송되며, 이때 각 부-프레임들이 어떤 채널의 데이터인지 구분하기 위해 부-프레임의 헤더를 다르게 사용한다. 즉, 부-프레임이 채널 1(왼쪽)일 경우는 A형 헤더를 사용하고, 채널 2(오른쪽)일 경우는 B형 헤더를 사용한다.

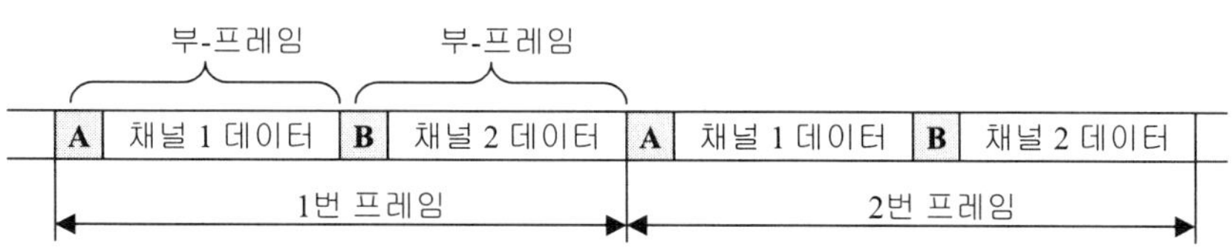

(a) 헤더에 의한 시분할 데이터 구분

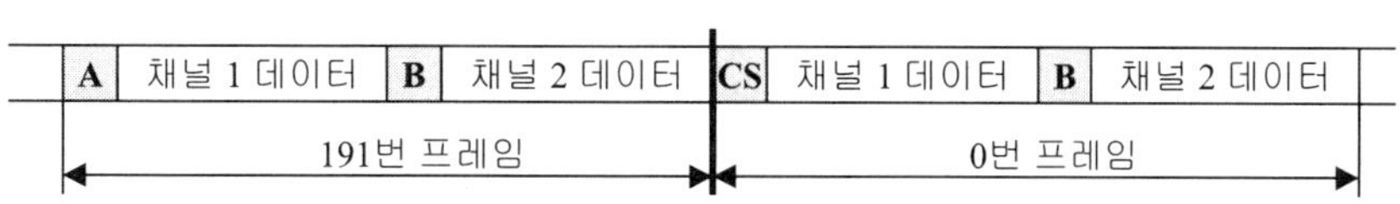

(b) 0번 프레임 시작 부분(블록 시작 부분)

[그림 3-3-117] AES/EBU 데이터 블록의 구조

그러나 그림 3-3-117(b)와 같이 0번 프레임이 시작될 경우, 즉 블록이 시작될 경우에는 예외적으로 A형 헤드 대신 CS(Channel Status)형 헤드를 사용해 이곳부터 0번 프레임이 시작됨을 나타낸다. 이때 각 채널 데이터마다 사용자 데이터 비트 1개와 채널 상태 비트 1개씩이 존재하므로 0번 프레임부터 191번 프레임까지의 이 비트들을 모두 수집하면 사용자 데이터 384비트(48바이트)와 채널 상태 비트 384비트(48바이트)가 된다. 사용자 데이터 영역에는 현재 진행 중인 곡의 연주시간, 트랙 번호 등이 기록되고, 채널 상태 비트에는 샘플링 주파수(48*KHz*, 44.1*KHz*, 32*KHz* 등), 스테레오/모노/멀티 채널 모드 등을 기록한다.

④ BMC 변조/복조 회로

ⅰ) BMC 변조회로

AES/EBU, S/PDIF, 토스링크에서 사용하는 BMC 변조의 원리회로와 동작파형을 그림 3-3-118에 나타내었다.

BMC 변조는 매 클록마다 무조건 반전이 일어나므로 U_1에서 클록의 상승 에지마다 반전 펄스를 발생시킨다. 그리고 데이터가 '1'일 때도 반전이 일어나므로 U_2와 U_3에

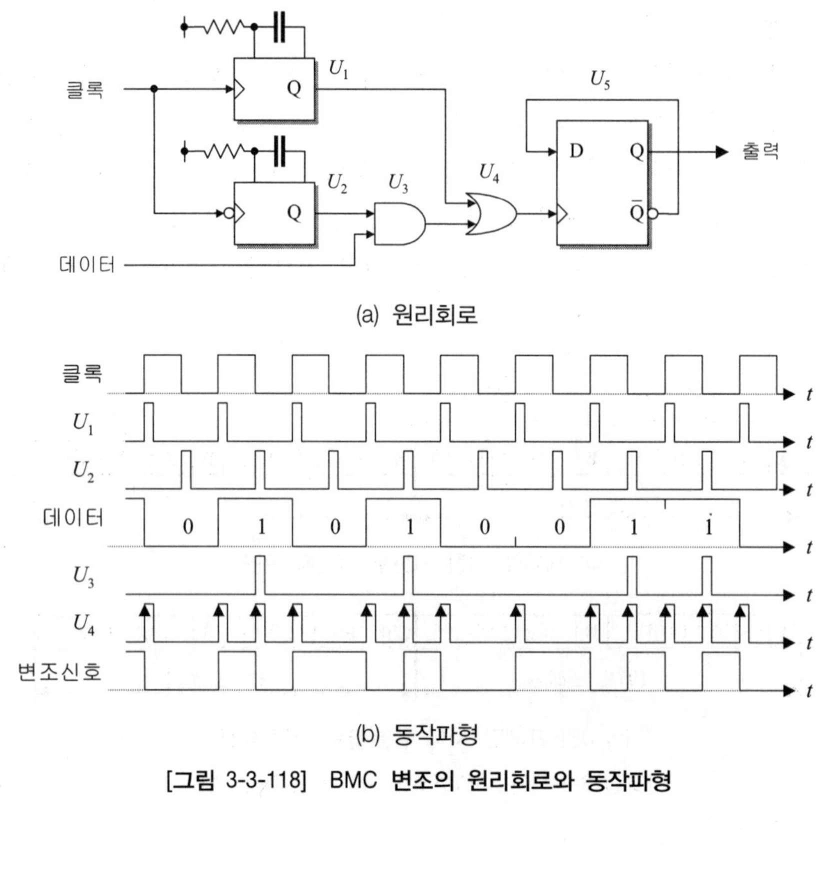

(b) 동작파형

[그림 3-3-118] BMC 변조의 원리회로와 동작파형

의해 데이터 '1'에 의한 반전 펄스를 발생시키고 이를 U_4에서 혼합해 D-플립플롭으로 구성된 T-플립플롭 U_5를 반전시킨다. 이와 같이 발생된 변조 펄스는 AES/BEU와 S/PDIF, 토스링크에 따른 매체 구동회로를 동작시키는데, 이는 이후의 구동회로들에서 다룬다.

ii) BMC 복조회로

BMC 복조회로의 원리회로와 동작파형을 그림 3-3-119에 나타내었다.

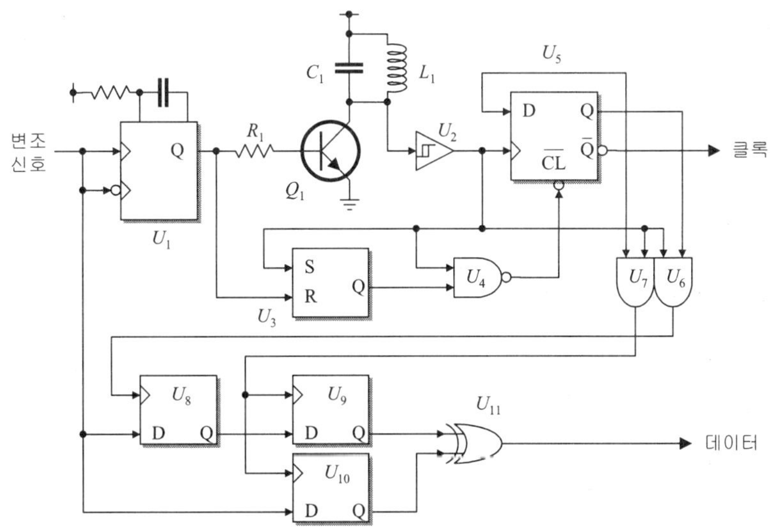

(a) 원리회로

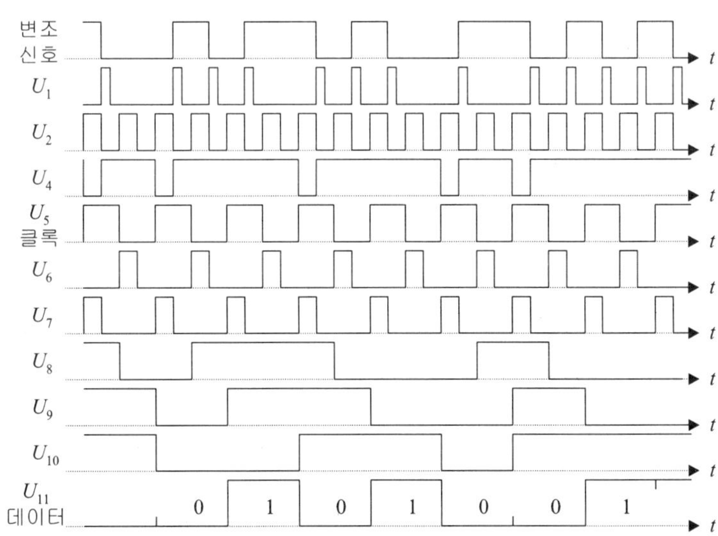

(b) 동작파형

[그림 3-3-119] BMC 복조의 원리회로와 동작파형

AES/BEU, S/PDIF, 토스링크 수신회로에 의해 수신된 변조신호가 회로에 입력되면 U_1에 의해 수신신호의 상승 에지와 하강 에지 모두에서 펄스를 발생시키고, 이를 Q_1로 구성된 공진회로에 입력하면 PLL과 같은 효과로 인해 수신신호의 2배에 해당하는 기준 펄스를 얻을 수 있다(동작파형의 U_2). 그런데, 수신된 U_1 파형 중 펄스가 없는 부분은 클록이 아니고 데이터 '0'이 존재하므로 이를 U_3와 U_4에 의해 검출해 만약 U_5에서 클록 펄스를 잘못 검출한 경우 이를 보정하도록 한다.

이와 같이 생성한 클록 펄스의 'H'일 때와 'L'일 때를 각각 U_8, U_9, U_{10}에서 샘플링해 하나의 클록 사이클 중에 변화가 없을 경우는 데이터 '0'으로, 변화가 있을 경우는 '1'로 환원시켜 최종적으로 그림 3-3-119(b)의 U_{11} 파형과 같이 본래의 데이터가 검출된다. 단, 이 회로는 단순한 원리회로로서 AES/EBU의 헤더는 검출하지 못하기 때문에 이에 관한 회로는 별도로 부착해야 한다.

⑤ AES/EBU 구동회로, 수신회로

i) AES/EBU 구동회로

AES/EBU 송신기의 회로조건은 다음과 같다.

• XLR 커넥터를 이용한 평형출력	• 신호 크기 : 110Ω 부하에서 2~7V_{pp}
• 출력 임피던스 : 110Ω ± 20%	• 상승/하강 시간 : 5~30nS
• 평형조건 : 6MHz에서 −30dB 이하	• 지터(Zitter) : 20nS_{pp} 이하

이상의 조건을 만족하는 AES/EBU 표준 구동회로를 그림 3-3-120에 나타내었다. 그림에서 U_1은 RS-422용 드라이버이고, 트랜스포머 T_1은 전기적 절연을 위한 것이며, C_1은 직류차단용 커플링 커패시터이다.

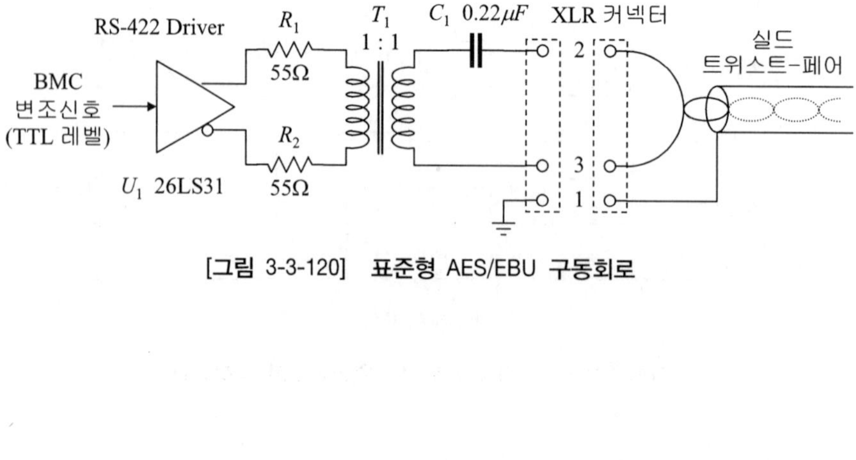

[그림 3-3-120] 표준형 AES/EBU 구동회로

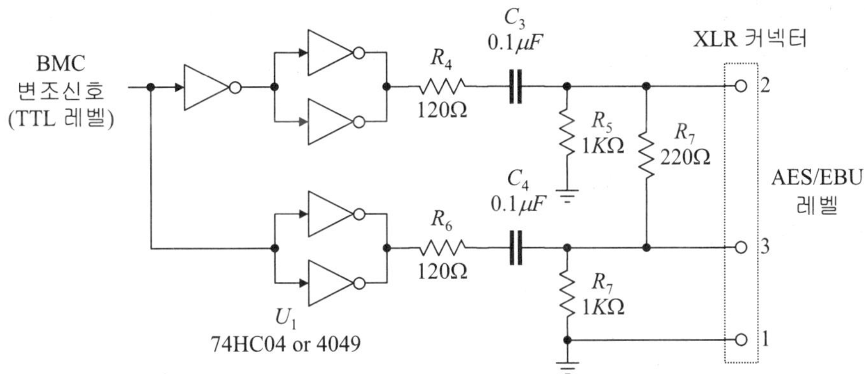

[그림 3-3-121] 간이형 AES/EBU 구동회로

아주 짧은 거리이면서 전기적 절연이 필요치 않은 경우는 그림 3-3-121과 같은 간이 회로를 사용할 수 있다. 입력된 신호는 첫 단의 인버터에 의해 반전신호와 비반전신호로 나뉘며, 이들을 병렬로 접속된 인버터들로 전류를 강화한 후 임피던스 매칭 및 직류 차단용 커패시터를 거쳐 출력한다. 단, 회로에서 전류출력을 증강시키기 위해 2개의 인버터들을 병렬로 접속해 사용하고 있는데, 이는 CMOS 계열 IC에서만 가능한 접속방법이다. 이때 회로의 출력은 $4.52V_{pp}$가 차동으로 발생하고, 신호선 양단의 임피던스는 108.6Ω로서 AES/EBU 조건인 $110\Omega\pm20\%$, $2\sim7V_{pp}$에 부합한다.

ii) AES/EBU 수신회로

AES/EBU 수신기의 회로조건은 다음과 같다.

• XLR 커넥터를 이용한 평형입력	• 최대 수신 크기 : $7V_{pp}$
• 입력 임피던스 : $110\Omega\pm20\%$	• 케이블 사양 : 실드된 트위스트-페어
• CMMR : $20MHz$에서 $7V_{pp}$까지	• 케이블 길이 : 최대 $200m$

이상의 조건을 만족하는 AES/EBU 수신회로의 표준을 그림 3-3-122에 나타내었다.

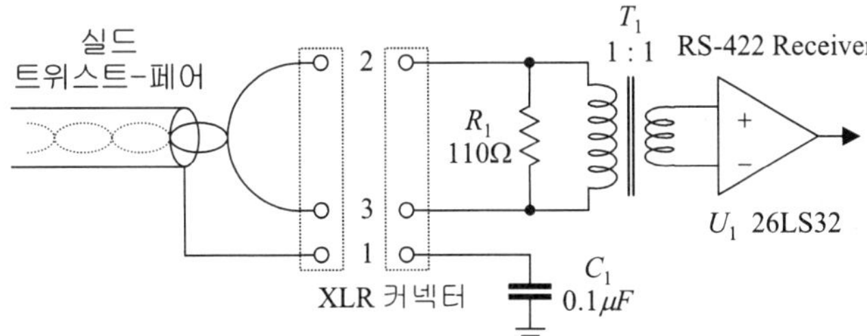

[그림 3-3-122] AES/EBU 표준형 수신회로

회로에서, C_1은 양 기기 사이에서 직류와 저주파에서는 접지 루프가 형성되지 않으면서 잡음과 같은 고주파에서는 접지효과가 나타나도록 한 것이며, U_1은 RS-422 수신용 IC이다.

⑥ S/PDIF 구동회로, 수신회로

ⅰ) S/PDIF 구동회로

S/PDIF 송신기의 회로조건은 다음과 같다.

- RCA 커넥터를 이용한 불평형입력
- 출력 임피던스 : $75\Omega \pm 5\%$
- 신호 크기 : 75Ω 부하에서 $1V_{pp}$
- 상승/하강 시간 : $30 \sim 44nS$
- 지터(Zitter) : $20nS_{pp}$ 이하

이상의 조건을 만족시키는 구동회로는 앞서 AES/EBU 구동회로를 변형해 그림 3-3-123과 같이 구성할 수 있다.

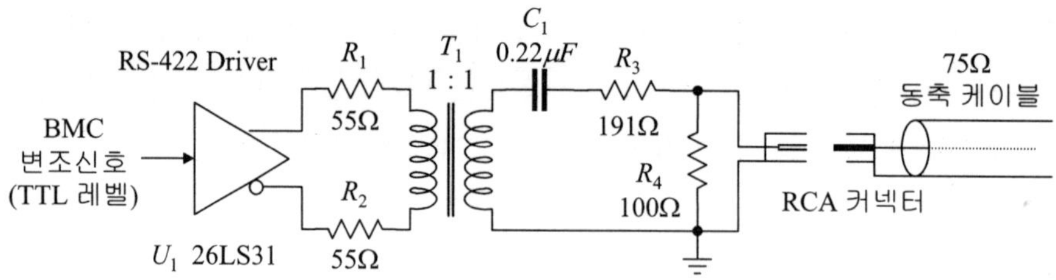

[그림 3-3-123] S/PDIF 표준형 구동회로

즉, AES/EBU 출력에 저항 R_3, R_4를 이용해 임피던스 변환 및 전압변환을 행하며, 이때 회로의 임피던스는 $R_4 \parallel (110\Omega + R_3) = 75.06\Omega$이고, 전압은 $1.2V_{pp}$이다. S/PDIF는 일반용 기기에 다양하게 사용되기 때문에 그림 3-3-124와 같이 간단한 회로를 이용해 사용이 가능하다.

그림 3-3-124(a)는 어느 웹 사이트에 소개된 회로로서, CD 플레이어에서 출력되는 TTL 레벨의 BMC 신호를 S/PDIF 레벨로 변환하는 회로이며, 저항 네트워크에 의해 77.3Ω의 임피던스에 $1.14V_{pp}$의 출력전압이 발생한다. 그림 3-3-124(b)는 《Elektor Electronics》라는 잡지에 게재된 회로로서 4개의 버퍼에 의해 출력을 강화한 후 한꺼번에 3개의 S/PDIF 장치에 신호를 분배하는 회로인데, 각 저항들의 영향을 고려한 임피던스는 73.33Ω이고 전압은 $5V/5 = 1V_{pp}$로 되어 S/PDIF 규격을 만족한다.

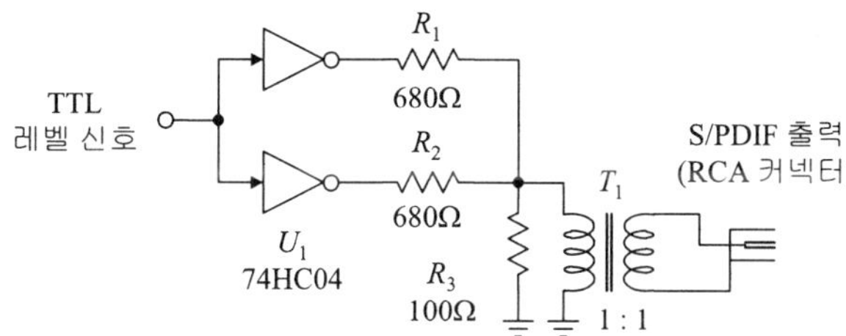

(a) CD 플레이어 출력 변환회로

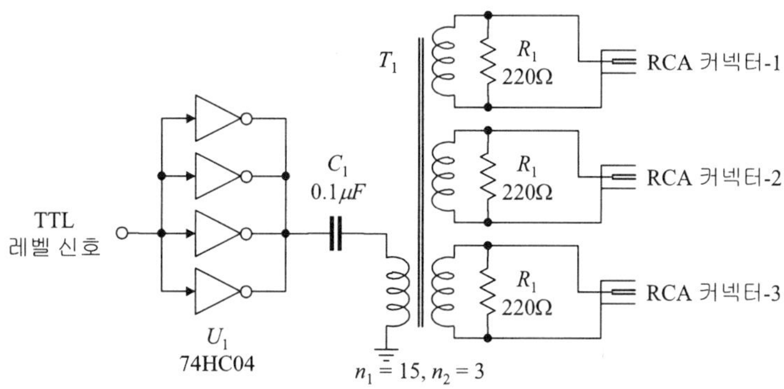

(b) 분배용 S/PDIF 회로

[그림 3-3-124] 다른 종류의 S/PDIF 출력회로

그림 3-3-125(a)는 Enland Unruh가 소개한 회로로서, 트랜스포머의 1차 측이 299.6Ω의 임피던스에 $2V_{pp}$의 전압이므로 2차 측은 299.6Ω/4=75Ω의 임피던스에 $1V_{pp}$의 출력전압이 나타난다. 그림 3-3-125(b)는 Crystal Semiconductor의 데이터 시트에 소개된 것으로서, 73.1Ω의 임피던스에 $0.98V_{pp}$의 출력전압이 나타나도록 설계되어 있다.

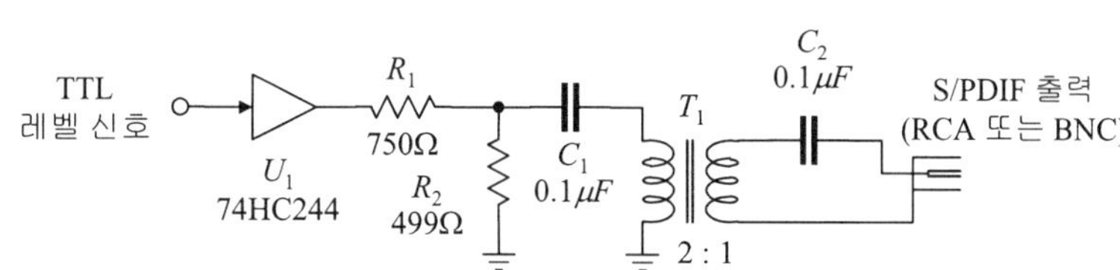

(a) 간이형 S/PDIF 출력회로

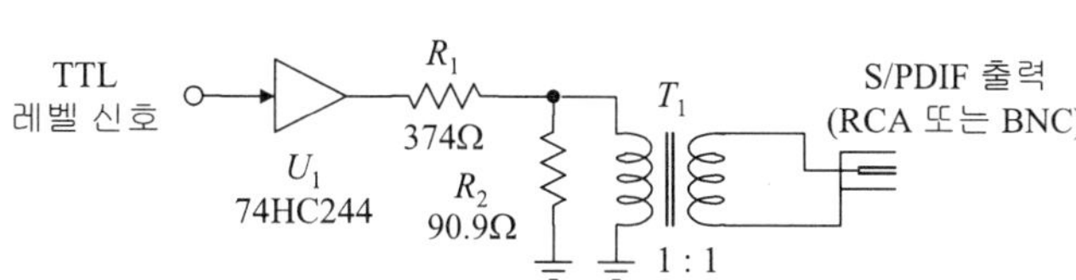

(b) 더욱 간단한 출력회로

[그림 3-3-125] 간이형 S/PDIF 출력회로

그림 3-3-126(a)는 《Elektor Electronics》 잡지에 소개된 비절연형 회로로서, 접속되는 기기 간에 특별히 절연을 필요로 하지 않는 경우, 예를 들어 대형 기기에 부속된 소형 기기 등에서 간편히 사용할 수 있는데, 출력은 74.544Ω의 임피던스에 1V_{pp}의 전압으로 나타난다.

그림 3-3-126(b)는 CD 플레이어 출력을 직접 음향기기에 접속할 수 있는 것으로서, 76.744Ω의 임피던스에 1.16V_{pp}의 전압으로 나타난다. 단, 이 회로는 자체에 버퍼 작용이 없기 때문에 TTL 신호원의 전류구동 능력이 뛰어난 경우에만 사용할 수 있다.

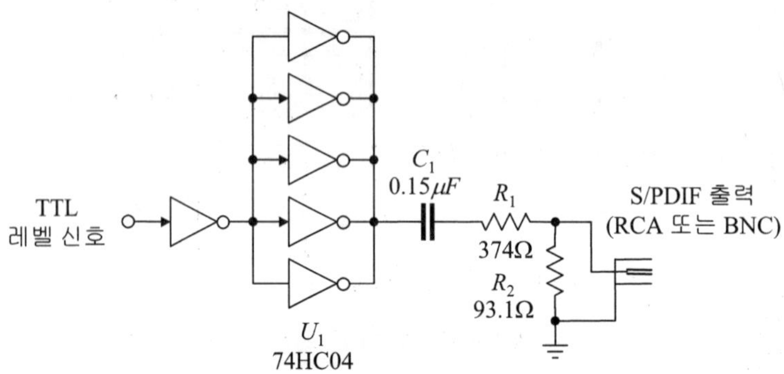

(a) 버퍼가 부착된 회로

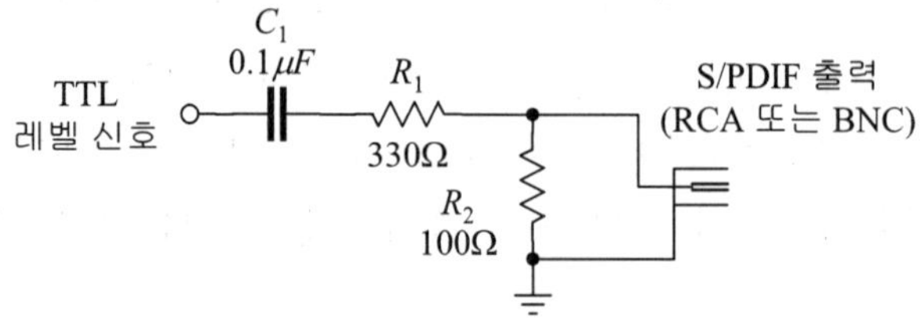

(b) 버퍼 없는 회로

[그림 3-3-126] 비절연형 S/PDIF 출력회로

ii) S/PDIF 수신회로

S/PDIF 수신기의 회로조건은 다음과 같다.

• RCA 커넥터를 이용한 불평형입력	• 최소 입력감도 : 100mV
• 입력 임피던스 : 75Ω	

이상의 조건을 만족하는 S/PDIF 수신회로 예를 그림 3-3-127에 나타내었다.

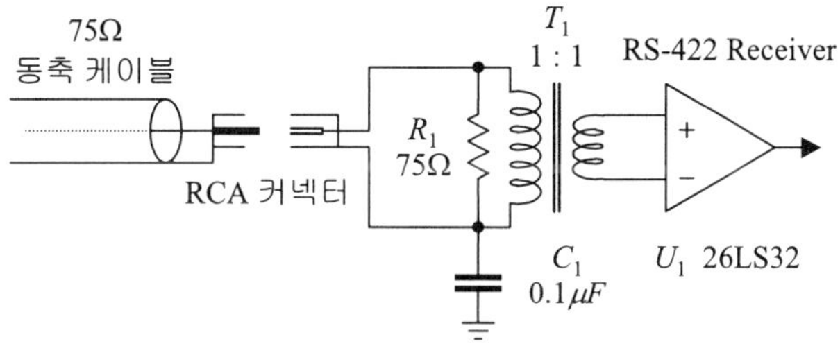

(a) 표준형 수신회로

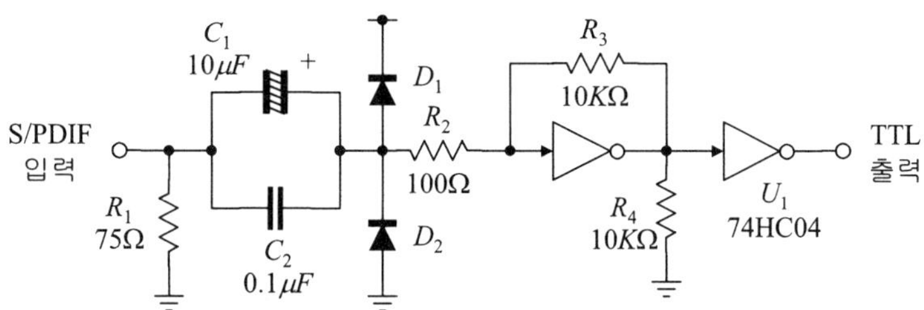

(b) 비절연형 수신회로

[그림 3-3-127] S/PDIF **수신회로 예**

그림 3-3-127(a) 회로는 앞서 AES/EBU 수신회로와 거의 동일하며 단지 전송매체에 따른 임피던스 수치만 다를 뿐이다. 그림 3-3-127(b)는 기기 사이를 절연하지 않은 수신회로 예로서, R_2, R_3와 인버터에 의해 증폭기를 구성해 본래의 TTL 전압으로 복원한다.

⑦ 토스링크 송수신 회로

광을 이용하는 토스링크의 조건은 다음과 같다.

• 최대 전송속도 : $6Mb/S$	• 지터(Zitter) : $20nS_{pp}$ 이하
• 최대 전송거리 : $10m$	• 광 파장 : $660nm$

토스링크는 $1mm$ 굵기의 플라스틱 광섬유를 이용하기 때문에 일반 전선과 달리 특수한 커넥터를 필요로 한다. 커넥터와 회로가 일체형으로 되어 있는 토스링크 전용 IC인 Toshiba사의 TOT, TOR 시리즈가 있는데, 그중 TOTX173, TORX173의 규격 및 회로 예를 그림 3-3-128과 그림 3-3-129에 나타내었다. 또한 TOTX141, TORX141은 Vcc, GND, 신호선의 3핀으로 구성되어 있어 사용법이 더 단순하다.

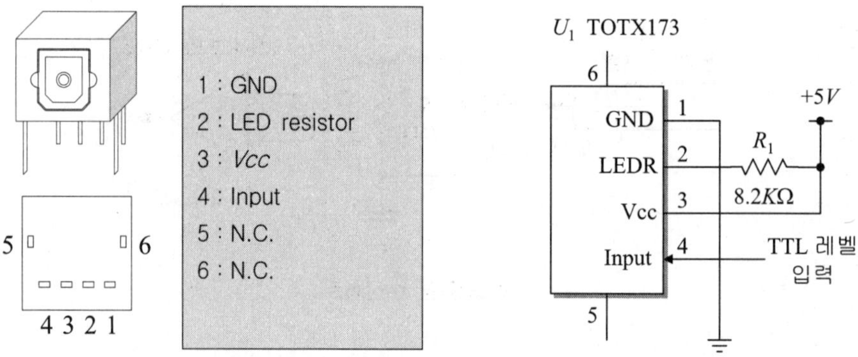

(a) 외형 및 핀 배치 (b) 회로 예

[그림 3-3-128] 토스링크 송신기 TOTX173

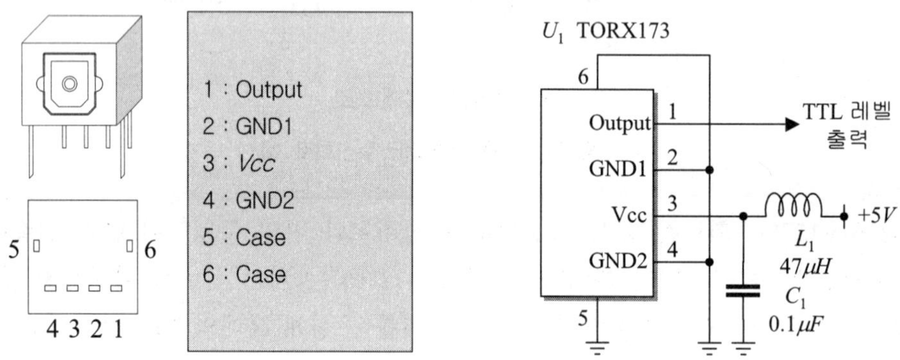

(a) 외형 및 핀 배치 (b) 회로 예

[그림 3-3-129] 토스링크 수신기 TORX173

⑧ 전용 IC의 사용 예

i) AES/EBU 송신소자

AES/EBU 송신용 제어소자는 오디오용 직렬 데이터를 입력받아 송신하는 것, 마이크로프로세서로부터 데이터를 받아 송신하는 것 등 그 형태에 따라 여러 종류의 것이 개발되어 있는데, 이 중 Crystal 반도체사의 CS8405의 내부 블록도 및 사용 예를 그림 3-3-130에 나타내었다.

이 소자는 그림에 나타낸 바와 같이 AES3 데이터와 3선 방식 직렬 오디오를 입력받아 마이크로프로세서의 제어하에 AES/EBU 출력으로 전송할 수 있는데, 소자의 설정에 따라 마이크로프로세서를 부착할 수 있도록, 또는 마이크로프로세서 없이 독자적인 하드웨어 모드로도 동작할 수 있다.

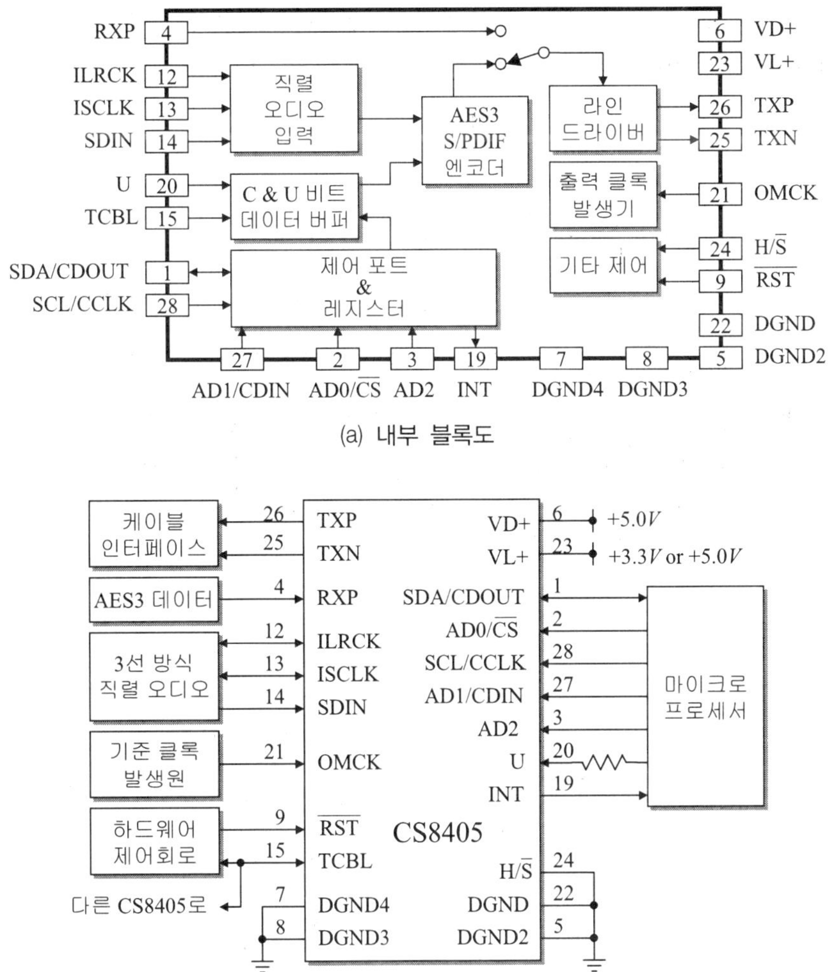

(a) 내부 블록도

(b) 접속 예

[그림 3-3-130] AES/EBU 송신소자 CS8405

ii) AES/EBU 수신소자

AES/EBU 수신용 제어소자도 수신 데이터를 오디오용 직렬 데이터로 변환하는 것, 마이크로프로세서와 접속할 수 있는 것 등 여러 종류의 것이 개발되어 있는데, 이 중 Crystal 반도체사의 CS8411 내부 블록도 및 사용 예를 그림 3-3-131에 나타내었다.

이 소자는 AES/EBU와 마이크로프로세서 사이를 인터페이스하는 데 사용하는 것으로서, 내부에는 데이터 버퍼 메모리를 가지고 있으며 수신되는 데이터를 오디오 데이터 프로세서 또는 마이크로프로세서로 입력받을 수 있다.

그림 3-3-131(b)의 '수신회로' 부분은 사용 인터페이스에 따른 회로를 사용하고, 그중

CS8411에서 권장하는 접속 예를 그림 3-3-132에 나타내었다. 그림 3-3-132(a), (b)의 0.47μF 커패시터는 없어도 되는 것이지만, 뜻하지 않는 직류 루프가 형성될 경우 회로에 영향을 미치므로 이를 차단하기 위한 것이다.

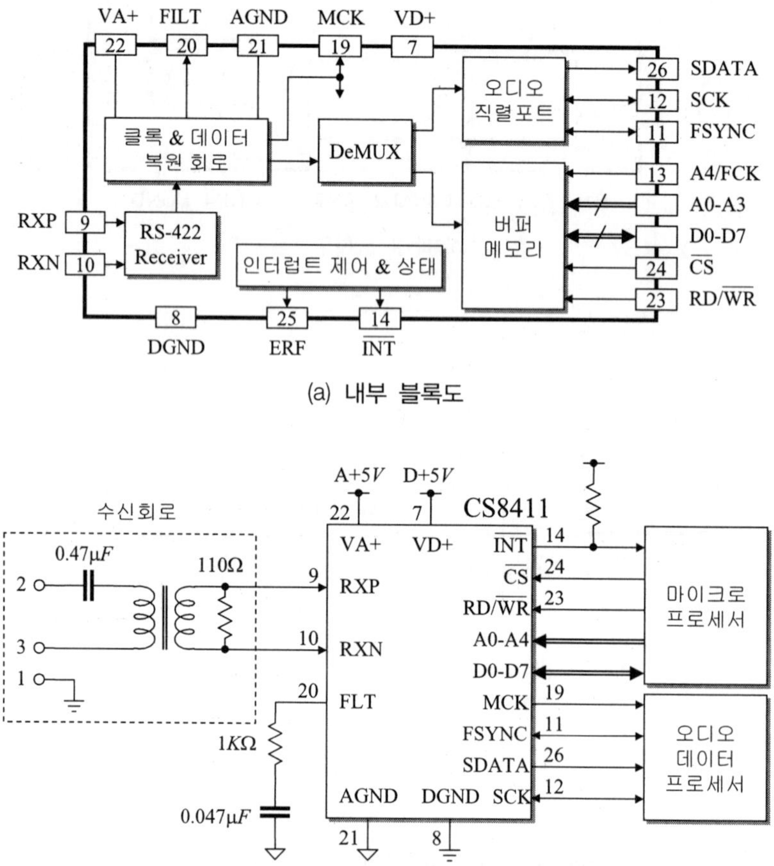

(a) 내부 블록도

(b) 접속 예

[그림 3-3-131] AES/EBU 수신소자 CS8411

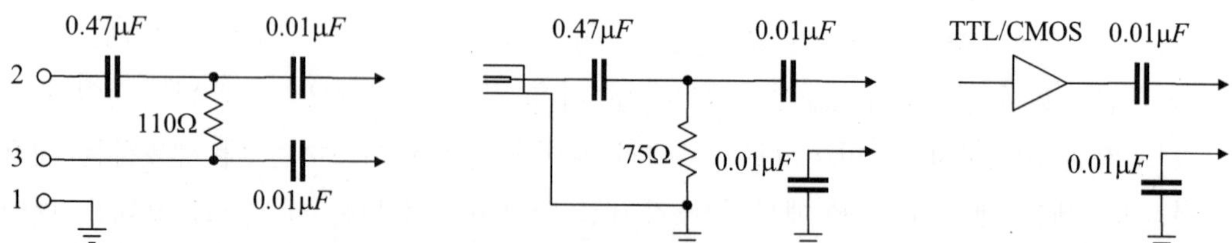

(a) 다른 트위스트-페어 접속　(b) 동축, BNC 커넥터 접속　(c) 논리회로 접속

[그림 3-3-132] 다른 수신회로의 접속 예

4. 장거리 통신회로

1) 이더넷

이더넷(Ethernet)은 LAN(Local Area Network)의 주역이라 할 수 있는 중요한 통신규격으로서, 인터넷을 이루는 여러 단계의 통신 중 중요 부분을 담당한다. 인터넷을 이루는 통신매체인 광통신 매체, 무선매체, 전화선 매체, 유선방송용 매체 등 다양한 통신수단들이 모여 대규모 네트워크를 이루는데, 컴퓨터와 접속되는 최종적인 수단은 대부분 이더넷을 기준으로 하기 때문에 그 중요성이 크다 할 수 있으며, 다른 통신매체들을 다루더라도 항상 이더넷으로 접속되는 것을 염두에 두어야 한다. 이 절에서는 이더넷의 주요 사양과 특징을 간단히 살펴본다.

(1) 이더넷의 구성

이더넷은 직렬통신의 전기적 규격 중 RS-422를 변형한 것과 Current-loop를 변형한 것, 그리고 광통신을 이용한 것이 있으며, HDLC의 동기식 통신 방식을 사용한다.

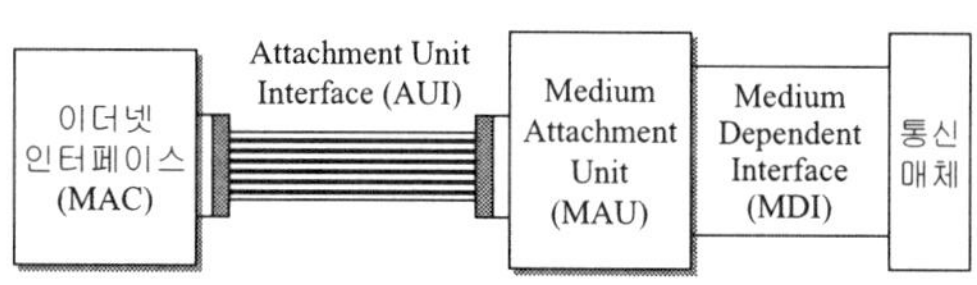

(a) 이더넷 구성 모듈

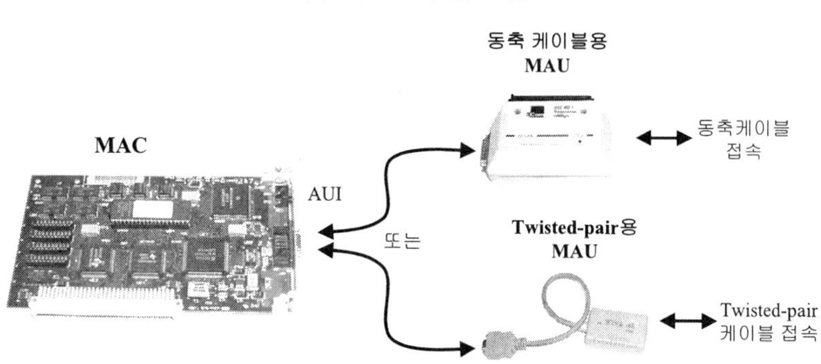

(b) MAC와 MAU의 접속 예

[그림 3-4-1] 이더넷의 구성

이더넷은 그림 3-4-1(a)와 같이 단계별로(즉 모듈별로) 구성요소들이 정의되며 각 모듈은 다른 종류로 교체할 수 있다.

그림 3-4-1(a)에서, 이더넷 인터페이스(MAC)는 이더넷을 제어하는 회로, 즉 PC의 LAN 카드가 이에 해당하며 이 장치로부터 AUI 인터페이스를 통해 MAU가 접속된다. 이때 통신이 이루어질 매체의 종류에 따라 제어회로가 달라지므로 이를 제어하는 회로가 MAU이며 그림 3-4-1(b)와 같이 사용매체에 따라 MAU를 교체한다. 즉, 동축케이블을 사용하는 이더넷의 경우 동축케이블 구동용 MAU를, 트위스트-페어 케이블을 사용하는 이더넷의 경우 트위스트-페어 구동용 MAU를 접속한다.

① MAC

MAC(Medium Access Control)는 컴퓨터에 내장되는 LAN 카드와 같은 이더넷 인터페이스 회로를 지칭하는 용어로서 이더넷을 제어하는 회로들로 구성된다.

본래의 MAC는 그림 3-4-2(a)와 같이 AUI(Attachment Unit Interface) 커넥터를 통해 외부 장치와 접속되도록 정의되어 있지만, 최근의 인터페이스 카드들은 그림 3-4-2(b), (c)와 같이 MAU 장치까지 포함한다.

② AUI

AUI(Attachment Unit Interface)는 MAC와 MAU 사이의 접속규격으로서 그림 3-4-3(a)와 같이 15핀 D-shell 커넥터를 사용하며, 각 핀의 역할은 그림 3-4-3(c)와 같다. AUI 규격은 크게 5종류의 신호로 구성되는데, 전원(VC, VP, VS), 송신신호(TD-A, TD-B,

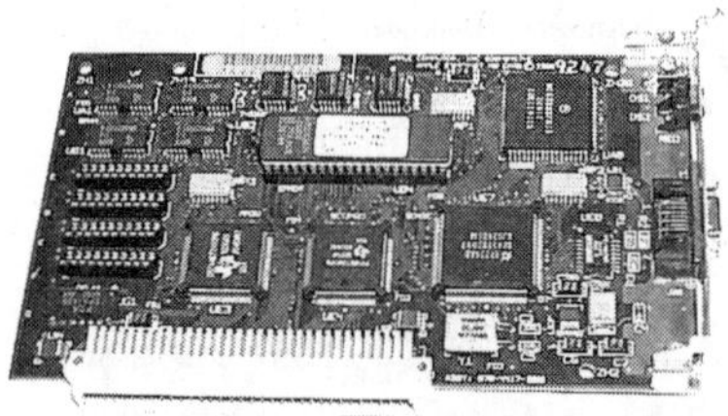

(a) AUI 전용 MAC

(b) MAU 내장 MAC

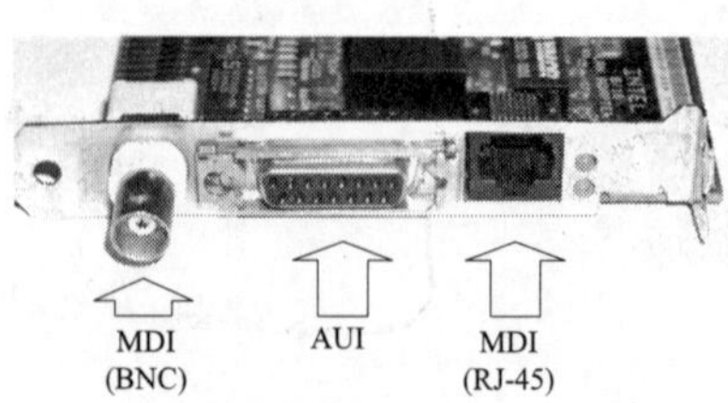

(c) MAU 내장 MAC의 단자들

[그림 3-4-2] MAC(Medium Access Control)

TD-S), 수신신호(RD-A, RD-B, RD-S), 충돌검출신호(CD-A, CD-B, CD-S), 제어신호(CO-A, CO-B, CO-S)이다. 이들 신호군들은 각각 3가지 신호를 가지고 있는데, A와 B는 RS-422의 차동신호 (+)와 (−)에 해당되는 신호이고, S신호는 이들 차동신호들을 실드한다.

근거리에 배치된 2대의 컴퓨터 사이의 접속에 AUI를 사용할 수 있는데, 이를 그림 3-4-4에 나타내었다.

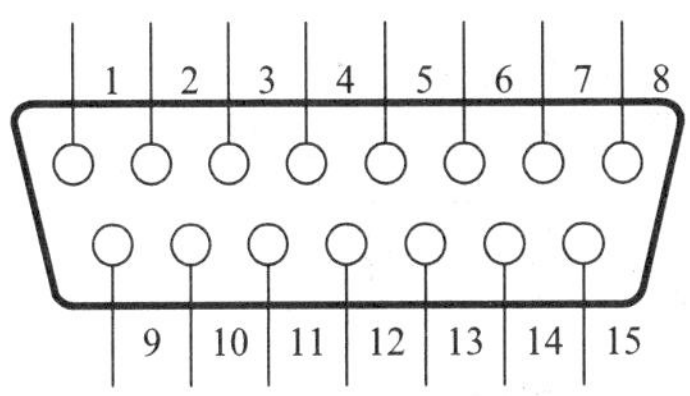

(a) 커넥터

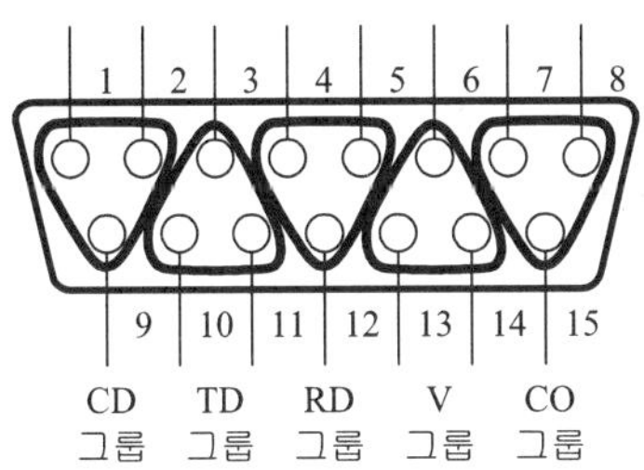

(b) 핀의 그룹 배치

핀	약 자	신 호
1	CD-S	Collision Detect Shield
2	CD-A	Collision Detect A
3	TD-A	Transmit Data A
4	RD-S	Receive Data Shield
5	RD-A	Receive Data A
6	VC	Voltage Common
7	CO-A	Control Out A
8	CO-S	Control Out Shield
9	CD-B	Collision Detect B
10	TD-B	Transmit Data B
11	TD S	Transmit Data Shield
12	RD-B	Receive Data B
13	VP	Voltage Plus
14	VS	Voltage Shield
15	CO-B	Control Out B

(c) 핀 배치

[그림 3-4-3] AUI 커넥터와 핀 배치

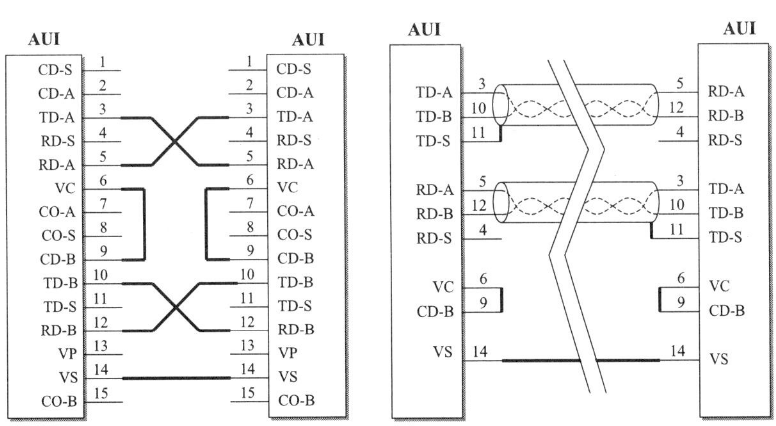

(a) 핀 배치별 접속도

(b) 역할별 접속도

[그림 3-4-4] AUI를 이용한 2대의 컴퓨터 접속

③ MAU

MAU(Medium Attachment Unit)는 통신매체를 제어하기 위한 회로로서, 각 통신매체마다 접속되는 커넥터나 제어방법이 다르다. 그림 3-4-5(a)는 이와 같은 MAU 장치의 예로서, 앞서 MAC 장치와 AUI 커넥터를 통해 접속하고 반대쪽은 실제 통신매체와 접속하도록 구성된다.

최근의 LAN 카드들은 그림 3-4-5(b)와 같이 MAC에 MAU를 함께 내장한다.

(a) 외장형 MAU(트위스트-페어 라인용)

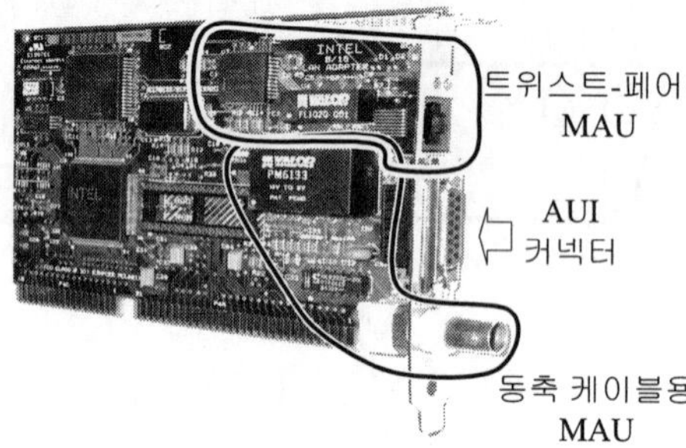

(b) 각종 MAU가 내장된 MAC

[그림 3-4-5] MAU(Medium Attachment Unit)

(2) 이더넷의 종류 및 특징

이더넷은 5BASE-2, 10BASE-2, 10BASE-T, 10BASE-FL 등이 있는데, 이 중 최근까지 사용되었던 10BASE-2와 현재 사용 중인 10BASE-T에 관해 살펴본다.

① 10BASE-2

10BASE-2 방식은 일명 '동축케이블 LAN'이라고도 하는데, 동축케이블을 일렬로 접속해 최대 10*Mbps*의 속도로 전송하는 것으로서, 그림 3-4-6과 같은 부품들이 사용된다. '10BASE-2'의 '10'은 10*Mbps*를 뜻하고 'BASE'는 통신신호를 변조하지 않고 원 신호(base 밴드)를 직접 전송하며, '2'는 동축케이블의 2가닥 전선을 사용한다는 의미이다.

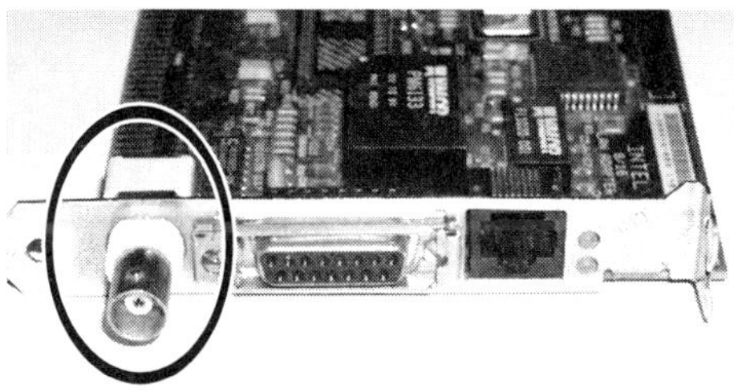
(a) 이더넷 카드의 10BASE-2 포트

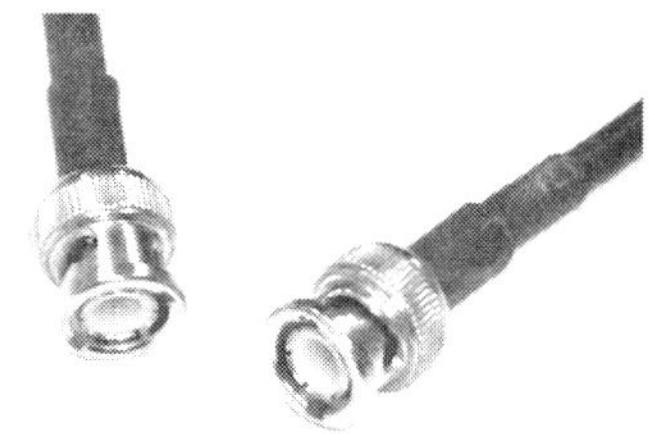
(b) 동축케이블의 BNC 커넥터

(c) 중계 커넥터 ('T'자 커넥터)

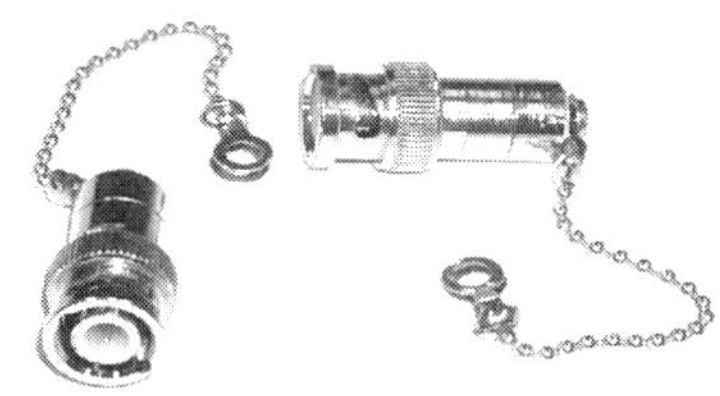
(d) 터미네이터

[그림 3-4-6] 10BASE-2 LAN의 **구성 부품**

이들 부품은 그림 3-4-7과 같은 형태로 여러 대의 컴퓨터와 접속해 사용하며, 라인의 양쪽 끝부분은 터미네이터로 마감한다.

이 형태의 이더넷은 여러 대의 컴퓨터를 접속하더라도 특별한 장치 없이(HUB 등) 쉽게 연결할 수 있고 모든 전선이 일렬로 접속되므로 설치가 간단한 장점이 있지만, 중간에 한 부분이라도 고장이 발생하면 전체 LAN의 동작이 멈추고, 고장을 찾기 쉽지 않다는 단점이 있다. 또한, 동축케이블을 사용함에 따라 전선비용 및 각종 커넥터의 가격이 비싸 최근에는 사용하지 않는다.

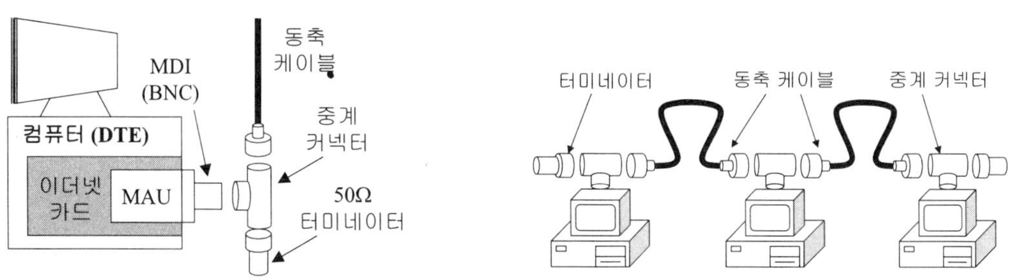

[그림 3-4-7] 동축케이블 LAN의 Current-loop

② 10BASE-T

10BASE-T 방식은 10BASE-2와 달리 그림 3-4-8과 같이 각 컴퓨터들은 허브(HUB)라는 중계장치로 집중되고, 전선은 UTP(Unshielded Twisted-Pair) 케이블을 사용한다.

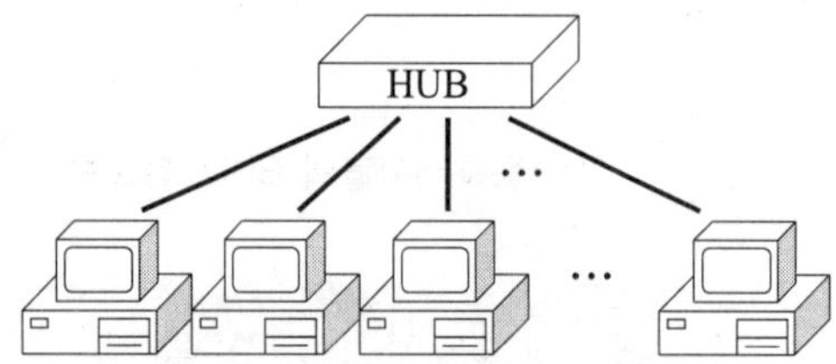

(a) 10BASE-T의 배선방법

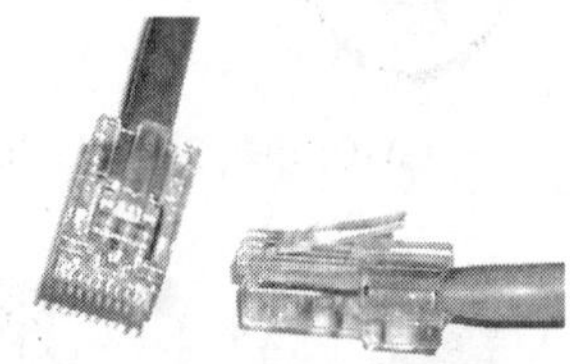

(b) RJ-45 커넥터가 접속된 케이블

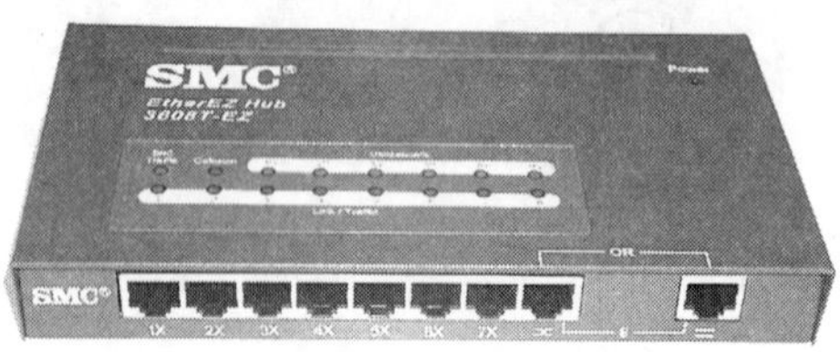

(c) 허브 장치

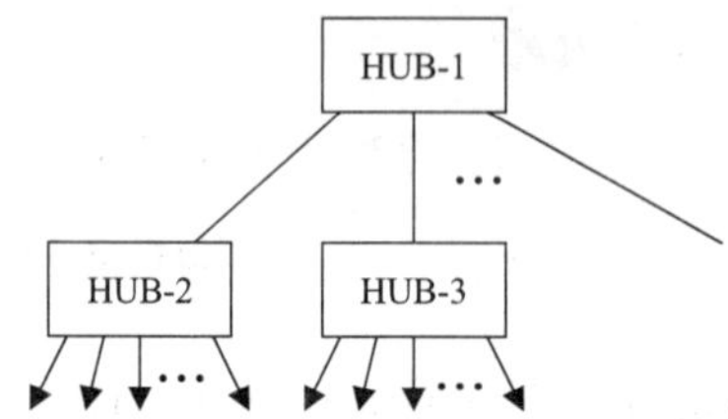

(d) 허브 장치의 확장

[그림 3-4-8] 10BASE-T의 구성 및 구성부품

한 컴퓨터에서 신호를 허브로 송신하면 이 신호는 복제되어 각 컴퓨터에 모두 알려지기 때문에 동축케이블을 사용한 LAN과 동일한 효과가 나타난다. 이 방식은 RS-422 규격을 변형한 것으로서, 트위스트-페어(twisted-pair)를 그림 3-4-8(b)의 RJ-45 커넥터를 이용해 접속한다. UTP 케이블은 10BASE-2에 비해 전선의 비용이 저렴하고 각 컴퓨터와 접속된 전선 중 하나에 고장이 발생하더라도 다른 컴퓨터의 통신에 지장이 없으며 고장을 찾기 편리한 장점이 있다. 그러나 별도의 허브 장치를 사용해야 하고, 모든 컴퓨터로부터의 전선이 허브 장치로 집중되므로 배선 양이 매우 많고 복잡하다. 특히, 허브 장치에 접속할 수 있는 개수가 제한(그림 3-4-8(c)의 경우 최대 8대)되어 있으므로 이러한 경우 허브 장치를 그림 3-4-8(d)와 같이 추가해야 한다. 이 방식은 전선비용이 저렴하고 케이블의 조립이 쉽기 때문에 최근의 이더넷은 대부분 이 방식을 사용하고 있다.

MAU와 허브 사이의 접속 케이블은 그림 3-4-9(a)에 나타낸 바와 같이 양쪽 커넥터를 일대일로 접속한다. 그런데, 만약 2대의 컴퓨터만 접속할 때는 Null-MODEM 케이블의 원리를 적용해 허브를 경유하지 않고 그림 3-4-9(b)와 같이 케이블을 교차시켜 접속할 수 있다.

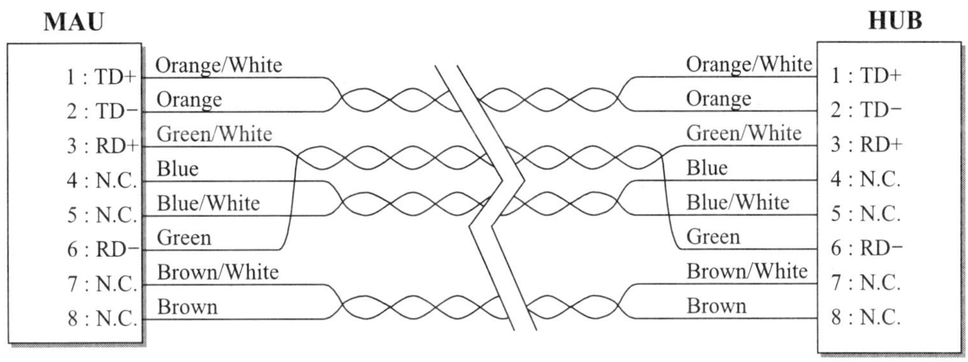

(a) 허브와의 접속 케이블 배선

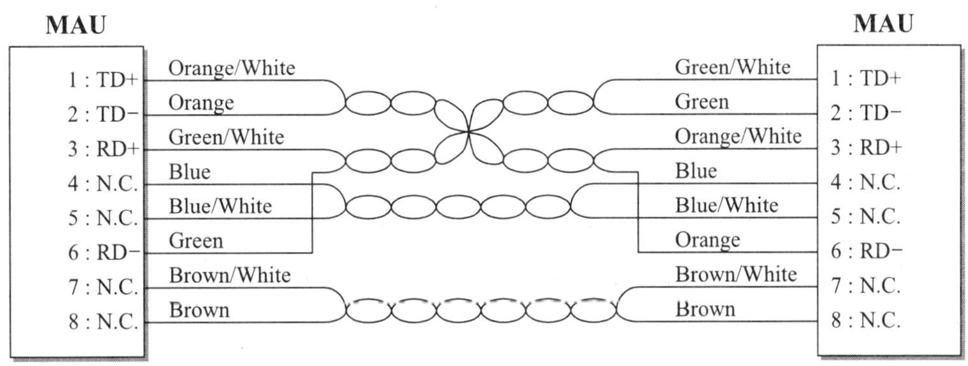

(b) 2대의 컴퓨터 간 직접연결을 위한 배선

[그림 3-4-9] UTP 케이블의 접속방법

③ 허브

UTP 케이블 LAN은 허브(HUB) 장치에 모든 전선을 집중 배선하는데, 이때 사용되는 허브는 더미(dummy) 허브와 스위치(switch) 허브 2종류가 있다. 더미 허브는 허브에 접속된 컴퓨터들이 모두 함께 연결된 것처럼 동작하는 것으로서, 어느 한 포트에 입력된 데이터는 다른 포트들에 공통으로 배분되며 이의 원리를 그림 3-4-10(a)에 나타내었다. 즉, 포트-1에 어떤 데이터가 입력되면 이는 다른 포트들에도 모두 전송되기 때문에 2대의 컴퓨터 사이에서 데이터 전송을 행하고 있을 때는 이들이 모든 회선을 점유하므로 다른 포트에 연결된 컴퓨터들은 대기해야 한다.

이에 비해 스위치 허브는 그림 3-4-10(b)와 같이 일종의 스위치 역할을 하는 허브로서 그림의 예에서는 포트-1과 포트-3에 접속된 컴퓨터가 교신하는 사이 포트-2와 포트-5도 각각 교신할 수 있다. 이때 각 포트에 접속된 컴퓨터들의 주소는 스위치 허브 내부에 설치된 네트워크 프로세서가 기억을 해야 하므로, 초기에는 한 포트에 데이터가

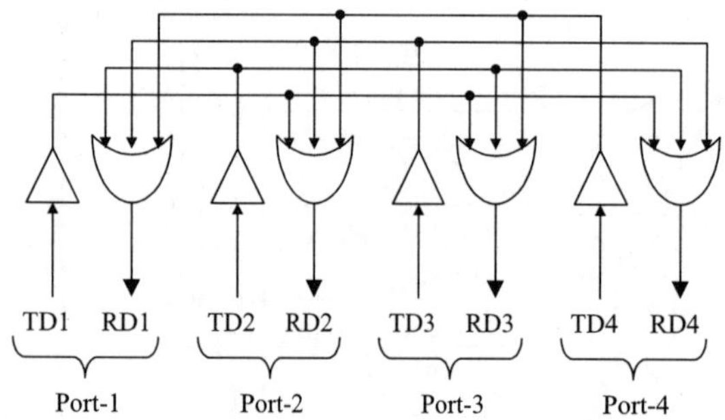

(a) 더미 허브의 원리

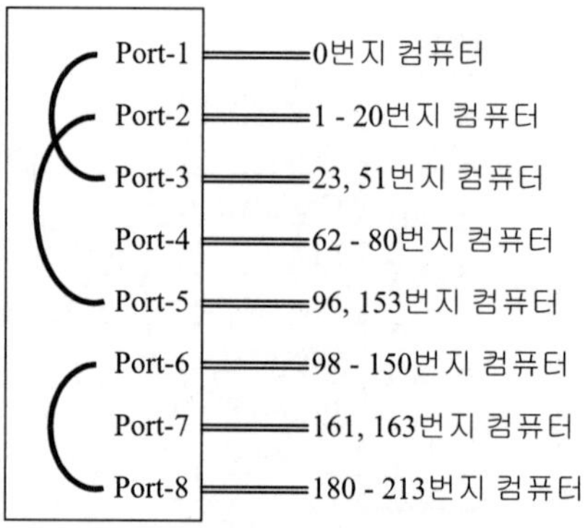

(b) 스위치 허브의 원리

[그림 3-4-10] 2종류 허브의 원리

접수되면 더미 허브와 마찬가지로 모든 포트에 데이터를 전송하지만, 이에 대한 반응을 하는 포트가 발견되면 이후로는 이 주소를 기억했다가 해당 포트로 전송될 데이터가 수신되면 모든 포트로 전송하지 않고 해당 포트로만 전송을 행한다. 이 때문에 스위치 허브를 사용할 경우 교신을 행하는 각 컴퓨터들이 회선의 최대 속도로 통신이 가능하고, 또한 다른 포트로 데이터의 유출이 방지됨으로 인해 네트워크 보안에도 더 유리하다.

(3) 맨체스터 코딩

이더넷은 동기통신을 위한 클록 신호를 데이터와 함께 전송하기 위해 맨체스터 코딩(Manchester coding)을 이용한다.

① 송신회로(엔코드 회로)

이더넷은 동기통신을 사용하기 때문에, 각 컴퓨터마다 데이터 신호와 동시에 클록 신호가 함께 전송된다. 그런데, 클록 신호의 전송을 위해 별도의 전선을 사용치 않고 맨체스터 코딩을 이용해 데이터 신호와 클록 신호를 섞어 전송한다. 맨체스터 엔코드의 원리 회로를 그림 3-4-11에 나타내었다.

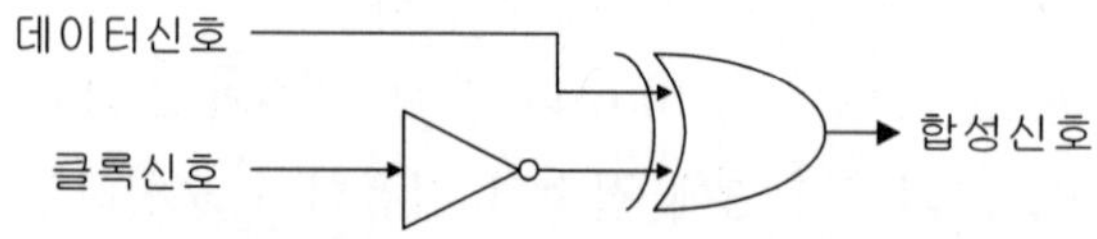

[그림 3-4-11] 맨체스터 엔코드의 원리회로

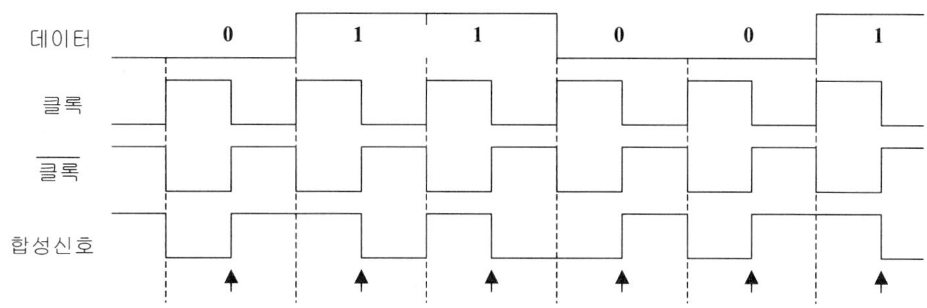

[그림 3-4-12] 맨체스터 엔코드 회로의 파형

그림의 클록 신호는 직렬 데이터 전송을 위한 시프트 클록인데, 이를 반전시킨 후 데이터 신호와 XOR 연산을 행하면 그림 3-4-12와 같은 출력을 얻는다.

최종 합성신호를 살펴보면, 데이터가 '0'일 때 출력은 '0'에서 '1'로, 데이터가 '1'일 때 출력은 '1'에서 '0'으로 변화되고 있으며, 따라서 각 데이터 구간의 중앙(화살표 부분)에는 항시 변화가 발생하고 이것이 클록 신호의 기준이 된다. 따라서 만약 연속으로 '0'이나 '1'인 데이터만 출력되더라도 합성신호에서는 계속적인 변화가 나타나기 때문에 송신기와 수신기가 동기를 잃지 않는다. 이러한 엔코드에 의해 원래의 데이터 주파수에 비해 합성신호 주파수는 그림 3-4-13과 같이 2배로 된다. 이러한 맨체스터 엔코드 회로의 사용 예를 그림 3-4-14에 나타내었다.

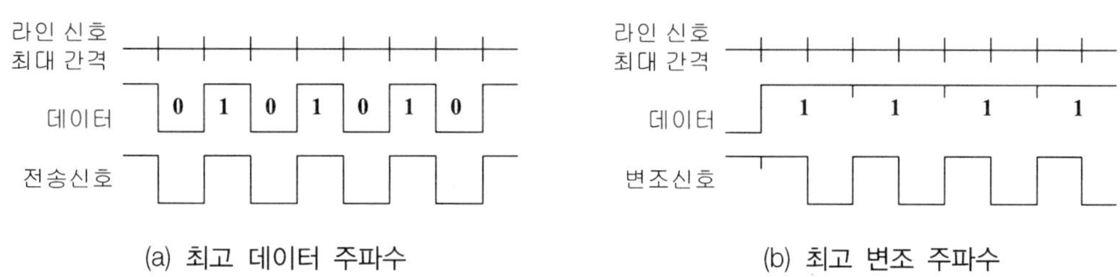

[그림 3-4-13] 동일 라인 상의 최고 주파수 비교

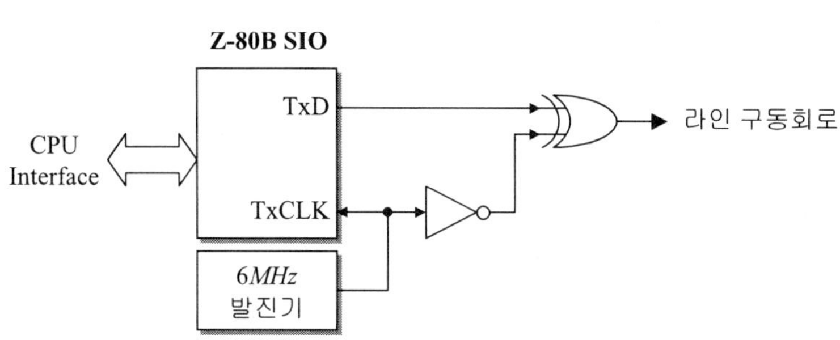

[그림 3-4-14] 맨체스터 엔코드 회로의 사용 예

이 회로의 경우 6*Mbps* 속도로 데이터를 전송할 수 있으며, 최종 신호는 다음에 다룰 라인 구동회로를 거쳐 실제 통신 라인을 제어한다.

② 수신회로(디코드 회로)

맨체스터 엔코드된 신호를 전송받은 수신기는 신호 중에서 클록을 추출(PLL이나 공진회로를 이용)하고 이를 이용해 데이터를 감지한다. PLL을 이용한 맨체스터 디코드 회로의 원리를 그림 3-4-15(a)에 나타내었다.

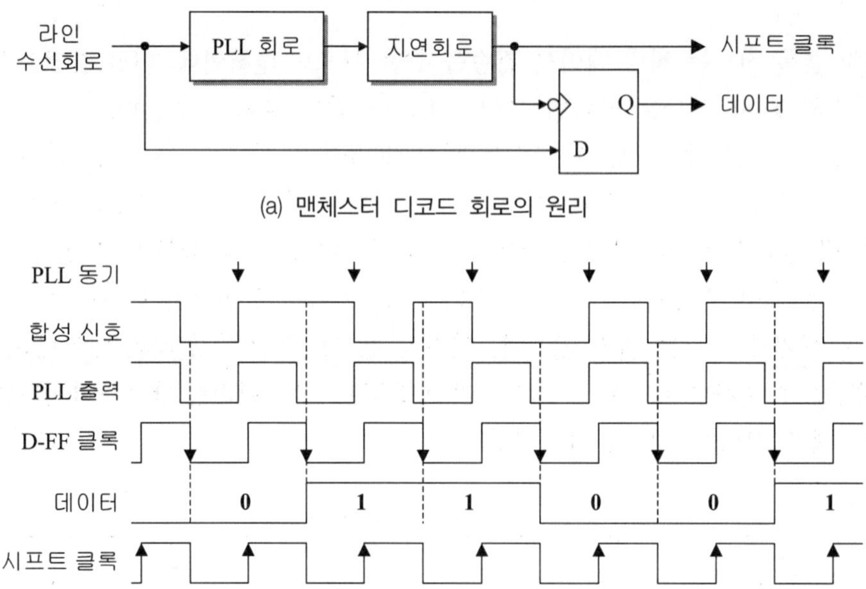

(a) 맨체스터 디코드 회로의 원리

(b) 맨체스터 디코드 파형

[그림 3-4-15] 맨체스터 디코드의 원리

그림에서 PLL은 수신된 신호 중에서 끊임없이 계속되는 변화, 즉 클록 신호에 동기해 펄스 출력이 나타나며, 이를 D-플립플롭에 인가해 그림 3-4-15(b)와 같이 데이터를 복원한다.

통신이 처음 개시된 경우 PLL은 클록 신호와 동기할 필요가 있으므로 이를 위해 HDLC나 SDLC에서는 초기에 플래그(flag) 신호로서 그림 3-4-16과 같이 '01111110' 패턴을 발생시키며, 이 신호의 형태에서 알 수 있듯이 연속으로 '1'인 펄스가 수차례 반복되므로 이때 PLL이 동기한다. 또한, HDLC/SDLC는 통신 도중 잠시 데이터 송출이 지연될 경우에도 동기를 잃지 않도록 플래그 신호를 계속 송출한다.

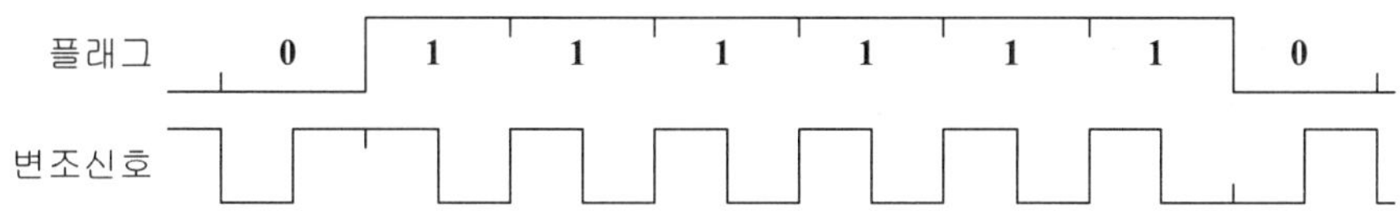

[그림 3-4-16] PLL 동기를 위한 플래그 신호

맨체스터 코드 신호로부터 클록 신호를 추출하는 것은 PLL 이외에도 공진회로를 이용해 가능하며, 그 예를 그림 3-4-17에 나타내었다.

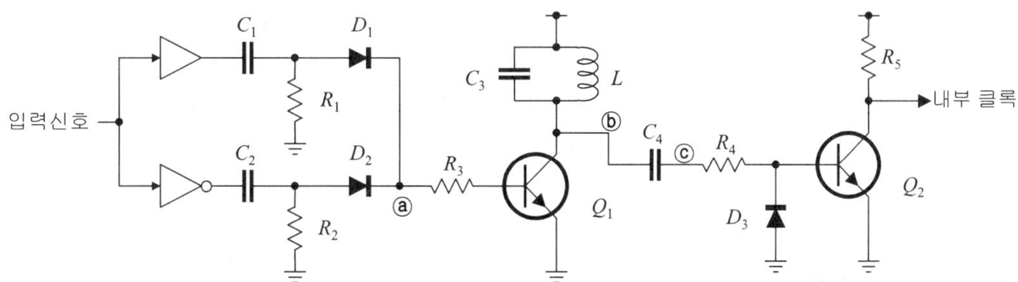

(a) 내부 동기 클록 회로

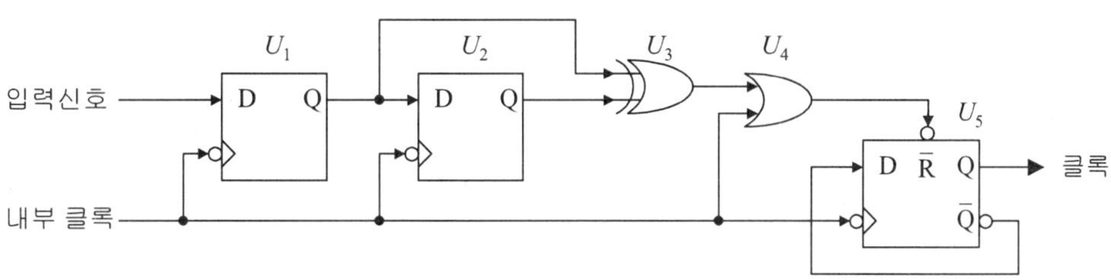

(b) 비트 동기회로

[그림 3-4-17] 공진회로를 이용한 클록 추출회로

그림 3-4-17(a)에서 C_1, R_1, C_2, R_2의 미분회로들은 일종의 단안정 멀티바이브레이터로서, 입력된 신호의 상승 에지와 하강 에지에서 펄스를 발생하며, 이들은 D_1, D_2로 구성된 OR회로에 의해 합성되는데, 이 과정의 파형을 그림 3-4-18(a)에 나타내었다.

이들 펄스는 Q_1, C_3, L로 구성된 C급 증폭기를 구동하며, 이 회로의 공진 탱크에 의해 그림 3-4-18(a)와 같이 펄스가 없는 지점에서도 계속적으로 파형이 나타나고, 이는 다시 Q_2에서 반전 및 디지털화되어 내부 클록 신호가 형성된다.

그림 3-4-18(b)는 내부 클록이 정확한 클록인지 검출해 다른 위치가 검출된 경우(그림 3-4-18(b)의 'X' 부분) 이를 보정해 올바른 클록 펄스가 생성되도록 한다(그림 3-4-18(b)의 'O' 부분).

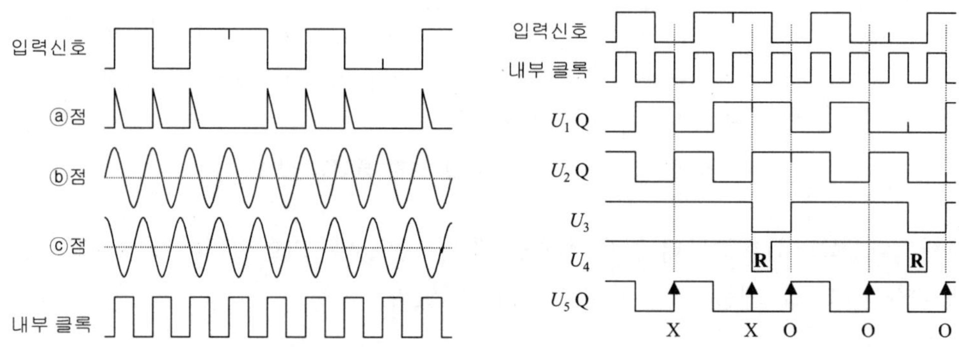

(a) 내부 동기 클록의 파형 (b) 비트 동기회로의 파형

[그림 3-4-18] 동기회로의 파형

이상에 소개한 회로는 이해를 돕기 위한 단순한 원리회로이며, 실제의 회로에서는 인덕터 L과 커패시터 C_3의 공진회로보다 정밀도가 뛰어난 크리스털 진동자를 사용한다.

(4) 라인 구동회로

이더넷은 전송매체에 따라 구동회로가 다르며, 이 때문에 MAU가 별도로 마련되는데 여기서는 각 매체에 따른 구동회로를 간단히 살펴본다.

① 동축케이블 구동회로

그림 3-4-19에 동축케이블 LAN 구동용 소자인 DP8329를 이용한 회로의 예를 나타내었다.

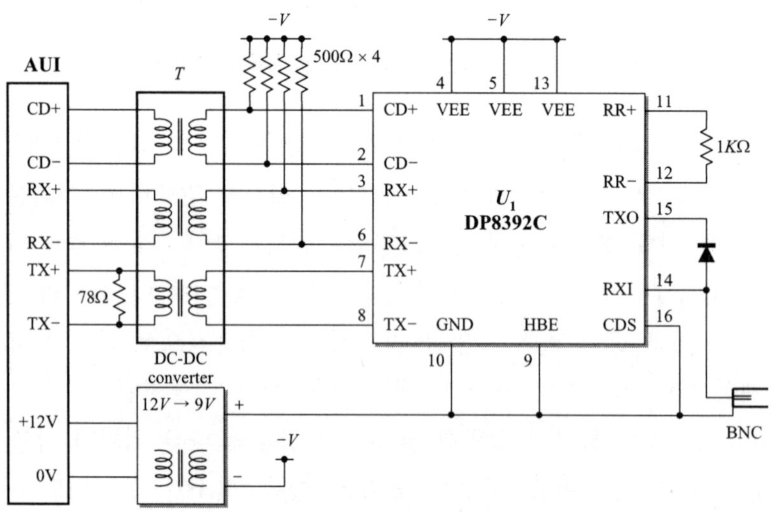

[그림 3-4-19] 동축케이블 구동회로의 예

그림에서 AUI 커넥터와 접속된 모든 신호는 소형 트랜스포머 T에 의해 절연되고, 구동소자가 사용할 전원 또한 DC-DC 변환기에 의해 절연된다. 따라서 동축케이블 LAN은 외견상 모든 컴퓨터들이 동축케이블로 연결되어 있어 전기적으로 절연되지 않은 것으로 보이지만, 실제로는 AUI와 MAU 사이는 절연되고, 각 컴퓨터들의 MAU끼리만 공통 접속된다. DP8392C는 버스의 충돌(collision) 감지회로와 라인 드라이버/리시버를 모두 내장하고 있으며, 데이터 송출 시 버스가 사용 중임을 검출하면 충돌 검출 신호 CD+와 CD−를 AUI를 통해 전송한다.

그림 3-4-20은 LAN 카드에 내장된 동축케이블용 MAU 부분의 사진으로서, 회로의 부품들을 확인할 수 있다.

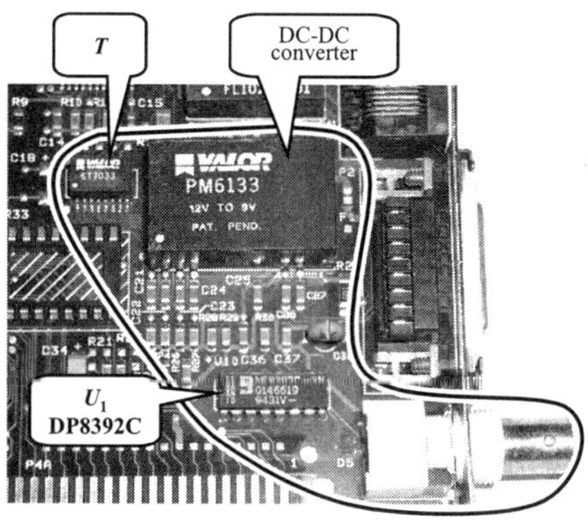

[그림 3-4-20] LAN 카드에 내장된 동축케이블 구동회로의 부품들

② 트위스트-페어 케이블 구동회로

트위스트-페어 케이블을 구동하는 IC Am89C100을 이용한 회로 예를 그림 3-4-21에 나타내었다.

그림에서, 트위스트-페어 구동회로는 동축케이블 구동회로와 달리 MAC 측과 절연하지 않고 매체와의 사이에서 절연을 한다. 이때 사용되는 절연 트랜스포머 T는 트위스트-페어 케이블과의 임피던스 매칭을 이룸과 동시에 실드가 되어 있지 않음에 따른 잡음유입 등을 고려해 필터 회로를 내장(보통은 송신단에 5-pole low-pass butterworth 필터, 수신단에 3-pole low-pass butterworth 필터)한다. 따라서 케이블의 인덕턴스 성분과 필터 회로의 지연특성을 고려해 $R_1 \sim R_5$로 이루어진 특수한 회로로 구동되며 'TXP+', 'TXP−'의 'P'는 'Pre-distortion'의 의미이다. 즉, 펄스의 초기에는 케이블과 필터의 지연특성을 감안해 강한 전류를 흘려 펄스가 빠른 시간에 정상상태로 진입하도록 하고, 그 후 정상전류를 흘리도록 제어된다.

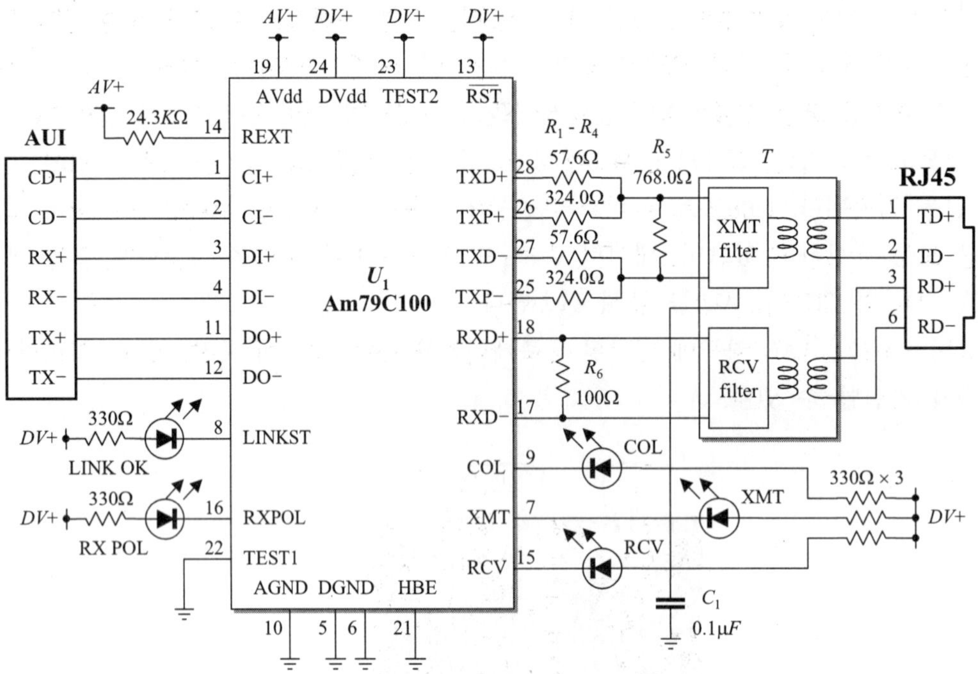

[그림 3-4-21] Am79C100을 이용한 트위스트-페어 구동회로의 예

그림 3-4-22에 LAN 카드에 내장된 트위스트-페어용 MAU 부분의 부품들을 나타내었다.

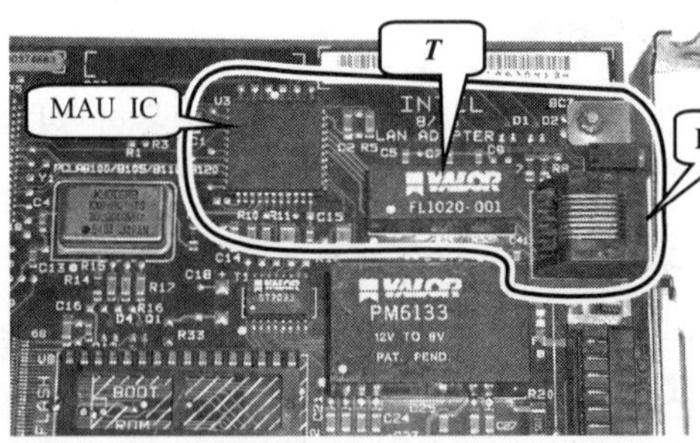

[그림 3-4-22] LAN 카드 내장 트위스트-페어 케이블 구동회로 부품들

참고로 Pre-distortion 저항과 필터를 모두 내장한 Datatronic사의 NT74869 트랜스포머를 그림 3-4-23에 나타내었다.

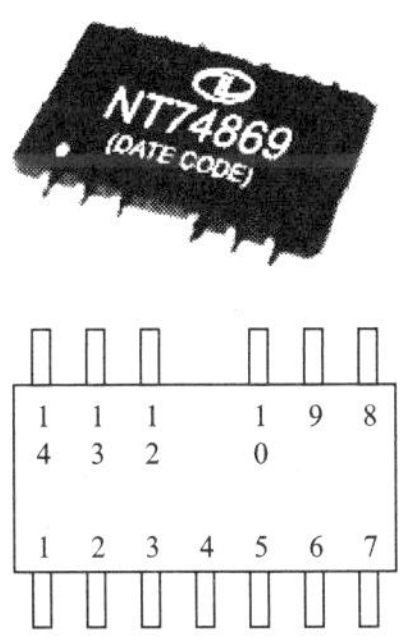

(a) 외형 및 핀 배치

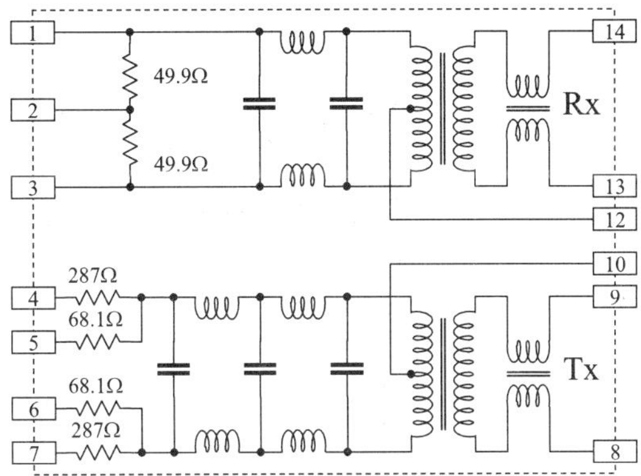

(b) 내부 회로

[그림 3-4-23] Datatronic사의 NT74869 트랜스포머

③ 방식이 다른 라인의 혼용

트위스트-페어 케이블로 구성된 LAN과 동축케이블로 구성된 LAN은 각각 그 특징을 지니고 있는데, 이러한 특징을 모두 활용하기 위해 두 방식을 혼용해 사용할 수 있는 HUB의 구성도를 그림 3-4-24(a)에, 그리고 이를 이용한 배선 예를 그림 3-4-24(b)에 나타내었다.

그림 3-4-24(a)에서, 데이터를 분배하는 데이터 리피터와 각 MAU 사이는 AUI 규격으로 접속되므로 1개 포트는 동축케이블용 MAU를, 나머지는 트위스트-페어용 MAU를 부착하면 이들을 혼용할 수 있다. 이때 배선은 그림 3-4-24(b)와 같이 트위스트-페어 케이블들은 허브와 직접 접속되고, 동축케이블들은 일렬로 접속된다.

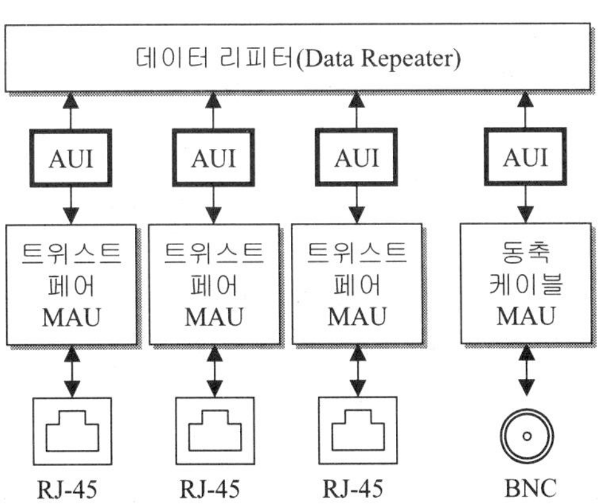

(a) 혼용 허브의 구성도

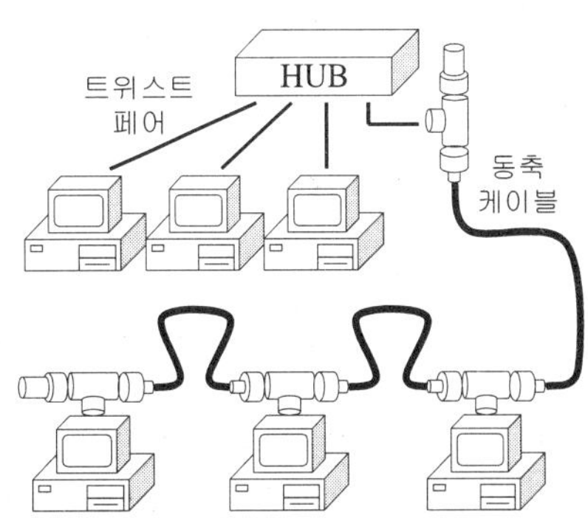

(b) 배선 예

[그림 3-4-24] 트위스트-페어와 동축케이블의 혼용 예

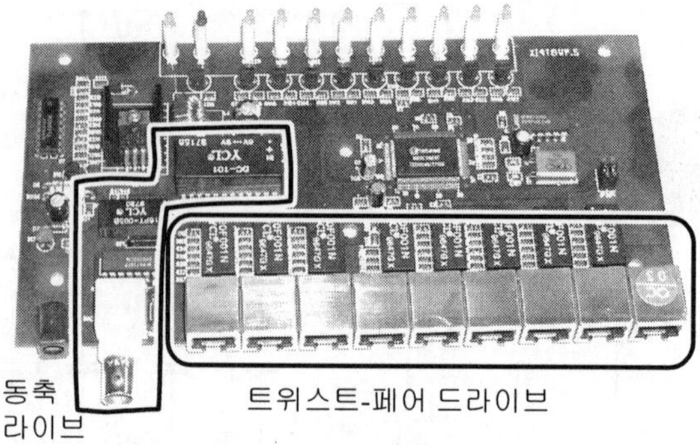

[그림 3-4-25] 트위스트-페어/동축케이블 겸용을 위한 허브

그림 3-4-25는 이러한 기능을 하는 허브의 내부 사진으로서, 각 MAU들이 혼재되어 있다.

2) 전화망 통신

현대에 있어 전화는 가장 많이 보급된 통신수단 중 하나이다. 이러한 전화망을 이용한 통신 중 주로 사용되고 있는 것으로는 Voice MODEM(약해서 'MODEM')과 이를 응용한 팩시밀리 등이 있고, 단순한 응용으로서는 자동 응답 시스템(ARS : Automatic Resopnse System) 등이 있으며, 특수한 사용 예로서 ADSL/VDSL이 있다. 이들을 이용하기 위해서는 전화망과의 인터페이스 회로에 대한 이해가 필수적이다.

(1) 전화망 인터페이스

전화망의 규격과 일반 전화기 회로 등은 타 전문서적에 많이 소개되어 있으므로 이에 관해서는 기본적인 사항만 다루고, 전화망과 컴퓨터와의 인터페이스를 위한 회로에 관해 중점적으로 다룬다.

① HOOK 회로

전화를 걸기 위해 또는 전화가 걸려왔을 때 통화를 위해 전화회선과 접속하는 회로를 Hook 회로라 하는데, 그 특징에 따라 여러 종류의 것이 있다.

ⅰ) 전화 라인의 Hook 조건

전화 수화기를 들어(hook) 전화기가 교환기와 연결되었는지 여부를 검출하는 원리를 그림 3-4-26에 나타내었다.

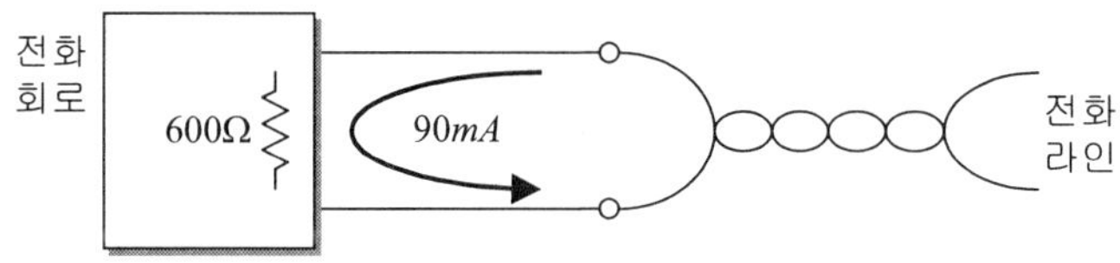

[그림 3-4-26] 전화 라인의 Hook 상태

만약 전화 라인에 의한 신호감쇄가 없고 전화기 내부의 직류저항이 600Ω인 경우 그림과 같이 90mA의 전류 루프가 형성되며, 교환기는 이 전류를 검출해 상대편이 전화기를 들어 Hook 상태가 되었음을 알 수 있고 이때 연결이 확립되었음을 나타내는 400Hz의 소리신호를 송출한다. 그런데 실제로는 전화국과 사용자 사이의 거리에 따라 전화 라인의 저항이 크게 변화하므로 일반적으로 약 20mA부터 100mA 정도로 루프 전류의 규격에 상당한 여유를 주고 있다. Hook 회로는 이와 같이 기본적으로 전류 루프를 형성하는 것이며 이를 위한 몇 가지 방법을 살펴본다.

ii) 릴레이와 코일에 의한 Hook

릴레이와 코일에 의한 Hook는 간단하기 때문에 가장 많이 사용되고 있는 방식으로서, 기본 회로는 그림 3-4-27과 같다.

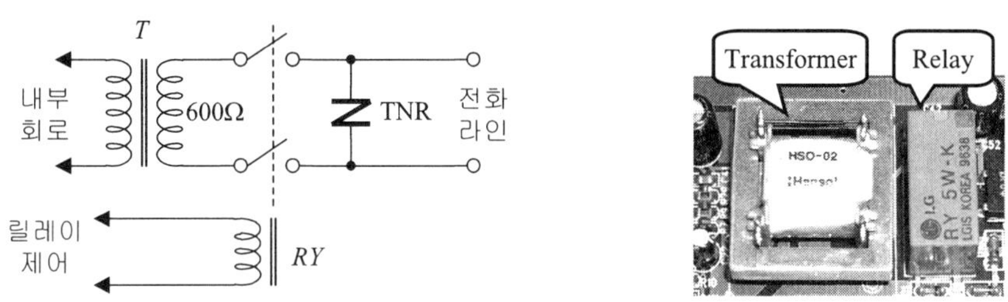

(a) 회로도 (b) 트랜스포머

[그림 3-4-27] 릴레이와 코일에 의한 Hook 회로

회로에서 'TNR' 소자는 전화 라인에 유입되는 스파크성 고압을 흡수해 회로를 보호하기 위한 것으로서, 정해진 전압 이상의 잡음이 유입되면 이를 통과시킨다. 이 회로는 릴레이가 작동하면 트랜스포머 T에 의해 직류 루프를 형성시키면서 동시에 2차 측으로 음성신호를 전달하며, 트랜스포머는 일반적으로 600Ω 정도의 저항을 가지도록 제작된다. 이때 음성신호도 600Ω의 영향을 받기 때문에 내부 회로에 전달되는 음성신호는 크기가 상당히 줄어들어 증폭기로 증폭해야 한다.

iii) Hook 전용 코일에 의한 방법

Hook 전용 코일에 의한 방법의 원리회로를 그림 3-4-28에 나타내었다.

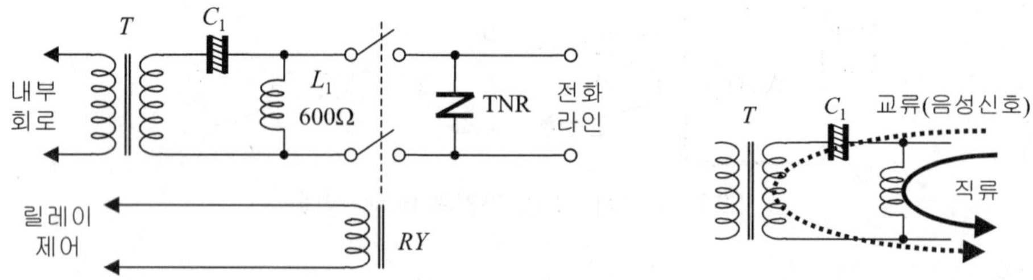

(a) 회로도 (b) 전류의 흐름

[그림 3-4-28] 전용 코일에 의한 Hook 회로

그림의 회로 중 L_1이 직류 루프를 형성하기 위한 것으로서 직류에 대해서는 600Ω의 저항을 가지며, 교류에 대해서는 큰 리액턴스를 가진다. 릴레이가 작동되면 직류는 코일의 600Ω에 의해 흐르지만, 교류인 음성신호는 이 코일의 리액턴스가 크기 때문에 그다지 흐르지 않고 상대적으로 리액턴스가 작은 C_1과 트랜스포머로 유입되어 신호의 큰 감쇄 없이 내부 회로로 전달된다. 과거에는 반도체 가격이 비싸고 성능도 그다지 좋지 않았기 때문에 이러한 방법으로 신호감쇄를 방지하였으나 현재는 코일의 부피 및 가격으로 인해 사용되지 않는다.

ⅳ) 전자식 Hook

전자식 Hook 회로는 기계식 릴레이를 사용하지 않고 반도체 소자로 대체시킨 것으로서, 기기의 크기가 소형화될 수 있지만 반도체 소자가 전화 라인에 직접 접속되기 때문에 스파크성 잡음에 의한 소자파괴에 주의해야 한다. 이 Hook 회로의 원리를 그림 3-4-29에 나타내었다.

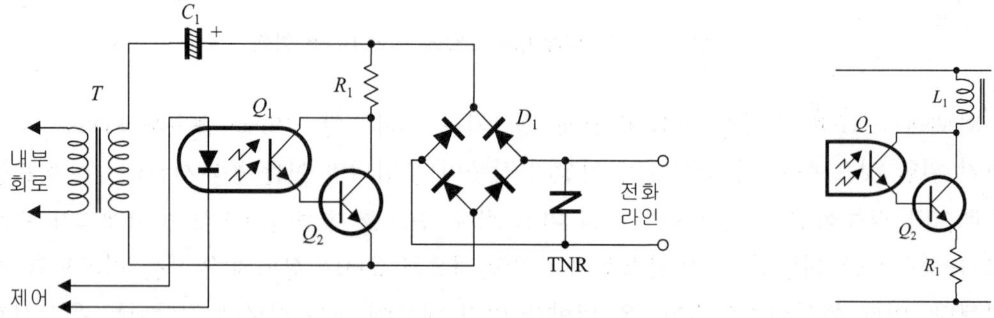

(a) 회로도 (b) 인덕터 부하

[그림 3-4-29] 전용 코일에 의한 Hook 회로

그림 3-4-29(a)의 회로에서, 전화 라인에서 유입된 전류는 브리지 다이오드 D_1에 의해 라인 전압의 극성에 상관없이 항상 회로의 윗부분이 (+)전위가 된다. 그리고 R_1과 Q_2에 의해 전류 루프가 형성되며, Q_2는 옵토-커플러 Q_1에 의해 절연상태로 제어된다. 이때 부하저항 R_1에는 상당히 큰 전력소모가 발생하므로 용량에 유의해야 한다. 음성 신호의 손실을 방지하려면 앞서 Hook 전용 코일에 의한 방법과 유사하게 그림 3-4-29(b)와 같이 인덕터를 이용할 수 있다.

② Ringer 검출회로

교환기로부터 기기와의 접속을 요구하는 신호(즉, 전화가 걸려왔음을 알리는 신호)를 'Ringer' 신호라 하는데, 모뎀이나 팩시밀리, 그리고 ARS의 경우 이를 검출하는 기능이 필요하며, 이 검출신호에 따라 Hook 회로에 의해 전화를 받아 해당 서비스를 실행한다.

ⅰ) 전화 라인의 Ringer 신호 규격

상대편으로부터 전화가 걸려왔음을 알리는 Ringer 신호는 75±15 V_{rms}, 16Hz의 교류신호를 그림 3-4-30(a)와 같은 비율로 전송한다.

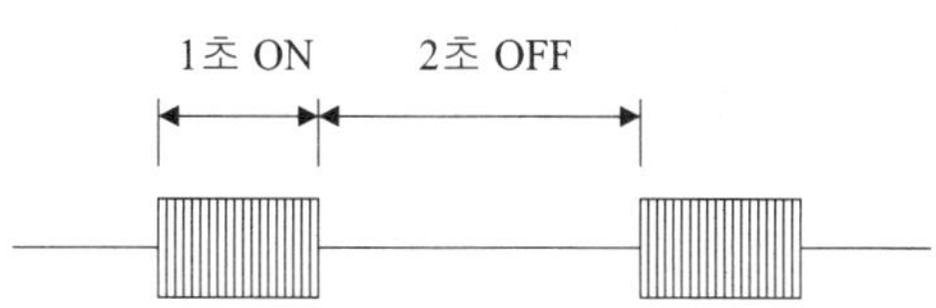

(a) Ringer 신호파형

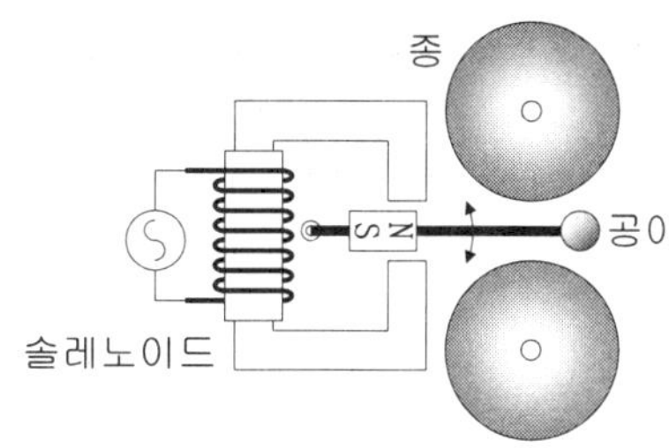

(b) 소리 발생기

[그림 3-4-30] Ringer 신호와 소리 발생기

과거 구형 전화기에서는 이 신호를 그림 3-4-30(b)와 같은 솔레노이드에 통과시키면 영구자석이 흔들려 종을 울리도록 하였으며, 현재는 반도체 소자에 의해 이 신호를 검출한다.

ⅱ) Ringer 신호 검출회로

Ringer 신호를 검출하는 회로의 예를 그림 3-4-31에 나타내었다.

커플링 커패시터 C_1의 용량은 충분히 크기 때문에 R_1에 유기되는 Ringer 신호전압에 거의 영향을 주지 않으면서(약 2.5% 감소) 직류를 차단하며, 따라서 R_1에 유기되는 전압은 다음과 같다.

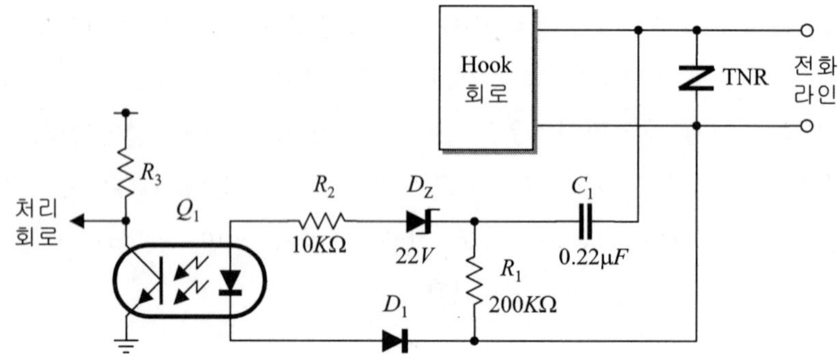

[그림 3-4-31] Ringer 신호 검출회로

$$V_{ring,p} = 75\,V_{rms} \cdot \sqrt{2} = 106\,V_p$$

$$X_C = \frac{1}{2\pi f C} = \frac{1}{2\pi \cdot 16Hz \cdot 0.22\mu F} = 45.2K\Omega$$

$$V_{R1} = \frac{R_1}{\sqrt{R_1^2 + X_C^2}} \cdot V_{ring,p} = \frac{200K\Omega}{\sqrt{200K\Omega^2 + 45K\Omega^2}} \cdot 106\,V_p = 103.4\,V_p$$

이 전압은 D_2에 의해 $22V$ 감소되고, LED의 전압과 D_1의 전압 등을 감안하면 R_2를 통해 LED에 공급되는 전류는 다음과 같다.

$$I_{R2,p} = \frac{103.4\,V - 22\,V - 1.2\,V - 0.6\,V}{10K\Omega} \cong 8mA_p$$

회로에서 D_Z는 $22V_p$ 이상인 전압일 경우에만 통과, 즉 이 전압 이하의 일반 신호에 대해서는 LED가 동작하지 않도록 하며, D_1은 LED에 역전압의 유입을 방지한다. 그림 3-4-32는 브리지 다이오드를 이용한 검출회로의 예로서, 그림 3-4-31 회로에 비해 검출 주파수가 2배로 되는 것 이외에는 동일한 특성을 가지고 있다.

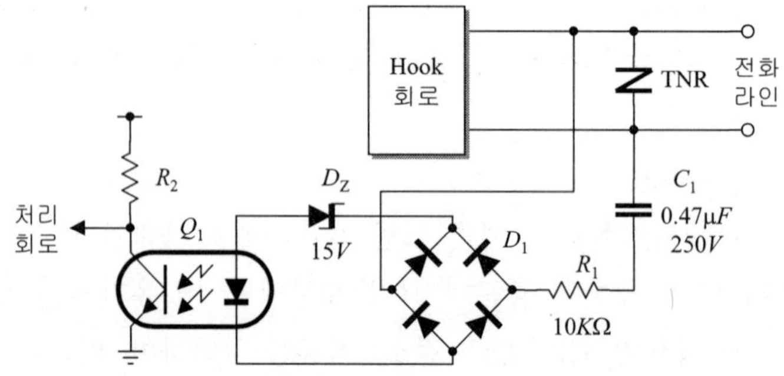

[그림 3-4-32] 브리지 정류에 의한 신호 검출회로

iii) 검출 처리

앞서 소개한 검출회로의 출력을 그대로 Ringer 신호로 사용하면 잡음에 의한 펄스(pulse)가 하나라도 입력된 경우 이를 Ringer 신호로 검출하므로 오류가 발생할 수 있다. 따라서 여러 개의 펄스가 입력되었을 때 이를 검출하도록 처리해야 하는데, 소프트웨어를 이용해 단순히 Ringer 펄스 개수만을 카운트하도록 구성하는 것 이외에도 잡음 펄스의 경우와 Ringer 신호가 수신되다가 상대편이 통화를 취소한 경우 등을 고려해야 하기 때문에 프로그램의 구성이 상당히 복잡해진다. 이러한 경우 타이머 인터럽트를 이용하면 쉽게 프로그램을 구성할 수 있는데 그 예를 그림 3-4-33(a)에 나타내었다.

이 프로그램은 펄스가 on일 경우 off 시에 비해 3배의 속도로 증가하도록 하여 마치 적분회로를 구동시킨 것과 같이 동작하기 때문에 잡음 펄스가 인가될 경우 이는 무시된다.

만약 상한값을 200으로 했을 때 2초 내에 0까지 감소하려면 타이머 인터럽트는 $10mS$ 이내여야 하므로 $5mS$로 정한다면 펄스 하나의 on 시간당 카운트 수는 다음과 같이 증가한다.

$$31.25mS/5mS \times 3cnt = 18.75$$

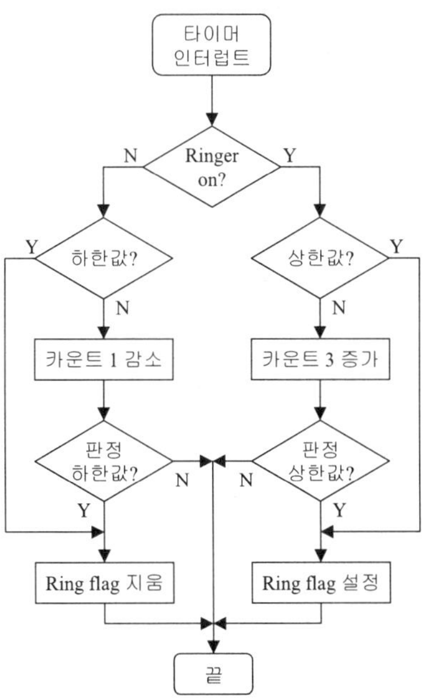

(a) 플로차트

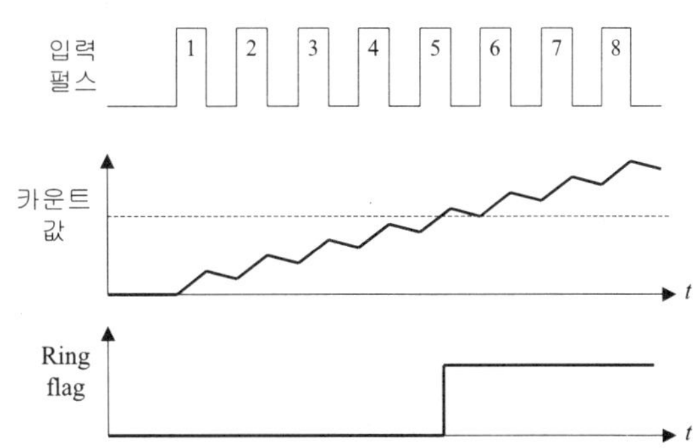

(b) 동작파형

[그림 3-4-33] 소프트웨어에 의한 신호 검출 처리 예

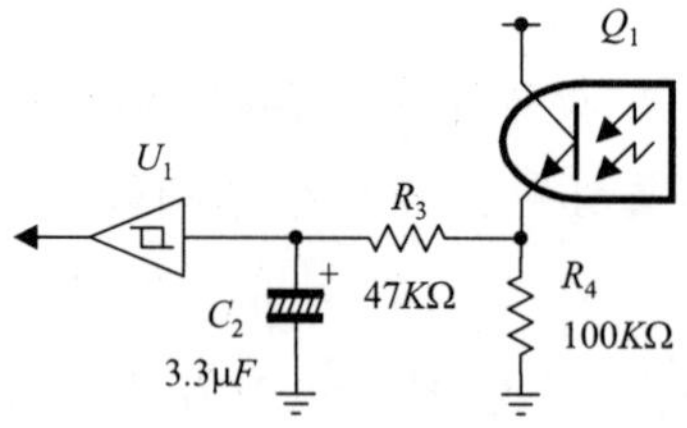

(a) 처리회로

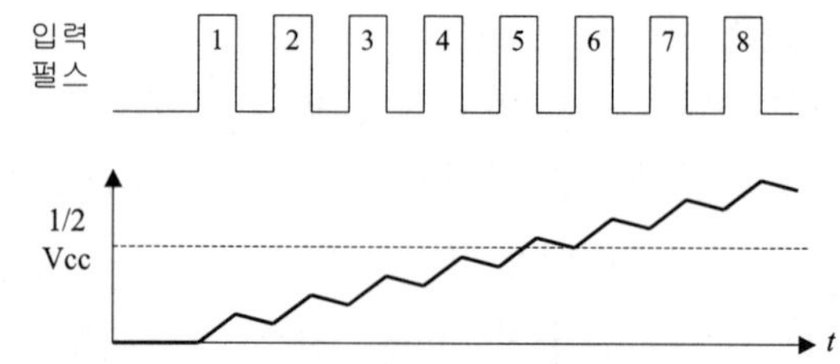

(b) 동작파형

[그림 3-4-34] 하드웨어에 의한 신호 검출 처리 예

즉, 18카운트 증가하고, 나머지 off 시간 동안은,

$$31.25mS/5mS \times 1cnt = 6.25$$

즉, 6카운트 감소하므로 1개 펄스당 총 12카운트 증가한다. 따라서 그림 3-4-33(b)와 같이 5번째 펄스에서 Ringer 신호를 포착하려면 판정 상한값을 48에서 60 사이로 설정하면 된다.

회로의 사정상 소프트웨어를 사용할 수 없는 경우에는 그림 3-4-34(a)와 같은 하드웨어를 이용하면 앞서 소프트웨어의 경우와 유사한 동작을 수행할 수 있다.

이 회로는 펄스의 on 기간에는 R_3 $47K\Omega$에 의해 빠른 속도로 충전되고, 펄스의 off 기간에는 R_3와 R_4에 의한 $147K\Omega$에 의해 천천히 충전되므로 그림 3-4-34(b)와 같은 동작 특성을 얻을 수 있다.

만약, 슈미트 트리거의 경계전압이 전원의 절반이라면 이 지점까지 전압이 상승하는데 필요한 시간은 R_4에 의한 방전이 없을 때 약 $107.5mS$가 필요하다. 그런데 입력되는 펄스는 한 주기인 $62.5mS$의 절반인 $31.25mS$씩 on되므로 Ringer 신호가 검출되기 위해서는 $107.5mS/31.25mS = 3.44$개 펄스가 필요한데, 펄스의 나머지 절반시간 동안은 R_4를 통해 약 1/3 정도 방전되므로 최소 5번째 펄스 이후에 Ringer가 검출된다.

③ 라인 사용 검출회로

전화선을 이용하는 기기를 구성할 때 다른 전화기에서 라인을 사용 중인지 검출할 필요가 종종 있는데, 라인을 사용하면 전류 루프가 형성되고 전화기 내부 저항에 의해 라인 전압이 강하하므로 이러한 사항들을 검출하면 사용 여부를 판단할 수 있다. 이 중 루프 전류에 의한 라인 사용 검출회로의 예를 그림 3-4-35에 나타내었다.

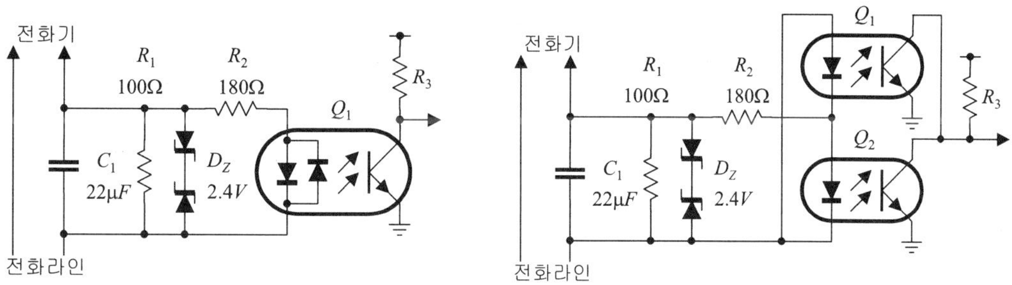

(a) 기본 회로 (b) 다른 형태의 회로

[그림 3-4-35] 다른 전화의 라인 사용 검출회로 예

그림 3-4-35(a)의 회로에서, C_1은 교류신호에 영향을 주지 않을 만큼 충분히 큰 값(200*Hz*에서 $X_C = 36\Omega$)이기 때문에 이 회로는 직류에 대해서만 반응하는데, 루프 전류의 방향이 일정하지 않으므로 양방향 검출을 위해 제너 다이오드와 옵토-커플러를 양방향용으로 사용한다. 일반 옵토-커플러를 그림 3-4-35(b)와 같이 양방향으로 접속해도 동일한 효과가 있다.

전화기가 전자식이고 이의 대기전류(hook 상태가 아니다)가 최대 10*mA*라면 이는 R_1에 의해 1*V*의 전압밖에 유기되지 않으므로 Q_1의 LED는 동작하지 않는다. 전화 라인의 루프 전류가 20*mA*인 최악의 상황에서는 R_1에 의해 2*V*의 전압이 유기되며, 이때는 LED에 4.4*mA*의 전류가 흘러 동작을 개시한다. 루프 전류가 최대인 100*mA*인 경우는 R_1에 의해 10*V*의 전압이 유기되지만 D_Z들에 의해 3.0*V*로 제한되므로 LED 전류는 10*mA*로 제한된다.

④ DTMF 회로

전화번호를 송출하는 방법으로는 루프 전류를 펄스로 단속하는 과거의 다이얼 방식과 DTMF(Dual Tone Multiple Frequency)이 있다. 이 중 펄스 단속방법은 현재 거의 사용하지 않으므로 DTMF에 관해 살펴본다.

i) DTMF의 규격

DTMF(Dual Tone Multiple Frequency)란 2가지 다른 주파수를 동시에 전송해 번호 정보를 전달하는 방법으로서, 주파수는 각각 표 3-4-1과 같이 상위와 하위의 2개 그룹으로 구성된다.

각 군에는 다른 군에 고조파 간섭을 주지 않는 4개의 주파수들이 할당되어 있으며, 각 군마다 이들 중 하나씩 합성해 하나의 번호를 표시한다. 예를 들어 번호 '1'을 전송

〈표 3-4-1〉 DTMF의 주파수 할당

Low \ High	1,209*Hz*	1,336*Hz*	1,477*Hz*	1,633*Hz*
697*Hz*	1	2	3	A
770*Hz*	4	5	6	B
852*Hz*	7	8	9	C
941*Hz*	*	0	#	D

하려면 상위군의 1,209*Hz*와 하위군의 697*Hz*를 합성한다. 이때 하위군은 상위군에 비해 5*dB* 이상 차이가 나지 않는 범위 내에서(보통 약 1*dB* 정도) 작게 합성한다.

ii) DTMF 발생회로

초기 전화기에 사용되었던 DTMF 발생회로의 원리를 그림 3-4-36에 나타내었다.

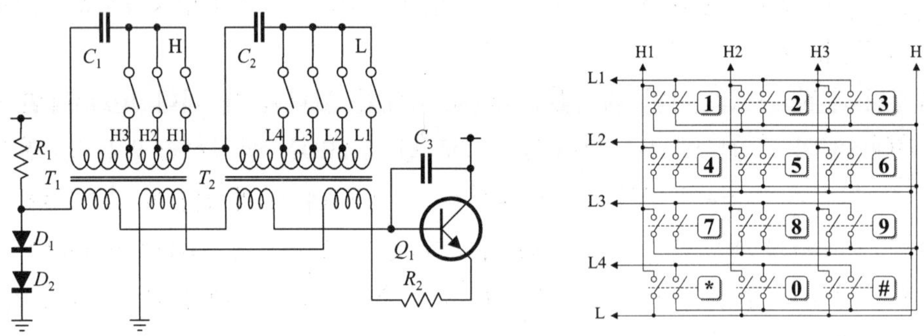

(a) DTMF 합성회로 (b) DTMF 합성 스위치의 구성

[그림 3-4-36] 구형 DTMF 발생회로

회로에서 R_1, D_1, D_2는 트랜지스터의 바이어스 전압을 생성하고, 트랜지스터는 에미터 출력이 T_1, T_2를 경유해 베이스로 귀환되어 발진이 일어난다. 이때 T_1은 C_1에 의해, T_2는 C_2에 의해 공진이 발생하며, 따라서 2개 주파수에 대한 발진이 일어나는데, 실제로는 C_1과 C_2의 값을 $0.03\mu F$로 동일하게 사용하므로 하위군의 임피던스가 더 커(즉 Q가 더 작아) 상위군에 비해 작은 전압이 출력된다.

하위군과 상위군의 각 스위치들은 그림 3-4-36(b)에 나타낸 바와 같이 전화기 버튼에 각각 2개씩 결합해 12종류의 버튼을 조합할 수 있다.

최근의 전화기는 DTMF를 전자회로에 의해 합성하는데, 이러한 기능을 하는 소자 중 삼성전자 KS58015의 내부 블록도와 사용 예를 그림 3-4-37에 나타내었다.

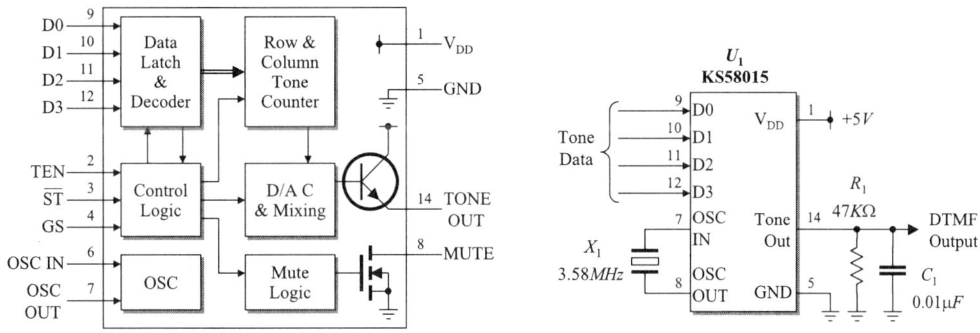

(a) 내부 블록도 (b) 사용 예

[그림 3-4-37] DTMF 발생소자 KS58015

이 소자는 마이크로프로세서와 접속해 사용하는 것으로서, 프로세서로부터 데이터가 인가되면 주 클록을 DTMF 신호에 해당되는 2개의 주파수로 분주하고, 이를 각각 D/A 변환한 후 합성해 에미터 폴로워로 출력한다. 단, 이 회로는 3.58MHz 크리스털 발진기를 사용하므로 주파수에 약간의 오차가 있지만, DTMF 규격의 오차 범위인 ±1.5% 이내에 해당되므로 문제는 없다.

iii) DTMF 수신회로

DTMF 수신소자 중 삼성전자의 KT3170의 내부 블록도와 사용 예를 그림 3-4-38에 나타내었다.

DTMF 수신소자는 블록도에 나타낸 바와 같이 일반적으로 아날로그 증폭회로를 내장하고 있어 수신하기 적당한 크기로 증폭할 수 있다. 증폭된 신호는 내부의 그룹 필터에 의해 상위군과 하위군으로 분리되며, 이들은 각각 내장된 디지털 필터에 의해 검출된 후 엔코드되어 2진 코드로 출력된다. 회로 중의 Steering 기능은 DTMF 신호의 검출이 특정 시간 이상 지속될 경우 유효한 신호로 인정하도록 제어하는 것으로서, 시간을 짧게 하면 DTMF 신호를 빠르게 검출할 수 있으나 DTMF가 아닌 신호에 우연히 동일 주파수가 섞여 있을 경우 이를 DTMF 신호로 오인할 수 있으므로 규정된 시간을 준수하도록 한다.

iv) DTMF 송수신 회로

앞서 살펴본 DTMF 발생회로 및 검출회로가 모두 필요한 경우 이들 기능을 하나의 소자에서 모두 수행할 수 있는 소자의 예를 그림 3-4-39에 나타내었다. 그림의 소자는 MITEL사의 MT8880C 시리즈 중 하나로서, 마이크로프로세서와 접속하면 DTMF 발생 및 수신을 쉽게 행할 수 있다. 소자에 내장된 발생 및 수신 회로는 앞서 소개한 개별적인 발생회로와 수신회로와 동일한 것이 내장되어 사용법은 거의 유사하다.

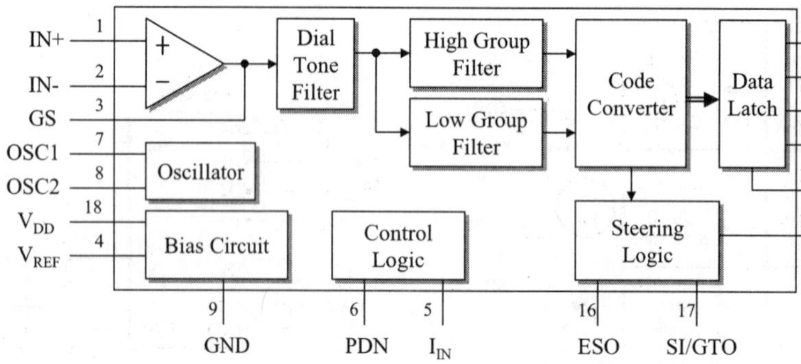

(a) 내부 블록도

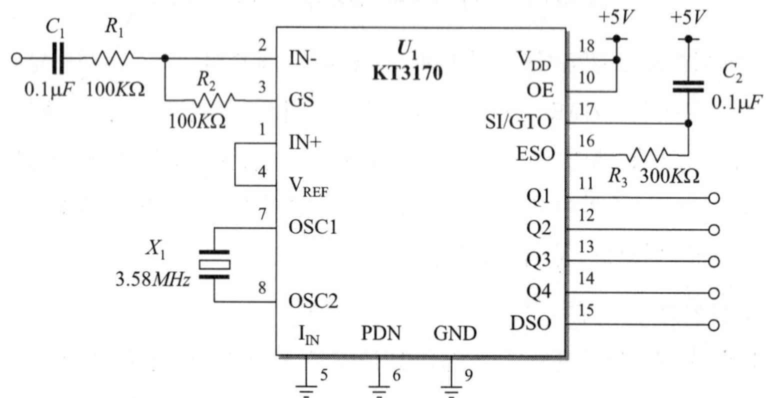

(b) 사용 예

[그림 3-4-38] DTMF 수신소자의 사용 예

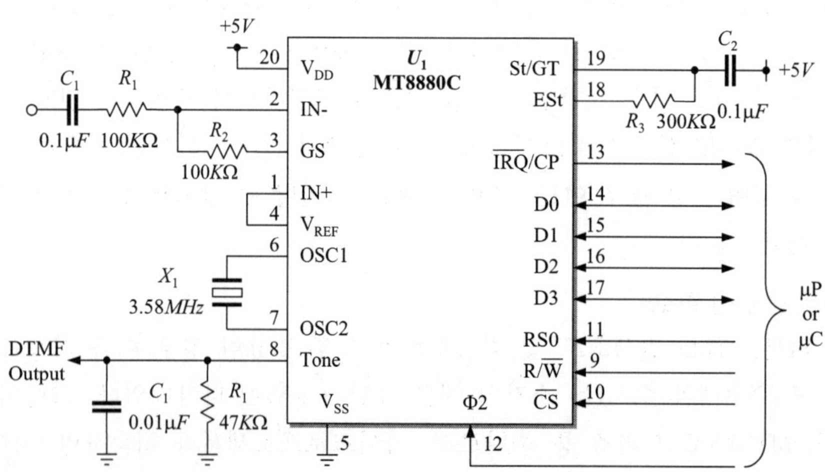

[그림 3-4-39] DTMF 발생/수신 겸용소자의 예

⑤ 2선/4선 변환회로

전화통신은 2개의 전선을 이용해 양방향으로 교신하기 때문에 양측의 송수신음이 섞일 수 있다. 즉, 내가 말하는 소리가 내 수화기에서도 들리고 상대편 수화기에서도 들리는데, 전화선의 신호감쇄에 따라 상대편 소리보다는 나의 소리가 훨씬 크게 들리기 때문에 통화에 상당한 어려움이 따른다. 따라서 이러한 문제점을 해결하기 위해 2선/4선 변환회로가 필요한데 이의 개념을 그림 3-4-40에 나타내었다.

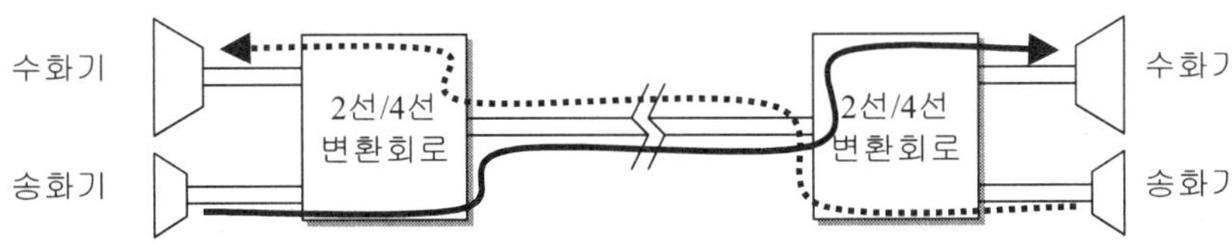

[그림 3-4-40] 2선/4선 변환회로의 개념

그림의 개념도에서, 왼쪽 송화기에서 입력된 소리는 2선/4선 변환회로를 거쳐 자신의 수화기로는 소리가 전달되지 않으면서 전화 라인으로 송출돼야 하고, 전화 라인을 통해 수신된 오른쪽 송화기 신호는 왼쪽 수화기로 출력돼야 한다. 이러한 기능은 전화기 내부에서뿐만 아니라 전화 교환기 내에서도 필요하다.

ⅰ) 하이브리드 트랜스포머

가장 간단한 형태의 변환회로는 하이브리드 트랜스포머(hybrid transformer)인데, 이는 1개 트랜스포머에 의한 것과 2개 트랜스포머에 의한 것이 있으며, 이 중 원리를 이해하기 쉬운 2개 트랜스포머에 의한 것을 그림 3-4-41에 나타내었다.

그림에서, 송화 마이크로부터 입력된 신호는 T_1의 L_{12}, L_{13}으로 복제되어 출력되는데, L_{13}은 T_2의 L_{23}을 거쳐 전화 라인으로 출력되지만, L_{12}는 T_2의 L_{22}에 역방향으로 접속되어 L_{22}와 L_{23}의 신호가 상쇄되어 자신의 수신 스피커에는 신호가 거의 나타나지 않고 전화 라인으로만 출력된다.

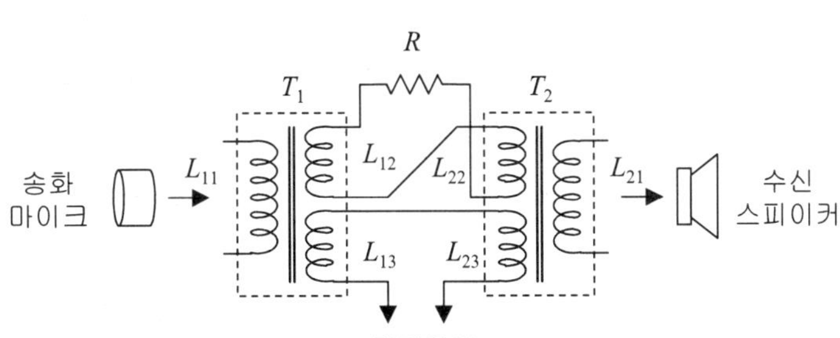

[그림 3-4-41] 하이브리드 트랜스포머

이와 반대로 전화 라인을 통해 수신되는 신호는 L_{13}과 L_{23}에 모두 인가되어 T_1과 T_2에 모두 유도되지만, 송화 마이크는 출력기능이 없으므로 수신 스피커로만 출력이 나타난다.

ii) 반도체 소자에 의한 방식

하이브리드 트랜스포머에 의한 2선/4선 변환회로는 반도체 가격이 비교적 비쌌던 과거에 주로 사용된 방식이며 최근의 전화기는 반도체 소자에 의해 그림 3-4-42와 같이 구현된다.

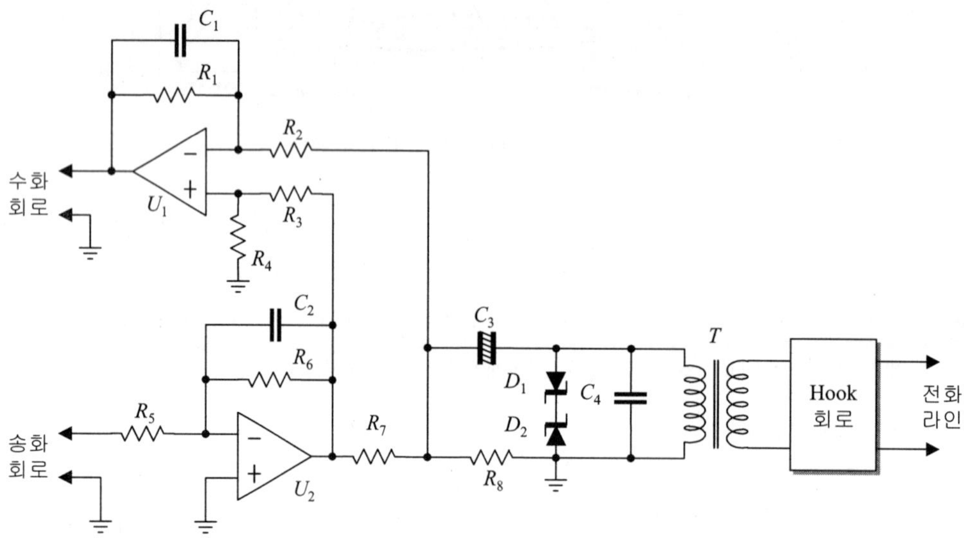

[그림 3-4-42] 반도체 소자에 의한 2선/4선 변환회로의 원리

회로에서, 송화회로로부터 입력되는 신호는 U_2에 의해 증폭 및 필터링 되어 출력되는데, 이 신호는 R_7과 C_3을 통해 전화 라인으로 전달되면서 동시에 U_1의 (+)입력으로 전달된다. 그리고 R_7을 경유한 출력신호는 R_2를 경유해 U_1의 (−)입력으로 전달되는데, U_1은 차동 증폭기로 구성되어 있기 때문에 두 입력단의 차이만 출력으로 나타나므로 송화회로의 신호는 거의 출력되지 않는다.

한편 전화 라인을 통해 수신된 신호는 C_3을 거쳐 U_1으로 입력되지만 R_7을 통해 전달된 신호는 U_2의 낮은 출력 임피던스에 의해 소멸되어 최종적으로 수화회로에 출력이 나타난다.

(2) 보이스 모뎀

① 모뎀의 개념

모뎀(MODEM)이란 Modulator(변조기)와 Demodulator(복조기)의 합성어인데, 변조기란 원래의 신호를 다른 신호로 변환하는 기기를, 복조기는 변환된 신호를 원래의 신호로 복원시키는 기기를 의미하며, 이러한 예로는 라디오 방송을 들 수 있다.

라디오 방송국에서는 음악이나 목소리 등 소리신호를 멀리 전달하기 위해 전파신호로 변환시키며, 이를 변조라 한다. 라디오에서는 안테나로 수집된 전파신호를 본래의 소리신호로 복원해 청취자가 들을 수 있도록 하는데, 이때의 라디오가 복조기이다.

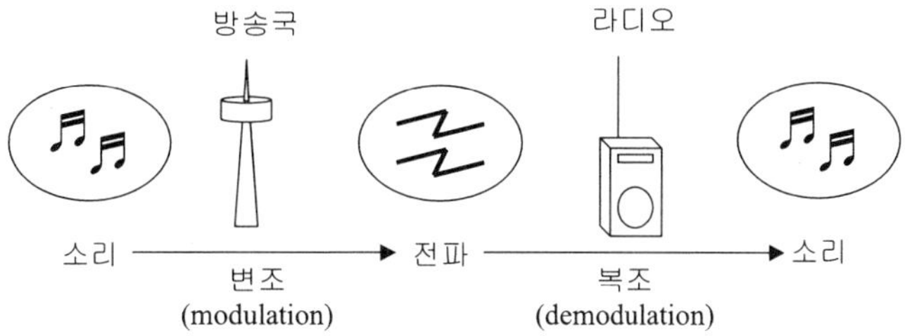

(a) 라디오 방송의 경우

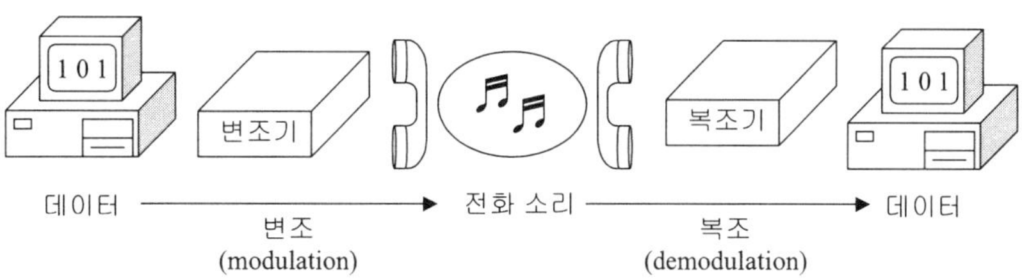

(b) 컴퓨터의 경우

[그림 3-4-43] 변/복조의 개념

마찬가지 원리로 컴퓨터 데이터를 먼 거리의 다른 컴퓨터로 전송할 때 전화를 이용할 수 있는데, 컴퓨터 신호를 전화기를 통해 전달할 수 있도록 소리신호로 변환하는 기기를 변조기(modulator)라 하고 이와 반대로 전화기를 통해 전달된 소리신호를 다시 컴퓨터 데이터 신호로 복원하는 기기를 복조기(demodulator)라 하며, 일반적으로 하나의 기기에 이러한 기능을 모두 가지고 있으므로 '모뎀(MODEM)'이라는 합성어를 사용한다. 특히 이 중 전화선을 경유하기 위해 소리신호로 변/복조하는 것을 보이스 모뎀(voice MODEM)이라 하며, 그림 3-4-44에 나타낸 바와 같이 컴퓨터 내에 내장할 수 있는 형태의 것이 많이 사용되고, 이는 전화선을 직접 접속할 수 있도록 커넥터가 마련되어 있다.

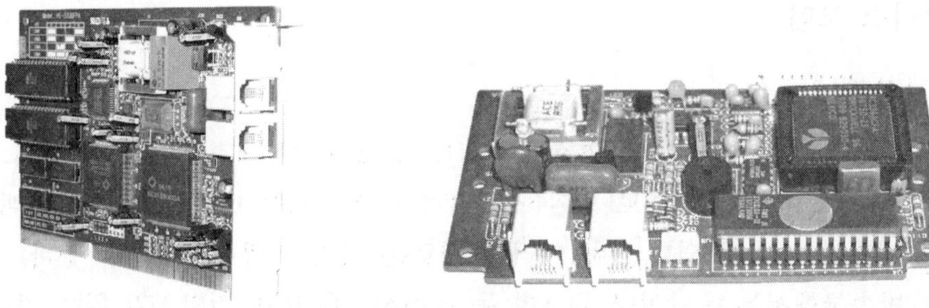

[그림 3-4-44] 각종 보이스 모뎀

전화선을 이용한 보이스 모뎀은 과거에는 PC-통신(천리안, 하이텔 등)용으로 널리 사용되었지만 현재는 인터넷의 보급으로 일부에 국한되어 사용하고 있다. 그러나 전화선을 사용할 수 있다는 것은 특별한 네트워크 회선 없이 전국 어디서나 사용할 수 있다는 것이므로 신용카드 결제기, 현금자동지급기, 팩시밀리 등에서 사용되고 있다. 그림 3-4-45에 신용카드 결제기의 원리를 나타내었다.

특히 전화선에 의한 접속은 인터넷과 달리 항상 일대일로 접속하기 때문에 보안성이 뛰어난 장점이 있다.

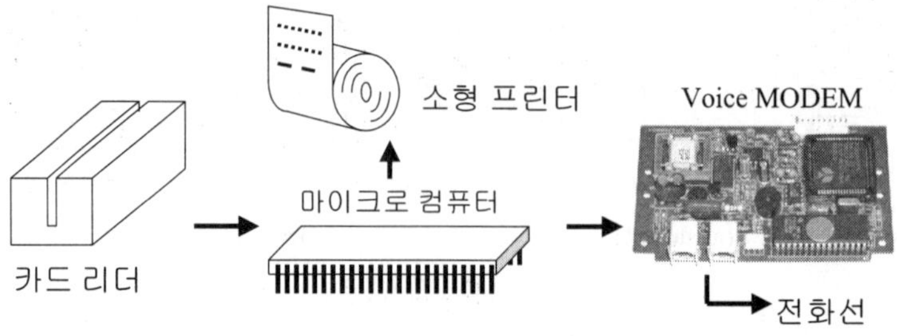

[그림 3-4-45] 신용카드 결제기의 구성도

② 보이스 모뎀의 원리

보이스 모뎀은 소리신호를 캐리어(carrier)로 이용하는데, 이는 주파수가 낮기 때문에 속도가 상당히 느리므로 전송속도를 개선하기 위해 여러 가지 방법을 이용하기 때문에 필요한 용도에 맞는 속도와 회로의 복잡성 등을 고려해 선택해야 한다. 보이스 모뎀에는 ASK 변조(tone burst라고도 한다), FSK 변조와 같은 고전적인 방법과 PSK 변조와 같은 고속방법이 있으며, 최근의 보이스 모뎀은 PSK와 ASK를 합성한 방법을 주로 사용한다.

i) ASK 변조

ASK(Amplitude Shift-Keying)는 Tone burst 방식, 또는 OOK(On-Off Keying)이라고도 하며, 속도가 느린 반면 원리가 간단하고 구현하기 쉬워 단순한 기기에서 사용된다. ASK의 기본 원리를 그림 3-4-46(a)에, 회로의 블록도를 그림 3-4-46(b)에 나타내었다.

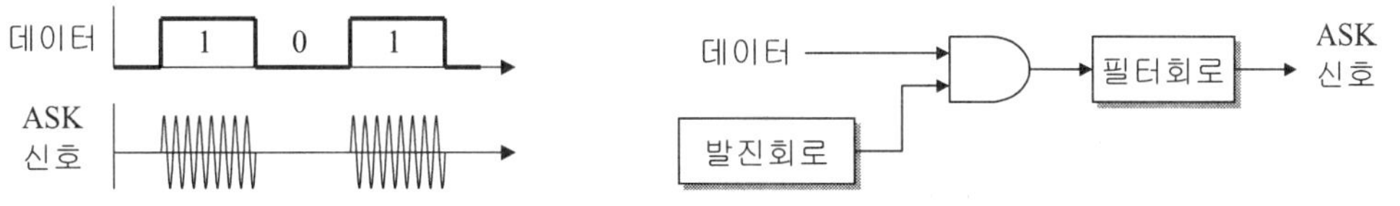

(a) ASK 변조 (b) 블록도

[그림 3-4-46] ASK의 원리 및 구성

ASK는 그림 3-4-46(a)에 나타낸 바와 같이 소리신호가 발생하거나 그렇지 않는 것으로 '0'과 '1'을 표현하는 단순한 원리로서 그림 3-4-46(b)와 같이 발진회로의 파형을 데이터에 따라 통과시킬 것인지 아닌지를 제어한다. ASK 변/복조 회로의 예를 그림 3-4-47에 나타내었다.

그림의 회로에서, 발진회로는 캐리어로 사용할 주파수를 발생시키고, 이 파형을 데이터 상태에 따라 출력하거나 중지시켜 ASK 변조를 행한다. 회로의 아랫부분은 수신회로로서, 전화로부터 입력된 신호를 충분한 크기로 증폭한 후 이를 포락선 검파해 데이터 신호를 추출한다.

ASK 변조 방식은 단순하고 구현하기 쉬우나, 신호의 유무를 알기 위해 캐리어 파형이 최소한 3개에서 4개 이상 필요하기 때문에 전송속도가 극히 낮은 단점이 있다. 예를 들어 4개 파형에 의해 신호를 검출한다면 1,200*Hz*의 캐리어 주파수를 사용한 경우 300*bps*의 전송속도를, 2,400*Hz*의 캐리어 주파수일 경우 600*bps*의 전송속도를 얻을 수 있다.

이러한 단점 이외에 전화가 끊겨 신호가 전달되지 않는 경우에도 연속적인 '0'을 전송하고 있는지 구분하는 방법이 필요하다. 즉, 장시간 '0'신호만 계속된다면 이는 전화가 끊긴 것으로 간주해 처리해야 하는데, 전화가 끊기지 않았더라도 송신기에서 데이터를 장시간 전송하지 않는 경우도 있기 때문에 이를 구분하기 쉽지 않다. 만약 전화를 이용해 양방향(전이중)으로 데이터를 송수신하려면 송신과 수신 사이에 다른 주파수를 사용해야 한다.

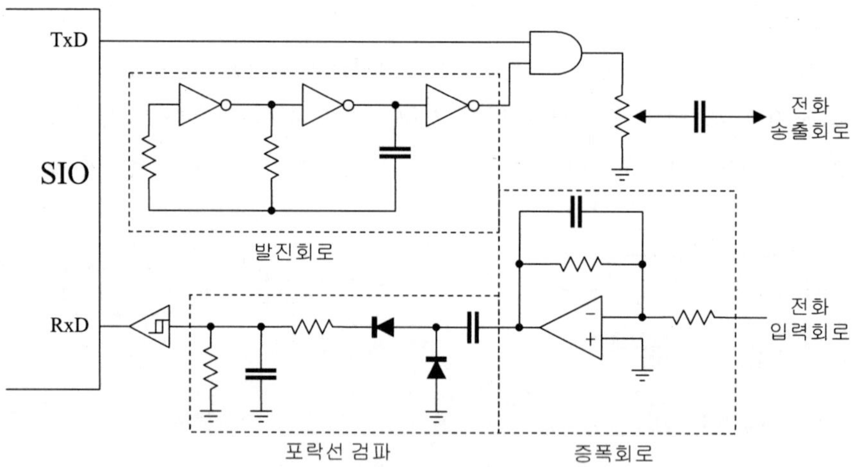

[그림 3-4-47] ASK의 회로 예

ii) FSK 변조

FSK(Frequency Shift-Keying) 변조는 '0'과 '1'의 데이터를 서로 다른 주파수를 이용해 전송하는 것으로서, 전화가 끊겼을 경우 앞서 ASK와 같이 연속적인 '0'의 전송과 구분을 못하는 경우는 발생하지 않는다. 그리고 양방향(전이중)으로 데이터를 송수신하기 위해 이들에 대한 주파수도 필요하기 때문에 송신용 '0'과 '1', 수신용 '0'과 '1'의 4개 주파수가 필요하며, 이에 대한 규격은 여러 가지가 규정되어 있다.

일본에서는 그림 3-4-48에 나타낸 'V.21' 규격을 사용하고, 미국에서는 그림 3-4-49에 나타낸 'BELL 103'이라는 규격을 주로 사용한다. 그림에서 'up'이라 표현한 것은 컴퓨터에서 호스트로의 전송을, 'down'이라 표현한 것은 호스트에서 컴퓨터로의 전송을 의미한다.

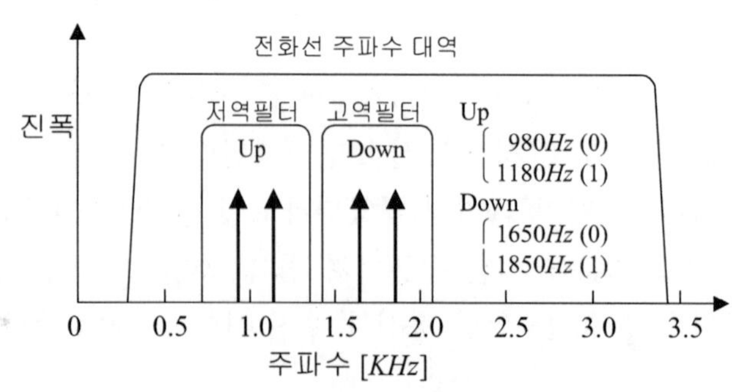

(a) 주파수 할당

	논리	주파수
up	0	980*Hz*
	1	1,180*Hz*
down	0	1,650*Hz*
	1	1,850*Hz*

(b) 논리적 의미

[그림 3-4-48] V.21의 주파수 배분

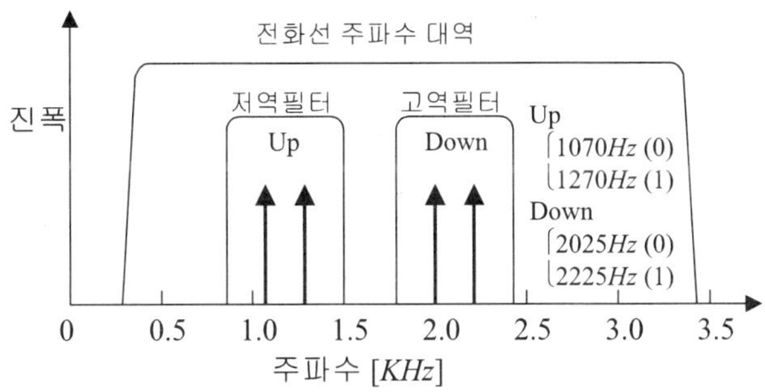

(a) 주파수 할당

	논리	주파수
up	0	1,070*Hz*
	1	1,270*Hz*
down	0	2,025*Hz*
	1	2,225*Hz*

(b) 논리적 의미

[그림 3-4-49] BELL 103의 주파수 배분

이들 규격은 주파수만 약간 다를 뿐 기본적인 원리는 동일한데, 변조의 원리를 그림 3-4-50에 나타내었다. 그림 3-4-50(a)에 나타낸 바와 같이 FSK 변조는 데이터가 '0'일 때와 '1'일 때의 주파수가 다르게 발생하며, 이를 수신기에서 검출한다. FSK 변조는 그림 3-4-50(b)와 같이 2개의 주파수를 데이터 신호에 의해 멀티플렉서로 선택해 이루어진다.

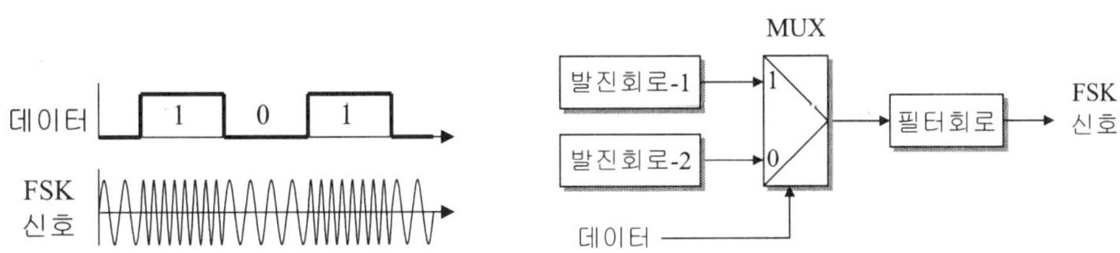

(a) 변조파형의 예 (b) 변조회로의 예

[그림 3-4-50] FSK 변조의 원리와 회로 예

FSK 변조는 데이터가 '0'이나 '1'에서 항상 캐리어 주파수가 존재하기 때문에 통신 중에 전화가 끊기면 캐리어가 검출되지 않아 통화단절을 검출할 수 있어 그에 대한 조치를 취할 수 있다.

FSK 복조는 그 방법에 따라 동기식 복조와 비동기식 복조 등 여러 가지 방법이 있는데, 이 중 간단한 비동기식 복조의 원리를 그림 3-4-51에 나타내었다.

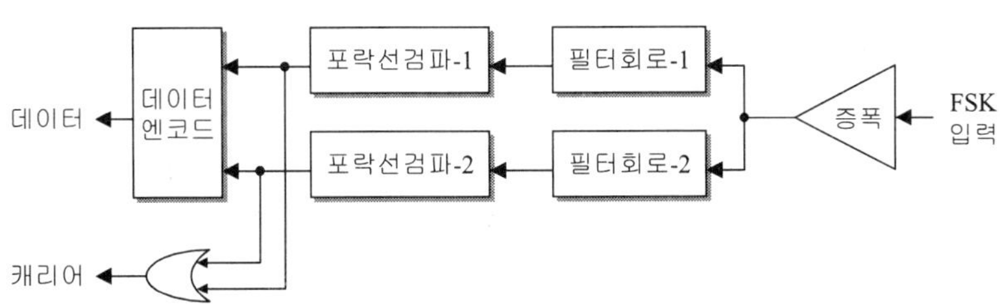

[그림 3-4-51] FSK 복조의 원리 예

입력된 신호는 해당 주파수에 대한 필터회로를 거쳐 이를 검파하며, 만약 두 주파수 모두 존재하지 않을 때는 캐리어가 없는 것으로 판별한다.

FSK 변조 또한 ASK와 마찬가지로 신호의 유무를 알기 위해 캐리어 파형이 최소한 3개에서 4개 이상 필요하기 때문에 전송속도가 낮은 단점이 있으며, 예를 들어 4개 파형에 의해 신호를 검출한다면 Up-stream의 최저 주파수가 1,000*Hz* 일 때 약 250*bps*의 전송속도를, Down-stream의 최저 주파수가 2,000*Hz* 일 때 약 500*bps*의 전송속도를 얻을 수 있다.

iii) PE 방식

PE(Phase Encode) 방식은 이더넷의 맨체스터 코딩과 유사한 것으로서, 그림 3-4-53에 나타낸 바와 같이 데이터가 '0'일 때는 신호파형이 '1'에서 '0'으로 변화하고, 데이터가 '1'일 때는 신호파형이 '0'에서 '1'로 변화하기 때문에 '0'이나 '1' 데이터가 연속으로 나타나도 신호파형은 끊임없이 변화해 캐리어 역할을 담당한다.

따라서 PE 방식은 데이터 자체가 캐리어 신호를 겸하고 있기 때문에 데이터 한 비트가 캐리어의 한 파형에 해당되므로 ASK나 FSK에 비해 복조회로가 복잡해지지만 전송속도가 빠른 장점이 있어 예를 들어 1,200*Hz* 의 주파수를 사용하는 경우 2,400*bps*의 전송속도를 얻을 수 있다.

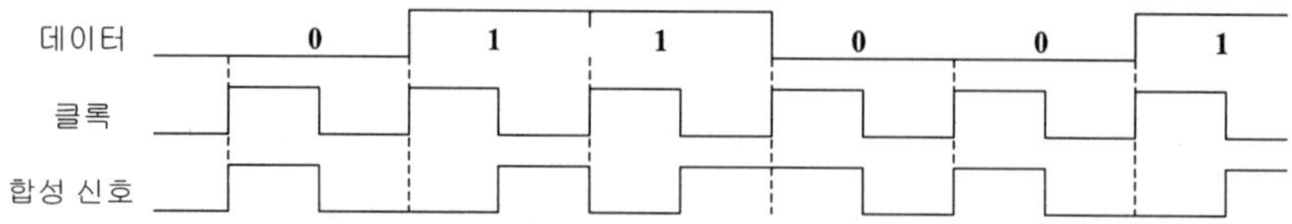

[그림 3-4-52] PE 방식의 원리

PE 방식의 송출회로는 그림 3-4-53에 나타낸 바와 같이 간단히 구현될 수 있다.

그러나 수신회로는 PLL을 사용해 클록 신호와 데이터 신호를 분리해야 하므로 ASK나 FSK에 비해 회로가 복잡해진다. 수신회로는 기본적으로 맨체스터 디코드 회로와 동일하기 때문에 이 회로를 참조하고, 그림 3-4-54에는 PLL을 사용하지 않은 간이형 회로를 나타내었다.

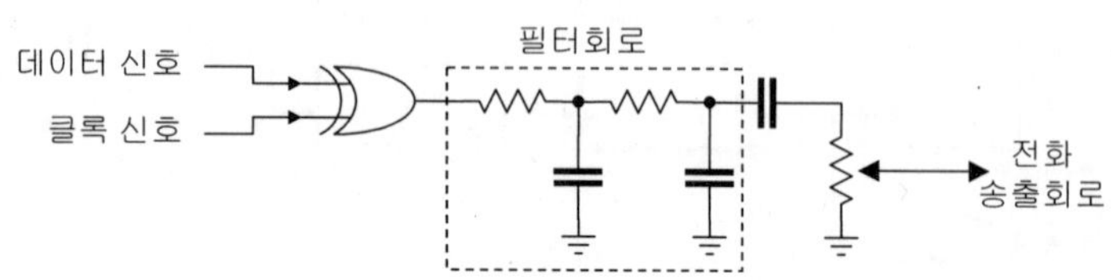

[그림 3-4-53] PE 방식의 송출회로 예

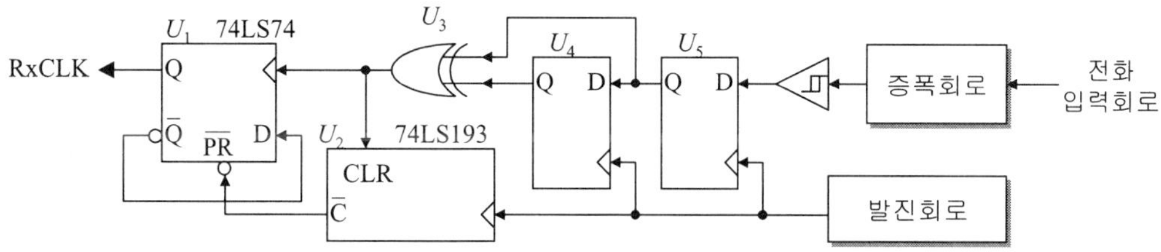

[그림 3-4-54] PE 방식의 클록 검출회로 예

회로에서, '발진회로'는 비동기식 직렬통신과 마찬가지로 통신속도의 16배 주파수를 발생한다. U_4과 U_5에 의해 현재의 샘플 데이터와 직전의 데이터가 보관되고 이를 U_3로 비교해 신호의 변화가 검출되면 일단 RxCLK를 반전(토글)시키고 U_2 카운터를 초기화한다.

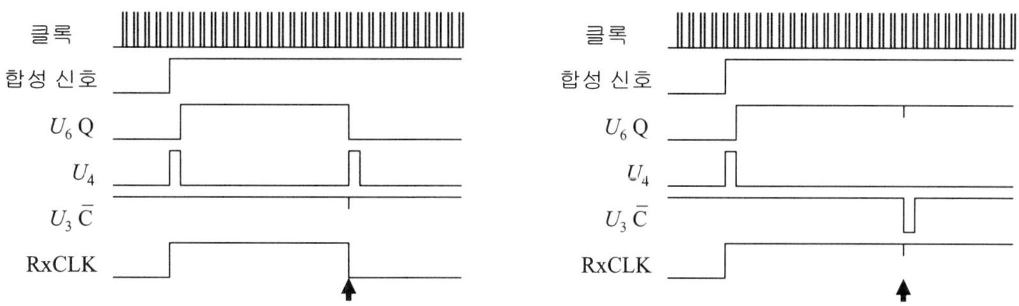

(a) 상태천이 때 (b) 상태천이 없을 때

[그림 3-4-55] 비트 동기의 원리

이로부터 15개 클록 이후 신호의 변화가 다시 검출되면 이는 데이터 비트의 중앙점 천이이거나 또는 다음 데이터의 시작점이므로 그림 3-4-55(a)와 같이 다시 카운터를 초기화하고 RxCLK를 반전시킨다. 그러나 15개 클록이 지난 후에도 신호변화가 없다면 이는 다음 데이터의 시작점, 즉 클록의 시작이 분명하므로 U_1의 $\overline{PR}$에 캐리 출력을 인가해 그림 3-4-55(b)와 같이 강제로 클록 신호를 'H'로 만들어 비트 동기를 이룬다.

이와 같이 생성된 클록 신호를 약간 지연시켜 수신신호를 샘플링하면 데이터를 추출할 수 있다. 이 회로는 데이터 전송속도의 16배 이상의 주파수를 필요로 하므로 이더넷과 같은 고속전송용 회로에는 적합하지 않아 전화용으로 적합하고, 또한 송신기와 수신기의 클록 주파수에 심한 오차가 발생하면 카운트 수가 맞지 않아 PLL 방식에 비해 오류발생의 확률이 높다.

iv) PSK 변조

앞서 소개한 PE 방식은 PSK(Phase Shift-Keying) 변조의 일종인데, 그림 3-4-56(a)에 PSK의 원리를 나타내었다. 이는 캐리어 파형의 위상을 2개 영역으로 구분해 변조한 경우로서, 데이터가 '0'일 때는 캐리어 파형이 그대로 송출되고, 데이터가 '1'일 때는 뒤집어져(즉 180° 차) 전달된다. 이 경우에는 PE 방식과 거의 유사하며 이를 그림 3-4-56(b)에 비교해 나타내었다.

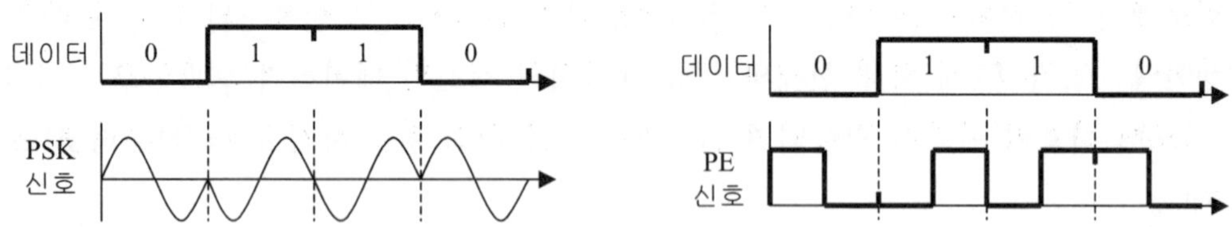

(a) PSK 변조 파형의 예 (b) PE 방식 파형의 예

[그림 3-4-56] PSK 변조의 원리

그러나 PSK 변조는 PE 방식과는 달리 위상을 0도, 180도의 2가지뿐만 아니라 다양한 각도의 분할에 의해 더 빠른 전송속도를 얻을 수 있으나, 그만큼 회로는 더욱 복잡해진다.

그림 3-4-57(a)는 PSK 변조의 가장 간단한 예로서, U_3에서 데이터에 따라 파형을 반전시킬지 그대로 통과시킬지 제어한다. U_4와 저항 R들은 디지털 회로를 이용해 정현파와 유사한 파형을 만든다. 이 회로의 동작파형을 그림 3-4-58(b)에 나타내었다.

그림 3-4-57(b)의 U_4 출력에는 Tri-state 특성을 이용해 양극성 RZ 파형이 생성되며, 이를 필터 회로에 통과시키면 점선과 같은 유사 정현파가 생성된다.

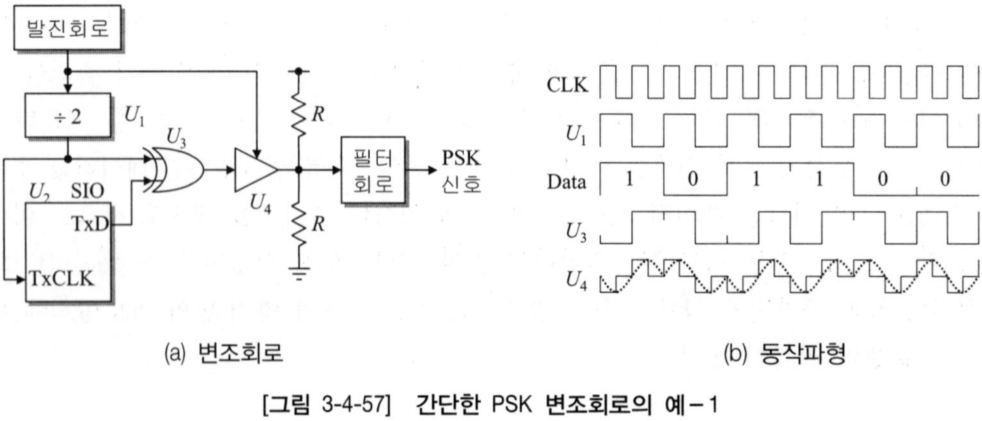

(a) 변조회로 (b) 동작파형

[그림 3-4-57] 간단한 PSK 변조회로의 예 - 1

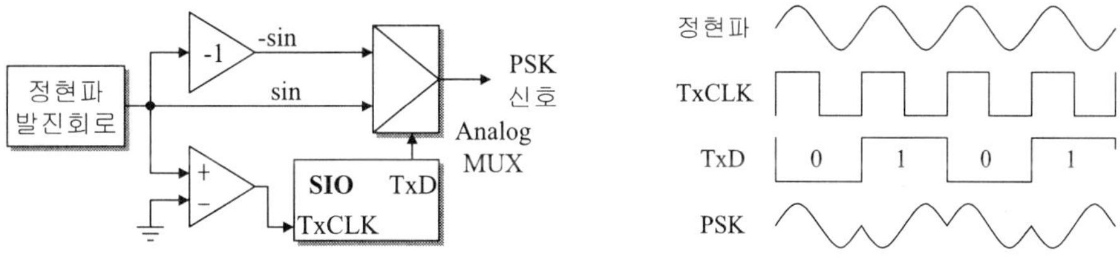

(a) 정현파에 의한 PSK 회로 (b) 회로의 동작파형

[그림 3-4-58] 간단한 PSK 변조회로의 예-2

그림 3-4-58(a)는 실제 정현파를 발생시켜 이를 아날로그 멀티플렉서를 이용해 변조하는 예로서, 동작파형은 그림 3-4-58(b)와 같다. 여기서, 정현파 발진회로는 아날로그 회로를 이용해 또는 디지털 회로에 의해 카운터와 D/A 컨버터를 이용해 발생할 수 있다. 그런데, 이러한 아날로그 멀티플렉서를 이용한 경우 그림 3-4-59(a)와 같이 정현파를 90도 단위로도 제어할 수 있으며, 그림 3-4-59(b)와 같이 하나의 캐리어 파형에 두 비트 데이터를 동시에 표현할 수 있어 앞서 PSK 변조에 비해 전송속도가 2배로 된다. 이는 한 개의 파형을 4개 영역으로 나누었다는 의미로 QPSK(Quadruple PSK)라 하고, 2개 영역으로 나눈 것을 BPSK(Bi PSK)라 한다.

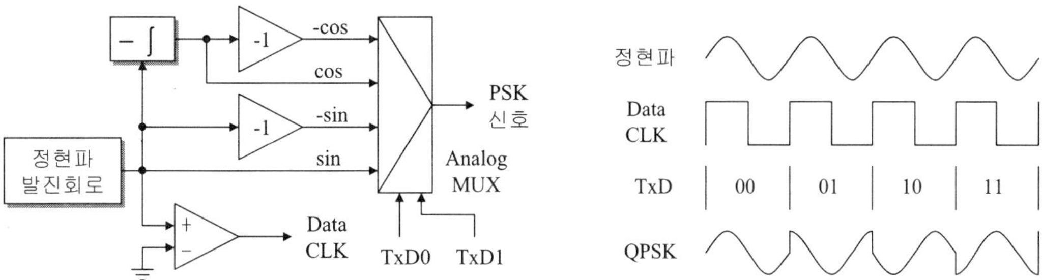

(a) 회로의 원리 (b) 동작파형의 예

[그림 3-4-59] QPSK 변조회로의 예

최근에는 소자 및 회로기술의 발달에 따라 하나의 파형을 8개 각, 16개 각으로 분할해 전송하고 검출하며, 이는 비록 낮은 주파수의 캐리어라 할지라도 비교적 고속의 전송속도를 얻을 수 있다. 특히 캐리어의 크기도 함께 변조시키는 ASK(OOK가 아니라 크기를 여러 단계로 변화시키는 방법)를 병행하면 더욱 많은 비트를 전송할 수 있는데, 예를 들어 2,400*Hz*의 캐리어를 16개 각으로 분할하면 한 파형에 4비트를 전송하므로 2,400*Hz*×4=9,600*bps*의 전송속도를 얻을 수 있으며, 여기에 8단계의 ASK를 적용하면, 9,600*bps*×3=28,800*bps*의 전송속도를 얻을 수 있다. 단, 이와 같은 속도는 전화선

의 전송 라인 품질이 우수한 경우에 해당되는 것으로서, 구내 교환기를 경유하는 전화 라인과 같이 품질이 떨어지는 경우에는 모뎀에 내장된 네트워크 프로세서가 라인을 테스트해 오류가 많이 발생하면 자동으로 단계 수를 줄인다. 예를 들어 어떤 라인이 이러한 전송속도에 부적합한 것으로 판명되면 각도분할을 한 비트 줄여 8개 각의 3비트로, 신호 크기의 단계도 4단계로 줄여서, 2,400*bps*×3×2=14,400*bps*의 전송속도로 조절하며, 이는 구내 교환망에서 통용되는 속도이다.

③ 보이스 모뎀 회로 예

지금까지 살펴본 전화 라인 인터페이스 회로와 각종 변조회로의 원리를 종합해 보이스 모뎀을 구성하는 예를 살펴본다. 이 중 ASK는 현재 거의 사용되지 않으므로 FSK와 PSK 변조 방식에 관해 주로 살펴본다.

ⅰ) 모뎀의 설치 형태

모뎀은 설치 형태에 따라 외부 접속형(stand-alone형, 또는 외장형이라고도 한다)과 내부 접속형(카드형, 또는 내장형이라고도 한다)으로 나뉜다. 이 이외에도 대량의 모뎀을 설치하기 위해 캐비닛에 유닛 형태로 끼워 조립하도록 되어 있는 Rack형 등이 있으나, 일반인은 사용하지 않으므로 여기서는 외부 접속형과 내부 접속형에 관해 다룬다.

외부 접속형은 그림 3-4-60(a)와 같이 컴퓨터의 외부에 별도의 장치로 접속되며, 컴퓨터와의 접속은 RS-232C를 이용한다. 따라서 컴퓨터에서는 모뎀과 접속할 RS-232C 직렬 인터페이스가 필요하고, 모뎀에서는 RS-232C를 경유해 전달되는 각종 명령과 데이터를 접수해 처리할 수 있는 프로세서가 내장된다.

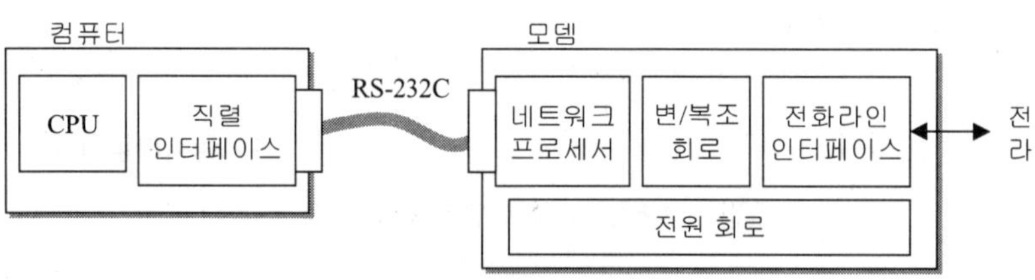

(a) 외부 접속형

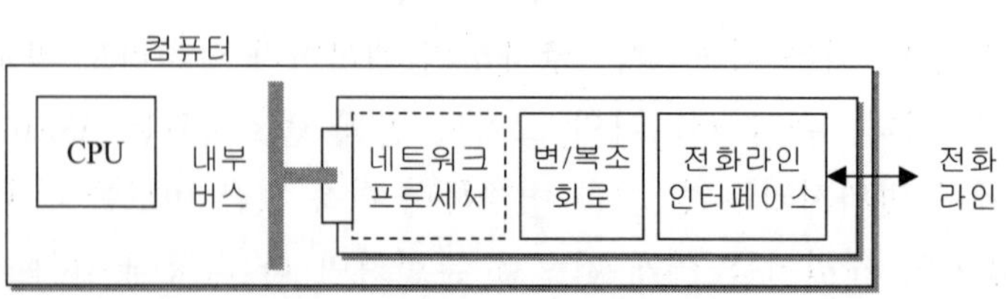

(b) 내부 접속형

[그림 3-4-60] 모뎀의 설치 형태

이러한 형태의 모뎀은 컴퓨터 기종에 상관없이 RS-232C 인터페이스가 내장된 컴퓨터라면 모두 접속이 가능하고, 모뎀에 이상이 발생하면 교체가 쉽다는 장점이 있으나 모뎀을 구동하기 위한 전원장치가 필요하고 별도의 케이스가 필요하며 RS-232C 인터페이스 기능을 내장해야 하는 등 가격이 비싸지는 단점이 있다.

내부 접속형은 그림 3-4-60(b)와 같이 컴퓨터 내부에 장착할 수 있는 것으로서 모뎀이 가동될 전원은 컴퓨터에서 직접 공급받고, 컴퓨터와의 접속을 위한 RS-232C 인터페이스도 필요 없으며, 컴퓨터 CPU가 직접 제어하는 경우 모뎀 내의 네트워크 프로세서도 생략할 수 있는 등 가격이 크게 낮아지는 장점이 있다. 그러나 이 형태의 모뎀은 컴퓨터 기종에 맞는 것만 사용할 수 있고, 설치와 교체 시 컴퓨터 본체를 해체해야 하는 불편함 등이 있다.

ii) 외부 접속형 모뎀

외부 접속형(stand-alone형) 모뎀은 컴퓨터 외부와 접속되므로 그림 3-4-61과 같이 독립된 전원회로와 RS-232C 인터페이스가 마련되고, 모뎀의 상태를 표시하기 위한 디스플레이 패널 등이 장착된다.

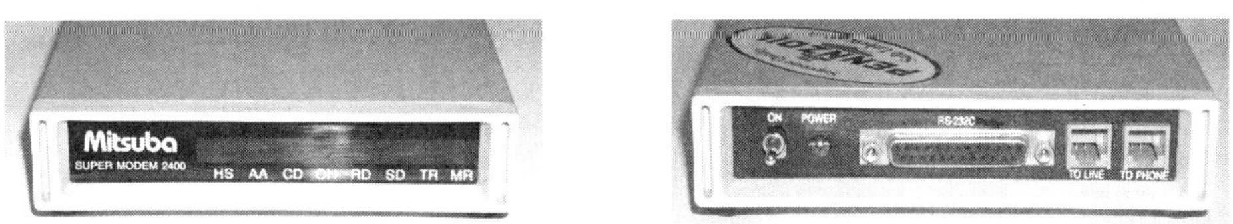

(a) 앞면 패널 (b) 뒷면 패널

[그림 3-4-61] 외부 접속형 모뎀의 형태

외부 접속형 모뎀의 내부 구성은 그림 3-4-62와 같이 컴퓨터로부터의 명령을 수행하기 위한 네트워크 프로세서를 중심으로 지금까지 다루어온 각종 회로들이 모두 내장된다.

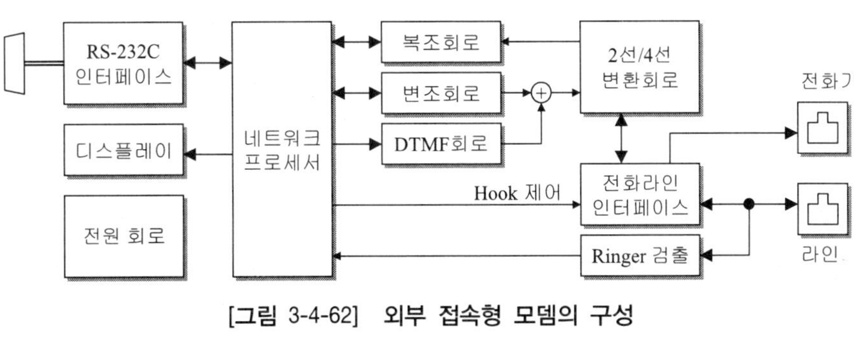

[그림 3-4-62] 외부 접속형 모뎀의 구성

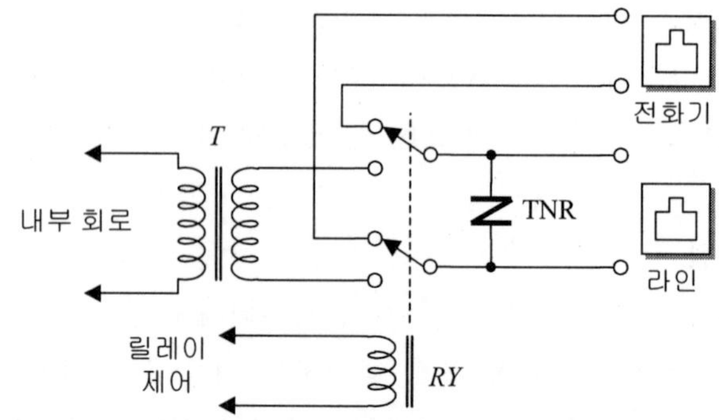

[그림 3-4-63] 전화기 접속 가능 Hook 회로

모뎀의 구성 블록 중 2선/4선 변환회로, 전화 라인 인터페이스 회로, Ringer 검출회로 등은 앞서 소개한 회로를 사용하므로 여기서는 네트워크 프로세서를 중심으로 설명한다. 단, 전화 라인 인터페이스 회로는 일반 전화기와 겸용으로 사용하기 위해 그림 3-4-63과 같은 회로를 사용해 모뎀이 전화 라인을 사용할 때는 전화기 사용이 금지되고, 모뎀이 동작하지 않을 때는 전화기가 접속된다.

모뎀은 그 기능을 구현하기 위해 개별소자를 사용하면 매우 복잡하기 때문에 이에 필요한 기능을 집적한 소자를 사용하는데, 그림 3-4-64에 하나의 소자에 FSK 모뎀에 필요한 최소의 회로가 내장된 MSM6926의 내부 블록도를 나타내었다. 이 소자는 Ringer 검출, DTMF, Hook 기능 등은 내장되어 있지 않으므로 제어용 MCU와 함께 사용해야 한다.

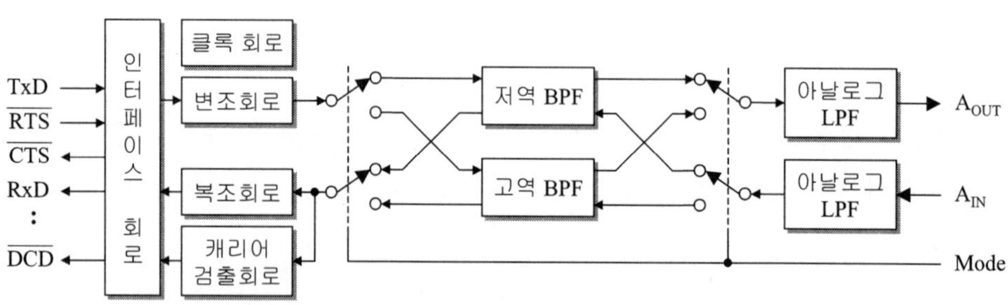

[그림 3-4-64] FSK 모뎀소자 MSM6926의 블록도

이 소자는 양방향 FSK에 필요로 하는 주파수 대역 필터를 내장하고 있으며, 'Mode' 단자의 설정에 따라 Remote 측, 즉 클라이언트 모드로 할 것인지, Host 측, 즉 서버 모드로 할 것인지 선택할 수 있다. 그림 3-4-65에 이 소자를 이용한 300*bps* FSK 모뎀의 구현 예를 나타내었는데, 회로의 우측에 '송신'과 '수신' 단자는 2선/4선 변환회로를 통해 전화 라인으로 접속된다.

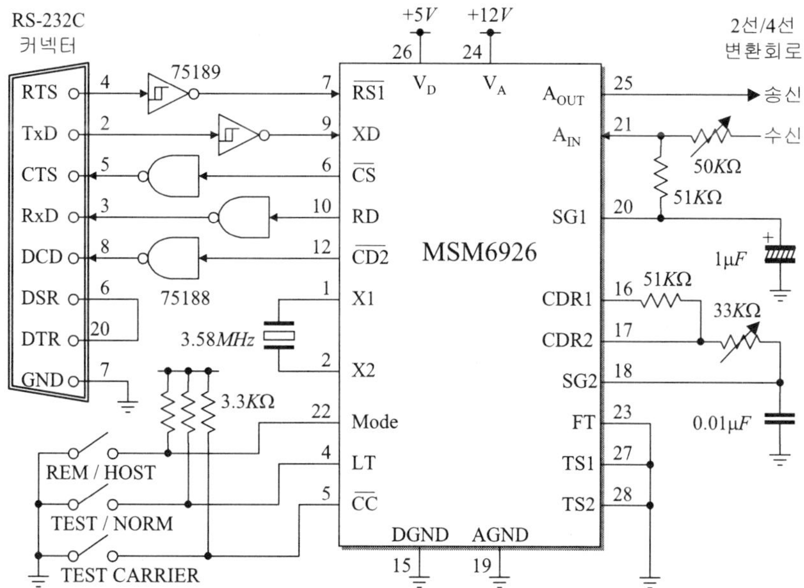

[그림 3-4-65] MSM6926에 의한 기본 FSK 모뎀의 구성 예

그림 3-4-66에는 마이크로프로세서에 부착하는 형태의 모뎀 소자 K212128P를 이용해 FSK/PSK 모뎀을 구현한 예를 나타내었다.

K212128P는 내부에 FSK와 PSK 회로 및 DTMF 발생회로 등을 모두 내장하고 있으며, 이를 제어하는 마이크로프로세서에서는 Ringer 검출 및 Hook 제어 등을 행하면 완전한 모뎀이 구성된다.

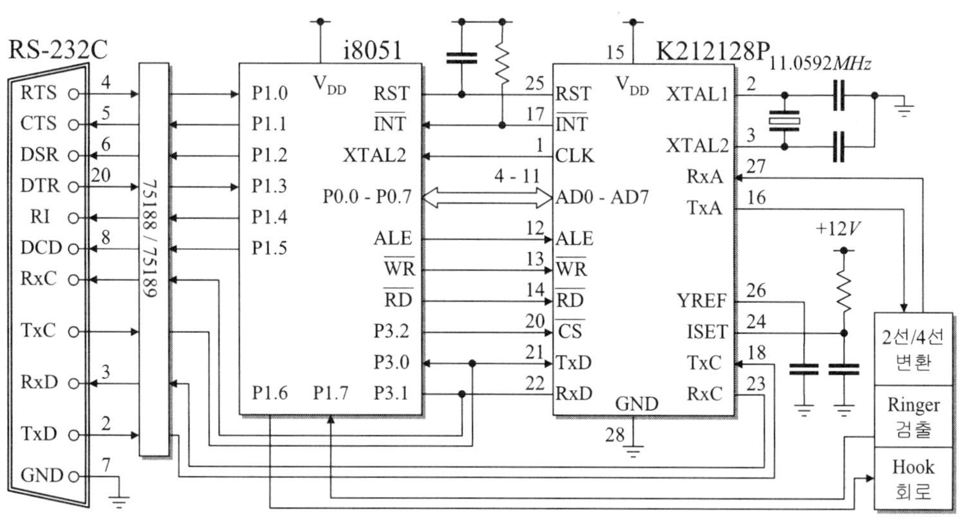

[그림 3-4-66] K212128P에 의한 기본 FSK 모뎀의 구성 예

iii) 내부 접속형(카드형) 모뎀

내부 접속형 모뎀은 그림 3-4-67과 같이 컴퓨터에 내장할 수 있는 카드 형태로 구성되어 있으며, 따라서 케이스, 인터페이스 커넥터 및 전원회로 등이 필요 없어 저가격으로 실현 가능하다.

(a) PCI 인터페이스용 (b) ISA 인터페이스용

[그림 3-4-67] IBM-PC용 내부 접속형 모뎀

내부 접속형 모뎀은 그림 3-4-68과 같이 모뎀의 다른 부분은 외부 접속형과 동일한데, 이를 제어하는 부분이 RS-232C를 경유하는 것이 아니라 컴퓨터 내의 확장 슬롯에 직접 연결된다.

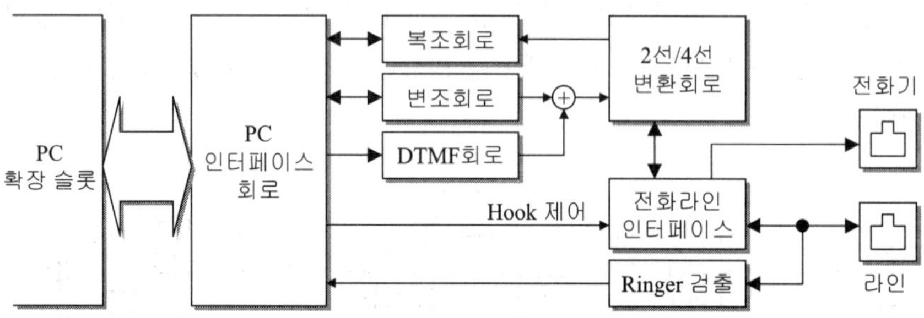

[그림 3-4-68] 내부 접속형 모뎀의 구성도

PC 인터페이스 회로를 구성하는 방법은 여러 가지가 있으며, 그중 그림 3-4-69에 IBM-PC 인터페이스 전용소자를 이용한 모뎀의 예를 나타내었다. 그림에서 소자 우측에 접속되는 회로는 앞서 외부 접속형 모뎀의 내부 회로와 동일하다.

그러나 이러한 전용소자를 이용할 경우 외부 접속형 모뎀과 회로가 달라 제어방법이 달라지므로 프로그램 구성 시 별도의 제어 프로그램을 작성해야 한다. 따라서 일반적으로는 RS-232C를 이용한 외부 접속형 모뎀과 제어방법이 동일하도록 그림 3-4-70과 같이 가상적인 RS-232C 포트를 형성해 이를 제어한다.

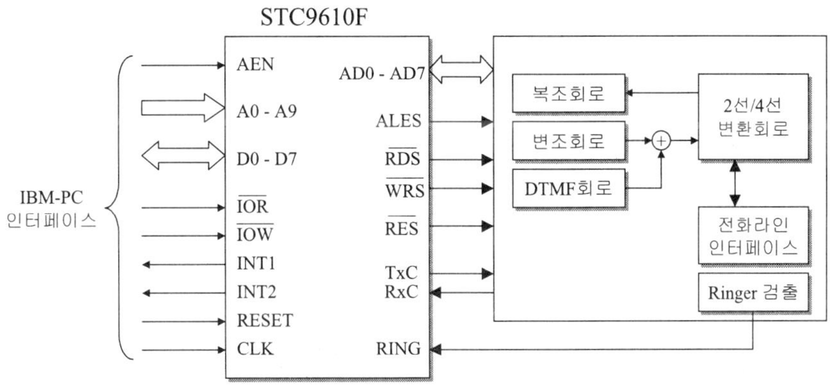

[그림 3-4-69] **전용 인터페이스 소자에 의한 내부 접속형 모뎀**

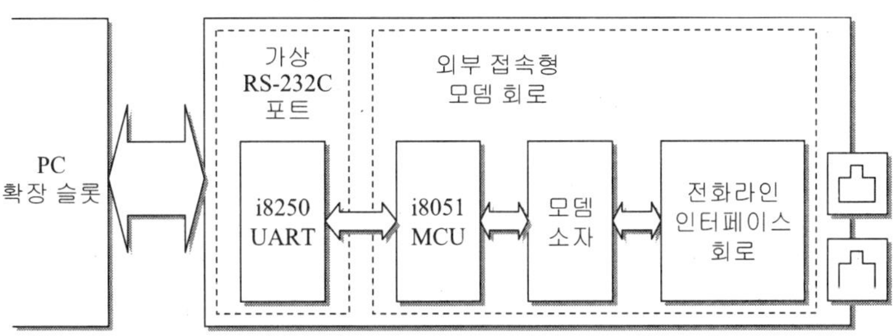

[그림 3-4-70] **가상 RS-232C를 이용한 내부 접속형 모뎀**

이 방법은 모뎀을 사용하는 소프트웨어의 입장에서는 외부 접속형과 차이가 없기 때문에 별도의 제어 프로그램을 구성할 필요가 없어 호환성이 좋아진다.

(3) ADSL/VDSL

가정에서 인터넷을 사용하려면 각 가정마다 UTP 케이블을 설치해야 하며 이는 전선 가설비가 막대하게 소모되기 때문에 이미 가정마다 배선된 전화선을 이용한 것이 ADSL과 VDSL이다.

① ADSL

ADSL(Asymmetric Digital Subscriber Line)은 '비대칭 디지털 가입자회선'이라 번역되는데, 여기서 '비대칭'이라는 의미를 먼저 살펴본다.

일반적인 이더넷 LAN은 데이터 송수신용 라인이 각각 설치되어 송신과 수신 시 속도가 동일하므로 '대칭형'이라 한다. 이에 비해 전화선을 이용해 데이터를 전송하려면 하나의 전화선을 통해 데이터 송수신이 모두 이루어져야 하므로 보이스 모뎀과 유사하게 주파수 할당 영역에 의해 데이터의 송수신 간 속도가 다르다. 그런데 일반적인 인터넷 사용자는 그림 3-4-71과 같이 약간의 송신 데이터(예에서는 'www.yahoo.co.kr'라는 정도의 데이터)를 전송하면 이에 대해 수신되는 데이터는 홈페이지와 이를 구성하는 그림 등 대량의 데이터가 전송되어오므로 송신보다는 수신 데이터 속도에 비중을 두어 '비대칭'으로 전송한다.

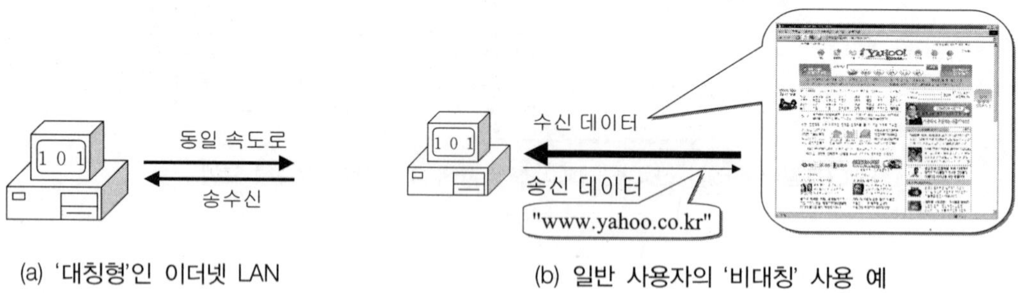

[그림 3-4-71] '비대칭'의 이유

서버는 외부의 요청에 의해 데이터를 공급하는 역할을 하므로 수신되는 데이터보다 송신하는 데이터 량이 훨씬 많다. 즉, 대칭형의 이더넷 LAN은 데이터의 송신이나 수신이 동일한 속도로 이루어지므로 일반 인터넷 사용은 물론 데이터를 공급하는 서버에서도 모두 사용이 가능하지만, ADSL은 송신속도가 수신속도에 비해 훨씬 느리기 때문에 이를 이용해 서버를 운영하기는 어렵다.

전화선을 이용해 일반 전화신호와 컴퓨터 데이터를 전송하는 원리는 그림 3-4-72와 같다.

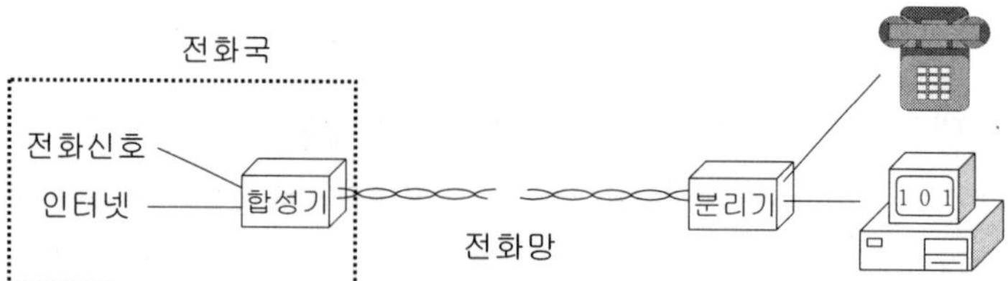

[그림 3-4-72] ADSL의 접속 형태

전화국에서는 전화와 인터넷을 하나의 전화선을 통해 전송하기 위해 신호를 섞는데, 전화신호와는 무관하도록 통신 데이터를 높은 주파수로 변조한다. 가정에 도착된 이 신호들은 다시 분리기에서 전화신호와 통신 데이터로 분리해 각각 배분한다(다른 주파수 신호가 함께 전송되는 원리는 하나의 안테나선을 통해 여러 방송국 신호가 함께 수신되는 것과 같다). 이와 같은 전송원리를 그림 3-4-73에 나타내었다.

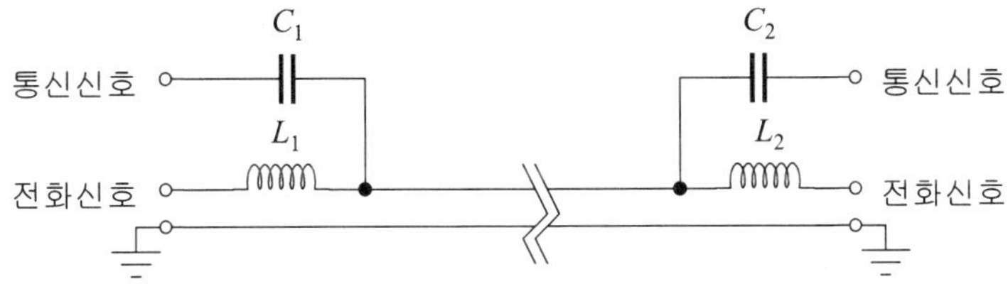

(a) 두 종류 신호전송의 원리회로

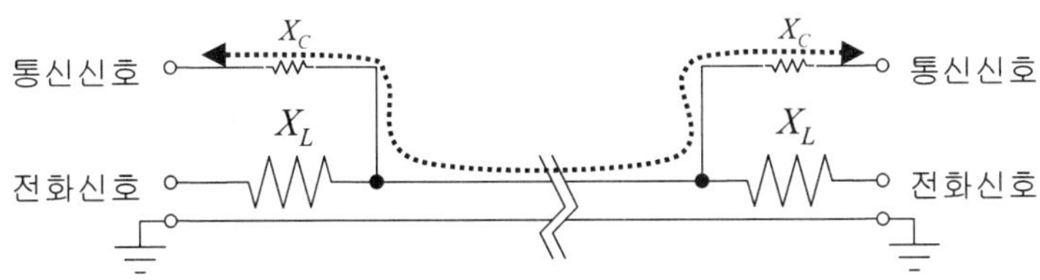

(b) 높은 주파수의 통신신호 관점회로

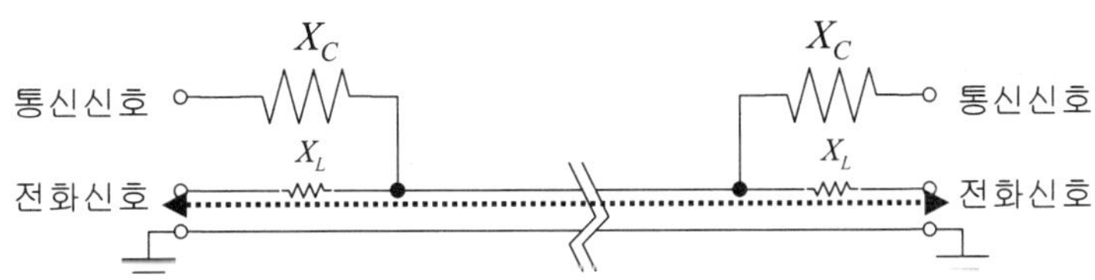

(c) 낮은 주파수의 음성신호 관점회로

[그림 3-4-73] 하나의 전선을 이용한 두 종류 신호 전송원리

그림 3-4-73(a)는 낮은 주파수인 전화신호와 높은 주파수인 통신신호를 하나의 전선을 이용해 전송하는 원리를 나타낸 것으로서, 실제로는 이와 차이가 있지만 원리를 이해하기 위해 간단히 나타내었다.

그림 3-4-73(b)는 높은 주파수의 통신 데이터 입장에서 나타낸 회로로서, 주파수가 매우 높기 때문에 커패시터로는 전류가 잘 흐르지만 인덕터로는 잘 흐르지 못한다. 따라서 통신신호 입장에서는 그림과 같이 전화신호 쪽의 인덕터는 큰 저항으로 되고 통신신호 쪽으로는 작은 저항으로 되어 양끝의 통신신호 단자로만 신호가 전송된다.

그림 3-4-73(c)는 낮은 주파수의 전화신호 입장에서 나타낸 회로로서, 전화신호는 일반적으로 *4KHz* 이하의 낮은 주파수를 가지므로 커패시터로는 흐르기 어렵고 인덕터로는 잘 흐르므로 그림과 같이 양끝의 전화신호 단자로만 신호가 전송된다.

ADSL에서 사용하는 주파수 할당은 그림 3-4-74와 같다.

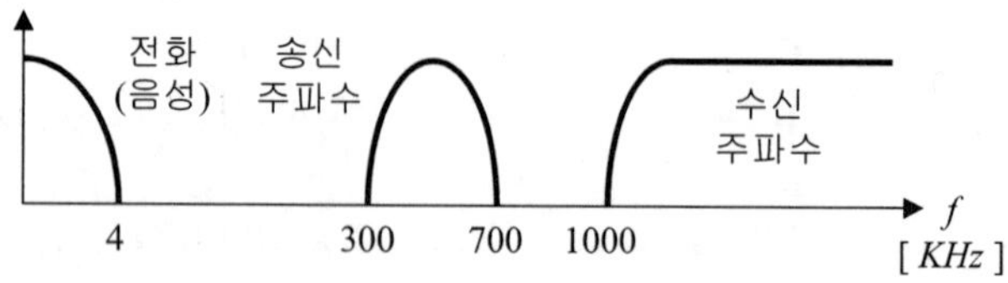

[그림 3-4-74] ADSL의 전화선 주파수 할당 예

그림에 나타낸 바와 같이 전화의 음성 주파수와 데이터 전송 주파수는 상당한 차이가 있어 간섭 없이 전송이 가능하다. 여기서, 송신용 주파수는 낮은 주파수 쪽에 할당되어 송신속도가 느리고, 수신용 주파수는 높은 주파수 쪽에 할당되어 수신속도가 빠르다. 주파수에 따른 전송속도의 관계는 앞서 보이스 모뎀의 원리를 참조하라. 또한, 수신 주파수가 높을수록 수신 데이터 속도는 더욱 빨라진다.

이와 같이 ADSL은 전화선을 이용해 높은 주파수를 전달하기 때문에 전화국으로부터 지나치게 멀어지면 신호가 약해지는 결점이 있어 전화선의 종류와 전송속도에 따라 최대 전송거리가 제한을 받는다. 이와 같은 예를 표 3-4-2에 나타내었는데, 이에 따라 전화국에 가까운 곳에 위치할수록, 그리고 굵은 전선을 사용한 곳일수록 높을 속도를 얻을 수 있다.

〈표 3-4-2〉 ADSL 속도와 전송거리의 예

수신속도	전선 굵기	최대 전송거리
2*Mbps*	0.5*mm*	5.5*Km*
	0.4*mm*	4.6*Km*
6.1*Mbps*	0.5*mm*	3.7*Km*
	0.4*mm*	2.7*Km*

② VDSL

ADSL에서 데이터 전송속도는 전선의 굵기와 전화국으로부터의 거리에 좌우되었는데, 특히 거리가 매우 짧으면 훨씬 높은 속도로 데이터를 전송할 수 있다. VDSL(Very-high-bit-rate Digital Subscriber Line)은 전화국으로부터 1.5*Km* 이내의 거리에서 13*Mbps* 이상의 전송속도를 얻을 수 있는 원리를 이용한 것으로서, '초고속 디지털 가입자회선'이라 한다.

전화국으로부터 1.5*Km* 이상 떨어진 곳에서도 이러한 원리를 적용해 고속의 전송속도를 얻을 수 있도록 그림 3-4-75와 같이 광케이블을 이용해 먼 곳에 데이터를 전송하고, 이곳에서 다시 전화선을 이용해 배분한다. 단, 이러한 형태는 해당 변환기까지 광

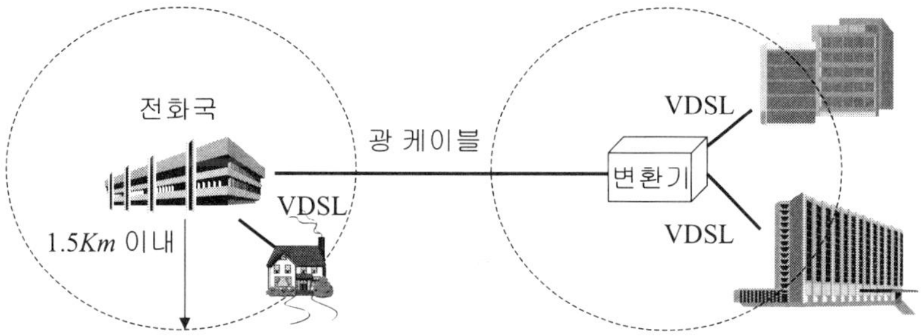

[그림 3-4-75] VDSL의 원거리 전송 원리

케이블이 접속되어야 하고, 이 주변에 사용자가 있어야 하므로 주로 빌딩가나 아파트 단지 등에 유리하다.

또한, 하나의 전송선을 이용해 더욱 높은 속도를 얻기 위해 데이터 전송에 사용할 주파수를 여러 개 사용해 다중으로 전송하기도 한다[이를 통신에서 주파수 분할 다중화(FDMA) 또는 멀티 캐리어 방식이라 한다].

찾아보기

‖‖ 저자약력 ‖‖‖

■ 이 현 창

-단국대학교 대학원 전자공학과 공학박사(회로 및 시스템 전공)
-국립 천안공업대학 정보통신과 전임강사, 조교수, 부교수
-국립 공주대학교 공과대학 정보통신공학부 부교수, 교수(현)

-주요저서
- 멀티미디어 회로(상학당, 2011)
- 실용 전자측정(상학당, 2010)
- 유비쿼터스 회로(상학당, 2007)
- CGI로 C-언어 정복(상학당, 2007)
- 유비쿼터스 컴퓨팅을 위한 센서 & 인터페이스(성안당, 2005)
- 전자회로(삼보, 2004)
- 컴퓨터 개론 및 응용(삼보, 2003)
- 마이크로프로세서 구조 및 실습(남두도서, 2002)
- 멀티미디어 기반회로(삼보, 2001)

컴퓨터 주변회로

2014년 9월 10일 1판 1쇄 발행

저 자 이 현 창
발행인 남 승 우

발행처 도서출판 상尙 학學 당堂

서울시 동작구 사당로9가길 6(사당동)
TEL : 02) 595-1692～4
FAX : 02) 595-1394
E-mail : namdoo6@unitel.co.kr
신고 : 2-155호 (1968. 11. 29)

정가 26,000원

ISBN 978-89-6587-052-4 93560

〈디자인〉 편집 이선경 / 표지 나아기획